# 新编工程材料学及其基本实验

主　编　张则荣　李志娟　宋冠英
副主编　程　瑞　邢佳磊　许瑞营
参　编　刘海影　赵　昕　王沙沙
主　审　孟庆东

北京理工大学出版社
BEIJING INSTITUTE OF TECHNOLOGY PRESS

## 内 容 简 介

本书内容包括工程材料的宏观性能、微观结构、钢铁材料、非铁金属材料、金属材料的热处理和改性处理、新型金属材料、非金属材料、复合材料和功能材料，以及对制品正确地选择，工程材料的基本实验。

全书图文并茂，通俗易懂，版面新颖，注重联系生产实际，编写时密切关注日新月异的新材料、新技术的发展并给予适当的介绍。

本书与同类的工程材料教材相比，增加了如下 3 个方面的内容：

①金属材料的表面改性处理；

②新型金属材料（如超级钢、新型机械结构钢等）；

③工程材料的基本实验。

另外，本书的选材内容较丰富、注重应用，阐述简明。

综上，本书与同类的工程材料教材相比，具有明显的特色，故书名定为《新编工程材料学及其基本实验》。本书可作为高等学校材料类、近机械类、机电类等专业的本、专科的"工程材料"的教材；也可作为上述同类专业的技师学院、职工大学、业余大学、函授大学、远程教育等院校的教材；亦可供其他相关专业的师生和工程技术人员、管理人员参考。

**图书在版编目（CIP）数据**

新编工程材料学及其基本实验／张则荣，李志娟，
宋冠英主编. --北京：北京理工大学出版社，2022.1
　　ISBN 978-7-5763-0933-1

　　Ⅰ.①新… Ⅱ.①张… ②李… ③宋… Ⅲ.①工程材
料 Ⅳ.①TB3

中国版本图书馆 CIP 数据核字（2022）第 023969 号

出版发行／北京理工大学出版社有限责任公司
社　　址／北京市海淀区中关村南大街 5 号
邮　　编／100081
电　　话／（010）68914775（总编室）
　　　　　　（010）82562903（教材售后服务热线）
　　　　　　（010）68944723（其他图书服务热线）
网　　址／http：//www.bitpress.com.cn
经　　销／全国各地新华书店
印　　刷／涿州市新华印刷有限公司
开　　本／787 毫米×1092 毫米　1/16
印　　张／19.25
字　　数／452 千字
版　　次／2022 年 1 月第 1 版　2022 年 1 月第 1 次印刷
定　　价／56.00 元

责任编辑／江　立
文案编辑／李　硕
责任校对／刘亚男
责任印制／李志强

# 前　言

随着我国工业技术的发展和改革开放的不断深入，汽车装备制造业、冶金矿业、铁路基建、高铁、航空航天、房地产等行业保持较快增长。新一轮的产业调整使我国成为制造业大国，并迈向制造强国。"兵马未动、粮草先行"！这就首先要解决各个不同工程行业所用的"粮草"——材料合理选择的问题。因此需要各个工程行业的技术人员、管理人员要懂得工程材料及其相关的知识。当前新材料出现，使材料、能源与信息并列成为现代社会发展的三大支柱，足见人们对工程材料的重视程度。

本书是以国家教委制定的《高等学校工科教育基础课程教学基本要求》、教育部颁布的《机械制造基础课程教学基本要求》和《工程材料及机械制造基础》系列课程改革指南为指导，在编者多年的教学实践和教学内容、教学体系改革探索的基础上，根据21世纪科技发展对人才能力培养的要求及学科系统化和整体化的发展趋势编写而成。

本书共有4篇17章：第1篇为金属材料和新型金属材料；第2篇为非金属材料；第3篇为新型材料；第4篇为工程材料的应用选择和基本实验。

本书按照由浅入深、循序渐进、便于教学的思路，首先从工程材料宏观性能开始介绍，使读者对工程材料有一个初步的感性认识；随之深入材料的微观组织结构和材料热处理过程中的组织结构转变，让读者了解材料的本质并掌握必要的材料基础理论知识、材料组织结构转变的机理和材料的微观组织结构对材料宏观性能的影响；在此基础上，通过对金属材料（含金属材料的热处理）、非金属材料和新型材料的基本原理的讲解，使读者建立现代制造过程中工程材料的完整概念；通过对机械零件的失效分析、合理选材选择的阐述，提高读者分析问题和解决问题的能力。同时，系统地总结全书知识，根据"实践是检验真理的唯一标准"这一哲学名言，说明了工程材料的理论是否正确，要通过实验、实践来检验。本书将相关的实验内容编入其中（第17章以验证所学工程材料理论的正确性），做到了理论与实践相结合。本书在编写和使用中遵循以下原则。

①课程教学要服从培养生产一线技术应用型人才的专业培养总目标，坚持基础理论教学以应用为根本，以"必需、够用"为度，以掌握概念、强化应用为教学重点。

②为适应课内教学总学时削减的要求，根据各校专业教学改革经验，对原有课程理论内容进行适当调整。

③本书内容的选取以生产一线广泛使用的或近期能够推广使用的金属材料和技术为主。

④本书采用最新国家标准中的技术术语、符号、数表和法定计量单位，同时注意由旧标准向新标准的过渡，对常用习惯名词术语及分类方法与最新标准进行适当对照介绍。

为便于读者巩固所学知识和提高分析问题的能力，本书每章后都附有复习思考题和习题。为配合本书的教与学，编者还设计制作了电子课件，课件内容图文并茂，并附上各章的复习思考题和习题（备考试题）的参考答案。

总之，本教材编写坚持以应用为主，兼顾各类院校读者的需要。由于各学校各专业的培养目标不同，教材使用时可结合各专业的具体情况进行调整，有些内容可供学生自学。

参加本书编写工作的单位（人员）有：青岛科技大学（张则荣、宋冠英）、烟台理工学院（李志娟）、大连科技学院（程瑞、刘海影、赵昕）、沈阳职业技术学院（邢佳磊）、青岛市技师学院（许瑞营）、桂林橡胶设计院有限公司（王沙沙）。

编写分工如下（按姓氏排序）：

王沙沙：全面负责电子课件的设计制作；

刘海影：第10章（前半章），对第1~10章各章的思考题和习题作出解答；

宋冠英：第12~16章；

许瑞营：对全书的图、表进行校核或补充设计绘制；

邢佳磊：第17章，附录的设计和选编；

李志娟：第7~9章及其电子课件的设计制作；

赵昕：第10章（后半章），对第10~17章的各章的思考题和习题作出解答；

程瑞；绪论、第11章；

张则荣：第1~6章。

本书由张则荣、李志娟和宋冠英任主编；程瑞、邢佳磊、许瑞营任副主编；

由张则荣和李志娟统稿。本书邀请青岛科技大学孟庆东教授担任主审，提出了许多宝贵意见。编写中参考引用了一些宝贵的资料，其资料出处在参考文献中都一一列出。

本书的成功出版，得到了编者们所在单位的大力支持，得到了北京理工大学学出版社的指导与帮助，在此一并对上述单位和个人表示衷心感谢。

由于编者水平有限，书中不妥或疏漏之处在所难免，敬请同行、读者给予批评、指正，以便再版时纠正。

编　者

**2021 年 11 月**

# 第2篇　非金属材料

# 第3篇　新型材料

# 第4篇　工程材料的应用选择和基本实验

# 绪　论

## 一、材料的概念

材料是指能够用于制造结构、器件或其他有用产品的物质；材料是人类文明和生活的物质基础，是组成所有物体的基本要素。狭义的材料仅指可供人类使用的材料，是指能够用于制造结构、零件或其他有用产品的物质。人类使用的材料可以分为天然材料和人造材料。天然材料是所有材料的基础，在科学技术高速发展的今天，人类仍在大量使用水、空气、土壤、石料、木材等天然材料。随着社会的发展，人们开始对天然材料进行各种加工处理，使它们更适合于人类的使用，这就是人造材料。在我们生活、工作所见的材料中，人造材料占有相当大的比例。

## 二、材料科学的发展与应用

从地球上出现人类至今，材料的利用和发展就成了人类文明发展史的里程碑。在人类文明史上，历史学家根据人类所使用的材料来划分时代，如图 0.1 所示，包括石器时代、青铜器时代、铁器时代等。材料又是发展高科技的先导和基石。一种新材料的出现，往往可以导致一系列新技术的突破，而各种新技术及新兴产业的发展，无不依赖于新材料的研发，如航空航天所需要的轻质高强度材料，医学上人工脏器、人造骨骼等特殊材料及智能材料、复合材料、纳米材料等。

图 0.1　材料的发展与人类社会的关系简图

材料、能源、信息被称为现代社会的三大支柱，而能源和信息的发展，在一定程度上又依赖于材料的进步。因此，许多国家都把材料科学作为重点发展学科之一，使之成为新技术革命坚实的基础。

## 三、工程材料及其分类

工程材料是工程上使用的材料，主要指用于机械、车辆、船舶、建筑、农业、化工、能源、仪器仪表、航空航天等工程领域的材料，它们是生产和生活的物质基础。其种类繁多，有许多不同的分类方法。

### 1. 按化学性质

工程材料按化学性质可分为金属材料、非金属材料、新型材料，具体分类如下。

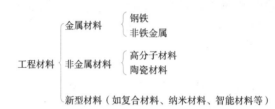

### 2. 按使用性能

工程材料按使用性能可分成结构材料、功能材料，具体说明如下。

工程材料 {结构材料（指作为承力结构使用的材料，其使用性能主要是力学性能）
功能材料（使用性能主要是指光、电、磁、热、声等特殊性能）}

### 3. 按应用领域

工程材料按其应用领域可分为机械工程材料、信息材料、能源材料、建筑材料、生物材料、航空航天材料等。

总之，在日常生活生产和科技各领域中都离不开工程材料。工程材料的选用直接影响机械（或工程结构）中的零件（或构件）的质量、成本和生产效率。因此，作为工程技术人员必须掌握各种工程材料的性能、特点、应用。

**案例　轿车的材料组成**

轿车（见图0.2）约由3万个零部件组成，而这些零部件采用了4 000余种不同材料加工制造，其中75%左右是金属材料。其材料组成如图0.3所示。

图 0.2　轿车

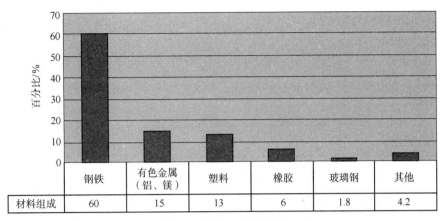

| 材料组成 | 钢铁 | 有色金属（铝、镁） | 塑料 | 橡胶 | 玻璃钢 | 其他 |
| --- | --- | --- | --- | --- | --- | --- |
| | 60 | 15 | 13 | 6 | 1.8 | 4.2 |

图 0.3　轿车的材料组成

## 四、工程材料的性能

工程材料的性能可以分为两类：一类是使用性能，是指在使用过程中所表现出来的性能，如物理性能（如导电性、导热性、磁性、热膨胀性、密度等）、化学性能（如耐蚀性、抗氧化性等）、力学性能等；另一类是工艺性能，是指材料在加工过程中所表现出来的性能，分述如下。

### 1. 使用性能

（1）物理性能

1）密度

材料的密度是指单位体积的质量，用符号 $\rho$（$g/cm^3$ 或 $kg/m^3$）来表示。金属材料中，Al、Mg、Ti 的密度较低，Cu、Fe、Pb、Zn 等的密度较高；非金属材料中，塑料的密度较低，陶瓷的密度较高。

2）熔点

熔点是指缓慢加热时，材料由固态转变为液态的温度（℃ 或 K）。金属材料中，Pb、Sn 的熔点低，Fe、Ni、Cr、Mo 等的金属熔点高；非金属材料中，陶瓷的熔点高，塑料等材料无熔点，只有软化点。

3）导热性

导热性是指材料传导热量的能力。金属材料中，Ag 和 Cu 的导热性最好，Al 次之；合金钢的导热性不如非合金钢好；非金属材料中，金刚石的导热性最好。

4）导电性

导电性是指材料传导电流的能力。金属具有导电性，其中 Ag 最好，其次是 Cu、Al。

5）热膨胀性

材料因温度变化而引起的体积变化的现象称为热膨胀性，一般用线膨胀系数表示，即温度每升高 1 ℃（或 K），单位长度的膨胀量。其值越大，材料的尺寸或体积随温度变化的程度就越大。因此，在温差变化较大的环境里工作的长构件（如火车铁轨），必须考虑其热胀冷缩所带来的影响。

6）磁性

材料在磁场中能被磁化或导磁的能力称为导磁性或磁性，金属材料可分为铁磁性材料、抗磁性材料和顺磁性材料。

（2）化学性能

化学性能是指材料与周围介质接触时抵抗发生化学或电化学反应的能力，主要有耐蚀性和热稳定性等。

1）耐蚀性

耐蚀性是指常温下材料抵抗各种介质侵蚀的能力。

2）热稳定性

热稳定性是指材料在高温下抵抗产生氧化现象的能力。

3）力学性能

力学性能是指材料在承受各种载荷时的行为。载荷类型通常分为静载荷、动载荷和变载荷。通过不同类型的试验，可以测得材料各种性质的性能判据。力学性能指标有强度、刚度、硬度、塑性、冲击韧性和疲劳极限等。这些指标是极为重要的力学性能指标，可通过试验方法测取，如拉伸试验、压缩试验、疲劳试验、硬度试验、冲击试验等。力学性能测试方法将以工程材料中使用最多的金属材料为例，在第2章中将做详细介绍。

**2. 工艺性能**

工艺性能是指材料的加工性能好，如能否用某种方法加工，是否容易加工等。本书所指的工艺性能，主要是指金属材料的加工性能，将在第2章中介绍。

## 五、学习《新编工程材料学及其基本实验》的基本要求

①建立工程材料和金属热处理完整概念，培养良好的工程意识。

②掌握必要的材料科学基础理论。

③熟悉各类常用结构工程材料，包括金属材料和新型金属材料、高分子材料、陶瓷等的成分、结构、性能、应用特点及牌号表示方法。

④掌握强化金属材料的基本途径。

⑤了解新型材料的应用及发展情况。

⑥初步掌握选择零件材料的基本原则和方法步骤，了解失效分析方法及其应用。

⑦掌握工程材料的几个基本实验。

学习过程中应注意理论联系实际，使学生在掌握理论知识的同时，提高分析问题和解决问题的工程实践能力；学生应注意观察和了解平时接触到的机械装置，按要求完成一定量的作业及复习思考题。

### 复习思考题和习题

0.1 何谓工程材料？

0.2 工程材料按化学性能可分为哪些？

0.3 工程材料的性能可分为哪两类？

0.4 本课程的任务是什么？

0.5 本课程的学习方法有哪些？

0.6 在本课程的学习中为什么要重视实验环节？

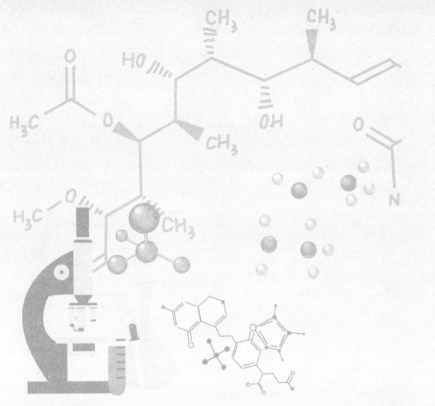

# 第1篇
# 金属材料和新型金属材料

金属材料是以金属键结合为主的材料,具有良好的导电性、导热性、延展性和金属光泽,是目前使用量最大、用途最广的工程材料。

金属材料分为黑色金属(钢铁)和有色金属(非铁金属)两大类。

黑色金属是指铁和以铁为基体的合金材料,即钢、铸铁材料,它占金属材料总量的95%以上。由于黑色金属具有力学性能优良、可加工性能好、价格低廉等特点,故在工程材料中一直占据主导地位。

除黑色金属之外的所有金属及其合金材料统称为有色金属。有色金属为轻金属(如铝、铜等)。

金属材料一般需要经过金属热处理后才能达到所需要的性能,因此在研究金属材料时必须要研究金属热处理的理论和实践。

# 第1章 金属材料的综述

金属材料是机械制造行业应用范围最广、最重要的工程材料。金属材料包括黑色金属（常用的有碳钢、铸铁和合金钢等）和有色金属（常用的有铜、铝、钛及其合金等）。金属材料不仅来源丰富，而且还具有优良的使用性能和工艺性能，可通过配制不同化学成分的合金及不同的成型工艺、热处理达到改变其组织和性能的目的，从而进一步扩大金属材料的使用范围。

## 1.1 金属的特性、应用及发展简史

### 1.1.1 金属的特性及应用

#### 1. 金属的特性

金属具有光泽（即对可见光强烈反射）性好、延展性好、容易导电和导热的特性，如图 1.1 所示。在自然界绝大多数金属以化合物的形式存在，少数金属（如金、铂、银）以单质的形式存在。

有光泽　　　　　能够导电　　　　　有延展性，能拉成丝

能展成薄片　　　　能够导热　　　　　能够弯曲

图 1.1　金属的特性

**2. 金属材料的应用举例**

在国民经济建设和人们日常生活中，金属材料无所不在。空中的飞机、水中的轮船、地面的火车、钢架结构的鸟巢、工程机械和各类生活用品几乎都是用金属材料制造的，如图1.2所示。可以说，没有金属材料人们将无法生存。

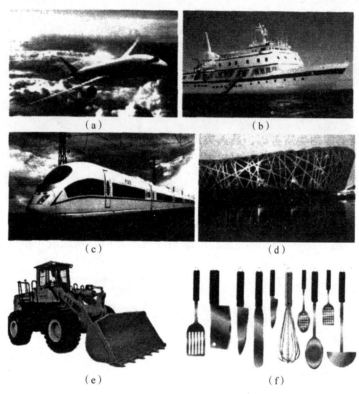

（a）　　　　　　　　　　　（b）

（c）　　　　　　　　　　　（d）

（e）　　　　　　　　　　　（f）

图 1.2　金属材料制品

（a）飞机；（b）轮船；（c）火车；（d）鸟巢；（e）工程机械；（f）生活用品

## 1.1.2　金属材料的发展简史

人类的进步和金属材料息息相关，如青铜器、铁器、现代的铝、当代的钛，它们在人类的文明进程中都扮演着重要的角色。

苏联在1957年把第一颗人造卫星送入太空（见图1.3），令美国人震惊不已，使人们认识到了在导弹火箭技术上的落后，关键是材料技术上的落后。因此，在其后的几年里，美国在十多所大学中陆续建立了材料科学研究中心，并把约2/3大学的冶金系或矿冶系改建成了冶金材料科学系或材料科学与工程系。

我国古代将金属分为五类，俗称五金，即金（俗称黄金）、银（俗称白金）、铜（俗称赤金）、铁（俗称黑金）、锡（俗称青金）5类金属。现在已将五金引申为常见的金属材料及金属制品，所以五金商店里销售的不仅仅是这5类金属的产品。

图 1.3　人造卫星及运载火箭

元素周期表里的 100 多种元素中，金属元素占了 3/4。虽然都是金属元素，但由于它们的原子结构不同，故其性能也存在很大的差异，其密度、硬度、熔点等相差很大。目前所知的金属之最，如表 1.1 所示。

表 1.1　金属之最

| 金属 | 性能或储量 |
| --- | --- |
| 铬 | 硬度最高 |
| 铯 | 硬度最低 |
| 钨 | 熔点最高 |
| 汞 | 熔点最低 |
| 锇 | 密度最大 |
| 锂 | 密度最小 |
| 金 | 延展性最好 |
| 银 | 导电性及导热性最好 |
| 钙 | 人体中含量最高 |
| 铝 | 地壳里含量最高 |
| 铼 | 地壳里含量最低 |
| 铌 | 耐蚀性最好 |
| 钛 | 比强度（强度与密度的比值）最大 |

## 1.2　金属材料的分类

### 1.2.1　金属、纯金属、合金

金属是由金属元素或以金属元素为主组成的并具有金属特性的材料。金属分为纯金属和合金两大类。

纯金属是指仅由一种金属元素组成的材料。纯金属在工业生产中虽然具有一定的用途，但由于它的强度、硬度一般都较低，而且价格较高，因此，在使用上受到一定的限制。目前在工业生产中广泛使用的主要是各种合金材料，如碳钢、铸铁、黄铜硬铝等。

上述合金是由两种或两种以上的金属元素或金属与非金属元素组成的材料。例如，普通黄铜是由铜和锌两种主要金属元素组成的合金，碳钢（又称碳素钢）主要是由铁和碳组成的合金。与纯金属相比，合金除具有更好的力学性能外，还可通过调整组成元素之间的比例，以获得一系列性能各不相同的合金，从而满足工业生产上不同的性能要求。

在金属材料中使用最多的是钢铁材料，这是由于它具有比其他材料更优越的性能，如物理性能、化学性能、力学性能和工艺性能等，更能适应生产和科学技术发展的需要。

### 1.2.2　金属材料的分类

金属材料的分类方法有多种，最常用的分类方法是按金属的颜色分类。

铁及其合金（钢铁材料）因原始颜色接近黑色，故称其为黑色金属；又因为黑色金属中主要成分是铁和碳，故也称其为铁碳合金。其他的非铁金属（如铜、铝等）及其合金（如铜合金、铝合金等）因其接近某种颜色，故称为有色金属材料。金属材料的分类如表1.2所示。

表1.2　金属材料的分类

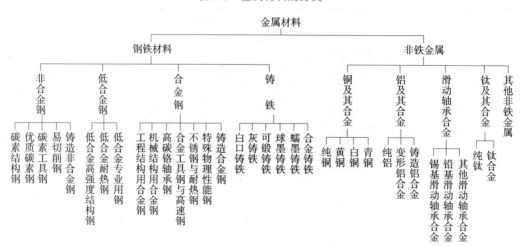

除此之外，还出现了许多新型的具有特殊性能的金属材料，如粉末冶金材料、非晶态属材料、纳米金属材料、单晶合金、超导合金，以及新型的金属功能材料（如永磁合金、形状记忆合金、超细金属隐身材料、超塑性金属材料、储氢合金）等。

## 1.2.3　碳素钢与合金钢的概述

黑色金属是经济建设中使用最广、用量最大的金属材料，在现代工农业生产中占有极其重要的地位。黑色金属中的碳素钢，由于价格低廉、便于冶炼、容易加工，且通过碳含量的增减和不同的热处理可使其性能得到改善，因此能满足很多生产上的要求，至今仍是应用最广泛的钢铁材料。但是，随着现代科学技术的发展，对钢铁材料的性能提出了越来越高的要求，即使采用各种强化途径，如热处理、塑性变形等，碳素钢的性能在很多方面仍然不能满足要求。

在碳素钢的基础上有意地加入一种或几种合金元素，使其使用性能和工艺性能得以提高的以铁为基础的合金称为合金钢。但是应当指出，合金钢并不是在一切性能上都优于碳素钢，其也有些性能指标不如碳素钢，且价格比较昂贵，所以必须正确地认识并合理地使用合金钢，使其发挥出最佳效用。

碳素钢与合金钢统称为工业用钢，是最主要的工程材料，也是本书重点研究介绍的主要内容之一。

## 1.2.4　非铁金属（有色金属）的概述

非铁金属（或有色金属）是除钢铁材料以外的其他金属材料的总称，如铝、镁、铜、锌、锡、铅、镍、钛、金、银、铂、钒、钼等金属及其合金就属于非铁金属。非铁金属种类较多，冶炼比较难，成本较高，故其产量和使用量远不如钢铁材料多。但是由于非铁金属具

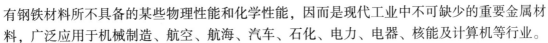

有钢铁材料所不具备的某些物理性能和化学性能，因而是现代工业中不可缺少的重要金属材料，广泛应用于机械制造、航空、航海、汽车、石化、电力、电器、核能及计算机等行业。

常用的非铁金属有铜及其合金、铝及其合金、滑动轴承合金、钛及其合金、硬质合金等。

# 1.3　钢铁材料生产过程

钢铁材料是铁和碳的合金，并含有少量的硅、锰、硫、磷等杂质元素。按碳的质量分数（碳含量）$\omega_C$，钢铁材料可分为工业纯铁（$\omega_C < 0.021\ 8\%$）、碳钢（$\omega_C = 0.021\ 8\% \sim 2.11\%$）和白口铸铁（$\omega_C > 2.11\%$）3 类。

生铁由铁矿石经高炉冶炼而得，它是炼钢和铸造件的原材料。

钢铁材料的生产过程由炼铁、炼钢和轧钢 3 个主要环节组成。首先，由铁矿石等原料经高炉冶炼获得生铁，高炉生铁除了获得铸铁件外，大部分用来炼钢。钢是由生铁经高温熔炼降低其碳含量和清除杂质后而得到的。钢液除少数浇成铸钢件以外，绝大多数都浇铸成钢锭或连铸坯，经过轧制或锻压制成各种型材（板材、棒材、管材、线材等）或锻件，供加工使用。图 1.4 为钢铁材料的生产过程示意图。本节主要介绍钢铁材料的前两个生产过程。

### 1. 炼铁

地壳中铁的储藏量比较丰富，大约占 4.2%（元素总量计），仅次于氧、硅及铝，居第 4 位，但是由于自然界中铁总是以化合物（氧化物、硫化物或碳酸盐等）的形式存在，不同的岩石中含铁品位差别较大，因此凡是可以利用目前的加工技术条件，从中经济地提取出金属铁的矿石，就称为铁矿石，如表 1.3 所示。矿石的品位决定其价格，即冶炼的经济性。一般将矿石中铁的质量分数高于 65%，且含硫、磷等杂质少的矿石，供直接还原法和熔融还原法使用；而矿石中铁的质量分数低于 50% ~ 65% 的矿石，则供高炉使用。我国目前富矿储量已较少，绝大部分都是铁的质量分数为 30% 左右的贫矿，需要经过选矿处理才能使用。

焦炭作为炼铁的燃料，一方面为炼铁提供热量，另一方面其在不完全燃烧时所产生的一氧化碳（CO），可作为使氧化铁和其他金属元素还原的还原剂。熔剂的作用是使铁矿石中的脉石和焦炭燃烧后的灰分转变成密度小、熔点低和流动性好的炉渣，并使之与铁水分离。常用的熔剂是石灰石（$CaCO_3$）。

在炼铁时，将炼铁原料分批装入高炉中，在高温和压力作用下，经过一系列化学反应，将铁矿石还原成铁。经高炉冶炼出的铁不是纯铁，其中含有碳、硅、锰、硫、磷等杂质元素，这种铁称为生铁，生铁是高炉冶炼的主要产品。根据用户的不同需要，生铁可分为如下两类。

（1）铸造生铁

这类生铁的断口呈暗灰色，其中硅的质量分数较高，用来制造和生产成型铸件。

（2）炼钢生铁

这类生铁的断口呈亮白色，其中硅的质量分数较低，用来在炼钢炉中炼钢。

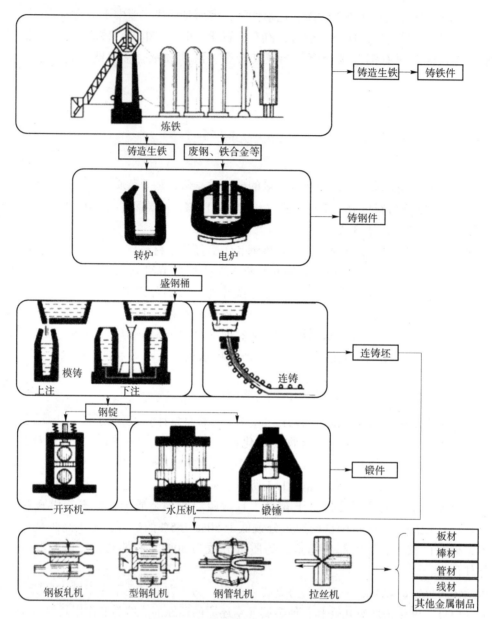

图 1.4　钢铁材料的生产过程示意图

　　高炉炼铁产生的副产品是煤气和炉渣，高炉排除的炉气中含有大量的 $CO$、$CH_4$ 和 $H_2$ 等可燃气体，具有很高的经济价值，可以回收利用。高炉炉渣的主要成分是 $CaO$ 和 $SiO_2$，可以回收利用来生产水泥、渣棉和渣砖等建筑材料。

表 1.3　不同种类的铁矿石

| 矿石名称 | 矿物名称 | 理论含铁量/% | 密度/（g·cm⁻³） | 颜色 | 强度及还原性 |
|---|---|---|---|---|---|
| 磁铁矿 | 磁铁矿（$Fe_3O_4$） | 72.4 | 5.2 | 黑或灰有光泽 | 坚硬、致密、难还原 |
| 赤铁矿 | 赤铁矿（$Fe_2O_3$） | 70.0 | 4.9~5.3 | 红或浅灰 | 软、易破碎、易还原 |

| 矿石名称 | 矿物名称 | 理论含铁量/% | 密度/(g·cm$^{-3}$) | 颜色 | 强度及还原性 |
|---|---|---|---|---|---|
| 褐铁矿 | 水赤铁矿（2Fe$_2$O$_3$，H$_2$O） | 66.1 | 4.0~5.0 | 黄褐 | 疏松、易还原 |
| | 针赤铁矿（Fe$_2$O$_3$，H$_2$O） | 62.9 | 4.0~4.5 | | |
| | 水针赤铁矿（3Fe$_2$O$_3$，4H$_2$O） | 60.9 | 3.0~4.4 | | |
| | 褐铁矿（2Fe$_2$O$_3$，3H$_2$O） | 60.0 | 3.0~4.0 | 暗褐或绒黑 | 疏松、易还原 |
| | 黄针铁矿（Fe$_2$O$_3$，2H$_2$O） | 57.2 | 3.0~4.0 | | |
| | 黄赭石（Fe$_2$O$_3$，3H$_2$O） | 55.2 | 2.5~4.0 | | 疏松、易还原 |
| 菱铁矿 | 菱铁矿（FeCO$_3$） | 48.2 | 3.8 | 灰带有黄褐 | 易破碎、易还原 |

生产铁的主要方法是高炉炼铁，其主要原料是铁矿石（Fe$_3$O$_4$）、燃料（焦炭）和熔剂（石灰石）。

**2. 炼钢**

炼钢是以生铁（铁水和生铁锭）和废钢为主要原料，此外，还有熔剂（石灰石、萤石）、氧化剂（O$_2$和铁矿石）和脱氧剂（铝、硅铁和锰铁）等。炼钢的主要任务是利用氧化作用将铁液中的碳及其他杂质元素减少到规定的化学成分范围内，从而得到所需的钢，所以用生铁炼钢实质上是一个氧化过程。

（1）炼钢方法

现代炼钢方法主要有转炉炼钢法和电炉炼钢法。

1）转炉炼钢法

转炉炼钢法是采用氧气顶吹转炉，主要原料为生铁和废钢，以化学反应的化学热为热源，主要产品为碳素钢和低合金钢，其主要特点是冶炼速度快，生产效率高，成本低。钢的品种较多，质量较好，适合于大量生产。

2）电炉炼钢法

电炉炼钢法是采用电弧炉，主要原料为废钢，以电能为热源，主要产品为合金钢，其主要特点是炉料通用性大，炉内气氛可以控制，脱氧良好，能冶炼难熔合金钢。钢的质量优良，品种多样。

（2）钢的脱氧

钢液中的过剩氧气与铁生成氧化物，对钢的力学性能会产生不良的影响，因此，必须在浇注前对钢液进行脱氧。按钢液脱氧程度的不同，钢可分为镇静钢（Z）、沸腾钢（F）、半镇静钢（b）、特殊镇静钢（TZ）4种。

1）镇静钢

镇静钢是指脱氧完全的钢，钢液冶炼后期用锰铁、硅铁和铝块进行充分脱氧，钢液在钢锭模内平静地凝固。这类钢锭化学成分均匀，内部组织致密，质量较高。但由于钢锭头部形成较深的缩孔，轧制时被切除，故钢材浪费较大。

2）沸腾钢

沸腾钢是指脱氧不完全的钢。钢液在冶炼后期仅用锰铁进行不充分的脱氧。钢液浇入钢锭模后，钢液中的 FeO 和碳相互作用，脱氧过程仍在进行（$FeO+C \rightarrow Fe+CO(\uparrow)$），生成的 CO 气体引起了钢液沸腾。凝固时大部分气体逸出，少量气体被封闭在钢锭内部，形成许多小气泡。这类钢锭不产生缩孔，切头浪费小。但是，其化学成分不均匀，组织不够致密，质量较差。

3）半镇静钢

半镇静钢的脱氧程度和性能状况介于镇静钢和沸腾钢之间。

4）特殊镇静钢

特殊镇静钢的脱氧质量优于镇静钢，其内部材料均匀，非金属夹杂物含量少，可满足特殊需要。

（3）钢的浇注

钢液经脱氧后，除少数用来浇铸成铸钢件外，其余都浇铸成钢锭或连铸坯。钢的浇注方法有模铸法和连铸法两种。

1）模铸法

模铸法是指把钢液经过浇注系统从下部或者直接从上部注入金属锭模内，待其冷凝后脱模，得到金属铸锭。这种方法的适应性较强，但锭模准备工作复杂，劳动条件很差，钢锭的组织不够致密均匀，轧材时切头、切尾多，成材率低，浇注系统的废品、弃品损失大，在现代化的炼钢车间中已逐渐被连铸法所代替。

2）连铸法

连铸法是指把钢液连续不断地注入水冷结晶器中，强制冷却结晶成一定厚度的结晶外壳后，由引锭装置以适当的速度从结晶器中拉出，再继续喷水冷却至完全凝固，定尺切割成钢坯供轧材使用。

连铸法整个浇注过程在一条机械化、自动化、连续化的作业线上进行，劳动条件好。轧制时不需开坯即可直接成材。其适合于与氧气转炉炼钢等高效率的冶金设备配套，使冶金、浇注、成材实现连续化流水作业，从而大大改变钢铁企业的生产面貌。因此，连铸法是新建炼钢车间或原有炼钢车间技术改造的重要方向之一。

一般的金属型材，如棒材、板材、管材和线材等大都是轧制、挤压和拉拔等工艺中需要承受载荷的重要零部件，如机器的主轴、重要的齿轮、炮弹的弹头、汽车的前桥等，必须要用锻造工艺制造。

# 1.4 我国金属材料及其加工工艺的发展情况

"金属材料学"是人类在长期生产实践中发展起来的一门学科。我国是世界上使用金属材料最早的国家之一，早在 6 000 年前的新石器时代我国就已会冶炼和使用黄铜。大量出土的青铜器表明在商代（公元前 1 562~公元前 1 066 年）我国的青铜冶炼、铸造技术就已达到了很高的水平。例如，在河南省安阳市出土的 875 kg 的司母戊鼎，其体积庞大、花纹精巧、造型精美，是迄今为止世界上最古老的大型青铜器，在当时的条件下要浇注出这样庞大的金属器物，如果没有科学的劳动分工和先进的冶炼、铸造技术，是不可能制造出来的。

公元前6世纪的春秋末期，我国就已出现了人工冶炼的铁器，比欧洲生铁的出现早1 900多年；东汉时期我国就掌握了炼钢技术，比其他国家早1 600多年。例如，1953年在我国河北省兴隆地区出土的用来铸造农具的铁模子，表明铁制农具早在我国春秋战国时期就已大量应用于农业生产中；1965年在湖北省江陵出土的越王勾践青铜剑，虽然其在地下深埋了2 000多年，但它在出土时却没有一点锈斑，依然完好如初，锋利无比，表明当时人们已经掌握了金属的冶炼、锻造、热处理和防腐蚀等先进技术；在河南省辉县发现的琉璃阁战国墓中，殉葬铜器的耳和足是用钎焊方法与本体连接在一起的，表明在战国时期我国就已经采用了焊接技术。

与此同时，我国劳动人民在长期的生产实践中也总结出了一套比较完整的金属材料加工工艺经验著述，如先秦时代的《考工记》、宋代沈括的《梦溪笔谈》、明代宋应星的《天工开物》等著作中，都有冶炼、铸造、锻造、淬火等各种金属加工方法的记载。

历史事实充分说明，我国古代劳动人民在金属材料及其加工工艺方面取得了辉煌的成就，为世界文明和人类的进步做出了巨大贡献。

中华人民共和国成立之后，在金属材料及其加工工艺研究等方面都有了突飞猛进的发展，新材料和新工艺的出现推动了机械制造、矿山冶金、交通运输、石油化工、电子仪表、航天航空等现代化工业的发展。原子弹、氢弹、导弹、人造地球卫星、宇宙飞船等重大项目的研究与试验的成功，都标志着我国在金属材料及其加工工艺方面的发展达到了世界先进水平。

特别是改革开放以来，社会生产力和经济建设进入了新的历史发展阶段，材料和加工工艺的发展突飞猛进。2019年我国钢铁的年产量已超过9亿吨，占该年世界钢铁总产量的一半。机械制造加工的新技术、新工艺和计算机技术已广泛应用于生产过程中，使企业的面貌得到了迅速改变，许多机械制造企业正在向生产过程自动化逐步发展。

金属材料及热加工工艺技术的发展和应用，对我国现代化水平的发展和生产力的提高均具有非常重要的意义。

**本章小结**

①金属材料通常可分为黑色金属和有色金属两大类。黑色金属又分为非合金钢（俗称碳素钢，简称碳钢）、低合金钢、合金钢和铸铁等。有色金属又分为铜及其合金、铝及其合金、滑动轴承合金、钛及其合金等。

②钢铁材料是铁和碳的合金，并含有少量的硅、锰、硫、磷等杂质元素。按碳的质量分数，钢铁材料可分为工业纯铁（$\omega_C < 0.021\ 8\%$）、碳钢（$\omega_C = 0.021\ 8\% \sim 2.11\%$）和白口铸铁（$\omega_C > 2.11\%$）3类。

③生铁由铁矿石经高炉冶炼而得，它是炼钢和铸造件的原材料。

④炼钢是以生铁和废钢为主要原料炼成，炼钢的主要任务是利用氧化作用将铁液中的碳及其他杂质元素减少到规定的化学成分范围内，从而得到所需的钢。炼钢方法主要有转炉炼钢法和电炉炼钢法。

⑤钢材是钢锭或钢坯通过压力加工制成我们所需要的各种形状、尺寸和性能的材料。根据断面形状的不同，一般分为棒材、板材、管材、线材和其他金属制品5大类。

## 复习思考题和习题

1.1 简述金属的特性。

1.2 金属材料最常用的分类方法是按什么分类的？怎样分类的？

1.3 炼铁的主要原料有哪些？

1.4 简述转炉炼钢法和电炉炼钢法的区别和特点。

1.5 镇静钢和沸腾钢之间的特点有何不同？

1.6 钢材的生产加工方法有哪几种？各适合生产什么产品？

# 第2章 金属材料的性能

金属材料由于品种多，能够满足各种机械产品不同的性能要求，因此在机械制造中被广泛应用。为了能合理选择和使用金属材料，充分发挥金属材料的潜力，应充分了解和掌握金属材料的有关性能。金属材料的性能一般分为使用性能和工艺性能。金属材料的使用性能反映了金属材料在使用过程中表现出来的特性，其中金属材料的力学性能尤为重要；金属材料的工艺性能反映了金属材料在制造加工过程中表现出来的各种特性，包括铸造性能、锻压性能、焊接性能、热处理性能、切削加工性能等。

本章仅就上述这些重要性能作为重点进行介绍。

## 2.1 金属材料的力学性能

金属材料的力学性能是指材料在外加载荷作用下表现出来的特性。它取决于材料本身的化学成分和材料的组织结构。载荷性质、环境温度、介质等外在因素的不同用来衡量材料力学性能的指标也不同。常用的力学性能指标有强度、塑性、硬度、韧性和疲劳强度等。本节主要介绍强度和硬度两种金属材料的力学性能指标。

### 2.1.1 强度

强度是指金属在外力作用下抵抗永久变形和断裂的能力。金属材料的强度与塑性指标是通过拉伸试验测得的。

**1. 拉伸试验**

拉伸试验是在拉伸试验机上进行的。试验之前，先将被测金属材料按照 GB/T 228—2019《金属材料拉伸试验》要求制成标准试样。图 2.1(a)为圆柱形拉伸试样，$d_0$ 为试样原始直径，$L_0$ 为试样原始标距长度。

试验时，将试样装夹在拉伸试验机上，在试样两端缓慢地施加轴向拉伸载荷，随着载荷地不断增加，试样被逐步拉长，直到被拉断为止。在拉伸过程中，拉伸试验机将自动记录每一瞬间的载荷 $F$ 与伸长量 $\Delta L$ 之间的变化曲线，即拉伸曲线。

图 2.2 为低碳钢的拉伸曲线。从图中可以看出，低碳钢在拉伸过程中伸长量 $\Delta L$ 与载荷 $F$ 之间有如下关系。

$Op$ 段：该段为一条斜线，在此区间伸长量 $\Delta L$ 与载荷 $F$ 成正比关系，完全符合虎克定律；去除载荷，试样能完全恢复到原来的尺寸和形状，属于弹性变形阶段。

$pe$ 段：在该区间，拉伸曲线开始偏离直线，伸长量 $\Delta L$ 与载荷 $F$ 之间不符合虎克定律；但去除载荷后，试样仍能恢复到原来的尺寸和形状，因此该阶段仍属于弹性变形阶段。

$es$ 段：该段曲线呈水平或锯齿形，试样表现为在载荷不增加的情况下，伸长量却继续增加；去除载荷后，试样已不能恢复原状，开始出现塑性变形，这种现象称为屈服。

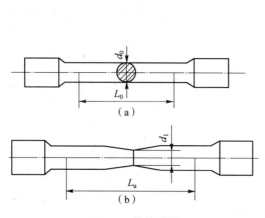

图 2.1　拉伸试样

（a）圆柱形拉伸试样；（b）拉断后的圆柱形试样

图 2.2　低碳钢的拉伸曲线

$sb$ 段：当载荷超过屈服强度载荷后，试样的伸长量 $\Delta L$ 随载荷 $F$ 的增加继续伸长直到 $b$ 点，该阶段试样为均匀变形阶段。

$bk$ 段：该段试样的局部开始收缩，产生"缩颈"现象，由于试样局部截面逐渐减小，其承受载荷的能力也不断下降，直至到达 $k$ 点时试样被拉断。

**2. 强度指标**

强度是用应力来表示的。当材料受载荷时做一个与载荷相平衡的内力。材料单位面积上的内力称为应力，用 $R$ 表示，单位为 MPa。其计算公式为

$$R = \frac{F}{S_0} \tag{2.1}$$

式中：$F$——试样所承受的载荷，单位为 N；

　　　$S_0$——试样的原始截面积，单位为 $mm^2$。

材料强度的高低是以其能承受的应力大小来表示的，根据拉伸试验可得到金属材料的以下强度指标。

（1）屈服强度

屈服强度是指当金属材料呈现屈服现象时，在试验期间达到塑性变形而力不增加的应力点。金属材料的屈服强度分为上屈服强度和下屈服强度，如图 2.3 所示。

1）上屈服强度

上屈服强度是指试样发生屈服而力首次下降前的最大应力，用 $R_{eH}$ 表示。

2）下屈服强度

下屈服强度是指在屈服期间，不计初始瞬时效应的最小应力，用 $R_{eL}$ 表示。当金属材料在拉伸试验过程中没有明显屈服现象发生时，可测定规定塑性延伸强度（$R_p$）或规定残余延伸强度（$R_r$）。

（2）抗拉强度

抗拉强度是指试样被拉断前所能承受的最大应力值。用 $R_m$ 表示，单位为 MPa。其计算公式为

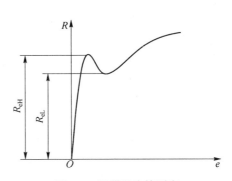

图 2.3　屈服强度的测定

$$R_m = \frac{F_m}{S_0} \quad (2.2)$$

式中：$F_m$——试样断裂前所承受的最大载荷，单位为 N；

$S_0$——试样的原始截面积，单位为 $mm^2$。

屈服强度、抗拉强度是金属材料的两个重要力学性能指标，也是大多数机械零件选材和设计的依据。零件在工作过程中承受的最大应力值不能超过其屈服强度，否则会引起零件的塑性变形；更不能在超过其抗拉强度的条件下工作，否则会导致零件的断裂破坏。

**3. 塑性指标**

塑性是材料在外力的作用下产生塑性变形而不被破坏的能力。金属材料的塑性指标可以用试样被拉断时的最大相对变形量来表示，常用的塑性指标有断后伸长率和断面收缩率。

1）断后伸长率

断后伸长率是试样被拉断后的标距增长量（$L_u - L_0$）与原始标距（$L_0$）之比的百分数，用符号 $A$ 表示。断后伸长率可用下式进行计算，即

$$A = \frac{L_u - L_0}{L_0} \times 100\% \quad (2.3)$$

式中：$L_u$——拉断后试样标距的长度，单位为 mm；

$L_0$——试样的原始标距长度，单位为 mm。

材料的断后伸长率是随原始标距长度的增大而减小的，所以同一材料的短试样要比长试样测得的断后伸长率大，对局部集中变形特别明显的材料，甚至可大到 20%~50%。

拉伸试验采用的拉伸试样为原始标距与横截面积有 $L_0 = k\sqrt{S_0}$ 关系的比例试样。对于比例试样，国际上使用 $k = 5.65$ 的短比例试样，其断后伸长率用 $A$ 表示，短试样的原始标距应不小于 15 mm。当试样横截面积太小，以致采用比例系数 $k = 5.65$ 不能符合这一最小标距要求时，可以采用 $k = 11.3$ 的长比例试样，其断后伸长率用 $A_{11.3}$ 表示或采用非比例试样。

2）断面收缩率

断面收缩率是指试样被拉断后试样处横截面积的最大缩减量（$S_0 - S_u$）与原始横截面积（$S_0$）之比的百分数，用符号 $Z$ 表示。断面收缩率可用下式进行计算，即

$$Z = \frac{S_0 - S_u}{S_0} \times 100\% \quad (2.4)$$

式中：$S_0$——试样的原始横截面积，单位为 $mm^2$；

$S_u$——试样断口处的最小横截面积，单位为 $mm^2$。

材料的塑性指标通常不直接用于工程设计计算，但材料的塑性对零件的加工和使用都具有重要的实际意义。塑性好的材料不仅能顺利地进行锻压、轧制等塑性变形加工，而且零件在使用过程中偶然超载时，由于能产生一定的塑性变形而不致突然断裂，从而能提高产品的安全性。所以大多数机械零件除要求具有较高的强度外，还必须具有一定的塑性。

### 2.1.2 硬度

材料抵抗其他硬物压入其表面的能力称作硬度，是材料的重要性能之一，也是检验机械零件质量的一项重要指标。例如，在设计两个互相摩擦的零件时，经常需要在图纸上注明这两个配对零件在硬度上的不同要求。由于测定硬度的试验设备简单，操作方便、迅速，又属无损检验，故在生产、科研中应用十分广泛。

硬度测定方法有多种，其中压入法在生产中的应用最为普遍。压入法是在规定试验力的作用下，将压头压入金属表面，然后根据压痕的面积大小或深度测定其硬度值。目前生产中应用较多的是布氏硬度试验法、洛氏硬度试验法和维氏硬度试验法。

#### 1. 布氏硬度试验法

布氏硬度试验法是用压头直径为 $D$ 的硬质合金球，在规定试验力 $F$ 的作用下压入被测金属表面，保持规定时间后卸除试验力，在被测金属表面上留下一平均直径为 $d$ 的压痕，测量压痕的平均直径 $d$，并由此计算出压痕的球缺面积 $S$，如图 2.4 所示，然后计算出单位压痕面积上所承受的平均压力，以此作为被测金属的布氏硬度。布氏硬度的计算公式为

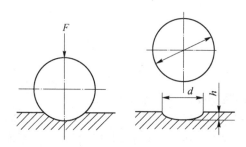

图 2.4　布氏硬度试验法的原理图

$$HBW = \frac{F}{S} = 0.102\frac{2F}{\pi D(D-\sqrt{D^2-d^2})} \tag{2.5}$$

式中：$F$——试验力，单位为 N；

$\quad\quad D$——压头的直径，单位为 mm；

$\quad\quad d$——压痕的平均直径，单位为 mm。

根据 GB/T 231.1—2018《金属材料布氏硬度试验第 1 部分：试验方法》规定，压头直径有 10 mm、5 mm、2.5 mm 和 1 mm 4 种规格，试验力–压头球直径平方的比率（$0.102\times F/D^2$）有 30、15、10、5、2.5 和 1 共 6 种。不同材料的试验力–压头球直径平方的比率可根据表 2.1 选定。在运用布氏硬度试验法时也要根据金属硬软程度、工件厚薄选择不同的压头直径 $D$、试验力 $F$ 和试验力的保持时间。布氏硬度试验法适合于测定布氏硬度小于 650 的

材料。

布氏硬度的标注方法为"硬度值+ HBW+压头直径+试验力（对应 kgf）+试验力保持时间"。一般试验力保持时间为 10～15 s 时不标出。例如：180 HBW 10/1 000/30 表示用直径为 10 mm 的压头，在对应 1 000 kgf( 9 807 N) 试验力作用下保持 30 s 测得的布氏硬度为 180；500 HBW 5/750 表示用直径为 5 mm 的压头，在对应 750 kgf( 7 355 N) 试验力作用下保持 10～15 s 测得的布氏硬度为 500。

表 2.1　不同材料的试验力-压头球直径平方的比率

| 材料 | | 布氏硬度/HBW | 试验力-压头球直径平方的比率 / ( N · mm$^{-2}$) |
|---|---|---|---|
| 钢、镍基合金、铁合金 | | | 30 |
| 铸铁* | <140 | | 10 |
| | ≥140 | | 30 |
| 铜及其合金 | <35 | | 5 |
| | 35～200 | | 10 |
| | >200 | | 30 |
| 轻金属及其合金 | <35 | | 2.5 |
| | 35～80 | | 5、10、15 |
| | >80 | | 10、15 |
| 铅、锡 | | | 1 |

\* 对于铸铁试验，压头的名义直径应为 2.5 mm、5 mm 或 10 mm。

布氏硬度的优点是测定的数据准确、稳定，数据重复性强。另外，由于布氏硬度与抗拉强度 $R_m$ 有一定的经验关系，如钢的 $R_m = (3.4～3.6) MPa$；灰铸铁的 $R_m = 0.98 MPa$。因此，其被得到广泛应用，常用于测定退火、正火、调质钢、铸铁及有色金属的硬度。其缺点是压痕较大，易损坏成品的表面，不能测定太薄的试样硬度。

**2. 洛氏硬度试验法**

洛氏硬度试验法是将压头（金刚石圆锥或硬质合金球）在规定试验力作用下压入被测金属表面，由压头在金属表面形成的压痕深度来确定其硬度值。试验时，先加 98.07 N 的初试验力，然后加主试验力，在初试验力+主试验力（总试验力）的压力下保持一段时间之后，去除主试验力，在保留初试验力的情况下，根据试样的压痕深度来衡量金属硬度的大小。

图 2.5 为金刚石圆锥压头的洛氏硬度试验法的原理图。图中，0—0 为金刚石圆锥压头的初始位置；1—1 为在初试验力作用下，压头压入深度为 $h_0$ 的位置，加初试验力的目的是使压头与试样表面紧密接触，避免由于试样表面不平整而影响试验结果的精确性；2—2 为在总试验力的作用下，压头压入深度为 $h_1$ 时的位置；3—3 为卸除主试验力后由于被测金属弹性变形恢复，使压头略微提高的位置。测定在初试验力下压痕残余深度 $h$，以此来衡量被测金属的硬度。

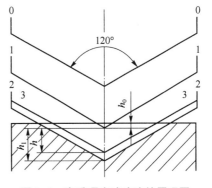

图 2.5　洛氏硬度试验法的原理图

根据 $h$ 值及常数 $N$ 和 $S$ 用下式计算洛氏硬度即

$$HR = N - \frac{h}{S} \tag{2.6}$$

式中：$N$ 为常数，当压头为金刚石圆锥时，$N = 100$；当压头为硬质合金球时，$N = 130$。

为了能用同一硬度测试原理测量从极软到极硬材料的硬度，可采用不同的压头和试验力，组成几种不同的洛氏硬度标尺，其中常用的是 A、B、C 3 种标尺。表 2.2 为这 3 种标尺的试验条件和应用范围。

表 2.2　常用洛氏硬度标尺的试验条件和应用范围

| 标尺 | 硬度符号 | 所用压头 | 总试验力/N | 硬度值有效范围 | 应用范围 |
|---|---|---|---|---|---|
| A | HRA | 金刚石圆锥 | 588.4 | 20~88 HRA | 硬质合金、碳化物、浅表面硬化钢 |
| B | HRB | 直径为 1.587 5 mm 硬质合金球 | 980.7 | 20~100 HRB | 热轧钢、退火钢、铜合金、铝合金、可锻铸铁 |
| C | HRC | 金刚石圆锥 | 1 471 | 20~70 HRC | 淬火钢、调质钢、深层表面硬化钢 |

洛氏硬度的表示方法为"硬度值+HR+使用的标尺"。例如：60HRC 表示用 C 标尺测定的洛氏硬度为 60。在试验时，洛氏硬度均在硬度计的刻度盘上直接读出。

洛氏硬度试验法是目前生产中应用最为广泛的一种硬度测试方法。其特点是硬度试验压痕小，对试样表面损伤小，常用来直接检验成品或半成品零件的硬度；试验操作迅速、简便，可以从试验机上直接读出硬度值；当采用不同标尺时，可测量出从极软到极硬材料的硬度。其缺点是由于压痕小，对内部组织和硬度不均匀的材料，所测结果不够准确。因此，在运用洛氏硬度试验法时应在被测金属的不同位置测出 3 个点以上的硬度值，再计算其平均值。

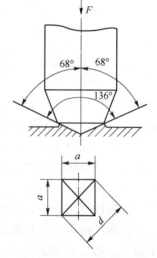

图 2.6　维氏硬度试验法的原理图

3. 维氏硬度试验法

维氏硬度试验法的测定原理与布氏硬度试验法相同，不同的是，维氏硬度试验法采用的是一个对面夹角为 136° 的正四棱锥体金刚石压头。在测试硬度时用一定的试验力 $F$ 将压头压入被测金属表面，保持规定时间后卸除试验力，则被测金属表面会压出一个正四棱锥形的压痕，测量试样表面压痕对角线的平均长度 $d$，从而计算出压痕的表面积 $S$，如图 2.6 所示。用单位压痕面积上承受的平均压力作为被测金属的维氏硬度，维氏硬度的计算公式为

$$HV = \frac{F}{S} = 0.102 \frac{F}{\dfrac{d^2}{2\sin 68}} = 0.189\ 1 \frac{F}{d^2} \tag{2.7}$$

式中：$F$——试验力，单位为 N；

$d$——两条压痕对角线长度的平均值，单位为 mm。

维氏硬度的标注方法为"硬度值+HV+试验力（对应 kgf）+试验力保持时间"。一般试验力保持时间为 10~15 s 时不标出。例如：600 HV 50 表示在 50 kgf（490.3 N）试验力的作用

下，保持 10~15 s 测得的维氏硬度为 600；800 HV 30/20 表示在 30 kgf（294.2 N）试验力的作用下，保持 20 s 测得的维氏硬度为 800。

维氏硬度适用范围广，从极软到极硬的材料都可以进行测量，且连续性好，可测量较薄或表面硬度值较大的材料的硬度，尤其适用于零件表面层硬度的测量，如化学热处理的渗层硬度测量。但在运用维氏硬度试验法时对试样表面质量要求较高，测试过程比较麻烦，效率较低，没有洛氏硬度试验法方便，因此不适用于生产现场的常规试验；且因其施加的试验力小，压入深度较浅，故所测数据精确度不高。

## 2.2　冲击韧性、疲劳强度、断裂韧性

强度、塑性、硬度等力学性能指标都是在静载荷的作用下测定的，但实际上使用的大多数零件和工具在工作过程中往往受到的是冲击力或变动载荷的作用，如锻锤的锤杆、冲床的冲头等，这些工件除要求强度、塑性、硬度外，还必须具有足够抵抗冲击力和变动载荷的能力，即需要材料具有足够高的韧性。

### 2.2.1　冲击韧性

冲击韧性是指金属材料抵抗冲击力而不受破坏的能力。为了评定金属材料的冲击韧性，需进行一次冲击试验。一次冲击试验通常是在摆锤式冲击试验机上进行的，为了使试验结果能进行相互比较，需要将被测金属按 GB/T 229—2020《金属材料 夏比摆锤冲击试验方法》规定加工成图 2.7 所示的 U 形缺口试样和 V 形缺口试样两种。

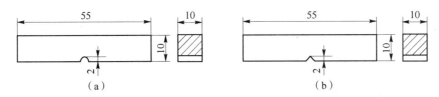

图 2.7　冲击试样

（a）U 形缺口试样；（b）V 形缺口试样

冲击试验是将规定几何形状的缺口试样置于试验机两支座之间，缺口背向打击面放置，用摆锤一次打击试样，测定试样的吸收能量。试验时将冲击试样放在试验机两支座 1 处（见图 2.8），使质量为 $m$ 的摆锤自高度 $h_1$ 自由落下，冲断试样后摆锤升高到高度 $h_2$，摆锤在冲断试样过程中所消耗的能量即为试样在一次冲击力作用下折断时所吸收的能量，称为冲击吸收能量，用符号 $K$ 表示，即

$$K = mg(h_1 - h_2) \tag{2.8}$$

根据两种试样缺口形状的不同，冲击吸收能量分别用 $KU$ 或 $KV$ 表示，单位为焦耳（J）。冲击吸收能量不需计算，可在冲击试验机的刻度盘上直接读出。

冲击吸收能量愈大，材料的韧性愈好。一般把冲击吸收能量低的金属材料称为脆性材料，把冲击吸收能量高的金属材料称为韧性材料。脆性材料在断裂前无明显的塑性变形，断

口较平整，呈晶状或瓷状，有金属光泽；韧性材料在断裂前有明显的塑性变形，断口呈纤维状，无光泽。

冲击吸收能量的大小与试验温度有关。有些材料在室温（20 ℃左右）试验时不显示脆性，而在较低温度下可能发生脆性断裂，从图 2.9 中可以看出，在某一温度处，冲击吸收能量会急剧下降，金属材料由韧性断裂转变为脆性断裂，这一温度区域称为韧脆转变温度。材料的韧脆转变温度越低，材料的低温抗冲击性能越好。

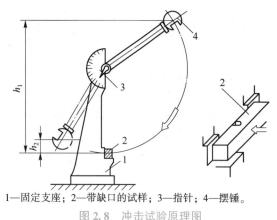

1—固定支座；2—带缺口的试样；3—指针；4—摆锤。

图 2.8　冲击试验原理图　　　　图 2.9　冲击吸收能量-温度（$K$-$T$）曲线

冲击吸收能量的高低还与试样形状、尺寸、表面粗糙度、内部组织和缺陷有关。因此，冲击吸收能量一般作为选材的参考，不能直接用于强度计算。

## 2.2.2　疲劳强度

### 1. 交变载荷和疲劳断裂

工程上许多机械零件如弹簧、齿轮、曲轴、连杆等都是在交变载荷作用下工作的。所谓交变载荷是指其大小、方向随时间发生周期性循环变化的载荷，又称循环载荷。零件在交变载荷作用下发生断裂的现象称为疲劳断裂。疲劳断裂属于低应力脆断，其特点是断裂时的应力远低于材料静载荷下的抗拉强度，甚至是屈服强度；无论是韧性材料还是脆性材料，其断裂前均无明显的塑性变形，是一种无预兆的、突然发生的脆性断裂，故危险性极大。据统计，在机械零件的断裂失效中，80%以上均属于疲劳断裂。

### 2. 疲劳强度

评定材料疲劳抗力的指标是疲劳强度，即表示材料经受无限多次循环而不断裂的最大应力，记为最大应力 $R_r$，下标 r 为应力对称循环系数。对于金属材料，通常按 GB/T 4337—2015《金属材料 疲劳试验 旋转变曲方法》，用旋转弯曲试验方法测定在对称应力循环条件下材料的疲劳极限 $\sigma_{-1}$。试验时用多组试样，在不同的交变应力 $R$ 下测定试样发生断裂的周次 $N$，绘制 $R$-$N$ 曲线，如图 2.10所示。对钢铁材料和有机玻璃等，当其应力

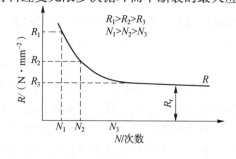

图 2.10　疲劳曲线

降到某值后，$R$-$N$ 曲线趋于水平直线，此直线对应的应力即为疲劳极限。大多数有色金属及其合金和许多聚合物（高分子化合物），其疲劳曲线上没有水平直线部分。工程上常规定当 $N=10^8$ 时，对应的应力为条件疲劳极限。

常用工程材料中，陶瓷和聚合物的疲劳抗力很低，不能用于制造承受疲劳载荷的零件；金属材料疲劳强度较高，所以抗疲劳的机件几乎都选用金属材料；纤维增强复合材料也有较好的抗疲劳性能，因此复合材料已越来越多地被用于制造抗疲劳的机件。

影响疲劳强度的因素有很多，主要有循环应力特性、温度、材料的成分和组织、表面状态、残余应力等。钢的疲劳强度约为其抗拉强度的 40%～50%，有色金属约为 25%～50%。因此，改善零件疲劳强度可通过合理选材、改善材料的结构形状、减少材料和零件的缺陷、降低零件表面粗糙度、对零件表面进行强化等方法解决。

## 2.2.3　材料的断裂韧性

传统工程设计理论认为，零件的最大工作应力 $R_{t0.2}$ 小于材料的许用应力 $[R]$（通常 $[R] \leqslant R_{t0.2}/n$，$n$ 为安全系数）时是安全可靠的。然而，某些高强度材料零件和中、低强度材料制造的大型件往往在工作应力远低于材料的屈服强度时就发生脆性断裂甚至引起灾难性的破坏事故。例如，20 世纪 50 年代，美国北极星导弹的固体燃料发动机壳体，采用屈服强度为 1 400 N/mm$^2$ 的超高强度钢制造，设计时的工作应力远低于材料的屈服强度，但发射点火后不久，就发生了爆炸。这种在低于材料屈服强度时发生的脆性断裂称为低应力脆断。

研究表明，造成低应力脆断的根本原因是材料中宏观裂纹的扩展。上述北极星导弹发动机壳体的爆炸就是在破坏处存在有小于 1 mm 的裂纹引起的。事实上，由于材料冶炼和零件的加工、使用等原因，材料中不可避免地存在着既存或后生的微小宏观裂纹。这些裂纹可能是原材料生产过程中的冶金缺陷（如气孔、缩孔、非金属夹杂物等）在使用过程中发展成的裂纹；也可能是加工过程中产生的裂纹（如各种热处理裂纹、焊接裂纹等）；或是在使用过程中产生的裂纹（如疲劳裂纹、应力腐蚀裂纹等）。在外力作用下，这些裂纹会发生扩展，当裂纹长度达到某一临界尺寸时，就会迅速失稳扩展，导致发生低应力脆断。断裂韧性就是表征材料抵抗裂纹失稳扩展能力的力学性能指标。

研究表明，由于裂纹的存在，在外力作用下，裂纹尖端必定会产生应力集中。按照断裂力学理论，裂纹尖端附近的实际应力值取决于零件上所施加的名义工作应力 $R$、其内的裂纹半长口（单位为 mm）及与裂纹尖端的距离等因素。为了表征裂纹尖端所形成的应力场的强弱程度，引入了应力场强度因子 $K_I$ 的概念。其计算公式为

$$K_I = YRa^{1/2} \qquad\qquad (2.9)$$

式中，$Y$ 为零件中裂纹的几何形状因子；$K_I$（单位为 N·mm$^{-2}$·m$^{1/2}$ 或 MN·m$^{-3/2}$）值越大，表明裂纹尖端的应力场越强。当 $K_I$ 达到某一临界值 $K_{IC}$ 时，零件内裂纹将发生快速失稳扩展而出现低应力脆性断裂；而当 $K_I < K_{IC}$ 时，零件在设计寿命内安全可靠。$K_{IC}$ 即为断裂韧性，可通过试验测定。它也是一个对材料成分组织结构极为敏感的力学性能指标。常用工程材料中，金属材料的 $K_{IC}$ 值最高，复合材料次之，高分子材料和陶瓷最低。断裂韧性在工程中的应用可以概括为以下 3 个方面：一是设计，包括结构设计和材料选择，可以根据材料的断裂韧性，计算结构的许用应力，针对要求的承载量，设计结构的形状和尺

寸，可以根据结构的承载要求、可能出现的裂纹类型，计算可能的最大应力强度因子，依据材料的断裂韧性进行选材；二是校核，可以根据结构要求的承载量、材料的断裂韧性，计算材料的临界裂纹尺寸，并与实测的裂纹尺寸相比较，校核结构的安全性，判断材料的脆断倾向；三是材料开发，可以根据对断裂韧性的影响因素，有针对性地设计材料的组织结构，开发新材料。

# 2.3 材料的高、低温力学性能

## 2.3.1 高温力学性能

在高压锅炉、蒸汽轮机、燃气轮机、航空发动机，以及化工厂的反应容器中，有许多机件是在高温下工作的。对于这些机件的性能要求，以常温下的力学性能来衡量是不恰当的，因为材料在高温下具有明显的不同于室温的力学性能。材料在高温下的力学行为的一个重要特点就是产生蠕变。所谓蠕变是指材料在较高的恒定温度下，当外加应力低于屈服强度时，材料会随着时间的延长逐渐发生缓慢的塑性变形的现象。由于蠕变而导致的材料断裂称为蠕变断裂。金属材料、陶瓷在较高温度 $(0.3 \sim 0.5)T_m$（其中 $T_m$ 是材料的熔点，以绝对温度表示）时会发生蠕变，高分子材料在室温下就可能发生蠕变。

常用的材料蠕变性能指标为蠕变极限和持久强度。对于金属材料，可按 GB/T 2039—2012《金属材料 单轴拉伸蠕变试验方法》进行测定。

蠕变极限是指在给定温度 $T$（单位为℃）下和规定的试验时间 $t$（单位为 h）内，使试样产生一定蠕变伸长量所能承受的最大应力，用符号 $R_{\varepsilon/t}^{T}$ 表示。例如：$R_{0.3/500}^{900} = 600$ N/mm$^2$ 表示材料在 900 ℃、500 h 内，产生 0.3%变形量所能承受的最大应力为 600 N/mm$^2$。

持久强度表征材料在高温载荷长期作用下抵抗断裂的能力。以试样在给定温度 $T$（单位为℃）经规定时间 $t$（单位为 h）不发生断裂所能承受的最大应力作为持久强度，用符号 $R_{t}^{T}$ 表示。例如：$R_{600}^{800} = 700$ N/mm$^2$，表示材料在 800 ℃，经 600 h 所能承受的最大断裂应力为 700 N/mm$^2$。

某些在高温下工作的机件，其蠕变变形很小或对变形要求不严格，只要求在规定的使用期内不发生断裂时，要用持久强度作为评价设计、选材的依据。

## 2.3.2 低温力学性能

材料在低温下同样具有与常温明显不同的性能和行为。除陶瓷外，许多金属材料和高分子材料的力学性能随温度的降低其硬度和强度增加，塑性、韧性下降。某些线性非晶态高聚物会由于大分子链段运动的完全冻结，成为刚硬的玻璃态而明显脆化。由此产生的最为严重的工程现象就是低温下使用的压力容器、管道、设备及其构件的脆性断裂（简称为冷脆）。

脆性断裂的特点是断裂时机件（构件）的工作应力通常低于材料的屈服强度，往往只有屈服强度的 1/4 ~ 1/2，低于其设计应力，因此有时也称为低应力脆断；脆断之前没有明显的宏观塑性变形，或只有局部的少量塑性变形，在低温下脆性破坏的材料其韧性均很差；低温脆断一旦开始，便以极高的速度发展，事先无明显征兆。

材料的低温脆断倾向常通过系列冲击试验，根据试验结果做出 $K-T$ 曲线、试样断裂后塑性变形量和温度的关系曲线、断口形貌中各区所占面积和温度的关系曲线等定义的韧脆转变温度来表征，如图 2.11 所示。

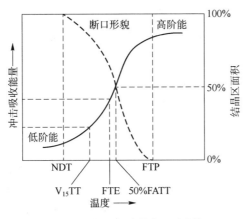

图 2.11　各种韧脆转变温度判据

## 2.4　材料的磨损性能

运转中的机器、机件，如轴与轴承、活塞与汽缸套、齿轮与齿轮等之间发生相对运动时，在接触面之间会产生摩擦。在摩擦力作用下，物体相对运动时，表面不断分离出磨屑从而不断损伤的现象称为磨损。磨损是机械零件失效的主要形式之一。

磨损是多种因素相互影响的复杂过程。根据摩擦面损伤和破坏的形式，磨损主要分为氧化磨损、黏着磨损、磨粒磨损和接触疲劳磨损 4 类，其特征如下所述。

氧化磨损是指在滑动或滚动摩擦过程中，摩擦件表面伴随塑性变形的同时，氧化膜不断形成和破坏，不断有氧化物自表面剥落的现象。

黏着（咬合）磨损是指两接触表面做相对运动时，由于固相之间的黏结作用，而使材料从一个表面转移到另一表面所造成的磨损。

磨粒磨损是指由于硬颗粒或硬突出物造成的磨损。

接触疲劳磨损是指在疲劳载荷作用下，经过一定周次重复加载后，工件表面产生麻点状剥落的现象。

材料抵抗磨损的能力称为材料的耐磨性，通常用磨损率和相对耐磨性来评价，可通过实物磨损试验或试样磨损试验来测定。

磨损率是指材料在单位时间或单位运动距离内所产生的磨损质量。材料的磨损率越小，说明材料的耐磨性越好。材料的耐磨性 $\varepsilon$，通常用磨损率 $\omega$ 的倒数表示，即

$$\varepsilon = \frac{1}{\omega} \tag{2.10}$$

相对耐磨性在一定程度上可避免在磨损过程中参量变化及测量所造成的系统误差，可较方便而精确地评定材料的耐磨性。其计算公式为

$$\varepsilon_{相} = \frac{\varepsilon_{试}}{\varepsilon_{标}} = \frac{\omega_{标}}{\omega_{试}}$$

(2.11)

式中，$\omega_{标}$、$\omega_{试}$ 分别为标准试样及试验试样的磨损率，均为相对耐磨性，这是一个无量纲的参数。

一般来说，降低材料的摩擦系数、提高摩擦副表面的硬度均有助于增加材料的耐磨性。

# 2.5 金属材料的工艺性能

各类设备零件总是要由原始状态经过各种机械加工以后，才能获得所需的机器零件。所选材料在加工方面的物理、化学和机械性能的综合表现构成了材料的工艺性能，又叫加工性能。选材时必须同时考虑材料的使用与加工两方面的性能。从使用的角度来看，材料的物理、机械和化学性能即使比较合适，但是如果在加工制造过程中，材料缺乏某一必备的工艺性能时，那么这种材料也是无法采用的。因此，了解材料的工艺性能，对正确选材是十分必要的。材料的工艺性能主要指铸造性、可焊性、可锻性、切削加工性和热处理性。

（1）铸造性

材料的铸造性是指将金属熔化浇铸冷却后制成铸件的性能。其好坏通常是按其流动性、吸气性、收缩性等进行综合评定的。金属材料中灰口铸铁、锡青铜、硅黄铜和铸铝合金等具有良好的铸造性。

（2）可焊性

材料的可焊性是指材料在一定条件下焊接时，能否得到与被焊金属本体相当的机械、化学和物理性能，而不发生缝隙和气孔等缺陷。它不仅取决于被焊金属本身的固有性质，而且在很大程度上取决于焊接方法和工艺过程。

（3）可锻性

金属承受压力加工的能力叫作金属的可锻性。金属的可锻性取决于材料的化学组成与组织结构，同时也与加工条件（温度等）有关。

（4）切削加工性

材料在切削加工时所表现的性能叫作切削加工性。当切削某种材料时，刀具总寿命长、切削用量大、表面质量高，就认为该材料的切削加工性好。

（5）热处理性

热处理是以改善钢材的某些性能为目的，将钢材加热到一定的温度，在此温度下保持一定的时间，然后以不同的冷却速度将构件冷却下来的一种操作（见第 4 章）。材料适用于哪种热处理操作，主要取决于材料的化学组成和零件的结构。

**本章小结**

①金属材料的力学性能是指材料在外加载荷作用下表现出来的特性。它取决于材料本身的化学成分和材料的组织结构。载荷性质、环境温度、介质等外在因素的不同，用来衡量金属材料的力学性能的指标也不同。常用的力学性能指标有强度，塑性，硬度，韧性，疲劳强度，材料的高、低温力学性能和耐磨性等。

②金属材料的工艺性能是指在加工制造过程中，材料的加工难易程度。材料的工艺性能主要指铸造性、可焊性、可锻性、切削加工性和热处理性。

## 复习思考题和习题

2.1 什么是金属材料的力学性能？其主要包括哪些指标？

2.2 什么是硬度？常用的硬度测定方法有几种？这些方法测出的硬度值能否进行比较？

2.3 解释下列名词。

抗拉强度、屈服强度、刚度、疲劳强度、冲击韧性、断裂韧性。

2.4 设计刚度好的零件，应根据何种指标选择材料？材料的弹性模量 $E$ 越大，则材料的塑性越差。这种说法是否正确？为什么？

2.5 反映材料受冲击载荷的性能指标是什么？不同条件下测得的这种指标能否进行比较？怎样应用这种性能指标？

2.6 断裂韧性是表示材料何种性能的指标？为什么在设计中要考虑这种指标？

2.7 什么是材料的工艺性能？材料的工艺性能主要有哪些？

# 第3章 金属材料的结构

## 3.1 固体材料的结构

固体材料的结构是指组成固体相的原子、离子或分子等粒子在空间的排列方式。按粒子排列是否有序，固体材料可分为晶态（定型态）和非晶态（无定型态）两大类。

### 3.1.1 晶态结构

#### 1. 晶体、晶格和晶胞

绝大多数固体具有晶态结构，即为晶体，其组成粒子在三维空间做有规则的周期性重复排列［见图3.1(a)］。规则排列的方式即称为晶体结构。为了便于研究晶体结构，假设通过粒子中心划出许多空间直线，这些直线则形成空间格架，称为晶格［见图3.1(b)］，晶格的结点为粒子平衡中心位置。晶格的最小几何组成单元称为晶胞［见图3.1(c)］，好似一单位建筑块，晶胞在空间的重复堆砌，便构成了晶格。因此，可以用晶胞来描述晶格。

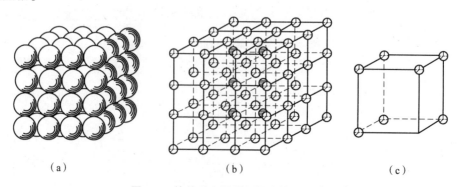

（a）　　　　　　　　　　（b）　　　　　　　　　　（c）

图 3.1　简单立方晶格与晶胞的示意图

（a）晶体中原子排列；（b）晶格；（c）晶胞

晶体中由原子组成的任一平面称为晶面；由原子组成的任一列的方向称为晶向。在晶体内不同晶面和晶向的原子，其排列情况不同。

**2. 同素异构现象**

同素异构现象是指一种元素具有不同晶体结构的现象，所形成的具有不同结构的晶体称为同素异构体。在一定条件下，同素异构体可以相互转变，称为同素异构转变。在具有同素异构现象的固体中，最典型的例子是铁，其同素异构转变过程将在 3.3 节中介绍。

### 3.1.2　非晶态结构

内部原子在空间杂乱无规则地排列的物质称为非晶体或无定型体。由于粒子排列状态与液态相似，故称"被冻结的液体"，如玻璃、沥青、松香、石蜡和许多有机高分子化合物等。非晶体物质没有固定的熔点，而且性能无方向性，即各向同性。

# 3.2　金属晶体结构

### 3.2.1　常见金属晶体的结构

所有晶体中，金属的晶体结构最简单。在晶格的结点上各分布一金属原子，它们构成金属晶体结构。大多数金属，尤其是常用金属的晶格有体心立方、面心立方及密排六方 3 种。

（1）体心立方晶格

体心立方晶格的晶胞为立方体，原子分布在立方体各个结点和立方体中心［见图 3.2(a)］。属于这类晶格的金属有 α-Fe(910 ℃以下的纯铁)、铬、钼、钒、钨等。这类晶格一般具有较高的熔点、相当大的强度和良好的塑性。

（2）面心立方晶格

面心立方晶格的晶胞为立方体，原子分布在立方体的各个结点及 6 个棱面中心［见图 3.2(b)］。属于这类晶格的金属有 γ-Fe(890~910 ℃时的纯铁)、铜、铝、镍、银、金等。这类晶格金属往往有很好的塑性。

（3）密排六方晶格

密排六方晶格的晶胞为六方柱体，柱体高度与边长不相等。原子除分布在六方柱体的各结点及上、下两个正六方底面中心，并在六方柱体纵向中心面上还分布 3 个原子，此 3 原子与分布在上、下底面上的原子相切［见图 3.2(c)］。属于这类晶格的金属有镁、锌、镉、铍等。这类晶格金属具有一定强度，但塑性较差。

### 3.2.2　实际金属晶体的结构

结晶方位完全一致的晶体称为"单晶体"，如图 3.3(a)所示。在单晶体中所有晶胞均呈相同的位向，故单晶体具有各向异性。单晶体除具有各向异性以外，它还有较高的强度、抗蚀性、导电性和其他特性，因此日益受到人们的重视。目前在半导体元件、磁性材料、高温合金材料等方面，单晶体材料已得到开发和应用。单晶体金属材料是今后金属材料的发展方向之一。

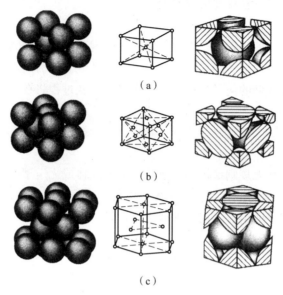

图 3.2　常见金属的晶格类型

（a）体心立方晶格；（b）面心立方晶格；（c）密排六方晶格

工业上实际应用的金属材料是由许多外形不规则的晶体颗粒（简称晶粒）所组成的，所以是多晶体，如图 3.3(b) 所示。这些晶粒内仍保持整齐的晶胞堆积，各晶粒之间的界面称为晶界。

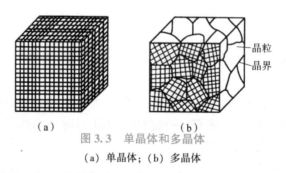

图 3.3　单晶体和多晶体

（a）单晶体；（b）多晶体

在多晶体中各个晶粒内部的晶格形式是相同的，具有各向异性。但由于各晶粒的位向不同，使其各向异性受到了抵消，故使多晶体在宏观上并不表现出各向异性，即认为实际上金属是各向同性的。

## 3.3　纯金属的结晶

金属由液体状态转变为晶体状态的过程称为结晶。研究金属的结晶过程是为了掌握结晶的基本规律，以便获得所需要的组织与性能。

### 3.3.1 纯金属的结晶过程

#### 1. 纯金属结晶的冷却曲线

纯金属结晶的冷却曲线是用来描述金属结晶的冷却过程的，它可以用热分析法测量绘制。具体步骤：首先将金属熔化，然后以缓慢的速度进行冷却；在冷却过程中，每隔一定的时间记录其温度；以温度为纵坐标，时间为横坐标，将实验记录的数据绘制成温度与时间的关系曲线，如图3.4所示，该曲线即为该金属结晶的冷却曲线。

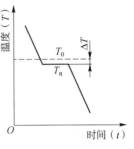

由冷却曲线可知，金属开始时为液体状态，温度随时间下降；之后出现水平线，这是由于液体金属进行结晶时，内部放出的结晶潜热补偿了它向环境散失的热量，从而使温度保持不变；随后温度又随时间下降。

图 3.4 纯金属结晶的
冷却曲线

#### 2. 结晶的过冷现象

从图3.4中可以看到，金属是冷却至 $T_n$ 时才开始结晶的。金属的实际结晶温度低于理论结晶温度 $T_0$ 的现象，称为过冷现象。理论结晶温度 $T_0$ 与实际结晶温度 $T_n$ 之差（$T_0-T_n$）称为过冷度，用 $\Delta T$ 表示。实验表明，金属只有在低于理论结晶温度的条件下才能结晶。对同一金属来说，$\Delta T$ 不是恒定值，它与冷却速度有关。冷却速度越大，金属实际结晶温度越低，过冷度越大；反之，过冷度越小，金属实际结晶温度就越接近理论结晶温度。

#### 3. 结晶的基本过程

液体金属的结晶过程是通过晶核形成（形核）和晶体长大（长大）两个基本过程进行的。图3.5表示纯金属的结晶过程，其结晶过程的变化按从左至右〔见图3.5（a）~图3.5（e）〕的顺序进行。

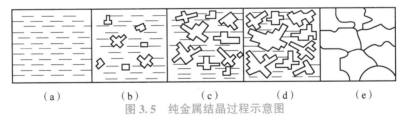

图 3.5 纯金属结晶过程示意图

（a）液态金属；（b）晶核；（c）晶核长大过程1；（d）晶核长大过程2；（e）晶粒

（1）形核

当液态金属〔见图3.5（a）〕温度下降到接近 $T_1$ 时，某些局部地区会有一些原子呈规则排列起来，形成极细微的小晶体，它很不稳定，遇到热流和振动，就会立即消失。但是，在有过冷度条件下，稍大一点的细微的小晶体，其稳定性较好，有可能进一步长大，成为结晶的核心，这些细微的小晶体称为晶核〔见图3.5（b）〕。形成晶核的过程简称为形核。

（2）长大

晶核形成之后，会吸附周围液态中的原子，不断长大〔见图3.5（c）、（d）〕。晶核长大使液态金属的相对量逐渐减弱。开始时各个晶核自由长大，且保持着规则的外形。当各自生长着的小晶体彼此接触后，接触处的生长过程自然停止，形成晶粒。因此，晶粒的外形呈不规则形状。最后全部液态金属耗尽，结晶过程完成［见图3.5(e)］。

从结晶过程可知，金属结晶的必要条件是具有过冷度。过冷度越大，金属实际结晶温度越低，晶核形成数量越多，晶核长大速率越快，结晶完成速度越快。

细晶粒金属的强度、韧性均比粗晶粒高。其原因是晶粒愈细，晶界面愈多，分布在晶界上的杂质愈分散，它们对力学性能危害也就愈小；另外，晶粒愈细，晶粒数量愈多，凸凹不规则的晶粒之间犬牙相错，彼此相互紧固，故其强度、韧性得到提高。

### 3.3.2　细化晶粒的方法

（1）增加过冷度

金属结晶时，晶粒的大小随冷却速度的增大而减小，故可采用增加过冷度的方法细化晶粒，缓冷和急冷后的晶粒大小示意图如图3.6所示。

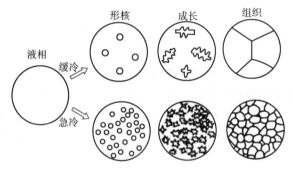

图3.6　缓冷和急冷后晶粒大小示意图

（2）在液态金属中加入某些物质

这些物质的质点也可作为结晶时的晶核（称外来晶核或不均匀形核），这相当于增加了晶核数，故使晶粒得到了细化。这种处理过程称为变质处理。如钢中加钒、铸铁中加硅（又称孕育处理）、铝液中加钠盐。

（3）振动

振动可使枝晶尖端破碎而增加新的结晶核心。振动还能补充形核所需的能量，提高形核率，所以也能细化晶粒。

实验证明：过冷度与冷却速度有关，即冷却速度愈大，过冷度愈大，实际结晶温度愈低。目前生产中常用改变冷却速度的方法控制金属结晶。

### 3.3.3　金属的同素异构转变

多数金属结晶后的晶格类型保持不变，但有些金属（如 Fe、Co、Sn、Mn 等）的晶格类型，随温度的改变而改变。一种金属具有两种或两种以上的晶体结构，称为同素异构性。

金属在固态时随着温度的改变，而改变其晶格结构的现象，称为同素异构转变，又称为重结晶。它同样遵循形成晶核和晶核长大的结晶基本规律。

图 3.7 是纯铁的同素异构转变的冷却曲线。在温度为 1 394~1 538 ℃时，铁为体心立方晶格，称为 δ-Fe；在温度为 912~1 390 ℃时，铁为面心立方晶格，称为 γ-Fe；在温度为 912 ℃以下时，铁为体心立方晶格，称为 α-Fe。

铁在同素异构转变时有体积的变化。α-Fe 转变成 γ-Fe 时体积缩小；反之体积增大。晶体体积的改变，使金属材料内部产生内应力，这种内应力称为相变应力。

铁在温度为 770 ℃时产生磁性转变，但晶格结构没有改变。温度为 770 ℃以上铁失去磁性。

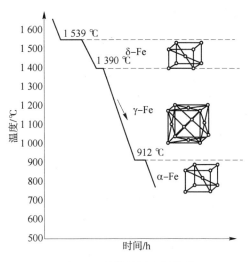

图 3.7　纯铁的同素异构转变的冷却曲线

# 3.4　合金的晶体结构

从制造观点来看，金属是最重要的材料，它们经常作为被加工材料，而且用以制作完成这些加工的工具或机床。在第 2 章中已讨论了纯金属的一些特性。然而，对于大多数生产来说，并不使用纯金属而使用的是合金。合金可定义为由两种或多种元素（其中至少有一种是金属）组成的具有金属特性的材料。当一种纯金属中加入其他元素而形成合金后，通常会引起其性能的变化。了解合金的知识，对于一定场合下合理选择材料是很重要的。

组成合金最基本的独立存在物质称为组元。通常，组元是组成合金的元素，但稳定的化合物也可看成组元。按组元数目的不同，合金可分为二元合金、三元合金等，合金中的成分、结构及性能相同，且与其他部分有界面分开的均匀组成部分称为"相"。

合金的内部结构与纯金属不同，根据合金中各种元素间相互作用的不同，合金相结构可分为固溶体、金属化合物和机械混合物 3 类。

## 3.4.1　固溶体

合金中的固溶体是指组成合金的一种金属元素的晶格中包含其他元素的原子而形成的固态相。例如，δ-Fe 中溶入碳原子便形成称为铁素体的固溶体。固溶体中含量较多的元素称为溶剂或溶剂金属；含量较少的元素称为溶质或溶质元素。固溶体保持其溶剂金属的晶格形式。

## 3.4.2　金属化合物

在合金系中，组元间发生相互作用，除彼此形成固溶体外，还可能形成一种具有金属性质的新相，即为金属化合物。金属化合物具有它自己独特的晶体结构和性质，而与各组元的晶体结构和性质不同，一般可以用分子式来大致表示其组成。

### 3.4.3　机械混合物

当组成合金的各组元在固态下既不相互溶解，又不形成化合物，而是按一定的质量比，以混合方式存在的结构形式称为机械混合物。机械混合物中各组元的原子仍按各自原来的晶格类型结晶成晶体，在显微镜下可以区别出各组元的晶粒。

机械混合物可以是纯金属、固溶体或化合物各自的混合物，也可以是它们之间的混合物。

机械混合物不是单相组织，其性能介于各组成相性能之间，且随组成相的形状、大小、数量及分布不同而改变。工业上大多数合金属于机械混合物组成的合金，它往往比单一固溶体具有更高的强度和硬度，特别是在固溶体基体上分布均匀细小的金属化合物时，其强度和硬度提高得更为显著。

## 3.5　匀晶相图

相图是表示合金系中，合金的状态与温度、成分之间关系的图，是表示合金系在平衡条件下，在不同温度和成分时各相关系的图，因此又称为状态图或平衡图。

利用相图，可以一目了然地了解不同成分的合金在不同温度下由哪些相组成，各相的成分是学习和运用合金材料十分重要的工具。

两组元不但在液态下能无限互溶，而且在固态下也能无限互溶的二元合金系所形成的相图，称为匀晶相图。具有这类相图的二元合金系，主要有 Cu-Ni、Ag-Au、Cr-Mo、Fe-Ni 等。这类合金在结晶时都是从液相结晶出固溶体，固态下呈单相固溶体，所以这种结晶过程称为匀晶转变。几乎所有的二元相图都包含有匀晶转变部分，因此掌握这一类相图是学习二元相图的基础。现以 Cu-Ni 相图为例进行分析。

### 3.5.1　相图的建立

目前所用的相图大部分都是用实验方法建立起来的。通过实验测定相图时，首先配制一系列成分不同的合金，然后测定这些合金的相变临界点（温度），把这些点标在温度-成分坐标图上，把相同意义的点连接成线，这些线便在坐标图中划分出一些区域，这些区域称为相区。将各相区所存在相的名称标出，相图的建立工作即告完成。

测定相变临界点的方法有很多，如热分析法、金相法、膨胀法、磁性法、电阻法、X 射线结构分析法等。

### 3.5.2　相图分析

图 3.8 是 Cu-Ni 合金匀晶相图，其中上面的一条曲线为液相线，下面的一条曲线为固相

线。相图被它们划分为 3 个相区：液相线以上为单相液相区 L，固相线以下为单相固相区 α，两者之间为液、固两相共存区（L+α）。

### 3.5.3 合金的平衡结晶过程

平衡结晶是指合金在极其缓慢的冷却条件下进行结晶的过程。在此条件下得到的组织称为平衡组织。以含镍的质量分数 $\omega_{Ni}$ = 20%的 Cu-Ni 合金为例（见图 3.8），有如下 3 种情况。

①当温度高于 $T_1$ 时，合金为液相 L；

②当温度降到 $T_1$（与液相线相交的温度）以下时，开始从液相中结晶出固溶体。随着温度的继续下降，从液相中不断析出固溶体，液相成分沿液相线变化，固相成分则沿固相线变化。在 $T_1 \sim T_3$ 温度区间合金呈（L+α）两相共存；

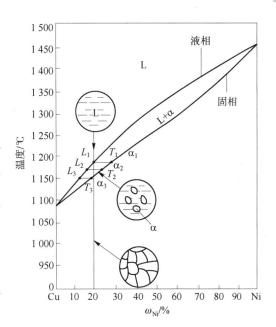

图 3.8 Cu-Ni 合金匀晶相图

③当温度下降到 $T_3$ 时，液相消失，结晶完毕，最后得到与合金成分相同的固溶体 α。

固溶体合金结晶时所结晶出的固相成分与液相的成分不同，这种结晶出的晶体与母相的化学成分不同的结晶称为异分结晶，或称为选择结晶。而纯金属结晶时，所结晶出的晶体与母相的化学成分完全一样，称为同分结晶。

### 3.5.4 杠杆定律

在合金的结晶过程中，各相的成分及其相对质量都在不断变化。在某一温度下处于平衡状态的两相的成分和相对质量可用杠杆定律确定。

#### 1. 确定两平衡相的成分

参考图 3.9 所示的 Cu-Ni 合金相图，要想确定含 $\omega_{Ni}$ = 20%的合金 I 在冷却到 $T$ 温度时两个平衡相的成分，可通过 $T$ 做一水平线 $arb$，它与液相线的交点 $a$ 对应的成分 $C_L$ 即为此时液相的成分；它与固相线的交点 $b$ 对应的成分 $C_\alpha$。即为已结晶的固相的成分。

#### 2. 确定两个平衡相的相对质量

设合金 I 的总质量为 1，液相的相对质量为 $\omega_L$，固相的相对质量为 $\omega_\alpha$，则有

$$\omega_L + \omega_\alpha = 1$$

此外，合金 I 中的 $\omega_{Ni}$ 应等于液相中 $\omega_{Ni}$ 与固相中 $\omega_{Ni}$ 之和，即

$$\omega_L C_L + \omega_\alpha C_\alpha = 1 \times C$$

由以上两式可以得出

$$\frac{\omega_L}{\omega_\alpha} = \frac{rb}{ar} \tag{3.1}$$

如果将合金 I 成分 $C$ 的 $r$ 点看作支点，将 $\omega_L$、$\omega_\alpha$ 看作作用于 $a$ 和 $b$ 的力，则按力学的杠杆原理就可得出式（3.1）（见图 3.9 和图 3.10），因此将式（3.1）称为杠杆定律。

式（3.1）也可以写成下列形式，即

$$\omega_L = \frac{br}{ab} \times 100\% \tag{3.2}$$

$$\omega_\alpha = \frac{ar}{ab} \times 100\% \tag{3.3}$$

由式（3.2）、式（3.3）可以直接求出两相的相对质量。

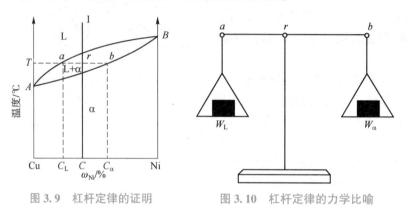

图 3.9　杠杆定律的证明　　　　图 3.10　杠杆定律的力学比喻

杠杆定律只适用于两相区。因为对单相区无须计算，而对三相区又无法确定。

### 3.5.5　枝晶偏析

在实际生产条件下，合金液体浇入铸型后，冷却速度一般都很快，因此合金不可能完全按上述的平衡过程进行结晶。由于冷却速度快，原子的扩散过程落后于结晶过程，合金成分的均匀化来不及进行，因此每一温度下的固相平均成分将要偏离相图上固相线所示的平衡成分。这种偏离平衡条件的结晶，称为不平衡结晶，不平衡结晶所得到的组织，称为不平衡组织。

不平衡结晶的结果，使晶粒内部的成分不均匀，即先结晶的晶粒心部与后结晶的晶粒表面的成分不同，由于它是在一个晶粒内的成分的不均匀现象，所以称为晶内偏析。

固溶体结晶通常是以树枝状方式长大的。在快冷条件下，先结晶出来的树枝状晶轴，其高熔点组元的含量较多，而后结晶的分枝及枝间空隙则含低熔点组元较多，这种树枝状晶体中的成分不均匀的现象，称为枝晶偏析。枝晶偏析实际上也是晶内偏析。图 3.11 是 Cu-Ni 合金铸造组织的枝晶偏析，镍的质量分数高的主干，不易被腐蚀，呈亮色；后结晶枝晶，铜的质量分数较高，易被腐蚀，呈黑色。

固溶体合金中的偏析大小，取决于相图的形状、原子的扩散能力及铸造时的冷却条件。相图中的液相线与固相线之间的水平距离与垂直距离越大，偏析越严重。偏析原子的扩散能力越大，则偏析程度越小。在其他条件不变时，冷却速度愈快，实际的结晶温度愈低，则偏析程度愈大。

枝晶偏析会使晶粒内部的性能不一致，从而使合金的力学性能降低，特别是会使塑性和韧性降低，甚至使合金不易进行压力加工。因此，生产上总要想办法消除或改善枝晶偏析。

图 3.11　Cu–Ni 合金铸造组织的枝晶偏析

为了消除枝晶偏析，一般是将铸件加热到低于固相线以下 100~200 ℃的温度，进行较长时间保温，使偏析元素进行充分扩散，以达到成分均匀化的目的，这种方法称为扩散退火或均匀化退火。

# *3.6　共晶相图

在二元合金系中，两组元在液态下能完全互溶，固态下只能有限互溶，形成与两组元成分和结构完全不同的固相，并发生共晶转变，所构成的相图称为共晶相图。具有这类相图的合金有 Pb–Sn、Pb–Sb、Ag–Cu、Al–Si、Zn–Sn 等。

图 3.12 为 Pb–Sn 合金相图。其中，*adb* 为液相线，*acdeb* 为固相线。其合金系有 3 种相：Pb 与 Sn 形成的液体 L 相，Sn 溶于 Pb 中的有限固溶体 α 相，Pb 溶于 Sn 中的有限固溶体 β 相。相图中有 3 个单相区（L、α、β 相区）；3 个双相区（L+α、L+β、α+β 相区）；一条 L+α+β 的三相共存线（水平线 *cde*）。*d* 点为共晶点，表示此点成分（共晶成分）的合金冷却到此点所对应的温度（共晶温度）时，共同结晶出 *c* 点成分的 α 相和 *e* 点成分的 β 相。

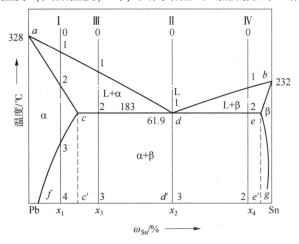

图 3.12　Pb–Sn 合金相图

发生共晶反应时有三相平衡共存，它们各自的成分是确定的，反应在恒温下进行。共晶转变的产物为两个固相的机械混合物，称为共晶体。水平线 $cde$ 为共晶反应线，合金平衡结晶时都会发生共晶反应。

$cf$ 线为 Sn 在 α 相中的溶解度线（或 α 相的固溶线）。当温度降低时，固溶体的溶解度下降。

Sn 含量大于 $f$ 点的合金从高温冷却到室温时，从 α 相中析出 β 相降低其 Sn 含量。从固态 α 相中析出的 β 相称为二次 β，常写作 $β_{II}$。这种二次结晶可表达为 α →$β_{II}$。

$eg$ 为 Pb 在 β 相中的溶解度线（或 β 相的固溶线）。Sn 含量小于 $g$ 点的合金，冷却过程中同样发生二次结晶，析出二次 α：β→$α_{II}$。

# 3.7 合金的结晶

## 3.7.1 合金的结晶过程

合金结晶后可形成不同类型的固溶体、化合物或机械混合物。其结晶过程如同纯金属一样，仍为晶核形成和晶核长大两个过程，需要一定的过冷度，最后形成多晶粒组成的晶体。

合金与纯金属结晶的不同之处如下。

①纯金属结晶是在恒温下进行的，只有一个临界点；而合金则绝大多数是在一个温度范围内进行结晶，结晶的初始温度和结束温度不相同，有两个或两个以上的临界点（含重结晶）。

②合金在结晶过程中，在局部范围内相的化学成分（即浓度）有变化，当结晶终止后，整个晶体的平均化学成分为原合金的化学成分。

③合金结晶后其组织一般有如下 3 种情况：

a. 单相固溶体；

b. 单相金属化合物或同时结晶出两相机械混合物（即共晶体或共析体）；

c. 结晶开始形成单相固溶体（或单相化合物），剩余液体又同时结晶出两相机械混合物（共晶体）。

## 3.7.2 合金结晶的冷却曲线

合金的结晶过程比纯金属复杂得多，但其结晶过程仍可用热分析法进行实验，用冷却曲线来描述不同合金的结晶过程。一般合金的冷却曲线有以下 3 种形式。

（1）形成单相固溶体的冷却曲线

形成单相固溶体的冷却曲线如图 3.13 中 I 所示。组元在液态下能完全互溶，固态下仍能完全互溶，结晶后形成单相固溶体。图中 $a$、$b$ 点分别为结晶开始、终止温度（又称上、下临界点）。因结晶开始后，随着结晶温度不断下降，剩余液体的成分将不断发生改变。另外，晶体放出的结晶潜热又不能完全补偿结晶过程中向外散失的热量，所以 $ab$ 为一倾斜线段，结晶过程有两个临界点。

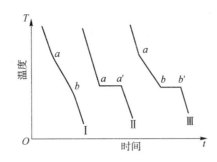

I—形成单相固溶体；II—形成单相化合物或共晶体；III—形成机械混合物。

图 3.13 合金结晶的冷却曲线

（2）形成单相化合物或共晶体的冷却曲线

形成单相化合物或共晶体的冷却曲线如图 3.13 中 II 所示。组元在液态下完全互溶，在固态下完全不互溶或部分互溶。结晶后形成单相化合物或共晶体。图中 $a$、$a'$ 两点分别为结晶开始、终止临界点，其结晶温度是相同的。由于化合物的组成成分一定，在结晶过程中无成分变化，与纯金属结晶相似，故 $aa'$ 为一水平线段，只有一个临界点。

若从一定成分的液体合金中同时结晶出两种固相物质，这种转变过程称为共晶转变（共晶反应），其结晶产物称为共晶体。实验证明共晶转变是在恒温下进行的。

（3）形成机械混合物的冷却曲线

形成机械混合物的冷却曲线如图 3.13 中 III 所示。组元在液态下完全互溶，在固态下部分互溶，结晶开始形成单相固溶体后，剩余液体则同时结晶出两相的共晶体。图中 $a$、$b'$ 两点分别为结晶开始、终止临界点。在 $ab$ 段结晶过程中，随结晶温度不断下降，剩余的液体成分也不断改变，到 $b$ 点时，剩余的液体将进行共晶转变，结晶将在恒温下继续进行，直到 $b'$ 点结束。其结晶过程中有两个临界点。

实践证明：合金结晶过程中的冷却曲线，绝大多数合金有两个临界点，而只有在某一特定成分的合金系中才会出现一个临界点。在液体结晶时出现共晶转变，在固态下进行重结晶，由一种单相固溶体，同时结晶出两相固体物质，则这种转变称为共析转变（共析反应）。

必须指出，无论是共晶或共析转变必须在一定条件下才能发生。

**本章小结**

①金属中常见的晶格类型有体心立方晶格、面心立方晶格以及密排六方晶格，金属材料都是多晶体结构，并存在大量缺陷，包括点缺陷、线缺陷和面缺陷，缺陷使金属材料的性能发生改变。

②合金在固态下的相结构分为固溶体和金属化合物，在合金中产生弥散强化，提高合金的力学性能。

③金属的结晶包括晶核的形成和长大两个过程，金属的结晶是在一定的过冷度下进行的。小的晶粒可以提高材料的力学性能，在工业生产中，常采用增大过冷度、变质处理、振动等方法细化晶粒。

④合金相图是表示在平衡状态下，合金的组成相、温度、成分3者之间关系的图形，通过杠杆定律，可以确定两平衡相的成分及两平衡相的相对质量。

## 复习思考题和习题

3.1 什么是单晶、多晶、晶粒？为什么单晶体呈各向异性，而多晶体不显示各向异性？

3.2 什么是晶体结构及晶格？金属常见的晶体结构有几种？试绘出 3 种常用金属的典型晶格。

3.3 什么是晶面、晶向？

3.4 什么是同素异构转变（以铁为例进行说明)？

3.5 晶体和非晶体在性能上的特点有何不同？

3.6 试从金属的结晶过程，分析影响晶粒粗细的因素。为什么铸铁断口的表层晶粒细小，而其心部晶粒粗大？

3.7 什么是枝晶偏析？枝晶偏析对合金的力学性能有何影响？如何消除枝晶偏析？

3.8 什么是合金匀晶相图？

3.9 简述合金的结晶过程以及合金与纯金属结晶的不同之处。

3.10 填空题

(1) 根据原子在空间排列的特征不同，固态物质可分为____和____。

(2) 金属中常见的晶格类型有____和____。

(3) 金属中常见的晶体缺陷有____、____和____。

(4) 按合金组元间相互作用的不同，合金在固态下的相结构分为____和____两类。

(5) 金属的结晶过程包括____和____两个基本过程。

(6) 根据溶质原子在溶剂晶格中所占位置的不同，固溶体可分为____和____。

(7) 金属的实际结晶温度低于理论结晶温度的现象称为____。

(8) 在纯金属的结晶过程中，理论结晶温度与实际结晶温度之差，称为____。

# 第 4 章　铁碳合金

钢铁材料主要由铁和碳两种元素组成，统称为铁碳合金。不同成分的铁碳合金，在不同温度下，有不同的组织，因而表现出不同的性能。

## 4.1　铁碳合金的基本组织

在铁碳合金中，铁和碳的结合方式是在液态时，铁和碳可以无限互溶，在固态时碳能溶解于铁的晶格中，形成间隙固溶体；当碳含量超过固溶体的溶解度时，则出现化合物。此外，还可以形成由固溶体和化合物的混合物。现将在固态下出现的 5 种基本组织分述如下。

（1）铁素体

碳溶解在 $\alpha$-Fe 中形成的固溶体叫作铁素体，通常用 F 表示。它仍保持 $\alpha$-Fe 的体心立方结构。$\alpha$-Fe 溶解碳的能力很小，随温度的不同而不同。在温度为 600 ℃时的溶解度仅有 0.008%，在温度为 727 ℃时的溶解度最大达 0.021 8%。

铁素体碳含量很少，与工业纯铁相似，韧性很好，断后伸长率 $A = 45\% \sim 50\%$；其强度和硬度均不高，$R_m \approx 250$ MPa，HB $\approx 80$。铁素体的显微组织如图 4.1 所示，晶粒在显微镜下显示出边界比较平缓的多边形特征。在显微镜下观察铁素体为均匀明亮的多边形晶粒。铁素体组织适于压力加工。

图 4.1　铁素体的显微组织

（2）奥氏体

碳溶解在 γ-Fe 中形成的固溶体叫作奥氏体，通常用 A 表示。它仍保持 γ-Fe 的面心立方结构。γ-Fe 溶解碳的能力比 α-Fe 大，在温度为 1 148 ℃时的溶解度最大达 2.11%。当温度降低时，其溶解度也降低，在温度为 727 ℃时，溶解度为 0.77%。

稳定的奥氏体在钢内存在的最低温度是 727 ℃。奥氏体的硬度不是很高（HB = 160 ~ 200），塑性却很好，是绝大多数钢种在高温进行压力加工时所要求的组织。在显微镜下观察，奥氏体晶粒呈多边形，晶界较铁素体平直（见图 4.2）。

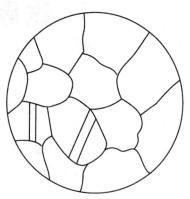

图 4.2　奥氏体的显微组织

（3）渗碳体。

铁与碳形成稳定的化合物 $Fe_3C$ 叫作渗碳体。它的碳含量为 6.69%，具有复杂的晶格形式，与铁的晶格截然不同，故其性能与铁素体差别很大。

渗碳体的硬度很高（HB>800），而塑性极差，几乎为零，是一个硬而脆的组织。渗碳体在钢中与其他组织共存时其形态可能呈片状、网状或粒状等，由于它在钢中分布的形态的不同，故对机械性能有很大的影响。渗碳体在一定条件下可以分解成铁和石墨，这在铸铁中有重要的意义。

（4）珠光体

铁素体和渗碳体组成的机械混合物叫作珠光体，通常用 P 表示。由于珠光体是由硬的珠光体片和软的铁素体片相间组成的混合物，故其机械性能介于渗碳体和铁素体之间。它的强度较好（$R_m ≈ 750$ MPa），HBW 约为 180。

（5）莱氏体

由奥氏体和渗碳体组成的机械混合物叫作莱氏体，用 L 表示。它只在高温（727 ℃以上）下存在。在温度为 727 ℃以下时，莱氏体是由珠光体和渗碳体组成的机械混合物，用 $L_d'$ 表示。莱氏体的机械性能和渗碳体相似，硬度很高（HB>700），但塑性极差。

# 4.2　铁碳合金相图

铁碳合金相图，是用实验数据绘制而成的。通过实验，对一系列不同碳含量的合金进行热分析，测出其在缓慢冷却过程中熔液的结晶温度和固态组织的转变温度，并标入温度-碳含量坐标图中。然后把相应的温度转折点连接成线，就成为铁碳合金相图。图 4.3 为简化的铁碳合金相图，略去了 α-Fe 的转变和铁素体的成分变化。此外，因为碳含量大于 6.69%的铁碳合金在工业上没有实用意义，所以铁碳合金相图实际上是 $Fe-Fe_3C$ 状态图。

从铁碳合金相图中可以了解到碳含量、温度和结晶组织之间的关系。它是研究铁碳合金和制作热加工工艺的重要工具。

**1. 铁碳合金相图中点和线的意义**

①ACD——液态线：合金熔液冷却到此线时开始结晶，此线以上为液态区。

②AECF——固态线：合金熔液冷却到此线时结晶完毕，此线以下为固态区。

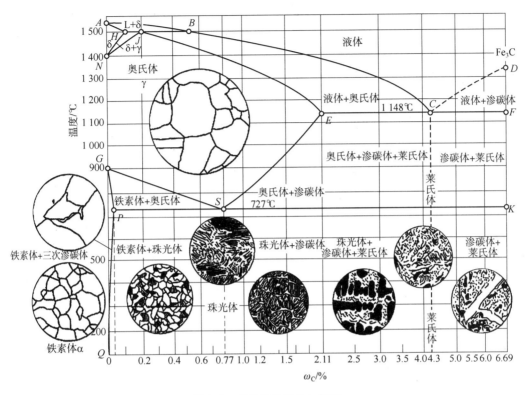

图 4.3　简化的铁碳合金相图

③GS——代号 $A_3$：奥氏体冷却到此线时，开始析出铁素体，使奥氏体的碳含量沿此线向 0.77% 递增。

④ES——代号 $A_{cm}$：奥氏体冷却到此线时，开始析出二次渗碳体，使奥氏体的碳含量沿此线向 0.77% 递减。

⑤PSK——共析线：代号 $A_1$。各种成分的合金冷却到此线时，其中奥氏体的碳含量都达到 0.77% 并分解成为珠光体。

⑥S——共析点：碳含量 0.77% 的奥氏体冷却到此点时，在恒温下分解成为渗碳体与铁素体所组成的混合物，即珠光体。

⑦C——共晶点：碳含量 4.3% 的合金熔液冷却到此点时，在恒温下结晶成为奥氏体与渗碳体所组成的混合物，即莱氏体。

**2. 铁碳合金结晶过程分析**

铁碳合金按其成分和组织不同，可分为以下几类。

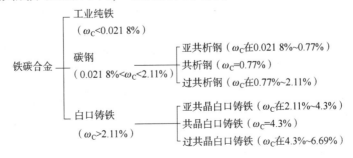

为了认识工业纯铁、碳钢和白口铸铁组织的形成规律，现选择几种典型的合金，分析其平衡结晶过程及组织变化。图 4.4 中标有①～⑦的 7 条垂直线（即成分线），分别是工业纯铁、钢和白口铸铁 3 类铁碳合金中的典型合金所在的位置。

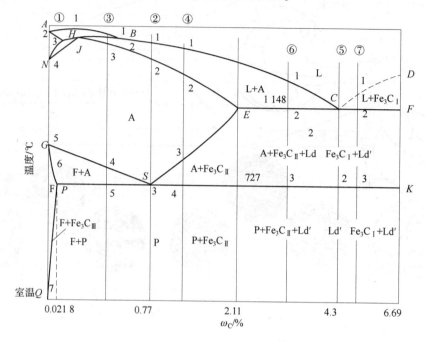

图 4.4　简化的 Fe–Fe₃C 相图

**（1）$\omega_C = 0.01\%$ 的工业纯铁**

此合金为图 4.4 中的①，结晶过程如图 4.5 所示。合金在 1 点以上为液态，在 1～2 点间，按匀晶转变结晶出铁素体。铁素体冷却到 3～4 点发生同素异构转变 δ–γ，这一转变在 4 点时结束，合金全部转变成单相奥氏体 γ。冷却到 5～6 点间又发生同素异构转变 γ–α，6 点以下全部是铁素体。冷却到 7 点时，碳在铁素体中的溶解量达到饱和。在 7 点以下，随着温度的下降，从铁素体中析出三次渗碳体。工业纯铁的室温组织为铁素体和少量三次渗碳体。其显微组织如图 4.1、图 4.2 所示。

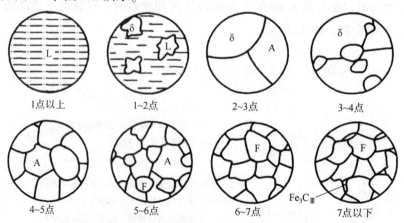

图 4.5　$\omega_C = 0.01\%$ 的工业纯铁结晶过程示意图

（2）$\omega_C = 0.77\%$的共析钢

此合金为图4.4中的②，结晶过程如图4.6所示。5点的液态钢合金缓冷至1点时，其成分垂线与液相线相交，于是从液体中开始结晶出奥氏体。在1~2点温度间，随着温度的下降，奥氏体量不断增加，其成分沿JE线变化，而液相的量不断减少，其成分沿BC线变化。当温度降至2点时，合金的成分垂线与固相线相交，此时合金全部结晶成奥氏体，在2~3点之间是奥氏体的简单冷却过程，合金的成分、组织均不发生变化。当温度降至3点（727 ℃）时，将发生共析反应，即

$$A_s \leftrightarrow F(FP+Fe_3C)$$

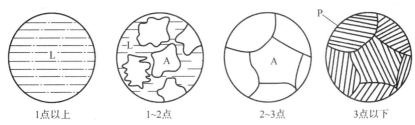

| 1点以上 | 1~2点 | 2~3点 | 3点以下 |

图4.6 $\omega_C = 0.77\%$的共析钢结晶过程示意图

随着温度的继续下降，铁素体的成分将沿着溶解度曲线PQ变化，并析出三次渗碳体（数量极少，可忽略不计，对此问题，后面各合金的分析处理皆相同）。因此，共析钢的室温平衡组织全部为珠光体，其显微组织如图4.7所示。

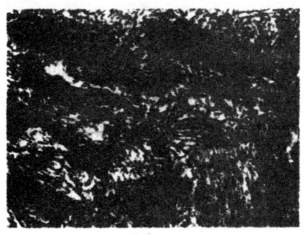

图4.7 $\omega_C = 0.77\%$的共析钢的显微组织（500×）

（3）$\omega_C = 0.4\%$的亚共析钢

此合金为图4.4中的③，结晶过程如图4.8所示。亚共析钢在1~2点间按匀晶转变结晶出铁素体。冷却到2点（1 495 ℃）时，在恒温下发生包晶反应。包晶反应结束时还有剩余的液相存在，冷却至2~3点间液相继续变为奥氏体，所有的奥氏体成分均沿JE线变化。3~4点间，组织不发生变化。当缓慢冷却至4点时，此时由奥氏体析出铁素体。随着温度的下降，奥氏体和铁素体的成分分别沿GS和GP线变化。当温度降至5点（727 ℃）时，铁素体的成分变为P点成分（0.021 8%），奥氏体的成分变为S点成分（0.77%），此时，奥氏体发生共析反应转变成珠光体，而铁素体不变化。从5点继续冷却至室温，可以认为合金的组织不

再发生变化。因此，亚共析钢的室温组织为铁素体和珠光体（F+P）。图4.9是$\omega_C = 0.4\%$的亚共析钢的显微组织，其中白色块状为F，暗色片层状为P。

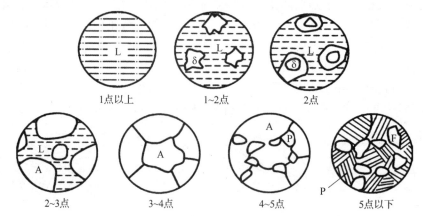

1点以上　　　　1～2点　　　　2点

2～3点　　　　3～4点　　　　4～5点　　　　5点以下

图4.8　$\omega_C = 0.4\%$的亚共析钢的结晶过程示意图

图4.9　$\omega_C = 0.4\%$的亚共析钢的显微组织（500×）

（4）$\omega_C = 1.2\%$的过共析钢

此合金为图4.4中的④，结晶过程如图4.10所示。过共析钢在1～3点间的结晶过程与共析钢相似。当缓慢冷却至3点时，合金的成分垂线与 ES 线相交，此时由奥氏体开始析出二次渗碳体。随着温度的下降，奥氏体成分沿 ES 线变化，且奥氏体的数量越来越少，二次渗碳体的相对量不断增加。当温度降至4点（727 ℃）时，奥氏体的成分变为 S 点成分（0.77%），此时，剩余奥氏体发生共析反应转变成珠光体，而二次渗碳体不变化。从4点继续冷却至室温，合金的组织不再发生变化。因此，过共析钢的室温组织为二次渗碳体和珠光体（$Fe_3C_{II}$ +P）。

图4.11是$\omega_C = 1.2\%$的过共析钢的显微组织，其中 $Fe_3C_{II}$ 呈白色的细网状，它分布在片层状的 P 周围。

（5）$\omega_C = 4.3\%$的共晶白口铸铁

此合金为图4.4中的⑤，结晶过程如图4.12所示。

共晶铁碳合金冷却至1点共晶温度（1 148 ℃）时，将发生共晶反应，生成莱氏体 L。

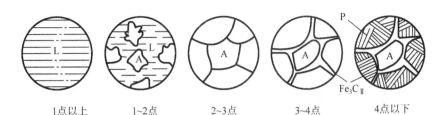

1点以上　　1~2点　　2~3点　　3~4点　　4点以下

图 4.10　$\omega_C = 1.2\%$ 的过共析钢的结晶过程示意图

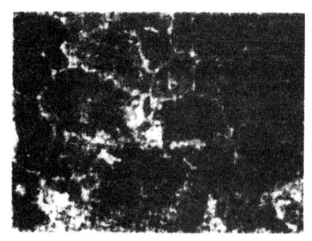

图 4.11　$\omega_C = 1.2\%$ 的过共析钢的显微组织（400×）

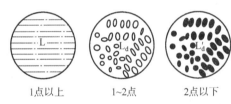

1点以上　　1~2点　　2点以下

图 4.12　$\omega_C = 4.3\%$ 的共晶白口铸铁的结晶过程示意图

在 1~2 点间，随着温度降低，莱氏体中的奥氏体的成分沿 $ES$ 线变化，并析出二次渗碳体（它与共晶渗碳体连在一起，在金相显微镜下难以分辨）。随着二次渗碳体地析出，奥氏体的碳含量不断下降，当温度降至 2 点（727 ℃）时，莱氏体中的奥氏体的碳含量达到 0.77%，此时，奥氏体发生共析反应转变为珠光体，于是莱氏体也相应转变为低温莱氏体 $L_d'(P + Fe_3C_{II} + Fe_3C)$。因此，共晶白口铸铁的室温组织为低温莱氏体（$L_d'$）。

图 4.13 是 $\omega_C = 4.3\%$ 的共晶白口铸铁的显微组织，其中 P 呈黑色的斑点状或条状，$Fe_3C$ 呈白色的基体。

（6）$\omega_C = 3.0\%$ 的亚共晶白口铸铁

此合金为图 4.4 中的⑥，结晶过程如图 4.14 所示。1点以上为液相，当合金冷却至 1 点时，从液体中开始结晶出初生奥氏体。在 1~2 点间，随着温度的下降，奥氏体不断增加，液体的量不断减少，液相的成分沿 $BC$ 线变化。奥氏体的成分沿 $JE$ 线变化。当温度下降至 2 点（1 148 ℃）时，剩余液体发生共晶反应，生成 $L_d(A + Fe_3C)$，而初生奥氏体不发生变化。从 2~3 点间，随着温度降低，奥氏体的碳含量沿 $ES$ 线变化，并析出二次渗碳体。当温度降

图 4.13 $\omega_C = 4.3\%$ 的共晶白口铸铁的显微组织（250×）

至 3 点（727 ℃）时，奥氏体发生共析反应转变为珠光体（P），从 3 点冷却至室温，合金的组织不再发生变化。因此，亚共晶白口铸铁室温组织为 $P + Fe_3C_{II} + L'_d$，如图 4.15 所示。图中黑色带树枝状特征的是 P，分布在 P 周围的白色网状的是 $Fe_3C_{II}$，具有黑色斑点状特征的是 $L'_d$。

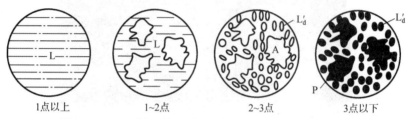

图 4.14 $\omega_C = 3.0\%$ 的亚共晶白口铸铁的结晶过程示意图

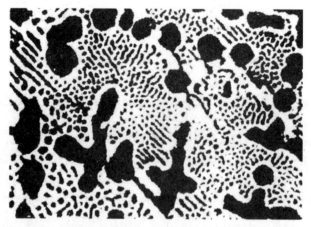

图 4.15 $\omega_C = 3.0\%$ 的亚共晶白口铸铁的显微组织（200×）

（7）$\omega_C = 5.0\%$ 的过共晶白口铸铁

此合金为图 4.4 中的⑦，结晶过程如图 4.16 所示。1 点以上为液相，当合金冷却至 1 点时，从液体中开始结晶出一次渗碳体。

在 1~2 点间，随着温度的下降，一次渗碳体不断增加，液体的量不断减少，当温度下降至 2 点（1 148 ℃）时，剩余液体的成分变为 C 点成分（4.3%），发生共晶反应，生成 $L_d$（$A + Fe_3C$），而一次渗碳体不发生变化。从 2~3 点间，莱氏体中的奥氏体的碳含量沿 *ES* 线变化，并析出二次渗碳体。当温度降至 3 点（727 ℃）时，奥氏体的碳含量达到 0.77%，发生共析反应转变为珠光体（P）。从 3 点冷却至室温，合金的组织不再发生变化。因此，过共晶白口铸铁的室温组织为 $Fe_3C+L_d'$。图 4.17 是过共晶白口铸铁的显微组织，图中白色带状的是 $Fe_3C_{II}$，具有黑色斑点的特征。

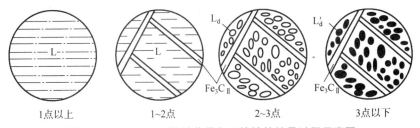

图 4.16　$\omega_C=5.0\%$ 的过共晶白口铸铁的结晶过程示意图

图 4.17　$\omega_C=5.0\%$ 的过共晶白口铸铁的显微组织（400×）

**3. 铁碳合金的成分、组织和性能的变化规律**

（1）碳对平衡组织的影响

由上面的讨论可知，随碳的质量分数增高，铁碳合金的组织发生如下变化：根据杠杆定律可以计算出铁碳合金中相组成物（相组分）和组织组成物（组织组分）的相对质量与碳的质量分数的关系。图 4.18 为铁碳合金的成分—组织—性能的对应关系。

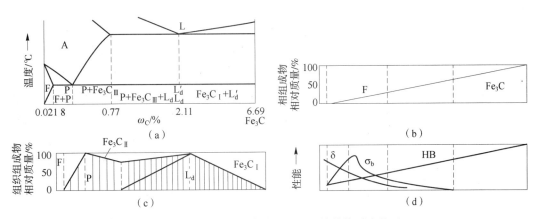

图 4.18　铁碳合金的成分—组织—性能的对应关系

当碳的质量分数增高时，不仅其组织中的渗碳体数量增加，而且渗碳体的分布和形态发生如下变化。

$Fe_3C_{II}$（沿铁素体晶界分布的薄片状）→共析 $Fe_3C$（分布在铁素体内的片层状）→$Fe_3C_{II}$（沿奥氏体晶界分布的网状）→共晶 $Fe_3C$（为莱氏体的基体）→$Fe_3C_I$（分布在莱氏体上的粗大片状）

（2）碳对力学性能的影响

室温下铁碳合金由铁素体和渗碳体两个相组成。铁素体为软、韧相；渗碳体为硬、脆相。

当两者以层片状组成珠光体时，则兼具两者的优点，即珠光体具有较高的硬度、强度和良好的塑性、韧性。

图 4.19 是碳的质量分数对缓冷碳钢力学性能的影响。由图可知，随碳的质量分数增加，缓冷碳钢的强度、硬度增加，塑性、韧性降低。当 $\omega_C > 0.9\%$ 时，由于网状 $FP + Fe_3C_{II}$ 出现，导致缓冷碳钢的强度下降。为了保证工业用钢有足够的强度和适宜的塑性、韧性，其 $\omega_C$ 一般不超过 $1.3\% \sim 1.4\%$。$\omega_C > 2.11\%$ 的铁碳合金（白口生铁），由于其组织中存在大量渗碳体，具有很高的硬度，但韧性低，难以切削加工，已不能锻造，故除作少数耐磨零件外，很少应用。

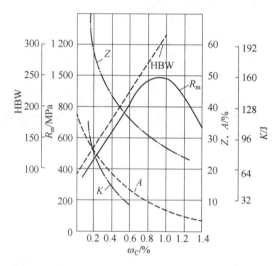

图 4.19　碳的质量分数对缓冷碳钢力学性能的影响

### 4. 铁碳合金相图的应用

（1）选材方面的应用

根据铁碳合金成分、组织、性能之间的变化规律，可以根据零件的工作条件来选择材料。

如果要求有良好的焊接性能和冲压性能的机件，则应选用组织中铁素体较多、塑性好的低碳钢（$\omega_C < 0.25\%$）制造，如冲压件、桥梁、船舶和各种建筑结构；对于一些要求具有综合力学性能（强度、硬度和塑性、韧性都较高）的机器构件，如齿轮、传动轴等应选用中碳钢（$0.25\% < \omega_C < 0.6\%$）制造；高碳钢（$\omega_C > 0.6\%$）主要用来制造弹性零件及要求高硬度、高耐磨性的工具、刀具、量具等；对于形状复杂的箱体、机座等可选用铸造性能好的铸铁来制造。

（2）制订热加工工艺方面的应用

在铸造生产方面，根据 $Fe-Fe_3C$ 相图可以确定铸钢和铸铁的浇注温度。浇注温度一般在液相线以上 150 ℃左右。另外，从相图中还可看出接近共晶成分的铁碳合金，其熔点低、结晶温度范围窄，因此它们的流动性好，分散缩孔少，可以得到组织致密的铸件。所以，铸造生产中，接近共晶成分的铸铁得到较广泛的应用。

在锻造生产方面，钢处于单相奥氏体时，其塑性好，变形抗力小，便于锻造成形。因此，钢材的热轧、锻造时要将钢加热到单相奥氏体区。始轧和始锻温度不能过高，以免钢材氧化严重和发生奥氏体晶界熔化（称为过烧），一般控制在固相线以下 100~200 ℃。而终轧和终锻温度也不能过高，以免奥氏体晶粒粗大，但又不能过低，以免塑性降低，导致产生裂纹。一般对亚共析钢的终轧和终锻温度控制在稍高于 $GS$ 线即 $A_3$ 线；过共析钢控制在稍高于 $PSK$ 线即 $A_1$ 线。实际生产中各种碳钢的始轧和始锻温度为 1 150~1 250 ℃，终轧和终锻温度为 750~850 ℃。

在焊接方面，由焊缝到母材其在焊接过程中处于不同温度条件，因而整个焊缝区会出现不同组织，引起性能不均匀，可以根据 Fe-Fe₃C 相图来分析碳钢的焊接组织，并用适当的热处理方法来减轻或消除组织不均匀性和焊接应力。

对热处理来说，Fe-Fe₃C 相图更为重要。热处理的加热温度都以相图上的 $A_1$、$A_3$、$A_{cm}$ 线为依据，这将在第 5 章中详细讨论。

# 4.3　非合金钢（俗称碳素钢）

非合金钢（俗称碳素钢，简称碳钢）是指 $\omega_c \leqslant 2.11\%$，并含有少量 Si、Mn、S、P 等杂质元素的铁碳合金。由于碳钢具有一定的力学性能、良好的工艺性能，且价格低廉，因此碳钢是工业生产中应用最广泛的金属材料。

## 4.3.1　杂质元素对碳钢性能的影响

在碳钢中除了含有铁和碳两种元素外，还含有少量的 Si、Mn、S、P 等元素。这些元素是在炼钢过程中由矿石、燃料等带入钢中的，通常称为杂质元素。这些杂质元素的存在对钢的性能有较大影响。

**1. 锰的影响**

锰是炼钢时用锰铁脱氧而残留在钢中的元素。在室温下，锰能溶于铁素体，对钢有一定的强化作用；锰也能溶于渗碳体，形成合金渗碳体。锰在钢中是一种有益的元素。当碳钢中锰的含量为 0.25%~0.8% 时，对钢的性能影响不大。

**2. 硅的影响**

硅也是作为脱氧剂加入钢中的。在室温下，硅能溶于铁素体而发生固溶强化，提高钢的强度、硬度。硅在钢中也是一种有益元素。当钢中硅含量小于 0.5% 时，对钢的性能影响不显著。

**3. 硫的影响**

硫是在炼钢时由矿石和燃料带入的。在固态下，硫在铁中的溶解度极小，主要以 FeS 形态存在于钢中。由于 FeS 的塑性差，因此硫含量较多的钢脆性较大。更严重的是，FeS 与 Fe 可形成低熔点（985 ℃）的共晶体，分布在奥氏体的晶界上。当钢加热到约 1 200 ℃进行压力加工时，晶界上的共晶体已熔化，晶粒间结合被破坏，使钢材在加工过程中沿晶界开裂，产生热脆性。为了消除硫的有害作用，一般要在钢中增加锰的含量，使锰与硫形成高熔点（1 620 ℃）的 MnS，并呈粒状分布在晶粒内。MnS 在高温下具有一定塑性，从而避免了热脆性的产生。

通常情况下，硫是有害的元素，在钢中要严格限制硫的含量。但在硫含量较多的钢中，可形成较多的 MnS。在切削加工中，MnS 能起到断屑的作用，从而改善钢的切削加工性能，因此在易切削钢中硫的含量较多。

### 4. 磷的影响

磷是由矿石带入的。一般磷能全部溶于铁素体中，使钢的强度、硬度增加，但塑性、韧性显著降低，尤其在低温时更为严重，使钢产生冷脆现象。磷在结晶过程中，由于容易产生晶内偏析，使局部磷含量偏高，导致韧脆转变、温度升高，从而发生冷脆现象，故磷含量较多的钢对在高寒地带和其他低温条件下工作的结构件具有严重的危害性。通常情况下，磷也是有害元素，在钢中也要严格控制磷的含量。但磷含量较多时，由于脆性较大，其对制造炮弹用钢以及改善钢的切削加工性能则是有利的。

### 5. 非金属夹杂物的影响

在炼钢过程中，少量的炉渣、耐火材料及冶炼中的反应产物都可能进入钢液，形成非金属夹杂物，如氧化物、硫化物、硅酸盐、氮化物等。非金属夹杂物的存在会降低钢的力学性能，特别是降低钢的塑性、韧性及疲劳强度，严重时，还会使钢在热加工过程中产生裂纹，或在使用时突然断裂。因此，对重要用途的钢（如滚动轴承钢、弹簧钢等）都要对非金属夹杂物的数量、形状、大小与分布情况进行严格检验。

### 案例：泰坦尼克号海难原因分析

泰坦尼克号（见图 4.20）1912 年从英国出发，向着计划中的目的地美国纽约，开始了它的"梦幻客轮"的处女航。泰坦尼克号被认为是一个技术成功的杰作。它有两层船底，带 15 道自动水密门隔墙，其中任意 2 个隔舱灌满了水，仍能行驶；4 个隔舱灌满了水，也可以保持漂浮状态。其在当时被认为是"根本不可能沉没的船"。1912 年 4 月 14 日，泰坦尼克号在北大西洋撞上冰山，仅 2 小时 40 分钟后就沉没了，造成了当时最严重的一次航海事故。关于泰坦尼克号迅速沉没的原因有多种，其中之一就是当时的炼钢技术并不十分成熟，炼出的钢铁按现代标准根本不能造船。泰坦尼克号上所使用的钢板含有许多化学杂质硫化锌，再加上长期浸泡在冰冷的海水中，使钢板更加脆弱。因此，即使设计先进，也未能防止它的沉没。

图 4.20　泰坦尼克号

## 4.3.2 非合金钢（碳钢）的分类，牌号、性能及用途

### 1. 碳钢的分类

生产中使用的碳钢品种有很多，为了便于生产、管理和选用，需要将钢进行分类和统一编号。碳钢的分类方法有很多，常用的分类方法如下。

（1）按钢中的碳含量分

根据钢中碳含量的多少，可分为低碳钢（$\omega_C < 0.25\%$）、中碳钢（$0.25\% \leqslant \omega_C \leqslant 0.601\ 6\%$）和高碳钢（$\omega_C > 0.601\ 6\%$）。

（2）按钢的质量分

根据钢中有害杂质元素 S、P 含量的多少，可分为普通质量钢（$\omega_C \leqslant 0.050\%$，$\omega_P \leqslant 0.045\%$）、优质钢（$\omega_S \leqslant 0.035\%$，$\omega_P \leqslant 0.035\%$）、高级优质钢（$\omega_S \leqslant 0.020\%$，$\omega_P \leqslant 0.030\%$）和特级优质钢（$\omega_S \leqslant 0.015\%$，$\omega_P \leqslant 0.025\%$）。

（3）按钢的用途分

根据钢的主要使用范围的不同，可分为碳素结构钢和碳素工具钢。

碳素结构钢主要用于制造各种机械零件和工程结构件，一般属于低、中碳钢；碳素工具钢主要用于制造各种刃具、量具和模具，一般属于高碳钢。

此外，按钢的冶炼方法的不同可分为转炉钢和电炉钢；按钢冶炼时脱氧程度的不同又可分为沸腾钢、镇静钢和半镇静钢等。

### 2. 碳钢的牌号、性能及用途

我国目前碳钢牌号是以钢的质量和用途为基础来进行命名的，一般分为普通碳素结构钢、优质碳素结构钢和碳素工具钢。

（1）普通碳素结构钢

普通碳素结构钢中碳的质量分数一般小于 0.25%，钢中的有害杂质元素相对较多，但价格便宜，主要用于力学性能要求不高的机械零件及一般工程结构件，通常为各种型材。

普通碳素结构钢的牌号是由 Q（屈服强度的"屈"汉语拼音字首）、屈服强度数值、质量等级符号和脱氧方法符号 4 个部分按顺序组成。其中质量等级有 A（$\omega_S \leqslant 0.050\%$，$\omega_P \leqslant 0.045\%$）、B（$\omega_S \leqslant 0.045\%$，$\omega_P \leqslant 0.045\%$）、C（$\omega_S \leqslant 0.040\%$，$\omega_P \leqslant 0.040\%$）、D（$\omega_S \leqslant 0.035\%$，$\omega_P \leqslant 0.035\%$）4 级。脱氧方法符号分别用汉语拼音字首表示：F 表示沸腾钢，Z 表示镇静钢，TZ 表示特殊镇静钢，通常钢号中的 Z 和 TZ 符号可省略。

例如：Q235AF，表示 $R_{eH} \geqslant 235$ MPa，质量等级为 A 级的沸腾钢。

普通碳素结构钢的牌号、化学成分、力学性能与应用如表 4.1 所示。

普通碳素结构钢一般以热轧状态供应。其中牌号为 Q195 与 Q275 的普通碳素结构钢是不分质量等级的；牌号 Q215、Q235 的普通碳素结构钢，当其质量等级为 A、B 级时，在保证力学性能要求的前提下，化学成分可根据需方要求做适当调整。

Q195 钢、Q215 钢（相当于旧牌号的 A1、A2 钢）碳含量较低，强度不高，但具有良好的塑性、韧性和焊接性能，常用来制造铆钉、地脚螺栓、垫圈、铁钉、铁丝及各种薄板，如黑铁皮、白铁皮（镀锌薄钢板）、马口铁（镀锡薄钢板）；也可代替 08F 或 10 钢制造冲压和

焊接结构件。Q235 钢（相当于旧牌号的 A3 钢）强度较高，常用来制造钢筋、型钢、钢板、农业机械及各种不重要的机器零件，如螺栓、螺母、套环和连杆等。其中 Q235C、Q235D 常用来制造建筑、桥梁工程上质量要求较高的焊接结构件。

表 4.1 普通碳素结构钢的牌号、化学成分、力学性能与应用

| 牌号 | 等级 | 化学成分/% | | | 脱氧方法 | 力学性能 | | | 应用 |
|---|---|---|---|---|---|---|---|---|---|
| | | C 不大于 | S | F | | $R_{eH}$/MPa | $R_m$/MPa | A/% | |
| Q195 | | 0.12 | ≤0.010 | ≤0.045 | F、Z | ≥195 | 315~395 | ≥33 | 用于制造承受载荷不大的金属结构件，如铆钉、垫圈、地脚螺栓、铁丝、冲压件、焊接件及各种薄板 |
| Q215 | A | 0.15 | ≤0.050 | ≤0.045 | F、Z | ≥215 | 335~410 | ≥31 | |
| | B | | ≤0.045 | | | | | | |
| Q235 | A | 0.22 | ≤0.050 | ≤0.045 | F、Z | ≥235 | 375~460 | ≥26 | 用于制造铜板，钢筋，型钢，螺栓、螺母，受力不大的轴，建筑、桥梁工程的焊接结构件等 |
| | B | 0.12~0.20 | ≤0.045 | | | | | | |
| | C | 0.18 | ≤0.040 | ≤0.040 | Z | | | | |
| | D | 0.17 | ≤0.035 | ≤0.035 | TZ | | | | |
| Q275 | A | 0.24 | ≤0.050 | ≤0.045 | F、Z | ≥275 | 490~610 | ≥20 | 用于制造承受中等载荷的普通零件，如键、销、传动轴、拉杆、链轮、吊钩等 |
| | B | | | | | | | | |
| | C | | | | | | | | |
| | D | | | | | | | | |

Q275 钢（相当于旧牌号的 A4、A5 钢）属中碳钢，强度较高，可代替 30、40 钢制造较重要的某些零件，如齿轮、链轮、吊钩等，以降低原材料的成本。

（2）优质碳素结构钢

在这类钢中有害杂质元素磷、硫的含量受到严格控制，非金属夹杂物含量较少，塑性和韧性较好，常用来制造各种比较重要的机械零件。

优质碳素结构钢的牌号是用两位数字来表示的，这两位数字表示钢中平均碳含量的万分之几。优质碳素结构钢的牌号和化学成分如表 4.2 所示。

表 4.2 优质碳素结构钢的牌号和化学成分

| 牌号 | 化学成分（质量分数）/% | | | | | |
|---|---|---|---|---|---|---|
| | C | Si | Mn | Cr | Ni | Cu |
| | | | | 不大于 | | |
| 08 | 0.05~0.12 | 0.17~0.37 | 0.35~0.65 | 0.10 | 0.25 | 0.25 |
| 10 | 0.07~0.13 | 0.17~0.37 | 0.35~0.65 | 0.15 | 0.25 | 0.25 |
| 15 | 0.12~0.18 | 0.17~0.37 | 0.35~0.65 | 0.25 | 0.25 | 0.25 |
| 20 | 0.17~0.23 | 0.17~0.37 | 0.35~0.65 | 0.25 | 0.25 | 0.25 |
| 25 | 0.22~0.29 | 0.17~0.37 | 0.50~0.80 | 0.25 | 0.25 | 0.25 |
| 30 | 0.27~0.34 | 0.17~0.37 | 0.50~0.80 | 0.25 | 0.25 | 0.25 |
| 35 | 0.32~0.39 | 0.17~0.37 | 0.50~0.80 | 0.25 | 0.25 | 0.25 |
| 40 | 0.37~0.44 | 0.17~0.37 | 0.50~0.80 | 0.25 | 0.25 | 0.25 |
| 45 | 0.42~0.50 | 0.17~0.37 | 0.50~0.80 | 0.25 | 0.25 | 0.25 |

续表

| 牌号 | 化学成分（质量分数）/% | | | | | |
|---|---|---|---|---|---|---|
| | C | Si | Mn | Cr | Ni | Cu |
| | | | | 不大于 | | |
| 50 | 0.47~0.55 | 0.17~0.37 | 0.50~0.80 | 0.25 | 0.25 | 0.25 |
| 55 | 0.52~0.60 | 0.17~0.37 | 0.50~0.80 | 0.25 | 0.25 | 0.25 |
| 60 | 0.57~0.65 | 0.17~0.37 | 0.50~0.80 | 0.25 | 0.25 | 0.25 |
| 65 | 0.62~0.70 | 0.17~0.37 | 0.50~0.80 | 0.25 | 0.25 | 0.25 |
| 70 | 0.67~0.75 | 0.17~0.37 | 0.50~0.80 | 0.25 | 0.25 | 0.25 |
| 75 | 0.72~0.80 | 0.17~0.37 | 0.50~0.80 | 0.25 | 0.25 | 0.25 |
| 80 | 0.77~0.85 | 0.17~0.37 | 0.50~0.80 | 0.25 | 0.25 | 0.25 |
| 85 | 0.82~0.90 | 0.17~0.37 | 0.50~0.80 | 0.25 | 0.25 | 0.25 |
| 15Mn | 0.12~0.18 | 0.17~0.37 | 0.70~1.00 | 0.25 | 0.25 | 0.25 |
| 20Mn | 0.17~0.24 | 0.17~0.37 | 0.70~1.00 | 0.25 | 0.25 | 0.25 |
| 25Mn | 0.22~0.30 | 0.17~0.37 | 0.70~1.00 | 0.25 | 0.25 | 0.25 |
| 30Mn | 0.27~0.35 | 0.17~0.37 | 0.70~1.00 | 0.25 | 0.25 | 0.25 |
| 35Mn | 0.32~0.40 | 0.17~0.37 | 0.70~1.00 | 0.25 | 0.25 | 0.25 |
| 40Mn | 0.37~0.45 | 0.17~0.37 | 0.70~1.00 | 0.25 | 0.25 | 0.25 |
| 45Mn | 0.42~0.50 | 0.17~0.37 | 0.70~1.00 | 0.25 | 0.25 | 0.25 |
| 50Mn | 0.47~0.55 | 0.17~0.37 | 0.70~1.00 | 0.25 | 0.25 | 0.25 |
| 60Mn | 0.57~0.65 | 0.17~0.37 | 0.70~1.00 | 0.25 | 0.25 | 0.25 |
| 65Mn | 0.62~0.70 | 0.17~0.37 | 0.90~1.20 | 0.25 | 0.25 | 0.25 |
| 70Mn | 0.67~0.75 | 0.17~0.37 | 0.90~1.20 | 0.25 | 0.25 | 0.25 |

根据锰含量的不同优质碳素结构钢可分为普通含锰量（$\omega_{Mn} = 0.25\% \sim 0.8\%$）及较高锰含量（$\omega_{Mn} = 0.7\% \sim 1.2\%$）两组。锰含量较高的一组，在其两位数字后面加锰的化学元素符号，例如：45Mn 钢表示平均碳含量为 0.45% 的优质碳素结构钢；65Mn 钢表示平均碳含量为 0.65% 的较高锰含量的优质碳素结构钢。

若为高级优质碳素结构钢，在其两位数字后加 A，如 45A。钢中的碳含量不同，其性能也不同，因此可用来制造各种不同性能要求的零件。例如，08 钢碳含量低，塑性好，强度低，一般由钢厂轧成薄钢板或钢带供应，主要用于制造冷冲压件，如外壳、容器、罩子等。

10~25 钢具有良好的冷塑性变形能力和焊接性能，常用来制造受力不大、韧性要求较高的冲压件和焊接件，如螺栓、螺钉、螺母、杠杆、轴套和焊接压力容器等；这类钢经过渗碳、回火热处理后，表面具有高硬度，心部具有一定强度和韧性，可用于制造表面耐磨，并承受一定冲击载荷的零件，如凸轮、齿轮、销、摩擦片等。

30~55 钢及 40Mn、50Mn 钢等中碳钢经调质处理后，可获得良好的综合力学性能，主要用来制造齿轮、连杆、轴类等零件，其中以 45 钢在生产中的应用最为广泛。

60~85 钢及 60Mn、65Mn、75Mn 钢经适当热处理后，可得到较高的弹性极限、足够的韧性和一定的强度，主要用来制造弹性元件和易磨损零件，如弹簧、弹簧垫圈等。

常用的优质碳素结构钢的牌号和应用如表 4.3 所示。

表 4.3　常用的优质碳素结构钢的牌号和应用

| 牌号 | 应用 |
|---|---|
| 05F | 冶炼不锈钢、耐酸钢、耐热不起皮钢的炉料，也可代替工业纯铁使用，还用于制造薄板、钢带等 |
| 08 | 薄板，制造深冲制品、油桶、高级搪瓷制品，也可用于制成管子、垫片及心部强度要求不高的渗碳和碳氮共渗零件，电焊条等 |
| 10 | 制造锅炉管、油桶顶盖、钢带、钢丝、钢板和型材，也可用于制造机械零件 |
| 15 | 机械上的渗碳零件、紧固零件、冲锻模件及不需热处理的低负荷零件，如螺栓、螺钉、拉条、法兰盘及化工机械用贮存器、蒸汽锅炉等 |
| 20 | 不经受很大应力而要求韧性的各种机械零件，如拉杆、轴套、螺钉、起重钩等；也可用于制造在 884 MPa、450 ℃ 以下非腐蚀介质中使用的管子、导管等；还可用于制造心部强度要求不高的渗碳零件及碳氮共渗零件，如轴套、链条的滚子、轴以及不重要的齿轮、链轮等 |
| 25 | 热锻和热冲压的机械零件，机床上的渗碳零件及碳氮共渗零件，以及重型和中型机械制造中负荷不大的轴、辊子、连接器、垫圈、螺栓、螺母等，还可用作铸钢件 |
| 30 | 热锻和热冲压的机械零件、冷拉丝、重型和一般机械用的轴、拉杆、套环，以及机械上用的铸件，如气缸、汽轮机机架、轧钢机机架和零件、机床机架、飞轮等 |
| 35 | 热锻和热冲压的机械零件，冷拉和冷顶镦钢材，无缝钢管，机械制造中的零件，如转轴、曲轴、轴销、杠杆、连杆、横梁、星轮、套筒、轮圈、钩环、垫圈、螺钉、螺母等；还可用来制造汽轮机机身、轧钢机机身、飞轮、均衡器等 |
| 40 | 制造机器的运动零件，如辊子、轴、曲柄销、传动轴、活塞杆、连杆、圆盘等，以及火车的车轴 |
| 45 | 制造蒸汽轮机、压缩机、泵的运动零件，还可用来代替渗碳钢制造齿轮、轴、活塞销等零件，但零件需经高频或火焰表面淬火，并可用作铸件 |
| 50 | 耐磨性要求高、动载荷及冲击作用不大的零件，如铸造齿轮、拉杆、轧辊、轴摩擦盘、次要的弹簧、农机上的掘土犁铧、重负荷的心轴与轴等 |
| 55 | 制造齿轮、连杆、轮圈、轮缘、扁弹簧及轧辊等，也可用作铸件 |
| 60 | 制造轧辊、轴、偏心轴、弹簧圈、各种垫圈、离合器、凸轮、钢丝绳等 |
| 65 | 制造气门弹簧、弹簧圈、轴、轧辊、各种垫圈、凸轮及钢丝绳等 |
| 70 | 弹簧 |

（3）碳素工具钢

碳素工具钢为 $\omega_C = 0.65\% \sim 1.40\%$ 的高碳钢，用于制造各种低速切削刀具、一般量具和模具。这类钢在使用时，都应经过淬火再加低温回火热处理，保证高硬度，具有良好的耐磨性。

碳素工具钢牌号是由"碳"的汉语拼音字首，即 T 后加数字组成的。可用名义千分数表示钢中碳的质量分数。碳素工具钢均为优质钢。当钢号末尾有 A 符号时，表示该钢为高级优质钢（ $\omega_S \leqslant 0.02\%$，$\omega_P \leqslant 0.03\%$ ）。例如：T13 A，表示 $\omega_C = 1.3\%$ 的高级优质碳素工具钢。碳素工具钢牌号有 T7、T8、T8Mn、T9、T10、T11、T12、T13 及牌号后面加 A 组成的牌号等。

在碳素工具钢中，T7~T9 钢主要用作受力不大、形状较简单的冲击工具，如冲头、顶尖、铆钉模、铁锤、剪刀和木工工具等；T10~T13 钢主要用作硬而耐磨，但不受冲击的工具，如锉刀、刮刀、钻岩石钻头、丝锥、钟表工具和医疗外科工具等。碳素工具钢的工作温度较低，当超过 200 ℃ 时，其硬度和耐磨性会急剧降低而丧失工作能力，所以只能用作各种形状简单而尺寸不大的手工工具。碳素工具钢（非合金工具钢）生产成本较低，加工性能良好，可用于制造低速、手动刀具及常温下使用的工具、模具、量具等。各种牌号的碳素工具钢淬火后的硬度

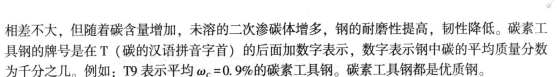

相差不大，但随着碳含量增加，未溶的二次渗碳体增多，钢的耐磨性提高，韧性降低。碳素工具钢的牌号是在 T（碳的汉语拼音字首）的后面加数字表示，数字表示钢中碳的平均质量分数为千分之几。例如：T9 表示平均 $\omega_C$=0.9%的碳素工具钢。碳素工具钢都是优质钢。

1）化学成分特点

碳的质量分数为 0.65%~1.35%，其碳含量范围可保证淬火后有足够高的硬度。虽然该类钢淬火后的硬度相近，但随着碳含量增加，未溶的渗碳体增多，使钢的耐磨性增加，而韧性下降。

2）性能特点

碳素工具钢的锻造及切削加工性好，价格便宜。但缺点是淬透性低，水中淬透直径小于 15 mm，且用水作为冷却介质时易淬裂、变形。另外，其淬火温度范围窄，易过热；其耐回火性也差，只能在 200 ℃温度以下使用。因此，这类钢仅用来制造截面较小、形状简单、切削速度低的工具，用来加工低硬度材料。

3）钢种、牌号与用途

常用碳素工具钢的牌号、化学成分、硬度及应用如表4.4 所示。

表 4.4　常用碳素工具钢的牌号、化学成分、硬度及应用

| 牌号 | 化学成分（质量分数）/% | | | 硬度 | | 应用 |
| | C | Si | Mn | 供应状态/HBW（不大于） | 淬火后/HRC（不小于） | |
| --- | --- | --- | --- | --- | --- | --- |
| T7 T7A | 0.65~0.74 | ≤0.35 | ≤0.40 | 187 | 62 | 承受冲击，黏性较好、硬度适当的工具，如扁铲、手钳、大锤、旋具，木工工具 |
| T8 T8A | 0.75~0.84 | | | 187 | | 承受冲击，要求较高硬度的工具，如冲头、压缩空气工具、木工工具 |
| T8Mn T8MnA | 0.80~0.90 | | 0.40~0.60 | 187 | | 同 T8、T8A，但淬透性较高可制造截面较大的工具 |
| T9 T9A | 0.85~0.94 | | | 192 | | 韧性中等，但硬度要求高的工具，如冲头、木工工具、凿岩工具 |
| T10 T10A | 0.95~1.04 | | ≤0.4 | 197 | | 不受剧烈冲击，要求高硬度耐磨的工具，如车刀、刨刀、丝锥、钻头、手锯条 |
| T11 T11A | 1.05~1.14 | | | 207 | | 同 T10、T10A |
| T12 T12A | 1.15~1.24 | | | 207 | | 不受冲击，要求高硬度耐磨的工具，如锉刀、刮刀、精车刀、丝锥、量具 |
| T13 T13A | 1.25~1.35 | | | 217 | | 同 T12、T12A，要求更耐磨的工具，如刮刀、剃刀 |

碳素工具钢的应用举例——锉刀如图 4.21 所示。

图 4.21　碳素工具钢的应用举例——锉刀

### 3. 易切削结构钢

易切削结构钢是钢中加入一种或几种元素，利用其本身或与其他元素形成一种对切削加工有利的夹杂物，从而改善钢材的切削加工性。目前常用元素是 S、P、Pb、Ca 等。易切削结构钢的牌号是在同类结构钢牌号前冠以 Y，以区别其他结构用钢。例如：牌号 Y15Pb 钢中的 $\omega_P = 0.05\% \sim 0.10\%$，$\omega_S = 0.23\% \sim 0.33\%$，$\omega_{Pb} = 0.15\% \sim 0.35\%$。采用高效专用自动机床加工的零件大多用低碳易切削结构钢。Y12、Y15 钢是硫磷复合低碳易切削结构钢，用来制造螺栓、螺母、管接头等不重要的标准件；Y45Ca 钢适合于高速切削加工，比用 45 钢的生产效率提高 1 倍以上，用来制造重要的零件如机床的齿轮轴、外花键等热处理零件。

### 4. 其他特殊用途优质碳素结构钢

特殊用途优质碳素结构钢是为了适应某些专业的特殊用途，对优质碳素结构钢的成分和工艺做一些调整，并对性能做出补充规定，即派生出锅炉与压力容器、船舶、桥梁、汽车、农机、纺织机械等一系列专业用钢，并已制订了相应的国家标准。

### 5. 铸造碳钢（铸钢）

铸钢是指 $\omega_C = 0.15\% \sim 2\%$ 的铸造碳钢。在机械制造业中，用锻造方法难以生产的、力学性能要求较高，而使用铸铁难以达到性能要求的复杂形状零件，常用铸造碳钢来制造。它广泛用于制造重型机械、矿山机械、冶金机械、机车车辆的某些零件、构件。但铸钢的铸造性能与铸铁相比较差，特别是其流动性差，凝固收缩率大，易偏析。

工程用铸造碳钢（工程用铸钢）是用废钢等有关原料配料后在电弧炉或感应电炉（工频或中频）中熔炼，然后浇注而成的。一般工程用铸钢，只考虑保证强度，对化学成分不作要求。

（1）铸钢牌号

工程用铸钢牌号前面为"铸钢"汉语拼音字母组合 ZC，随后的一组数字表示屈服强

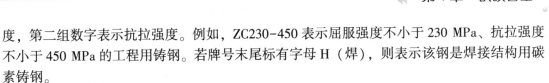

度，第二组数字表示抗拉强度。例如，ZC230-450表示屈服强度不小于230 MPa、抗拉强度不小于450 MPa的工程用铸钢。若牌号末尾标有字母H（焊），则表示该钢是焊接结构用碳素铸钢。

（2）化学成分及应用

常用铸钢的牌号、主要化学成分、室温力学性能及用途如表4.5所示。

表4.5　常用铸钢的牌号、主要化学成分、室温力学性能及用途

| 牌号 | 主要化学成分的质量分数/% | | | | 室温力学性能 | | | | | | 用途 |
|---|---|---|---|---|---|---|---|---|---|---|---|
| | C | Si | Mn | P、S | $R_{eH}(R_{p0.2})$ | $R_m$ | $A$ | $Z$ | $KV$ | $KU$ | |
| | 不大于 | | | | /Mpa | /MPa | /% | /% | /J | /J | |
| ZC200-400 | 0.20 | 0.60 | 0.80 | 0.035 | 200 | 400 | 25 | 40 | 30 | 47 | 良好的塑性、韧性和焊接性、用于受力不大的机械零件，如机座、变速箱壳等 |
| ZC230-450 | 0.30 | 0.60 | 0.90 | 0.035 | 230 | 450 | 22 | 32 | 25 | 35 | 一定的强度和较好的塑性、韧性，焊接性良好。用于受力不大、韧性好的机械零件，如砧座、外壳、轴承座、阀体、犁柱等 |
| ZC270-500 | 0.40 | 0.60 | 0.90 | 0.035 | 270 | 500 | 18 | 25 | 22 | 27 | 较高的强度和较好的塑性、铸造性良好、焊接性尚好、切削加工性好。用于轧钢机机架、轴承座、连杆、箱体、曲轴、缸体等 |
| ZC310-570 | 0.50 | 0.60 | 0.90 | 0.035 | 310 | 570 | 15 | 21 | 15 | 24 | 强度和切削性良好，塑性、韧性较低。用于载荷较高的大齿轮、缸体、制动轮、棍子等 |
| ZC340-640 | 0.60 | 0.60 | 0.90 | 0.035 | 340 | 640 | 10 | 18 | 10 | 16 | 有较高的强度和耐磨性，切削加工性好，焊接性较差，流动性好，裂纹敏感性较大。用于齿轮、棘齿等 |

## 本章小结

①钢和铸铁是现代工业中应用最广泛的金属材料。它们主要由铁和碳两种元素组成，统称为铁碳合金。不同成分的铁碳合金，在不同的温度下，有不同的组织，因而表现出不同的性能。

②碳溶解在 $\alpha$-Fe 中形成的固溶体叫作铁素体，通常用 F 表示。它仍保持 $\alpha$-Fe 的体心立方结构。铁素体碳含量很少，与工业纯铁相似。

③碳溶解在 $\gamma$-Fe 中形成的固溶体叫作奥氏体。通常用 A 表示。它仍保持 $\gamma$-Fe 的面心立方结构。奥氏体的硬度不是很高，塑性很好，是绝大多数钢种在高温进行压力加工时所要求的组织。

④铁与碳形成稳定的化合物 $Fe_3C$ 叫作渗碳体。它的碳含量为 6.69%，具有复杂的晶格形式，与铁的晶格截然不同，故其性能与铁素体差别很大。

渗碳体是一个硬而脆的组织。渗碳体在一定条件下可以分解成铁和石墨，这在铸铁中有重要的意义。

⑤铁素体和渗碳体组成的机械混合物叫作珠光体，通常用 P 表示。其机械性能介于渗碳体和铁素体之间。

⑥由奥氏体和渗碳体组成的机械混合物叫作莱氏体，用 L 表示。莱氏体的机械性能和渗碳体相似，硬度很高，塑性极差。

⑦铁碳合金相图是用实验数据绘制而成的。通过实验，对一系列不同碳含量的合金进行热分析，测出其在缓慢冷却过程中熔液的结晶温度和固态组织的转变温度，并标入温度−碳含量坐标图中。

$Fe-Fe_3C$ 合金相图是具有实用意义的铁碳合金相图。根据铁碳合金的成分和室温组织不同，铁碳合金可分为工业纯铁、钢和白口铸铁 3 大类。由于碳含量不同，钢中的铁素体、渗碳体的相对质量及渗碳体形态不同，其力学性能不同，铸造、锻压、焊接、切削加工及热处理等工艺性能也不同。

⑧碳钢是碳含量小于等于 2.11%，含有少量 Mn、Si、S、P 等杂质元素的铁碳合金。根据其碳含量的不同可分为低碳钢、中碳钢和高碳钢；根据钢的质量及用途的不同可分为普通碳素结构钢、优质碳素结构钢及碳素工具钢。碳钢的牌号根据其分类的不同，其表示方法也不相同。

## 复习思考题和习题

4.1 什么是铁素体、奥氏体、渗碳体、珠光体和莱氏体？分别说明它们的符号与力学性能。

4.2 什么是铁碳合金相图？其有何应用？

4.3 合金中相组分与组织组分有何区别？分别指出亚共析钢与亚共晶白口铸铁中的相组分与组织组分。

4.4 什么是共析转变？试以铁碳合金为例，说明共析转变的过程及其显微组织特征。

4.5 什么是共晶转变？试以铁碳合金为例，说明共晶转变的过程及其显微组织特征。

4.6 钢的铸造性能随钢中碳含量的增加而降低，但铸铁中碳的含量远高于钢，为什么铸铁的铸造性能却比钢好？

4.7 常存元素对碳钢的性能有何影响？为什么？

4.8 碳钢的钢号是如何表示的？指出 20、45、60、Q235、T8、T10A、65Mn 各属于哪一类钢？各表示什么意思？

4.9 说明 ZC230-450 是什么钢？

# 第5章 金属材料的热处理原理

## 5.1 热处理概述

热处理的实质是把金属材料在固态下加热到预定的温度，保温一定时间，然后以预定的方式冷却下来，以改变金属材料内部的组织结构，从而赋予工件预期的性能。其热处理工艺曲线示意图如图5.1所示。

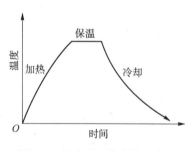

图 5.1 热处理工艺曲线示意图

金属材料热处理的目的在于改变工件的性能（改善金属材料的工艺性能，提高金属材料的使用性能）。热处理在机械工业中占有非常重要的地位，通过热处理可以改变钢的组织和性能，充分发挥材料的潜力，调整材料的力学性能，满足机械零件在加工和使用过程中对性能的要求。在实际生产中，凡是重要的零部件一般都要经过适当的热处理。据统计，汽车、拖拉机零件的70%~80%均需要进行热处理；各种模具、刀具和量具约100%要进行热处理。由此可见，要了解各种热处理对金属材料组织与性能的影响，必须研究其在加热和冷却过程中的相变规律。本章主要介绍钢在加热及冷却过程中的组织转变规律。

金属材料在热处理过程中会发生一系列的组织变化，这些转变具有严格的规律性。因此，将金属材料组织转变的规律称作热处理原理。

## 5.2 钢的热处理原理

### 5.2.1 钢在加热时的转变

在热处理时，大部分需要将钢加热到一定温度（临界点）进行奥氏体化或部分奥氏体化，获得奥氏体组织，然后以适当方式（或速度）冷却，以获得所需要的组织和性能。

通常把钢加热获得奥氏体的转变过程称为奥氏体化过程。值得注意的是，奥氏体化是使钢获得某种性能的手段而不是目的。

加热后形成的奥氏体成分、晶粒大小、均匀性，以及是否存在碳化物或夹杂等其他相，这些因素对于随后的冷却过程中得到的组织和性能等有着直接的影响。因此，研究钢在加热过程中奥氏体的形成过程具有重要的理论和实际价值。

## 5.2.2　奥氏体转变温度与 Fe-Fe₃C 相图的关系

在 Fe-Fe₃C 相图中，共析钢在加热和冷却过程中经过 $PSK$ 线（$A_1$ 线）时，发生珠光体与奥氏体之间的相互转变，亚共析钢经过 $GS$ 线（$A_3$ 线）时，发生铁素体和奥氏体之间的相互转变，过共析钢经过 $ES$ 线（$A_{cm}$ 线）时，发生渗碳体与奥氏体之间的相互转变。$A_1$、$A_3$、$A_{cm}$ 线为钢在平衡条件下的临界点温度线。在实际热处理生产过程中，加热和冷却不可能极其缓慢，其相变是在非平衡的条件下进行的。研究发现，上述转变往往会产生不同程度的滞后现象。实际转变温度与平衡临界温度之差称为过热度（加热时）或过冷度（冷却时）。过热度或过冷度随加热或冷却速度的增大而增大。图 5.2 为钢加热和冷却速度（7.5 ℃/h）对临界温度的影响。对临界温度的影响通常把加热时的临界温度加注字母 $c$，如 $Ac_1$、$Ac_3$、$Ac_{cm}$，而把冷却时的临界温度加注字母 $r$，如 $Ar_1$、$Ar_3$、$Ar_{cm}$。

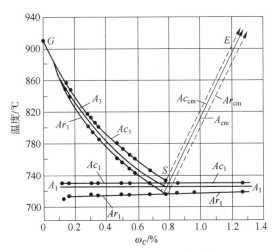

图 5.2　钢加热和冷却速度（7.5 ℃/h）对临界温度的影响

## 5.2.3　奥氏体的形成

首先以共析钢为例来讨论奥氏体的转变过程。共析钢室温时的平衡组织为珠光体，即由基体相铁素体（碳含量极少的体心立方晶格）和分散相渗碳体（碳含量很高的复杂斜方晶格）组成的两相混合物。珠光体的平均碳含量为 $\omega_c = 0.77\%$。当加热至 $Ac_1$ 以上温度并保温一定时间，珠光体将全部转变为奥氏体。即

$$F(\omega_C = 0.021\ 8\%) + Fe_3C(\omega_C = 6.69\%) \xrightarrow{Ac_1} A(\omega_C = 0.77\%)$$

奥氏体的形成过程一般分为 4 个阶段：奥氏体形核，奥氏体晶核长大，残留渗碳体溶解，奥氏体成分均匀化，如图 5.3 所示。

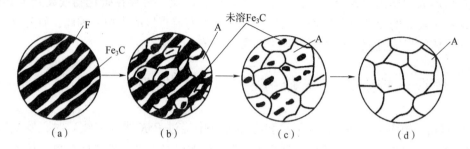

图 5.3　共析钢奥氏体形成过程示意图

（a）奥氏体形核；（b）奥氏体晶核长大；（c）残留渗碳体溶解；（d）奥氏体成分均匀化

### 1. 奥氏体形核

观察表明，奥氏体晶核通常优先在铁素体和渗碳体的相界面上形成。奥氏体的形核和液态结晶形核一样，需要一定的结构、能量和浓度起伏。而铁素体和渗碳体的相界面上碳浓度分布不均匀，位错密度较高、原子排列不规则，晶格畸变大，处于能量较高的状态，因此为奥氏体形核提供了能量和结构两方面的有利条件。另外，相界面处碳浓度处于铁素体和渗碳体的过渡之间，容易形成较大的浓度起伏，使相界面某一微区能够达到形成奥氏体晶核所需的碳含量。所以，奥氏体形核优先在相界面上形成。

### 2. 奥氏体晶核长大

奥氏体形核后便开始长大。奥氏体晶核的一面与渗碳体相邻，另一面与铁素体相邻，设奥氏体与铁素体相邻的边界处的碳浓度为 $C_{\gamma-\alpha}$，奥氏体与渗碳体相邻的边界处的碳浓度为 $C_{\gamma-c}$。此时，两个边界处于界面平衡状态，这是系统自由能最低的状态。由于 $C_{\gamma-c} > C_{\gamma-\alpha}$，因此，在奥氏体中出现碳的浓度梯度，并引起碳在奥氏体中不断地由高浓度向低浓度扩散。扩散的结果使奥氏体与铁素体相邻边界处的碳浓度升高，而与渗碳体相邻边界处的碳浓度降低，从而破坏了相界面的平衡，使系统自由能升高。为了恢复平衡，渗碳体必须溶入奥氏体，使它们相邻界面的碳浓度恢复到 $C_{\gamma-c}$。与此同时，铁素体转变为奥氏体，使它们之间的界面恢复到 $C_{\gamma-\alpha}$，从而恢复相界面的平衡，降低系统的自由能。这样，奥氏体的两个相界面就向铁素体和渗碳体两个方向推移，使奥氏体晶核长大。由于奥氏体中碳的扩散不断打破相界面的平衡，又通过渗碳体和铁素体向奥氏体转变而恢复平衡，该过程循环往复地进行，奥氏体便不断地向铁素体和渗碳体中扩展，从而促进奥氏体晶核长大。

可见，在 $Ac_1$ 以上某温度，共析钢奥氏体晶核的长大是依靠铁、碳原子的扩散使铁素体不断向奥氏体转变，渗碳体不断溶入奥氏体中进行的。

### 3. 残留渗碳体溶解

由于渗碳体的晶体结构和碳的质量分数与奥氏体差别较大，因此，渗碳体向奥氏体中溶解的速度必然落后于铁素体向奥氏体的转变速度。在铁素体全部转变完后，仍会有部分渗碳体尚未溶解，因而还需要一段时间继续向奥氏体中溶解，直至全部渗碳体溶解完。

### 4. 奥氏体成分均匀化

当残留渗碳体全部溶解完时，奥氏体的成分是不均匀的。原渗碳体存在的地方比铁素体存在的地方碳含量要高，只有继续延长保温时间，让碳原子充分扩散，才能获得均匀化的奥氏体。

亚共析钢和过共析钢的奥氏体化过程同共析钢基本相同。当加热温度刚刚超过 $Ac_1$ 温度时，只能使原始组织中的珠光体部分转变为奥氏体，但仍保留一部分先共析铁素体或先共析渗碳体，这种奥氏体化的过程被称作"部分奥氏体化"或"不完全奥氏体化"。只有将温度加热到 $Ac_3$ 或 $Ac_{cm}$ 以上并保温足够时间，才能获得均匀的单相奥氏体，这种奥氏体化的过程常称作"完全奥氏体化"。

## 5.2.4　影响奥氏体转变速度的因素

奥氏体的形成是通过形核与长大实现的，整个过程受原子扩散控制。因此，一切影响扩散、形核和长大的因素都影响奥氏体的转变速度。主要影响因素有加热温度、加热速度、原始组织和化学成分等。

**1. 加热温度的影响**

加热温度必须高于相应的 $Ac_1$、$Ac_3$、$Ac_{cm}$ 线，珠光体才能向奥氏体转变。转变需要在孕育期以后才能开始，而且温度越高，孕育期越短。

加热温度越高，奥氏体形成速度就越快，转变所需要的时间也就越短。这是由两方面原因造成的：一方面，温度越高则奥氏体与珠光体的自由能差越大，转变的推动力越大；另一方面，温度越高则原子扩散越快，因而碳的重新分布与铁的晶格重组就越快，所以，使奥氏体的形核、晶核长大，残余渗碳体溶解及奥氏体成分均匀化都进行得越快。可见，同一个奥氏体化状态，既可通过较低温度、较长时间的加热得到，也可由较高温度、较短时间的加热得到。因此，在制订加热工艺时，应全面考虑温度和时间的影响。

**2. 加热速度的影响**

加热速度对奥氏体化过程也有重要影响。对于共析钢来说，加热速度越快，珠光体的过热度越大，相变驱动力越大，转变的开始温度也就越高。研究表明，随着形成温度的升高，奥氏体形核率的增长速率高于其晶核长大速率。例如，对于 Fe-C 合金，当奥氏体转变温度从 740 ℃升到 800 ℃时，形核率增加 270 倍，而其晶核长大速率增长 80 倍。因此，加热速度越快，奥氏体形成温度越高，起始晶粒也就越细小。

**3. 原始组织的影响**

在化学成分相同的情况下，原始组织中碳化物分散度越大，铁素体和渗碳体的相界面就越多，奥氏体的形核率也就越大；原始珠光体越细，其层片间距越小，则相界面越多，越有利于形核；同时，由于珠光体层片间距小，则碳原子的扩散距离小，扩散速度加快，使奥氏体形成速度加快。因此，钢的原始组织越细，奥氏体的形成速度越快。

**4. 化学成分的影响**

如果钢中碳含量增加，则奥氏体的形成速度加快。这是因为随着碳含量增加，渗碳体的数量增加，铁素体和渗碳体相界面的面积增加，因此增加了奥氏体形核的部位，增大了奥氏体的形核率。同时，碳化物数量增加使碳的扩散距离减小，碳和铁原子的扩散系数增大，从而加快了奥氏体的长大速度。

钢中加入合金元素并不改变珠光体向奥氏体转变的基本过程，但能影响奥氏体的形成速度，一般都使之减慢，原因如下。

（1）合金元素会改变钢的平衡临界点

Ni、Mn、Cu 等都使钢的平衡临界点降低，而 Cr、W、V、Si 等则使之升高。因此，在同一温度奥氏体化时，与碳素钢相比合金元素改变了过热度，因而也就改变了奥氏体与珠光体的自由能差，这对于奥氏体的形核与长大都有重要影响。

（2）合金元素在珠光体中的分布不均匀

Cr、Mo、W、V、Ti 等能形成碳化物的元素，主要存在于共析碳化物中；Ni、Si、Al 等不能形成碳化物的元素，主要存在于共析铁素体中。因此，合金钢奥氏体化时，除了必须进行碳的扩散外，还必须进行合金元素的扩散，使之重新分布。合金元素的扩散速度比碳原子要慢得多，所以合金钢奥氏体的均匀化相对缓慢。

（3）某些合金元素影响碳和铁的扩散速度

Cr、Mo、W、V、Ti 等都能显著减慢碳的扩散；Co、Ni 等则加速碳的扩散；Si、Al、Mn 等则影响不大。

（4）极易形成碳化物元素

如 Ti、V、Zr、Nb、Mo、W 等会形成特殊碳化物，其稳定性比渗碳体高，很难溶入奥氏体，必须进行较高温度、较长时间加热才能完全溶解。因此，合金钢的奥氏体形成速度一般比碳钢慢，尤其是高合金钢，其奥氏体化温度比碳钢要高，保温时间也较长。

## 5.2.5 奥氏体的晶粒度及控制因素

钢加热时形成的奥氏体晶粒大小对冷却后转变产物的组织和性能均有重要影响。例如，奥氏体晶粒越细，冷却转变产物的组织越细小，其强度和韧性也较好。一般情况下，奥氏体的晶粒度每细化一级，其转变产物的冲击韧度 $a_K$ 值就提高 2~4 J/cm$^2$。因此，需要了解奥氏体晶粒的长大规律，以便在生产中控制晶粒大小，获得所需性能。

晶粒大小有两种表示方法：一种是用晶粒尺寸表示，如晶粒截面的平均直径、平均面积或单位面积内的晶粒数目等；另一种是用晶粒度级别来表示，按原冶金工业部标准规定，晶粒度分为 8 级，其中 1 级最粗，8 级最细。晶粒度的级别与晶粒大小的关系为 $n=2^{N-1}$，式中 $n$ 为放大 100 倍进行金相观察时，每平方英寸（6.45 cm$^2$）视野中所含晶粒的平均数目；$N$ 为晶粒度的级别数。可见，晶粒度的级别数越高，晶粒就越多、越细。一般把晶粒度为 1~4 级的晶粒称为粗晶粒，把 5~8 级的晶粒称为细晶粒，如图 5.4 所示。

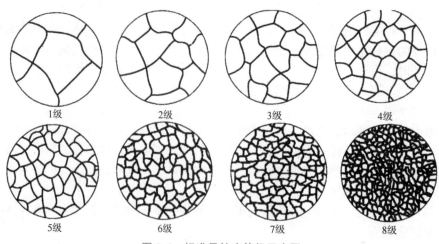

图 5.4　标准晶粒度等级示意图

根据奥氏体的形成过程及长大倾向，奥氏体的晶粒度可以用起始晶粒度、实际晶粒度和本质晶粒度等来描述。

**1. 起始晶粒度**

钢加热时，把珠光体向奥氏体的转变刚刚完成时的奥氏体晶粒大小叫作"起始晶粒度"。起始晶粒一般较细小，若温度提高或时间延长，则晶粒会长大。

**2. 实际晶粒度**

通常将在某一具体加热条件下所得到的奥氏体晶粒大小称为"实际晶粒度"，即实际晶粒度为在具体的加热条件下加热时所得到的奥氏体的实际晶粒大小，它直接影响钢在冷却以后的性能。

**3. 本质晶粒度**

本质晶粒度是用来表示钢加热时奥氏体晶粒长大倾向的晶粒度。钢的本质晶粒度取决于钢的成分和冶炼条件。对成分不同的钢进行加热，加热时有的奥氏体晶粒很容易长大，而有的钢晶粒则不容易长大，这说明不同钢的晶粒长大倾向是不同的。把奥氏体晶粒容易长大的钢称为本质粗晶粒钢；反之，称为本质细晶粒钢。

本质晶粒度是根据标准 GB/T 6394—2017《金属平均晶粒度测定方法》测定的，即将试样加热到（860±10）℃，保温 1h，冷却后测定奥氏体晶粒大小。通常是在放大 100 倍的情况下，与标准晶粒度等级图（见图 5.4）进行比较评级。晶粒度为 1~4 级的定为本质粗晶粒钢，晶粒度为 5~8 级的定为本质细晶粒钢。奥氏体晶粒的长大是奥氏体晶界迁移的过程，其实质是原子在晶界附近的扩散过程。所以一切影响原子扩散迁移的因素都能影响奥氏体晶粒的长大。

①加热温度越高，保温时间足够长，奥氏体晶粒也就越容易自发长大粗化。当加热温度确定后，加热速度越快，相变时过热度越大，相变驱动力也就越大；形核率提高，晶粒越细，所以快速加热，短时保温是实际生产中细化晶粒的手段之一。加热温度一定时，随保温时间延长，晶粒也会不断长大。但当保温时间足够长后，奥氏体晶粒就几乎不再长大而趋于相对稳定。若加热时间很短，即使在较高的加热温度下也能得到细小晶粒。

对同一种钢而言，当奥氏体晶粒细小时，冷却后的组织也细小，其强度较高，塑性、韧性较好；当奥氏体晶粒粗大时，在同样冷却条件下，冷却后的组织也粗大。粗大的晶粒会导致钢的力学性能下降，甚至在淬火时形成裂纹。所以，凡是重要的工件，如高速切削刀具等，淬火时都要对奥氏体晶粒度进行金相评级，以保证淬火后有足够的强度和韧性。可见，加热时如何获得细小的奥氏体晶粒常常成为保证热处理性能的关键问题之一。

②在一定范围内，随着钢的碳含量增加，奥氏体晶粒长大的倾向增大，但是当钢的碳含量超过某一限度时，奥氏体晶粒反而变得细小。这是因为随着碳含量的增加，碳在钢中的扩散速度以及铁的自扩散速度均增加，故增大了奥氏体晶粒长大的倾向性。但是，当碳含量超过一定限度以后，钢中出现二次渗碳体，随着碳含量的增加，二次渗碳体数量增多，渗碳体可以阻碍奥氏体晶界的移动，故奥氏体晶粒反而变得细小。

③钢中形成难熔化合物的合金元素，如 Ti、Zr、V、Al、Nb、Ta 等，可阻碍晶粒长大。因为这些元素能形成碳、氮化合物并分布在晶界上，阻碍晶界的迁移，因此也就阻碍了奥氏体晶粒长大；非碳化物形成元素有的阻碍晶粒长大，如 Cu、Si、Ni 等，有的促进晶粒长大，如 P、Mn。

④一般来说，钢的原始组织越细，碳化物弥散度越大，奥氏体的起始晶粒也就越细小。实际生产中因加热温度不当，使奥氏体晶粒长大粗化的现象叫"过热"，过热后将使钢的性能恶化。因此，控制奥氏体晶粒大小是热处理和热加工制订加热温度时必须考虑的重要问题。

# 5.3 钢在冷却时的转变

钢的加热是为了获得细小、均匀的奥氏体，然而奥氏体化不是目的，因为大多数零件都在室温下工作，高温奥氏体最终要冷却下来。奥氏体化后的钢只有通过适当的冷却才能得到所需要的组织和性能。所以，冷却也是热处理的关键工序，它决定着钢在热处理后的组织和性能。研究不同冷却条件下钢中奥氏体组织的转变规律，对于正确制订热处理冷却工艺，获得预期的性能具有重要的实际意义。

奥氏体化后的钢采用不同的冷却方式将获得不同的组织，其性能也明显不同。

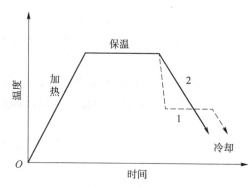

1—等温冷却；2—连续冷却。

图 5.5　奥氏体不同冷却方式示意图

生产中经常采用的冷却方式有两种：一种是等温冷却，如等温淬火、等温退火等，它是将奥氏体化后的钢由高温快速冷却到临界温度以下的某一温度，保温一段时间以进行等温转变，然后再冷却到室温，如图 5.5 中的曲线 1 所示；另一种是连续冷却，如炉冷、空冷、油冷、水冷等，它是将奥氏体化后的钢从高温连续冷却到室温，使奥氏体在一个温度范围内发生连续转变，如图 5.5 中的曲线 2 所示。

奥氏体冷却至临界温度以下，处于热力学不稳定状态，经过一定孕育期后，才可转变。这种在临界点以下尚未转变的处于不稳定状态的奥氏体称为过冷奥氏体。钢在等温冷却的情况下，可以控制温度和时间两个因素，获得过冷奥氏体等温转变图。研究对过冷奥氏体转变的影响，从而有助于弄清过冷奥氏体的转变过程及转变产物的组织和性能。

## 5.3.1　过冷奥氏体的等温转变图

过冷奥氏体的等温转变图综合反映了过冷奥氏体在不同过冷度下的等温转变过程，包括转变开始和转变终止时间、转变产物的类型，以及转变量与时间、温度之间的关系等。因其形状通常像英文字母 C，故称为"C 曲线"。

### 1. 过冷奥氏体等温转变曲线的建立

由于过冷奥氏体在转变过程中不仅有组织转变和性能变化，而且还有体积和磁性的转变，因此可以采用膨胀法、磁性法、金相—硬度法等来测定过冷奥氏体等温转变曲线。下面以金相—硬度法为例介绍共析钢过冷奥氏体等温转变曲线的建立过程。将共析钢加工成圆片状试样（$\phi$10 mm×1.5 mm），并分成若干组，每组试样 5~10 个。首先选一组试样加热至奥氏体化后，迅速转入 $A_1$ 线以下一定温度（700 ℃、650 ℃、600 ℃、500 ℃）的盐浴中等温处理（每一温度下有一组样品），在等温处理的同时记录下等温时间（等温时间可以从几秒到几天），每个试样停留不同时间之后，逐个取出，迅速淬入盐水中激冷，使尚未分解的过冷奥氏体转变为马氏体，这样在金相显微镜下就可观察到过冷奥氏体的等温分解过程，根据转变产物颜色和硬度的不同（转变产物呈暗黑色，未转变的奥氏体冷却后呈白亮色），记下过冷奥氏体向其他组织转变开始和转变终止的时间。等温时间不同，转变产物量也就不同。一般将奥氏体转变量为 1%~3% 所需的时间定为转变开始时间，而把转变量为 98% 所需的时间定为转变终止时间。由一组试样可以测出一个温度下转变开始和转变终止时间，多组试样在不同温度下进行试验，将各温度下的转变开始点和转变终止点描绘在温度-时间坐标系中，并将转变开始点和转变终止点分别连接成曲线，就可以得到共析钢的过冷奥氏体等温转变图，如图 5.6 所示。

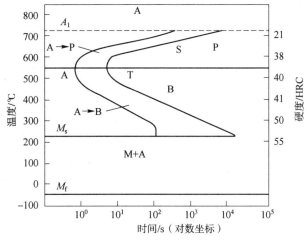

图 5.6   共析钢的过冷奥氏体等温转变图

### 2. 过冷奥氏体等温转变曲线分析

图 5.6 中的水平虚线 $A_1$ 表示钢的临界点温度（723 ℃），即奥氏体与珠光体的平衡温度。$A_1$ 线以上是奥氏体稳定区。图中的 $M_s$（230 ℃）为马氏体转变开始温度线，$M_f$（-50 ℃）为马氏体转变终止温度线。$M_s$ 线至 $M_f$ 线之间的区域为马氏体转变区，过冷奥氏体冷却至 $M_s$ 线以下将发生马氏体转变。$A_1$ 与 $M_s$ 线之间有两条 $C$ 曲线，左侧一条为过冷奥氏体转变开始线，右侧为过冷奥氏体转变终止线。过冷奥氏体转变开始线与转变终止线之间的区域为过冷奥氏体转变区，在该区域过冷奥氏体向珠光体或贝氏体转变。在转变终止线右侧的区域为过冷奥氏体转变产物区。$A_1$ 线以下、$M_s$ 线以上以及纵坐标与过冷奥氏体转变开始线之间的区域为过冷奥氏体区，过冷奥氏体在该区域内不发生转变，处于亚稳定状态。在 $A_1$ 线温度以下的某一温度，过冷奥氏体转变开始线与纵坐标之间的水平距离称为过冷奥氏体在该温度下的孕育期，孕育期的长短表示过冷奥氏体稳定性的高低。随着等温温度降低，孕育期缩短，过冷奥氏体转变速度增大，在温度为 550 ℃ 左右共析钢的孕育期最短，过冷奥氏体稳定性最低，转变速度最快，称为 $C$ 曲线的"鼻尖"。此后，随着等温温度下降，孕育期又不断增加，转变速度减慢，因此使过冷奥氏体等温转变曲线呈 $C$ 字形。过冷奥氏体转变终止线与

纵坐标之间的水平距离则表示在不同温度下转变完成所需要的总时间。转变完成所需的总时间随温度的变化规律和孕育期的变化规律相似。

过冷奥氏体的稳定性同时由两个因素控制：一个是新相与旧相之间的自由能差 $\Delta G$；另一个是原子的扩散系数 $D$。等温温度越低，过冷度越大，自由能差 $\Delta G$ 也就越大，过冷奥氏体的转变速度则越快。但原子扩散系数却随温度降低而减小，从而减慢过冷奥氏体的转变速度。

**3. 过冷奥氏体等温转变产物的组织及其性能**

从前面的分析可知，过冷奥氏体冷却转变时，转变温度区间不同，转变方式不同，转变产物的组织性能也就不同。以共析钢为例，在不同的过冷度下，奥氏体将发生 3 种不同的转变，即珠光体转变（高温转变）、贝氏体转变（中温转变）和马氏体转变（低温转变）。

（1）珠光体转变

共析成分的过冷奥氏体从 $A_1$ 线以下至 C 曲线的"鼻尖"以上，即 $A_1 \sim 550\ ℃$ 温度范围内会发生奥氏体向珠光体的转变，其反应式为 $A \rightarrow P(F + Fe_3C)$。

奥氏体转变为珠光体的过程也是一个形核和长大的过程。

当奥氏体过冷到 $A_1$ 线温度时，由于能量、成分、结构起伏 3 者满足了形核条件，故在奥氏体晶界处形成薄片状的渗碳体核心，如图 5.7 所示。$Fe_3C$ 的碳含量为 $\omega_C = 6.69\%$，它必须依靠其周围的奥氏体不断地供应碳原子而向奥氏体晶粒内长大，同时，渗碳体周围奥氏体的碳含量不断降低，为铁素体的形核创造了有利条件，铁素体晶核便在渗碳体两侧形成，这样就形成了一个珠光体晶核。由于铁素体的碳含量很低，$\omega_C < 0.021\ 8\%$，其长大过程中需将过剩的碳排出来，使相邻奥氏体中的碳含量增高，因此为产生新的渗碳体创造了条件。随着渗碳体片层的不断长大，又将产生新的铁素体片，如此交替进行下去，奥氏体最终全部转变为铁素体和渗碳体片层相间的珠光体组织。珠光体转变是全扩散型转变，即在这一转变过程中既有碳原子的扩散又有铁原子的扩散。

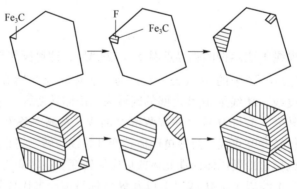

图 5.7　片状珠光体形成示意图

在 $650 \sim 600\ ℃$ 温度范围内形成片层较细的珠光体，硬度为 $20 \sim 30$ HRC，被称为索氏体，用 S 表示，要在 $800 \sim 1\ 500$ 倍的光学显微镜下才能分辨清楚。

在 $600 \sim 550\ ℃$ 温度范围内形成片层极细的珠光体，硬度为 $30 \sim 40$ HRC，被称为托氏体，用 T 表示，只有在电子显微镜下才能分辨出来。

珠光体、索氏体和托氏体都是由渗碳体和铁素体组成的层片状机械混合物，只是由于层片的大小不同，决定了它们的力学性能各异。表 5.1 给出了共析钢的珠光体转变产物类型、形成温度、层片间距及硬度等参考值。

表 5.1　共析钢的珠光体转变产物参考表

| 组织类型 | 形成温度/℃ | 层片间距/μm | 硬度/HRC |
|---|---|---|---|
| 珠光体（P） | $A_1 \sim 650$ | >0.4 | 5～27 |
| 索氏体（S） | 650～600 | 0.4～0.2 | 27～33 |
| 托氏体（T） | 600～550 | <0.2 | 33～43 |

（2）贝氏体转变

把共析奥氏体过冷到 C 曲线"鼻尖"以下至 $M_s$ 线之间，即 230～550 ℃温度之间，将发生奥氏体向贝氏体的转变。贝氏体是由含碳过饱和的铁素体与渗碳体组成的两相混合物。和珠光体转变不同，在贝氏体转变中，由于过冷度很大，没有铁原子的扩散，而是靠切变进行奥氏体向铁素体的点阵转变，并由碳原子的短距离"扩散"进行碳化物的沉淀析出。因此，贝氏体转变的机理、转变产物的组织形态都不同于珠光体。贝氏体转变属于半扩散型转变，贝氏体有两种常见的组织形态，即上贝氏体和下贝氏体。

1）上贝氏体

过冷奥氏体在 350～550 ℃温度之间转变将得到羽毛状的组织，称为上贝氏体，用 B 表示。奥氏体向贝氏体转变时，首先沿奥氏体晶界析出过饱和的铁素体，由于此时碳处于过饱和状态，故有从铁素体中脱溶向奥氏体方向扩散的倾向。随着密排铁素体条的伸长和变宽，铁素体中的碳原子不断通过界面排到周围的奥氏体中，使条间奥氏体中的碳原子不断富集，当其浓度足够高时，便在条间沿条的长轴方向析出碳化物，形成上贝氏体组织。在中、高碳钢中，当上贝氏体形成量不多时，在光学显微镜下可以观察到成束排列的铁素体条自奥氏体晶界平行伸向晶粒内部，具有羽毛状特征，条间的渗碳体分辨不清，如图 5.8（a）所示。在电子显微镜下可以清楚地看到在平行条状铁素体之间常存在断续的、粗条状的渗碳体，如图 5.8（b）所示。上贝氏体中铁素体的亚结构是位错，其密度为 $10^6 \sim 10^9$ g/cm$^2$。上贝氏体硬度较高，可达 40～45 HRC，但由于其铁素体片较粗，因此塑性和韧性较差，在生产中应用较少。

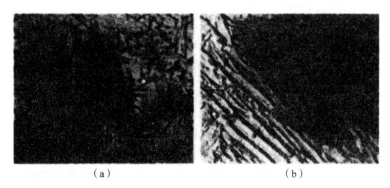

（a）　　　　　　　　　　　（b）

图 5.8　上贝氏体显微组织

（a）光学显微组织（500×）；（b）电子显微组织（4 000×）

2）下贝氏体

下贝氏体的形成温度在 350 ℃ $\sim M_s$，用 $B_\text{下}$ 表示。下贝氏体可以在奥氏体晶界上形成，但更多的是在奥氏体晶粒内部形成。典型的下贝氏体是由含碳过饱和的片状铁素体和其内部沉淀的碳化物组成的机械混合物。下贝氏体的空间形态呈双凸透镜状，与试样磨面相交呈片状或针状。在光学显微镜下，当转变量不多时，下贝氏体呈黑色针状或竹叶状，针与针之间呈一定角度，如图5.9（a）所示。在电子显微镜下可以观察到下贝氏体中碳化物的形态，它们细小、弥散分布，呈粒状或短条状，沿着与铁素体长轴成55°~60°方向的取向平行排列，如图5.9（b）所示。下贝氏体中铁素体的亚结构为位错，其位错密度比上贝氏体中铁素体的高。下贝氏体的铁素体内含有过饱和的碳。由于细小碳化物弥散分布于铁素体针内，而针状铁素体又有一定的过饱和度，因此，弥散强化和固溶强化使下贝氏体具有较高的强度（可达50~60 HRC）、硬度和良好的塑韧性，即具有较优良的综合力学性能。生产中有时对中碳合金钢和高碳合金钢采用"等温淬火"的方法获得下贝氏体，以提高钢的强度、硬度、韧性和塑性。

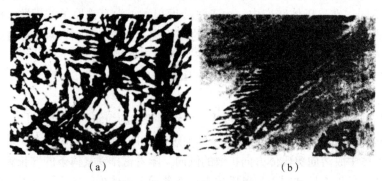

（a）　　　　　　　　　　　　　　　　　（b）

图5.9　下贝氏体显微组织

（a）光学显微组织（500×）；（b）电子显微组织（12 000×）

由于贝氏体转变是发生在珠光体与马氏体转变之间的中温区，铁和合金元素的原子难以进行扩散，但碳原子还具有一定的扩散能力，因此这就决定了贝氏体转变兼有珠光体转变和马氏体转变的某些特点。与珠光体转变相似，贝氏体转变过程中发生碳在铁素体中的扩散；与马氏体转变相似，奥氏体向铁素体的晶格改组是通过共格切变方式进行的。因此，贝氏体转变是一个有碳原子扩散的共格切变过程。

贝氏体的性能主要取决于其组织形态。上贝氏体的形成温度较高，铁素体条粗大，碳的过饱和度低，因而其强度和硬度较低。另外，上贝氏体的碳化物颗粒粗大，且呈断续条状分布于铁素体条间，铁素体条和碳化物的分布具有明显的方向性，这种组织形态使铁素体条间易于产生脆断，同时铁素体条本身也有可能成为裂纹扩展的路径，所以上贝氏体的韧性较低。越是靠近贝氏体区上限温度形成的上贝氏体，其韧性越差，强度越低。因此，在工程材料中一般应避免上贝氏体组织的形成。下贝氏体中的细小铁素体针分布均匀，在铁素体内沉淀析出大量弥散细小的碳化物，而且铁素体内含有过饱和的碳及高密度位错，因此下贝氏体不但强度高，而且韧性也好，即具有良好的综合机械性能，同时其缺口敏感性和脆性转折温度都较低，因此是一种理想的组织。在生产中以获得下贝氏体组织为目的的等温淬火工艺得到了广泛的应用。

（3）马氏体转变

马氏体是碳在α-Fe中的过饱和固溶体，用M表示。钢从奥氏体化状态快速冷却，抑制其扩散性分解，在较低温度下（低于$M_s$线温度）发生的转变称为马氏体转变。

1）马氏体的组织形态

钢中马氏体的组织形态包括板条马氏体和片状马氏体两种类型，如图 5.10 所示。

图 5.10　马氏体显微组织

（a）板条马氏体；（b）片（针）状马氏体

①板条马氏体。板条马氏体是在低、中碳钢及马氏体时效钢、不锈钢等铁基合金中形成的一种典型马氏体组织。图 5.11 是低碳钢中板条马氏体的组织示意图，其由许多成群的、相互平行排列的板条所组成，故称为板条马氏体。板条马氏体的空间形态呈扁条状，许多相互平行的板条组成一个板条束，一个奥氏体晶粒内可以有多个板条束（通常有 3~5 个）。板条马氏体的亚结构是位错，故又称位错马氏体。

②片状马氏体。片状马氏体是在中、高碳钢中形成的一种典型的马氏体组织。图 5.12 为高碳钢中片状马氏体的组织示意图。片状马氏体的空间形态呈双凸透镜状，由于与试样磨面相截，在光学显微镜下则呈针状或竹叶状，故又称为针状马氏体。片状马氏体内部的亚结构主要是孪晶。孪晶间距为 5~10 mm，因此片状马氏体又称孪晶马氏体。

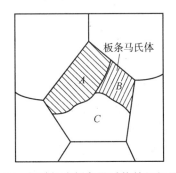

图 5.11　低碳钢中板条马氏体的组织示意图

图 5.12　高碳钢中片状马氏体的组织示意图

实验证明，钢的马氏体形态主要取决于钢的碳含量和马氏体的形成温度。对碳钢来说，随着碳含量的增加，板条马氏体的数量相对减少，片状马氏体的数量相对增加。碳的质量分数小于 0.2% 的奥氏体几乎全部形成板条马氏体，而质量分数大于 1.0% 的奥氏体几乎只形成片状马氏体，质量分数为 0.2%~1.0% 的奥氏体则形成板条马氏体和片状马氏体的混合组织。一般认为板条马氏体大多在 200 ℃ 温度以上形成，片状马氏体主要在 200 ℃ 温度以下形成。碳的质量分数为 0.2%~1.0% 的奥氏体在马氏体区较高温度先形成板条马氏体，然后在较低温度形成片状马氏体。

2）马氏体的力学性能

钢中马氏体力学性能的显著特点是具有高硬度和高强度。马氏体的硬度主要取决于其碳含量，随碳含量的增加而升高。当碳的质量分数达到 0.6% 时，淬火钢的硬度接近最大值，当碳含量进一步增加时，虽然马氏体的硬度会有所提高，但由于残留奥氏体量增加，反而使钢的硬度有所下降。合金元素对马氏体的硬度影响不大，但可以提高其强度。

马氏体具有高硬度、高强度的原因是多方面的，主要包括固溶强化、相变强化、时效强化，以及晶界强化等原因。

①固溶强化。过饱和的间隙原子碳在 $\alpha$-Fe 晶格中造成晶格的正方畸变，形成一个强烈的应力场，该应力场与位错发生强烈的交互作用，阻碍位错的运动，从而提高马氏体的硬度和强度。

②相变强化。马氏体转变时，在晶体内造成晶格缺陷密度很高的亚结构，如板条马氏体中高密度的位错、片状马氏体中的孪晶等，这些缺陷都将阻碍位错的运动，使马氏体强度提高。

③时效强化。马氏体形成以后，由于一般钢的 $M_0$ 线大都处在室温以上，因此在淬火过程中及在室温停留时，或在外力作用下都会发生"自回火"，即碳原子和合金元素原子向位错及其他晶体缺陷处的扩散偏聚或碳化物的弥散析出都会起到钉扎位错，形成位错难以运动的效果，从而造成马氏体时效强化。

④晶界强化。原始奥氏体晶粒大小及马氏体板条束的尺寸对马氏体的强度也有一定的影响。原始奥氏体晶粒越细小、马氏体板条束越小，则马氏体强度越高，这是由于相界面阻碍位错运动造成的马氏体强化。

马氏体的塑性和韧性主要取决于马氏体的亚结构。片状马氏体具有高强度、高硬度，但韧性很差，其特点是硬而脆。在具有相同屈服强度的条件下，板条马氏体比片状马氏体的韧性要好得多。其原因在于片状马氏体中微细孪晶亚结构的存在破坏了有效滑移系，使脆性增大；而板条马氏体中的高密度位错是不均匀分布的，存在低密度区，为位错提供了活动的余地，所以仍有相当好的韧性。此外，片状马氏体的碳浓度高，晶格的正方畸变大，这也使其韧性降低而脆性增大，同时，片状马氏体中存在许多显微裂纹，还存在着较大的淬火内应力，这些也都使其脆性增大。而板条马氏体则不然，由于碳浓度低，再加上自回火，所以晶格正方度很小或没有，淬火应力也小，而且不存在显微裂纹。这些因素使板条马氏体的韧性相当好，同时，其强度、硬度也足够高。所以，板条马氏体具有高的强韧性。

可见，马氏体的力学性能主要取决于其碳含量、组织形态和内部亚结构。板条马氏体具有优良的强韧性；片状马氏体的硬度高，但塑性、韧性差。通过热处理可以改变马氏体的形态，增加板条马氏体的相对数量，从而可显著提高钢的强韧性，这是充分发挥钢材潜力的有效途径。

3）马氏体转变的主要特点

①马氏体转变属于无扩散型转变，当其转变进行时，只有点阵做有规则的重构，而新相与母相并无成分的变化。

②马氏体转变是在一定温度范围内完成的，是温度的函数。一般情况下，马氏体转变开始后，必须继续降低温度，才能使转变继续进行，如果中断冷却，转变便停止。通常在冷却条件下，马氏体转变的开始温度 $M_0$ 与冷却速度无关。当冷却到某一温度以下时，马氏体转

变不再进行，此即马氏体转变的终止温度，也称 $M_s$ 点。

③通常情况下，马氏体转变不能进行到底，也就是说当冷却到 $M_f$ 点温度后还不能获得100%的马氏体，而在组织中保留有一定数量的未转变的奥氏体，称之为残留奥氏体。淬火后钢中残留奥氏体量的多少和 $M_s \sim M_f$ 点温度范围与室温的相对位置有直接关系，并且和淬火时的冷却速度以及冷却过程中是否停顿等因素有关。

## 5.3.2　过冷奥氏体的连续冷却转变图

在实际生产中，普遍采用的热处理方式是连续冷却，如炉冷退火、空冷正火、水冷淬火等。因此，研究过冷奥氏体在连续冷却过程中的组织转变规律具有很大的实际意义。

过冷奥氏体连续冷却转变的规律也可以用另一种 C 曲线表示出来，即连续冷却 C 曲线，又称为 CCT 曲线。它反映了在连续冷却条件下过冷奥氏体的转变规律，是分析转变产物组织与性能的依据，也是制订热处理工艺的重要参考资料。

CCT 曲线是通过实验测定的。以共析钢为例，把若干组共析钢的小圆片试样经同样奥氏体化以后，每组试样各以一恒定速度连续冷却，每隔一段时间取出一个试样淬入水中，将高温分解的状态固定到室温，然后进行金相测定，求出每种转变的开始温度、开始时间和转变量。将各个冷却速度的数据绘制在温度-时间对数坐标中，如图 5.13 所示，即为共析钢的 CCT 曲线。从图中可以看到，珠光体转变区由 3 条曲线构成，左边是转变开始线 $P_s$，右边是转变终止线 $P_f$，下面是转变中止线 $KK'$。马氏体转变区则由两条曲线构成：一条是温度上限线 $M_0$，另一条是冷却速度下线 $vK_0$。从图中可以看出以下 4 种情况。

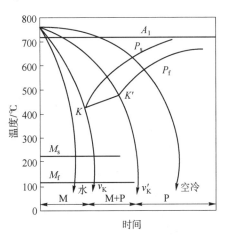

图 5.13　共析钢的 CCT 曲线

①当冷却速度 $v < v_K'$ 时，冷却曲线与珠光体转变开始线相交便发生奥氏体向珠光体的转变；与转变终止线相交时，转变便结束，全部形成珠光体。

②当冷却速度 $v_K' < v < v_K$ 时，冷却曲线只与珠光体转变开始线相交，而不再与转变终止线相交，但会与转变中止线相交，这时奥氏体只有一部分转变为珠光体。冷却曲线一旦与转变中止线相交就不再发生转变，只有一直冷却到 $M_0$ 线以下时才发生马氏体转变。并且随着冷却速度 $v$ 的增大，珠光体转变量越来越少，而马氏体量越来越多。

③当冷却速度 $v > v_K$ 时，冷却曲线不再与珠光体转变开始线相交，即不发生奥氏体向珠光体的转变，而全部过冷到马氏体区，只发生马氏体转变。

可见，$v_K$ 是保证奥氏体在连续冷却过程中不发生分解而全部过冷到马氏体区的最小冷却速度，称为"上临界冷却速度"，通常也叫作"临界淬火冷速"。$v_K'$ 则是保证奥氏体在连续冷却过程中全部分解而不发生马氏体转变的最大冷却速度，称为"下临界冷却速度"。

④共析钢的连续冷却转变只发生珠光体转变和马氏体转变，不发生贝氏体转变，即共析钢在连续冷却时得不到贝氏体组织。

### 5.3.3 过冷奥氏体转变图的应用

过冷奥氏体冷却转变图是制订热处理工艺的重要依据，也有助于了解热处理冷却过程中钢材组织和性能的变化。过冷奥氏体转变图的应用主要有以下 3 个方面。

①可以利用等温转变图定性和近似地分析钢在连续冷却时组织转变的情况。例如，要确定某种钢经某种冷却速度冷却后所能得到的组织和性能，一般是将这种冷却速度画到该材料的 C 曲线上，按其交点位置估计其所能得到的组织和性能。

②等温转变图对于制订等温退火、等温淬火、分级淬火以及变形热处理工艺具有指导作用。

③利用连续冷却转变图可以定性和定量地显示钢在不同冷却速度下所获得的组织和硬度，这对于制订和选择零件热处理工艺有实际的指导意义，可以比较准确地确定出钢的临界淬火冷却速度（$v_K$），正确选择冷却介质。利用连续冷却转变图可以大致估计零件热处理后其表面和内部的组织及性能。

**本章小结**

①钢的热处理是钢在固态下，通过加热、保温和冷却，改变内部组织结构，从而获得所需性能的一种工艺方法。钢在加热时，往往要使其组织奥氏体化。共析钢的奥氏体形成过程分为 4 个阶段，为了得到良好的力学性能，加热时需要获得细小的奥氏体晶粒；钢在冷却时的组织转变有过冷奥氏体的等温冷却转变和连续冷却转变。根据转变温度的不同，转变组织分为珠光体、贝氏体和马氏体组织，转变的组织不同，钢就具有不同的力学性能。

②钢在加热时的转变是指在热处理时，需要将钢加热到一定温度（临界点）进行奥氏体化或部分奥氏体化，获得奥氏体组织，然后以适当方式（或速度）冷却，以获得所需要的组织和性能。

③钢在冷却时的转变是指钢的加热是为了获得细小、均匀的奥氏体。奥氏体化后的钢只有通过适当的冷却才能得到所需的组织和性能。所以，冷却也是热处理的关键工序，它决定着钢在热处理后的组织和性能。研究不同冷却条件下钢中奥氏体组织的转变规律，对于正确制订热处理冷却工艺，获得预期的性能具有重要的实际意义。

④过冷奥氏体冷却转变图是制订热处理工艺的重要依据，也有助于了解热处理冷却过程中钢材组织和性能的变化。例如，可以利用等温转变图定性和近似地分析钢在连续冷却时组织转变的情况；利用连续冷却转变图可以定性和定量地显示钢在不同冷却速度下所获得的组织和硬度，这对于制订和选择零件热处理工艺有实际的指导意义。

**复习思考题和习题**

5.1 什么是热处理？热处理的目的是什么？

5.2 比较下列名词：

(1) 奥氏体、过冷奥氏体、残留奥氏体；

（2）马氏体与回火马氏体、索氏体与回火索氏体、珠光体与回火珠光体；

（3）起始晶粒度、实际晶粒度与本质晶粒度。

5.3　马氏体与贝氏体转变有哪些异同点？

5.4　试简述影响 C 曲线形状和位置的主要因素。

5.5　马氏体的硬度主要取决于什么？说明马氏体具有高硬度的原因。

5.6　珠光体、贝氏体和马氏体的组织和性能有什么区别？

5.7　什么是残余奥氏体？它会引起什么问题？

5.8　什么是马氏体？其组织有哪几种基本形态？它们的性能各有何特点？

5.9　马氏体的硬度与奥氏体中碳含量有何关系？

5.10　残留奥氏体与碳含量有何关系？

# 第6章 钢的热处理工艺

## 6.1 钢的热处理工艺分类

根据热处理时加热和冷却方式的不同，常用的热处理方法大致分类如下。

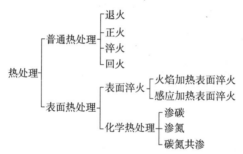

根据热处理工艺在零件生产工艺流程中的位置和作用，热处理又可分为预备热处理和最终热处理。

## 6.2 钢的普通热处理

钢的普通热处理是将工件整体进行加热、保温和冷却，使其获得均匀组织和性能的一种热加工工艺。钢的普通热处理主要包括退火、正火、淬火和回火。

### 6.2.1 钢的退火与正火

#### 1. 退火

退火是将钢加热到一定温度并保温一定时间，然后以缓慢的速度冷却，使之获得接近平衡状态组织的热处理工艺。退火是钢的热处理工艺中应用最广、种类最多的一种工艺。根据钢的成分和退火目的、要求的不同，退火可分为完全退火、等温退火、球化退火、均匀化退火、去应力退火和再结晶退火等。各种退火的加热温度范围和工艺曲线如图 6.1 所示。

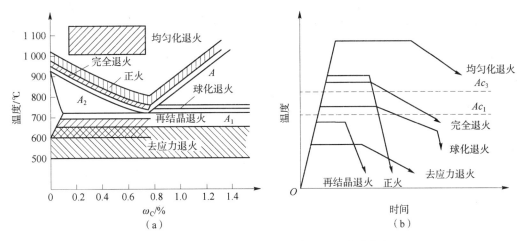

图 6.1　各种退火的加热温度范围和工艺曲线
（a）加热温度范围；（b）工艺曲线

（1）完全退火

完全退火是指将钢件或毛坯加热到 $Ac_3$ 以上 $20 \sim 30$ ℃，保温一定时间，使钢中组织完全奥氏体化后随炉缓慢冷却到 $500 \sim 600$ ℃以下出炉，然后在空气中冷却的热处理方式。

完全退火主要适用于碳的质量分数为 $0.25\% \sim 0.77\%$ 的亚共析成分碳钢、合金钢和工程铸件、锻件及热轧型材。过共析钢不宜采用完全退火，因为当其加热至 $Ac_{cm}$ 线以上缓慢冷却时，二次渗碳体会以网状沿奥氏体晶界析出，使钢的强度、塑性和韧性大大降低。

完全退火的目的是细化晶粒降低硬度以及改善切削加工性能和消除铸件、锻件及焊接件的内应力。

（2）等温退火

等温退火是指将钢件加热至 $Ac_3$（或 $Ac_1$）线以上 $20 \sim 30$ ℃，保温一定时间，然后较快地冷却至过冷奥氏体等温转变曲线"鼻尖"温度附近（珠光体转变区）并保温一定时间，使奥氏体转变为珠光体后再缓慢冷却下来的热处理方式。

等温退火的目的与完全退火相似，但等温退火的转变容易控制，能获得均匀的预期组织，对于大型制件及合金钢制件较适宜，可大大缩短退火周期。

（3）球化退火

球化退火是指将钢件或毛坯加热到略高于 $Ac_1$ 线温度，保温较长时间，使钢中的二次渗碳体自发地转变为颗粒状（或球状）渗碳体，然后以缓慢的速度冷却到室温的热处理方法。

球化退火主要适用于碳素工具钢、合金弹簧钢及合金工具钢等共析钢和过共析钢（碳的质量分数大于 $0.77\%$）。

球化退火的目的是降低硬度、均匀组织、改善切削加工性能、为淬火做好组织准备。

（4）均匀化退火

均匀化退火是指为减少铸件或钢锭的化学成分和组织的不均匀性，将其加热到略低于固相线温度（钢的熔点以下 $100 \sim 200$ ℃），长时间保温并缓慢冷却，使铸件或钢锭的化学成分和组织均匀化的热处理方式。由于均匀化退火加热温度高，因此退火后晶粒粗大，可用完全退火或正火细化晶粒。

（5）去应力退火

去应力退火又称低温退火，它是将钢件加热到 $500 \sim 650 \ ℃$（$Ac_1$线温度以下），保温一段时间，然后缓慢冷却到 $200 \sim 300 \ ℃$ 以下出炉的热处理方式。因去应力退火温度低，不改变工件原来的组织，故其应用广泛。

去应力退火的目的是为了消除铸件、锻件和焊接件内的残余应力以及冷变形加工中所造成的内应力。

（6）再结晶退火

再结晶退火是指将冷变形后的金属加热到再结晶温度以上，保温一定时间，使变形晶粒重新转变为均匀的等轴晶粒的热处理工艺。再结晶退火的加热温度一般比理论再结晶温度高 $150 \sim 250 \ ℃$，可用于消除冷变形加工（如冷轧、冷拉、冷冲）中产生的畸变组织，消除加工硬化。

2. 正火

正火是将钢加热到 $Ac_3$（亚共析钢）或 $Ac_{cm}$ 线（过共析钢）线以上 $30 \sim 50 \ ℃$，保温一段时间，然后在空气中或在强制流动的空气中冷却到室温的热处理方法。正火比退火冷却速度快，因而正火组织比退火组织细，其强度和硬度也比退火组织高。由于正火的生产周期短，设备利用率和生产效率高，成本较低，因而在生产中应用比较广泛。正火的目的如下。

（1）改善切削加工性能

正火可改善低碳钢（碳的质量分数低于 0.25%）的切削加工性能。碳的质量分数低于 0.25% 的碳钢，退火后硬度过低，切削加工时容易"黏刀"，表面光洁度很差。通过正火可使其硬度提高到接近最佳切削加工硬度，从而改善切削加工性能。

（2）作为预先热处理

截面较大的结构钢件，在淬火或调质处理（淬火加高温回火）前常先进行正火处理，以消除魏氏组织和带状组织，并获得均匀细小组织。对于碳的质量分数大于 0.77% 的碳钢和合金工具钢中存在的网状渗碳体，正火可减少其二次渗碳体量，并使其不形成连续网状，为球化退火做好组织准备。

（3）作为最终热处理

对强度要求不高的零件可把正火作为最终热处理。正火可以细化晶粒，均匀组织，从而提高钢的强度、硬度和韧性。

3. 退火与正火的选择

生产上退火或正火工艺的选择主要根据钢的种类、加工工艺（冷、热）、零件的使用性能及经济性等进行综合考虑。

对于碳含量 $\omega_C < 0.25\%$ 的低碳钢，通常采用正火替代退火。因为正火工艺具有以下优势：

①较快的冷却速度可以防止低碳钢沿晶界析出游离的三次渗碳体，从而提高冲压件的冷变形能力；

②可以提高钢的硬度，改善低碳钢的切削加工性能；

③可以细化晶粒，提高低碳钢的强度。

对于碳含量 $\omega_C = 0.25\% \sim 0.5\%$ 的中碳钢，也可以用正火替代退火。尽管对碳含量接近上限的中碳钢的正火处理会使其硬度偏高，但还可以进行切削加工，而且正火的成本较低，生产效率高。但是，对于含合金元素的中碳合金钢，由于合金元素的存在，增加了过冷奥氏体的稳定性，即使在缓慢冷却的情况下仍可得到马氏体或贝氏体组织。因此，若采用正火处理会使其硬度偏高，不利于切削加工，应当采用完全退火。

对于碳含量 $\omega_C = 0.5\% \sim 0.75\%$ 的碳钢，一般采用完全退火，因为钢的碳含量较高，正火后的硬度显著高于退火的硬度，难以进行切削加工。因此采用退火降低硬度，以改善其切削加工性能。

对于碳含量 $\omega_C = 0.75\%$ 以上的碳钢或工具钢，一般采用球化退火作为预备热处理。若有网状二次渗碳体存在，则应先进行正火消除。

另外，从钢的使用性能考虑，若钢件或零件承载不大，性能要求不高，则可直接用正火作为最终热处理来提高钢的力学性能。从经济性方面考虑，由于正火比退火生产周期短，操作简便，工艺成本低。因此，在满足钢的使用性能和工艺性能的前提下，应尽可能采用正火工艺代替退火。

## 6.2.2　钢的淬火与回火

淬火与回火是强化钢最常用的热处理工艺方式。先淬火再根据需要配以不同温度的回火，以获得所需的力学性能。

### 1. 淬火

淬火是以获得马氏体或（和贝氏体）为目的的热处理工艺方式。

（1）淬火加热温度

亚共析钢淬火加热温度为 $Ac_3$ 线以上 $30 \sim 50\ ℃$；共析钢、过共析钢淬火加热温度为 $Ac_1$ 线以上 $30 \sim 50\ ℃$。钢的淬火温度范围，如碳钢淬火加热的温度范围如图 6.2 所示。

亚共析钢在上述淬火温度条件下加热是为了获得晶粒细小的奥氏体，从而使淬火后能够获得细小的马氏体组织。若加热温度过高，则会引起奥氏体晶粒粗化，淬火后得到的马氏体组织也粗大，从而

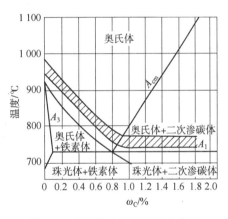

图 6.2　碳钢淬火加热的温度范围

使钢的性能严重脆化。若加热温度过低，如在 $Ac_1 \sim Ac_3$ 之间，则加热时组织为奥氏体+铁素体；淬火后，奥氏体转变为马氏体，而铁素体被保留下来，此时的淬火组织为马氏体+铁素体（+残留奥氏体），这样就造成了淬火硬度的不足。

共析钢和过共析钢在淬火加热之前已经过球化退火了，故加热到 $Ac_1$ 线以上 $30 \sim 50\ ℃$ 不完全奥氏体化后，其组织为奥氏体和部分未溶的细粒状渗碳体颗粒。淬火后，奥氏体转变为马氏体，未溶渗碳体颗粒被保留下来。由于渗碳体硬度高，因此，它不但不会降低淬火钢的硬度，而且还可以提高它的耐磨性；若加热温度过高，甚至在 $Ac_{cm}$ 线以上，则渗碳体溶入奥氏体中的数量增大，奥氏体的碳含量增加，使未溶渗碳体颗粒减少，而且使 $M_s$ 点下降，淬火后残留奥氏体量增多，降低钢的硬度与耐磨性。同时，加热温度过高会引起奥氏体晶粒粗大，使淬火后的组织为粗大的片状马氏体，使显微裂纹增多，钢的脆性大为增加。粗大的片状马氏体还使淬火内应力增加，极易引起工件的淬火变形和开裂。因此加热温度过高是不适

宜的。过共析钢的正常淬火组织为隐晶（即细小片状），马氏体的基体上均匀分布着细小颗粒状渗碳体以及少量残留奥氏体，这种组织具有较高的强度和耐磨性，同时又具有一定的韧性，符合高碳工具钢零件的使用要求。

（2）合理选择淬火冷却介质

淬火冷却介质是根据钢的种类及零件所要求的性能来选择的。但是，其冷却速度必须略大于临界冷却速度。碳钢的淬火冷却介质常选用水，因为碳钢的淬透性较差，需要的冷却速度大，而水能满足这一要求。合金钢的淬透性较好，应选用油，因为油的冷却速度比水低，用它来淬合金钢工件，工件变形小，裂纹倾向小。钢的淬透性是指钢在淬火时所获得马氏体的能力，是钢的一种属性，其大小用钢在一定条件下淬火所获得的淬透层的深度来表示。用不同材料制造出同样大小的形状和尺寸大小相同的零件，在相同的淬火条件下，淬透层较深的钢件其淬透性较好，如图 6.3 所示。

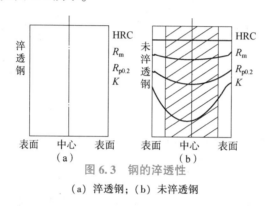

图 6.3　钢的淬透性

（a）淬透钢；（b）未淬透钢

淬透性和淬硬性是两个不同的概念，淬硬性是表示钢淬火时的硬化能力，用马氏体可能获得的硬度表示，它主要取决于钢中马氏体的碳含量，碳含量越高，钢的淬硬性就越高，显然淬硬性和淬透性没有必然的联系。例如，高碳工具钢的淬硬性很高，但其淬透性很差；而低碳合金钢的淬硬性不高，其淬透性却很好。钢中马氏体硬度与碳含量的关系如图 6.4 所示。

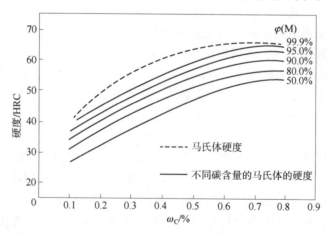

图 6.4　钢中马氏体硬度与碳含量的关系

（3）正确选择淬火方法

在生产中淬火常用单介质淬火法，即指在一种介质中连续冷却到室温。这种淬火方法操作简单，便于实现机械化和自动化，故应用广泛。对于易产生裂纹、变形的钢件，可采用先水淬后油淬的双介质淬火或分级淬火方法。

**2. 回火**

回火是将淬火后的钢重新加热到低于 $Ac_1$ 线以下某一温度，经保温后，使淬火组织转变成稳定的回火组织，再冷却到室温的热处理工艺方式。

淬火钢的组织主要是马氏体或马氏体+残留奥氏体组成，它是不稳定的组织，其内应力大、脆、易变形或开裂。

回火的目的是为了消除应力，稳定组织，提高钢件的塑性、韧性，获得塑性、韧性、硬度、强度适当配合的力学性能，满足工件的力学性能要求。

根据所需工件的力学性能要求，把回火温度分为如下 3 种。

（1）低温回火（150～200 ℃）

回火目的是消除应力，降低脆性，获得回火马氏体组织，保持高的硬度（56～64 HRC）和耐磨性。低温回火广泛用于刀具、刃具、冲模、滚动轴承和耐磨件等。

（2）中温回火（250～500 ℃）

组织是回火托氏体，它还保持着马氏体的形态，内应力基本消除。其目的是保持较高的硬度，获得高弹性的钢件。中温回火主要用于弹簧（如火车转向架的螺旋弹簧、枪机上的弹簧等）、发条、热锻模。

（3）高温回火（500～650 ℃）

淬火并高温回火的复合热处理工艺方式，称为调质。其目的是获得优良的综合性能，调质后的硬度为 25～35 HRC。调质处理后的组织是回火索氏体，即细粒渗碳体和铁素体，与正火后的片状渗碳体组织相比，其在载荷作用下，不易产生应力集中，使钢的韧性得到极大提高。高温回火主要用于重要的机械零件，如连杆、主轴、齿轮及重要的螺钉（汽车发动机盖上的螺钉）。

钢在回火时会产生回火脆性，在 300 ℃ 左右产生的脆性称为不可逆回火脆性；在 400～550 ℃ 产生的脆性称为可逆回火脆性。产生的原因是由于回火马氏体中分解出稳定的细片状化合物引起的。钢的回火脆性使其冲击韧性显著下降，如图 6.5 所示。

某些合金钢（如含 Cr、Ni、Mn 的钢），回火后缓慢冷却会产生回火脆性，但如果回火后快速冷却（空冷），则不产生回火脆性。

除上述 3 种回火温度之外，某些不能通过退火来软化的高合金钢也可以在 600～680 ℃ 进行软化回火。钢在

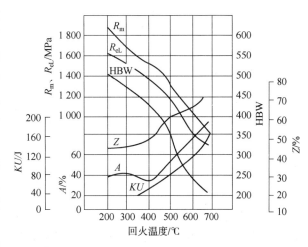

图 6.5　40Cr 钢经不同温度回火后的力学性能

注：直径 $D = 12$ mm，油淬。

不同温度下回火后其硬度随回火温度的变化如图 6.6 所示，钢的力学性能与回火温度的关系如图 6.7 所示。

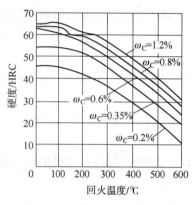

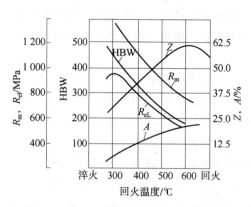

图 6.6　钢的硬度随回火温度的变化　　　图 6.7　钢的力学性能与回火温度的关系

许多机器零件如齿轮、凸轮、曲轴等都是在弯曲、扭转载荷下工作的，同时受到强烈的摩擦、磨损和冲击。这时应力沿工件断面的分布是不均匀的，越靠近表面应力越大，越靠近心部应力越小。这种工件需要硬而耐磨的表层，即一定厚度的表层得到强化，而心部仍可保留高韧性状态。要同时满足这些要求，仅仅依靠选材是比较困难的，用普通的热处理也无法实现，这时可通过表面热处理的手段来满足工件的使用要求。

# 6.3　钢的表面热处理

某些机器零件在复杂应力条件下工作时，其表面和心部承受不同的应力状态，往往要求零件表面和心部具有不同的性能。为此，除上述整体热处理外，还发展了表面热处理技术，其中包括只改变工件表面层组织的表面淬火工艺和改变工件表面层组织及表面化学成分的化学热处理工艺。为进一步提高零件的使用性能，降低制造成本，有时还把两种或几种加工工艺混合在一起，构成复合加工工艺。例如，把塑性变形和热处理结合在一起，形成形变热处理新工艺等。钢的表面热处理包括钢的表面淬火和钢的化学热处理。

## 6.3.1　钢的表面淬火

表面淬火是将工件快速加热到淬火温度，然后迅速冷却，仅使表面层获得淬火组织的热处理方式。齿轮、凸轮、曲轴及各种轴类等零件在扭转、弯曲等交变载荷下工作，并承受摩擦和冲击，其表面要比心部承受更高的应力。因此，要求零件表面具有高的强度、硬度和耐磨性，要求心部具有一定的强度、足够的塑性和韧性。采用表面淬火工艺可以达到这种"表硬心韧"的性能要求。根据工件表面加热热源的不同，钢的表面淬火有很多种，如感应加热、火焰加热、激光加热、电子束加热等表面淬火工艺。这里仅介绍感应加热表面淬火和火焰加热表面淬火。

**1. 感应加热表面淬火**

（1）感应加热表面淬火的原理及工艺

感应加热表面淬火是利用电磁感应原理，在工件表面产生密度很高的感应电流，并使之迅速加热至奥氏体状态，随后快速冷却获得马氏体组织的淬火方法，如图 6.8 所示。当感应圈中通过一定频率的交流电时，在其内、外将产生与电流变化频率相同的交变磁场。若将工件放入感应圈内，在交变磁场作用下，工件内就会产生与感应圈内所通电流频率相同而方向相反的感应电流。由于感应电流沿工件表面形成封闭回路，故通常称为涡流。此涡流将电能转变成热能，使工件加热。涡流在被加热工件中的分布由表面至心部呈指数规律衰减。因此，涡流主要分布于工件表面，工件内部几乎没有电流通过。这种现象叫作集肤效应或表面效应。感应加热就是利用集肤效应，依靠电流热效应把工件表面迅速加热到淬火温度的。感应圈用纯铜管制作，内通冷却水。当工件表面在感应圈内加热到相变温度时，立即喷水或浸水冷却，实现表面淬火工艺。

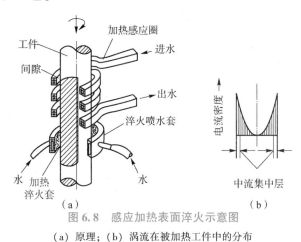

图 6.8　感应加热表面淬火示意图

（a）原理；（b）涡流在被加热工件中的分布

电流透入深度 $\delta$（单位为 mm）在工程上定义为涡流强度由表向内降低至 $I_0/e$（$I_0$ 为表面处的涡流强度，$e \approx 2.718$）处的深度。钢在 $800 \sim 900\ ℃$ 范围内的电流透入深度 $\delta_热$ 及在室温 $20\ ℃$ 时的电流透入深度 $\delta_冷$ 与电流频率 $f$（单位为 Hz）有如下关系，即

$$\delta_热 = \frac{500}{\sqrt{f}} \tag{6.1}$$

$$\delta_冷 = \frac{20}{\sqrt{f}} \tag{6.2}$$

$\delta_热$ 比 $\delta_冷$ 大几十倍，可见当工件加热温度超过钢的磁性转变点 $A_2$ 时，电流透入深度将急剧增加。此外，感应电流频率越高，电流透入深度越小，工件加热层越薄。因此，感应加热透入工件表层的深度主要取决于电流频率。

生产上根据零件尺寸及硬化层深度的要求选择不同的电流频率。根据不同的电流频率，可将感应加热表面淬火分为以下 3 类。

1）高频感应加热表面淬火

其常用电流频率为 $80 \sim 1\ 000\ kHz$，可获得的表面硬化层深度为 $0.5 \sim 2\ mm$。主要用于中、小模数齿轮和小轴的表面淬火。

2）中频感应加热表面淬火

其常用电流频率为 $2\ 500 \sim 8\ 000\ Hz$，可获得 $3 \sim 6\ mm$ 深的表面硬化层深度，主要用于要求淬硬层较深的零件，如发动机曲轴、凸轮轴、大模数齿轮、较大尺寸的轴和钢轨的表面淬火。

3）工频感应加热表面淬火

常用电流频率为 50 Hz，可获得 10~15 mm 以上的表面硬化层深度，适用于大直径钢材的穿透加热及要求淬硬层深的大工件的表面淬火。

感应加热速度快，一般不进行保温，为使先共析相充分溶解，感应加热表面淬火可采用较高的淬火加热温度。高频感应加热表面淬火比普通感应加热表面淬火温度高 30~200 ℃。

感应加热表面淬火通常采用喷射冷却法，冷却速度可通过调节液体压力、温度及喷射时间来控制。

工件表面淬火后应进行低温回火以降低残余应力和脆性，并保持表面高硬度和高耐磨性。回火方式有炉中回火和自回火。炉中回火温度为 150~180 ℃，时间为 1~2 h。自回火层控制喷射冷却时间，利用工件内部余热使表面进行回火。

为了保证工件表面淬火后的表面硬度和心部强度及韧性，一般选用中碳钢及中碳合金钢，其表面淬火前的原始组织应为调质态或正火态。

（2）感应加热表面淬火的特点

①感应加热表面淬火时，由于电磁感应和集肤效应，工件表面在极短时间里达到 $Ac_1$ 线以上很高的温度，而工件心部仍处于相变点之下。中碳钢高频淬火后，工件表面得到马氏体组织，往里是马氏体+铁素体+托氏体组织，心部为铁素体+珠光体或回火索氏体原始组织。

②感应加热升温速度快，保温时间极短。与一般淬火相比，其淬火加热温度高，过热度大，奥氏体形核多，又不易长大，因此淬火后表面得到细小的隐晶马氏体，故感应加热表面淬火工件的表面硬度比一般淬火的高 2~3 HRC。

③感应加热表面淬火后，工件表层强度高。由于马氏体转变产生体积膨胀，故在工件表层产生很大的残留压应力，因此可以显著提高其疲劳强度并降低缺口敏感性。

④感应加热表面淬火后，工件的耐磨性比普通淬火的高。这显然与奥氏体晶粒细化、表面硬度高及表面压应力状态等因素有关。

⑤感应加热淬火件的冲击韧度与淬硬层深度和心部原始组织有关。当同一钢种淬硬层深度相同时，原始组织为调质态，比正火态的冲击韧度高；当原始组织相同时，淬硬层深度增加，冲击韧度降低。

⑥感应加热表面淬火时，由于加热速度快，无保温时间，工件一般不产生氧化和脱碳问题；又因工件内部未被加热，故工件淬火变形小。

⑦感应加热表面淬火的生产率高，便于实现机械化和自动化；淬火层深度又易于控制，适于批量生产形状简单的机器零件，因此得到广泛应用。

感应加热表面淬火的缺点是设备费用昂贵，因此不适用于单件生产。

感应加热表面淬火通常采用中碳钢（如 40、45、50 钢）和中碳合金结构钢（如 40Cr、40MnB 钢），用以制造机床、汽车及拖拉机齿轮、轴等零件。很少采用淬透性高的 Cr 钢、Cr-Ni 钢及 Cr-Ni-Mo 钢进行感应加热表面淬火。这些零件在表面淬火前一般采用正火或调质处理。感应加热表面淬火也可采用碳素工具钢和低合金工具钢，用以制造量具、模具、锉刀等。用铸铁制造机床导轨、曲轴、凸轮轴及齿轮等，采用高、中频表面淬火可显著提高其耐磨性及抗疲劳性能。目前国内外还广泛采用低淬透性钢进行高频感应加热表面淬火，用以解决中、小模数齿轮因整齿淬硬而使心部韧性变差的表面淬火问题。这类钢是在普通碳钢的基础上，通过调整 Mn、Si、Cr、Ni 的成分，尽量降低其含量，以减小淬透性，同时附加 Ti、V 或 Al，在钢中形成未溶碳化物（TiC、VC）和氮化物（AlN），以进一步降低奥氏体的稳定性。

（3）感应加热表面淬火的应用举例

感应加热表面淬火一般适用于中碳钢和中碳低合金钢（$\omega_C = 0.4\% \sim 0.5\%$），如 45 钢、40Cr、40MnB 等，用于齿轮、轴类零件的表面硬化，提高耐磨性和疲劳强度。表面淬火零件一般先通过调质或正火处理，使其心部保持较高的综合力学性能，表层则通过表面淬火+低温回火获得高硬度（大于 50 HRC）、高耐磨性。

一般感应加热表面淬火零件的加工工艺路线为下料→锻造→退火或正火→粗加工→调质→精加工→高频感应加热表面淬火→低温回火→（粗磨→时效→精磨）。

例如：某机床主轴选用 40Cr 钢制造，其加工工艺路线为下料→锻造成毛坯→退火或正火→粗加工→调质→精加工→高频感应加热表面淬火→低温回火→研磨→入库。

上例主轴在制造过程中有两道中间热处理工序，第一道工序为锻造之后的毛坯件退火（采用完全退火）或正火，目的是消除锻造应力，均匀成分，消除带状组织，细化晶粒，调整硬度，改善切削加工性能。第二道工序为精加工之前的调质热处理，它有两个重要目的：一是赋予主轴（整体）良好的综合力学性能；二是调整好表层组织，为感应加热表面淬火做好组织准备。感应加热表面淬火并低温回火属于最终热处理，赋予主轴轴颈部位（表层）的耐摩擦、耐磨损性能和高的接触疲劳强度。

**2. 火焰加热表面淬火**

火焰加热表面淬火是一种利用乙炔–氧气或煤气–氧气混合气体的燃烧火焰，将工件表面迅速加热到淬火温度，随后以浸水和喷水方式进行激冷，使工件表层转变为马氏体而其心部组织不变的工艺方式。图 6.9 为火焰加热表面淬火热处理示意图。

火焰加热表面淬火淬硬层的深度一般为 1 ~ 6 mm。火焰加热表面淬火的特点是设备简单、成本低、工件大小不受限制，但是淬火硬度和淬透性深度不易控制，常取决于操作工人的技术水平和熟练程度，生产效率低，只适合单件和小批量生产。

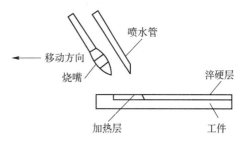

图 6.9 火焰加热表面淬火热处理示意图

## 6.3.2 钢的化学热处理

化学热处理是将钢件置于一定温度的活性介质中保温，使介质中的一种或几种元素原子渗入工件表层，以改变钢件表层化学成分和组织，进而达到改进表面性能，满足技术要求的热处理工艺。

表面化学成分的改变通过以下 3 个基本过程实现。

①化学介质的分解。通过加热使化学介质释放出待渗元素的活性原子。例如，渗碳时 $CH_4 \rightarrow 2H_2 + [C]$，渗氮时 $2NH_3 \rightarrow 3H_2 + 2[N]$。

②活性原子被钢件表面吸收和溶解，进入晶格内形成固溶体或化合物。

③原子由表面向内部扩散，形成一定的扩散层。按表面渗入元素的不同，化学热处理可分为渗碳、渗氮、碳氮共渗、渗硼、渗铝等。目前，生产上应用最广的化学热处理是渗碳、渗氮和碳氮共渗、渗硼。

**1. 钢的渗碳**

渗碳通常是指为提高工件表层的碳含量而将工件在渗碳介质中加热、保温，使碳原子渗入工件表面的化学热处理工艺。渗碳用钢为低碳钢及低碳合金钢，如 20 钢、20Cr、20CrMnTi 等。

渗碳的目的是通过渗碳及随后的淬火和低温回火，使工件表面具有高的硬度、耐磨性和良好的抗疲劳性能，而其心部具有较高的强度和良好的韧性。渗碳并经淬火加低温回火与表面淬火不同，表面淬火不改变表层的化学成分，而是依靠表面加热淬火来改变表层的组织，从而达到表面强化的目的；而渗碳并经淬火加低温回火则能同时改变表层的化学成分和组织，因而能更有效地提高表层的性能。

（1）渗碳方法

渗碳方法有气体渗碳法、固体渗碳法和液体渗碳法。目前广泛应用的是气体渗碳法。气体渗碳法是将低碳钢或低碳合金钢工件置于密封的渗碳炉中，加热至完全奥氏体化温度（奥氏体溶碳量大，有利于碳的渗入），通常加热温度是 900~950 ℃，并通入渗碳介质使工件渗碳。气体渗碳介质可分为两大类：一类是液体介质（含有碳氢化合物的有机液体），如煤油、苯、醇类和丙酮等，使用时直接滴入高温炉罐内，经裂解后产生活性碳原子；另一类是气体介质，如天然气、丙烷气及煤气等，使用时直接通入高温炉罐内，经裂解后用于渗碳。图 6.10 为气体渗碳装置示意图。

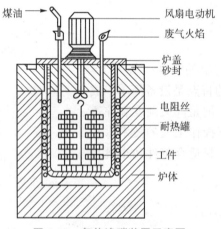

图 6.10　气体渗碳装置示意图

气体渗碳法具有生产效率高、劳动条件好、容易控制、渗碳层质量较好等优点，在生产中广泛应用。

固体渗碳法是将工件装入渗碳箱中，周围填满固体渗碳剂，用盖子和耐火泥封好，送入加热炉内，加热至温度为 900~950 ℃，保温足够长时间，从而得到一定厚度的渗碳层。固体渗碳剂通常是一定粒度的木炭与 15%~20% 碳酸盐的混合物。木炭提供渗碳所需的活性碳原子，碳酸盐起催化作用。与气体渗碳法相比，固体渗碳法生产效率低、劳动条件差、渗碳层质量不容易控制，因而在生产中较少应用。但由于其所用设备简单，故在小批量、非连续生产中仍有采用。其渗碳时间取决于渗碳层厚度的要求，一般按每小时 0.1~0.15 mm 渗碳层深度估算。

（2）渗碳后的组织

工件渗碳后渗层中的碳含量表面最高（碳的质量分数约为 1.0%），由表及里逐渐降低至原始碳含量。所以渗碳后缓冷组织从工件表面至心部依次为过共析组织（珠光体+碳化物）、共析组织（珠光体）、亚共析组织（珠光体+铁素体），直至心部的原始组织。对于碳钢，其渗层深度规定为从表层到过渡层一半（50%P+50%F）的厚度。

根据渗层组织和性能的要求，一般零件表层碳含量 $\omega_C$ 最好控制在 0.85%~1.05% 之间，若碳含量过高，会出现较多的网状或块状碳化物，则渗碳层变脆，容易脱落；若碳含量过低，则硬度不足，耐磨性差。渗碳层碳含量和渗碳层深度依靠控制通入的渗碳剂量、渗碳时间和渗碳温度来保证。当渗碳零件有不允许高硬度的部位时，如装配孔等，应在设计图样上予以注明。该部位可采取镀铜或涂抗渗涂料的方法来防止渗碳，也可采取多留加工余量的方法，待零件渗碳后在淬火前去掉该部位的渗碳层（即退碳）。

（3）渗碳后的热处理

工件渗碳后必须进行适当的热处理，否则就达不到表面强化的目的。渗碳后的热处理方法有直接淬火法、一次淬火法和两次淬火法，如图 6.11 所示。

工件渗碳后随炉冷却［见图 6.11（a）］或出炉预冷［见图 6.11（b）］到稍高于心部成分的 $Ar_3$ 线的温度（避免析出铁素体），然后直接淬火，这就是直接淬火法。预冷的目的主要是减少零件与淬火介质的温差，以减少淬火应力和零件的变形。直接淬火法工艺简单、生产效率高、成本低、氧化脱碳倾向小。但因工件在渗碳温度下长时间保温，奥氏体晶粒粗大，淬火后则形成粗大马氏体，性能下降，所以只适用于过热倾向小的本质细晶粒钢，如 20CrMnTi 等。零件渗碳终止出炉后缓慢冷却，然后再重新加热淬火，称为一次淬火法［见图 6.11（c）］。这种方法可细化渗碳时形成的粗大组织，提高力学性能。淬火温度的选择应兼顾表层和心部要求，如果要强化心部，则加热到 $Ac_3$ 线以上，使其淬火后得到低碳马氏体组织；如果要强化表层，则需加热到 $Ac_1$ 线以上温度。这种方法适用于组织和性能要求较高的零件，在生产中应用广泛。工件渗碳冷却后两次加热淬火，即为两次淬火法［见图 6.11（d）］。第一次淬火加热温度一般为心部的 $Ac_3$ 线以上，目的是细化心部组织，同时消除表层的网状碳化物。第二次淬火加热温度一般为 $Ac_1$ 线以上，使渗透层获得细小粒状碳化物和隐晶马氏体，以保证获得高强度和高耐磨性。该工艺复杂、成本高、效率低、变形大，仅用于要求表面高耐磨性和心部高韧性的零件。

渗碳件淬火后都要在 160~180 ℃ 范围内进行低温回火。淬火加回火后，渗碳层的组织由高碳回火马氏体、碳化物和少量残留奥氏体组成，其硬度可达到 58~64 HRC，具有高的耐磨性。心部组织与钢的淬透性及工件的截面尺寸有关。全部淬透时为低碳马氏体；未淬透时为低碳马氏体加少量铁素体或托氏体加铁素体。

一般渗碳零件的加工工艺路线为下料→锻造→正火→机加工→*渗碳→淬火→低温回火→精加工。

汽车、机车、矿山机械、起重机械等用的传动齿轮都采用渗碳热处理工艺提高其耐磨损性能。

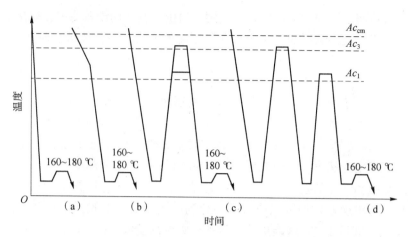

图 6.11　渗碳后热处理示意图

（a）、（b）直接淬火法；（c）一次淬火法；（d）两次淬火法

### 2. 钢的渗氮

向钢件表面渗入氮元素，形成富氮硬化层的化学热处理称为渗氮，通常也称为氮化。

和渗碳相比，钢件渗氮后具有更高的表面硬度和耐磨性。渗氮后钢件的表面硬度高达 950~1 200 HV，相当于 65~72 HRC。这种高硬度和高耐磨性可保持到 560~600 ℃ 而不降低，故渗氮钢件具有很好的热稳定性。由于渗氮层体积胀大，在表层形成较大的残留压应力，因此可以获得比渗碳更高的疲劳强度、抗咬合性能和低的缺口敏感性。渗氮后由于钢件表面形成致密的氮化物薄膜，因而具有良好的耐腐蚀性能。此外，渗氮温度低（500~600 ℃），渗氮后钢件不需热处理，因此渗氮件变形很小。由于上述性能特点，故渗氮在机械工业中获得广泛应用，特别适宜许多精密零件的最终热处理，如磨床主轴、镗床镗杆、精密机床丝杠内燃机曲轴，以及各种精密齿轮和量具等。

气体渗氮是将氨气通入加热到渗氮温度的密封渗氮罐中，使其分解出活性氮原子并被工件表面吸收、扩散形成一定深度的渗氮层。氮和许多合金元素都能形成氮化物，如 CrN、$Mo_2N$、AlN 等，这些弥散的合金氮化物具有高的硬度和耐磨性，同时具有高的耐蚀性。因此 Cr-Mo-Al 钢得到了广泛应用，其中最常用的渗氮钢是 38CrMoAl。其中，Cr、Mo 还能提高钢的淬透性，有利于渗氮件获得强而韧的心部组织；Mo 还可以消除钢的回火脆性。钢件渗氮后一般不进行热处理。为了提高钢件心部的强韧性，渗氮前必须进行调质处理。

由于氨气分解温度较低，通常的渗氮温度在 500~580 ℃ 之间，故在这种较低的处理温层下，氮原子在钢中扩散速度很慢，渗氮所需时间很长，渗氮层也较薄。例如，38CrMoAl 钢制压缩机活塞杆为获得 0.4~0.6 mm 的渗氮层深度，其渗氮保温时间需 60 h 以上。

为了缩短渗氮周期，目前广泛应用离子渗氮工艺。低真空气体中总是存在微量带电粒子（电子和离子），当施加一高压电场时，这些带电粒子即做定向运动，其中能量足够大的群电粒子与中性的气体原子或分子碰撞，使其处于激发态，成为活性原子或离子。离子渗氮就是利用这一原理，把作为阴极的工件放在真空室，充以稀薄的 $H_2$ 和 $N_2$ 混合气体，在阴极和阳极之间加上直流高压后，产生大量的电子、离子和被激发的原子，它们在高压电场的作用下冲向工件表面，产生大量的热把工件表面加热，同时活性氮离子和氮原子被工件表面力吸附，并迅速扩散，形成一定厚度的渗氮层。氢离子则可以清除工件表面的氧化膜。离子渗氮适用于所有钢种和铸铁，其渗氮速度快，渗氮层及渗氮组织可控，变形极小，可显著提高钢的表面硬度和疲劳强度。

### 3. 钢的碳氮共渗

向钢件表层同时渗入碳和氮的过程称为碳氮共渗，也叫作氰化。碳氮共渗方法有液体和气体碳氮共渗两种。液体碳氮共渗使用的介质氰盐是剧毒物质，污染环境，故逐渐被气体碳氮共渗所替代。根据共渗温度的不同，气体碳氮共渗可分为高温（900～950 ℃）、中温（700～880 ℃）及低温（500～570）℃3 种。目前工业上广泛应用的是中温和低温气体碳氮共渗。其中低温气体碳氮共渗主要是提高耐磨性及疲劳强度，而硬度提高不多，故又称为软氮化，多用于工具、模具。中温气体碳氮共渗多用于结构零件。

中温气体碳氮共渗是将钢件放入密封炉内，加热到820～860 ℃，并向炉内通入煤油或渗碳气体，同时通入氨气。在高温下共渗剂分解形成活性碳原子［C］和氮原子［N］，被工件表面吸收并向内层扩散，形成一定深度的碳氮共渗层。在一定的共渗温度下，保温时间主要取决于要求的渗层深度。一般零件的渗层深度为 0.5～0.8 mm，共渗保温时间约为4～6 h。由于氮的渗入，提高了过冷奥氏体的稳定性，所以钢件碳氮共渗后可直接油淬，渗层组织为细针状马氏体加碳、氮化合物和少量残留奥氏体。淬火后钢件应进行低温回火。钢件碳氮共渗后可同时兼有渗碳和渗氮的优点。碳氮共渗温度虽低于渗碳温度，但碳氮共渗速度却显著高于单独的渗碳或渗氮。在渗层碳浓度相同的情况下，碳氮共渗件比渗碳件具有更高的表面硬度、耐磨性、耐蚀性、弯曲强度和接触疲劳强度。但碳氮共渗件的耐磨性和疲劳强度低于渗氮件。

低温气体碳氮共渗是以渗氮为主的碳氮共渗过程。当氮和碳原子同时渗入钢中时，很快在表面形成很多细小的含氮渗碳体 $Fe_3(CN)$，它们是铁的氮化物的形成核心，加快了渗氮过程。低温气体碳氮共渗所用的渗剂一般采用吸热式气氛和氨气混合气，在软氮化温度下发生分解形成活性［C］、［N］原子。软氮化温度一般为（560±10）℃，保温时间一般为3～4 h。到达保温时间后即可出炉空冷。为了减少钢件表面氧化以及防止某些合金钢的回火脆性，通常在油或水中冷却。低温气体碳氮共渗后，渗层外表面是由 $Fe_2N$、$Fe_4N$ 和 $Fe_3C$ 组成的化合物层，又称白亮层；往里为扩散层，主要由氮化物和含 N 的铁素体组成。白亮层硬度比纯气体渗氮低，脆性小，故低温气体碳氮共渗层具有较好的韧性。共渗层的表面硬度比纯气体渗氮稍低，但仍具有较高的硬度、耐磨性和高的疲劳强度，耐蚀性也有明显提高。低温气体碳氮共渗加热温度低，处理时间短，钢件变形小，又不受钢种限制，适用于碳钢、合金钢和铸铁材料。可用于处理各种工、模具以及一些轴类零件。

### 4. 钢的渗硼

用活性硼原子渗入钢件表层并形成铁的硼化物的化学热处理工艺称为渗硼。渗硼能显著提高钢件的表面硬度（1 300～2 000 HV）和耐磨性，同时具有良好的耐热性和耐蚀性。因此，渗硼工艺得到了迅速发展。

目前用得最多的是盐浴渗硼，最常用的盐浴渗硼剂是由无水硼砂加碳化硼、硼铁或碳化硅组成的。其中无水硼砂提供活性硼原子，碳化硅或碳化硼作为还原剂。通常渗硼温度为900～950 ℃，时间为4～6 h，渗硼层深度可达 0.1～0.3 mm。盐浴渗硼层的组织由化合物层和扩散层组成。常见的化合物层表面是 FeB，次层是 $Fe_2B$；或者是单相 $Fe_2B$。由于 FeB 硬度高、脆性大，所以当渗硼层由 FeB 和 $Fe_2B$ 组成时，两者之间将产生应力，在外力作用下容易剥落。因此应当尽可能减少 FeB，最好获得单相 $Fe_2B$。在渗硼过程中，随着硼化物的形成，钢中的碳被排向内侧，所以紧靠化合物层是富碳区，可以形成珠光体型组织，称为扩散层。由于硼化物层的硬度与冷却速度无关，所以有些只要求耐磨、不要求心部强度的钢件渗硼后可以不淬火，采用空冷以减小变形。若钢件要求较高的心部硬度和强度，可以采用油淬或分级淬火，以减小内应力，防止渗层开裂，淬火后应及时回火。由于硼化物层具有很高的硬度，并且淬火、回火之后也不发生变化，因此钢件渗硼后，其耐磨性比渗碳和碳氮共渗都高，尤其在高温下的耐磨性显得更为优越。渗硼层在 800 ℃ 以下仍保持很高的硬度和抗氧化性，并且在硫酸、盐酸及碱中具有良好的耐蚀性（但不耐硝酸腐蚀）。因此，渗硼处理广泛用于在高温下工作的工、模具及结构零件，使其使用寿命能成倍地增加。

# 6.4　钢的热处理新技术

随着科学技术的迅猛发展，热处理生产技术也发生着深刻的变化。先进热处理技术正走向定量化、智能化和精确控制的新水平，各种工程和功能新材料、新工艺为热处理技术提供了更加广阔的应用领域和发展前景。近代热处理技术的主要发展方向可以概括为 8 个方面，即少无污染、少无畸变、少无质量分散、少无能源浪费、少无氧化、少无脱碳、少无废品、少无人工。

## 6.4.1　可控气氛热处理

在炉气成分可控的热处理炉内进行的热处理称为可控气氛热处理。

在热处理时实现无氧化加热是减少金属氧化损耗、保证制件表面质量的必备条件。而可控气氛则是实现无氧化加热的最主要措施。正确控制热处理炉内的炉气成分可为某种热处理过程提供元素的来源，即金属零件和炉气通过界面反应，其表面可以获得或失去某种元素。也可以对加热过程的工件提供保护，例如，可使零件不被氧化，不脱碳或不增碳，保证零件表面的耐磨性和抗疲劳性能，从而也可以减少零件热处理后的机加工余量及表面的清理工作。缩短生产周期，节能、省时，提高经济效益——可控气氛热处理已成为在大批量生产条件下应用最成熟、最普遍的热处理技术之一。

### 1. 吸热式气氛

吸热式气氛是在气体反应中只有吸收外热源的能量才能使反应向正方向发生的热处理气氛。因此，吸热式气氛的制备均要采用有触媒剂（催化剂）的高温反应炉产生化学反应。

吸热式气氛可用天然气、液化石油气（主要成分是丙烷）、城市煤气、甲醇或其他液体碳氢化合物作原料，按一定比例与空气混合后通入发生器进行加热，在触媒剂的作用下经吸热而制成。吸热式气氛主要用作渗碳气氛和高碳钢的保护气氛。

### 2. 放热式气氛

放热式气氛是用天然气、乙烷、丙烷等作原料，按一定比例与空气混合后，依靠自身的燃烧放热反应而制成的气体。由于其反应时放出大量热量，故称为放热式气氛。例如，用天然气为原料制备反应气的反应式为

$$CH_4+2O_2+7.42N_2 \rightarrow CO_2+2H_2O+7.42N_2$$

放热式气氛是所有制备气氛中最便宜的一种，主要用于防止热处理加热时工件的氧化，在低碳钢的光亮退火，中碳钢的光亮淬火等热处理过程中普遍采用。

**3. 滴注式气氛**

用液体有机化合物（如甲醇、乙醇、丙酮、甲酰胺、三乙醇胺等）混合滴入或与空气混合后喷入高温热处理炉内所得到的气氛称为滴注式气氛。它主要用于渗碳、碳氮共渗、软氮化、保护气氛淬火和退火等。

## 6.4.2　真空热处理

真空热处理是在 0.013 3～1.33 Pa 真空度的真空介质中对工件进行热处理的工艺。真空热处理具有无氧化、无脱碳、无元素贫化的特点，可以实现光亮热处理，可以使零件脱脂、脱气，避免表面污染和氢脆；同时可以实现控制加热和冷却，减少热处理变形，提高材料性能；还具有便于自动化、柔性化和清洁热处理等优点。近年来已被广泛采用，并获得迅速发展。

**1. 真空热处理的优越性**

真空热处理是和可控气氛热处理并驾齐驱的应用面很广的无氧化热处理技术，也是当前热处理生产技术先进程度的主要标志之一。真空热处理不仅可以实现钢件的无氧化、无脱碳热处理，而且还可以实现生产的无污染和工件的少畸变。根据国内外经验，工件真空热处理的畸变量仅为盐浴加热淬火的 1/3，因而它还属于清洁热处理和精密生产技术范畴。

真空热处理具有下列优点。

（1）可以减少工件变形

工件在真空中加热时，升温速度缓慢，因而工件内、外温度均匀，所以热处理时变形较小。

（2）可以减少和防止工件氧化

真空中氧的分压很低，金属在加热时的氧化过程受到有效抑制，可以实现无氧化加热，减少工件在热处理加热过程中的氧化、脱碳现象。

（3）可以净化工件表面

在真空中加热时，工件表面的氧化物、油污发生分解并被真空泵排出，因而可得到表面光亮的工件。洁净光亮的工件表面不仅美观，而且还会提高工件的耐磨性及疲劳强度。

（4）脱气作用

工件在真空中长时间加热时，溶解在金属中的气体会不断逸出并由真空泵排出。真空热处理的脱气作用有利于改善钢的韧性，提高工件的使用寿命。

除了上述优点以外，真空热处理还可以减少或省去热处理后的清洗和磨削加工工序，改善劳动条件，实现自动控制。

**2. 真空热处理的应用**

由于真空热处理本身所具备的一系列特点，因此这项新的工艺技术得到了突飞猛进的发展。现在几乎全部热处理工艺均可以进行真空热处理，如退火、淬火、回火、渗碳、氮化、渗金属等。而且淬火介质也由最初仅能气淬发展到现在的油淬、水淬、硝盐淬火等。

### 6.4.3 离子渗扩热处理

离子渗扩热处理是利用阴极（工件）和阳极间的辉光放电产生的等离子体轰击工件，使工件表层的成分、组织及性能发生变化的热处理工艺。

**1. 离子渗氮**

离子渗氮是在真空室内进行的，图 6.12 为离子渗氮示意图，工件接高压直流电源的负极，真空钟罩接正极。将真空室的真空度抽到一定值后，充入少量氨气或氢气、氮气的混合气体。当电压调整到 400~800 V 时，氨即电离分解成氮离子、氢离子和电子，并在工件表面产生辉光放电现象。正离子受电场作用加速轰击工件表面，使工件升温到渗氮温度，氮离子在工件表面获得电子，还原成氮原子而渗入工件表面并向内部扩散，形成渗氮层。

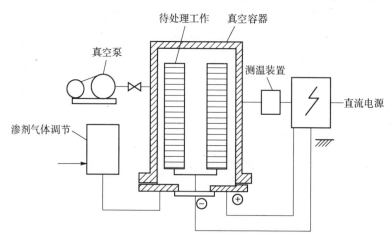

图 6.12　离子渗氮示意图

离子渗氮表面形成的氮化层具有优异的力学性能，如高硬度、高耐磨性、良好的韧性和疲劳强度等，使离子渗氮零件的使用寿命成倍提高。例如，W18Cr4V 钢刀具在淬火、回火后再经 500~520 ℃离子氮化 30~60 min，使用寿命可提高 2~5 倍。此外，离子渗氮可节约能源，渗氮气体消耗少，操作环境无污染。离子渗氮速度快，是普通气体氮化的 3~4 倍。其缺点是设备昂贵，工艺成本高，不宜于大批量生产。

**2. 离子渗碳**

离子渗碳是将工件装入温度在 900 ℃以上的真空炉内，在通入碳氢化的碳被离子化，在工件附近加速从而轰击工件表面进行渗碳。

离子渗碳从加热、渗碳到淬火处理都在同一装置内进行，这种真空热处理炉是具有辉光放电机构的加热渗碳室和油淬火室的双室型热处理炉。

离子渗碳的硬度、疲劳强度、耐磨性等力学性能比传统渗碳方法都高，而且渗碳速度快，特别是对狭小缝隙和小孔能进行均匀的渗碳，渗碳层表面碳浓度和渗层深度容易控制，工件不易产生氧化，表面洁净，耗电少和无污染。

根据同样的原理，离子轰击热处理还可以进行离子碳氮共渗、离子硫氮共渗、离子渗金属等，所以在国内外具有很大的发展前途。

### 6.4.4 形变热处理

**1. 形变热处理**

形变热处理,就是将形变强化与相变强化综合起来的一种复合强韧化处理方法。从广义上来说,凡是将零件的成形工序与组织改善有效结合起来的工艺都叫形变热处理。形变热处理的强化机理是,奥氏体形变使位错密度升高,由于动态回复形成稳定的亚结构,淬火后获得细小的马氏体,板条马氏体数量增加,板条内位错密度升高,从而使马氏体强化。此外,奥氏体形变后位错密度增加,为碳氮化物弥散析出提供了条件,从而获得弥散强化效果。弥散析出的碳氮化物阻止奥氏体长大,使转变后的马氏体板条更加细化,从而产生细晶强化。马氏体板条的细化及其数量的增加,碳氮化物的弥散析出等,都能使钢在强化的同时得到韧化。

**2. 钢的形变热处理工艺**

形变热处理工艺是将塑性变形和热处理有机结合在一起的一种复合工艺。该工艺既能提高钢的强度,又能改善钢的塑性和韧性,同时还能简化工艺,节省能源。因此,形变热处理是提高钢的强韧性的重要手段之一。

根据形变的温度以及形变所处的组织状态,形变热处理分很多种,这里仅介绍高温形变热处理和低温形变热处理。

(1)高温形变热处理

高温形变热处理是将钢加热至 $Ac_1$ 线以上温度,在稳定的奥氏体温度范围内进行变形,然后立即淬火,使之发生马氏体转变并回火以获得需要的性能(见图6.13)。

由于形变温度远高于钢的再结晶温度,形变强化效果易于被高温再结晶所削弱,故应严格控制变形后至淬火前的停留时间,形变后要立即淬火冷却。

高温形变热处理适用于一般碳钢、低合金钢结构零件以及机械加工量不大的锻件或轧材,如连杆、曲轴、弹簧、叶片及各种农机具零件。锻轧余热淬火是使用较成功的高温形变热处理工艺。我国的柴油机连杆等调质工件已在生产上采用此种工艺。

高温形变热处理在提高钢的抗拉强度和屈服强度的同时,还能改善钢的塑性和韧性。表6.1列出了40CrNiMo钢经时效后淬火并经200 ℃回火2 h后的力学性能。与一般热处理相比,形变加时效会使钢的强度有较大幅度的提高,而塑性亦不减小。

表 6.1 钢经不同处理并经 200 ℃回火 2 h 后的力学性能

| 处理工艺 | 维氏硬度/HV | 抗拉强度 $R_m$/MPa | 屈服强度 $R_e$/MPa | 断后伸长率 $A$/% |
|---|---|---|---|---|
| 不形变,在 550 ℃时效 60 min 淬火 | 654 | 2 136.4 | 1 734.6 | 11 |
| 低温形变 60%,在 550 ℃时效 60 min 淬火 | 726 | 2 557.8 | 2 165.8 | 10 |
| 高温形变 60%,在 550 ℃时效 60 min 淬火 | 715 | 2 401.0 | 2 038.4 | 10.5 |

形变温度和形变量显著影响高温形变热处理的强化效果。形变温度高,形变至淬火停留时间长,容易发生再结晶软化过程,减弱形变强化效果,故一般终轧温度以 900 ℃左右为宜。形变量增加,强度增加,塑性下降。但当形变量超过40%以后,强度降低,塑性增加。

这是由于形变热效应使钢温度升高，加快了再结晶软化过程，故高温形变热处理的形变量控制在 20%~40% 之间可获得最佳的拉伸、冲击、疲劳性能及断裂韧性。

结构钢高温形变淬火不但能保留高温淬火得到的由残留奥氏体薄层包围的板条状马氏体组织，而且还能克服高温淬火晶粒粗大的缺点，使奥氏体晶粒及马氏体板条束更加细化。若形变后及时淬火，可保留较高位错密度及其他形变缺陷，并能促进 $\varepsilon$-碳化物的析出和改变奥氏体晶界析出物的分布。这些组织变化是高温形变热处理获得较高强韧性的原因。

（2）低温形变热处理

低温形变热处理是将钢加热至奥氏体状态（见图 6.14），迅速冷却至 $A_1$ 线以下、$M_s$ 线以上过冷奥氏体亚稳温度范围进行大量塑性变形，然后立即淬火并回火至所需的性能。塑性变形可采用锻造、轧制或拉拔等加工方法。该工艺仅适用于珠光体转变区和贝氏体转变区之间（400~550 ℃）有很长孕育期的某些合金钢。在该温度区间进行变形可防止珠光体或贝氏体相变。低温形变热处理在钢的塑性和韧性不降低或降低不多的情况下，可以显著提高钢的强度和疲劳极限，提高钢耐磨损性和耐回火性。例如，用 50CrMnSi 钢制造的直径为 5 mm 的弹簧钢丝，奥氏体化后冷却至 500 ℃ 经形变 50.5%，淬火后再经 400 ℃ 回火，可使抗拉强度提高 392~490 MPa。表 6.1 中的数据表明，低温形变热处理比高温形变热处理具有更高的强化效果，而塑性并不降低。

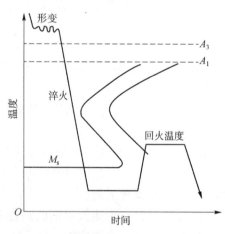

图 6.13　高温形变热处理工艺过程示意图　　图 6.14　低温形变热处理工艺过程示意图

低温形变热处理使钢显著强化的原因主要是钢经低温形变后，使其亚晶细化，并使位错密度大大提高，从而强化了马氏体；形变使奥氏体晶粒细化，进而又细化了马氏体片，对强度也有贡献；对于含有强碳化物形成元素的钢，奥氏体在亚稳区形变时，促使碳化物弥散析出，使钢的强度进一步提高。由于奥氏体内合金碳化物析出使其碳及合金元素量减少，提高了钢的 $M_s$ 线，大大减少了淬火孪晶马氏体的数量，因而低温形变热处理钢还具有良好的塑性和韧性。

低温形变热处理可用于结构钢、弹簧钢、轴承钢及工具钢。经低温形变热处理后，结构钢强度和韧性显著提高；弹簧钢疲劳强度、轴承钢强度和塑性、高速钢切削性能和模具钢耐回火性均得到提高。

形变热处理虽有很多优点，但增加了变形工序，设备和工艺条件受到限制，对于形状复杂或尺寸较大的工件、变形后需要进行切削加工或焊接的工件不宜采用形变热处理。因此，此工艺的应用具有很大的局限性。

### 6.4.5　激光淬火和电子束淬火

激光淬火是利用专门的激光器发出能量密度极高的激光，以极快的速度加热工件表面。

电子束淬火是利用电子枪发射成束电子，轰击工件表面，使之急速加热，其能量利用率大大高于激光淬火，可达80%。

这两种表面热处理工艺不受钢材种类限制，淬火质量高，基体性能不变，是很有发展前途的新工艺。

# 6.5　热处理工艺的应用

热处理在制造业中应用相当广泛，它穿插在机械零件制造过程的各个冷、热加工工序之间，工序位置的正确、合理安排是一个重要的问题。再者，工件在热处理过程中，往往由于热处理工艺控制不当和材料质量、工件的结构工艺性不合理等原因，造成工件经热处理后产生许多缺陷，影响工件的热处理质量。因此，必须正确地提出热处理技术条件和制订热处理工艺规范。

### 6.5.1　常见的热处理缺陷

**1. 过热与过烧**

由于加热温度过高或者保温时间过长引起晶粒粗化的现象称为过热。一般采用正火来消除过热缺陷。

由于加热温度过高，使分布在晶界上的低熔点共晶体或化合物被熔化或氧化的现象称为过烧。过烧是无法挽救的，是不允许存在的缺陷。

**2. 氧化与脱碳**

氧化是指当空气为传热介质时，空气中的 $O_2$ 与工件表面形成氧化物的现象。对于那些表面质量要求较高的精密零件或特殊金属材料，在热处理过程中应采取真空或保护气氛进行加热以避免氧化。

脱碳是指工件表层中的碳被氧化烧损而使工件表层中碳含量下降的现象。脱碳影响工件的表面硬度和耐磨性。

**3. 变形与开裂**

工件在热处理时，尺寸和形状发生变化的现象称为变形。一般只要控制工件的变形量在一定范围内即可。

当工件在热处理时产生的内应力值瞬间超过材料的抗拉强度时，工件就会产生开裂而报废。

### 6.5.2 热处理工件的结构工艺性

在设计零件结构时，不仅要考虑其结构要适合零件结构的需要，还要考虑加工和热处理过程中工艺的需要，特别是对于热处理工艺，其结构设计不合理会给其自身带来困难，甚至造成无法修补的缺陷，从而造成很大的经济损失。因此，在设计热处理工件时，其结构应满足热处理工艺的要求，其结构应考虑以下原则：

①避免尖角和棱角；

②避免厚薄悬殊的截面；

③尽量采用封闭结构；

④尽量采用对称结构；

⑤当有开裂倾向和特别复杂的热处理工件时，尽量采用组合结构，把整体件改为组合件。

### 6.5.3 热处理技术条件的标注及热处理工序位置安排

**1. 热处理技术条件的标注**

设计者依据工件的工作特性，提出热处理技术条件并在零件图上标出代号（企业标准，省部级标准，国家标准代号）。由于硬度检验属于非破坏性的检验，因此在零件图上常常标注硬度值。一般规定：布氏硬度变化范围在 30~40 个硬度单位；洛氏硬度变化范围为 5 个硬度单位。

对于那些非常重要的零件，在零件图上有时也标注抗拉强度、伸长率、金相组织等。表面淬火、表面热处理工件要标明处理部位、层深及组织等要求。

**2. 热处理工序位置安排**

根据热处理目的的不同，热处理可分为预备热处理和最终热处理两大类，它们的工序位置一般是按下面的一些原则来安排的。

（1）预备热处理的工序位置

预备热处理包括退火、正火或调质等热处理工艺方法，主要是为了消除前一道工序的某些缺陷并为后一道工序做好准备，其工序位置一般安排在毛坯生产之后、切削加工之前或粗加工之后、精加工之前进行。

1）退火、正火工序的位置

退火、正火工序的位置一般在毛坯生产之后，切削加工之前进行，工序安排为毛坯生产（铸造、锻压、焊接等）→正火（或退火）→切削加工。在一般情况下尽量选择操作方便、成本较低的正火工艺。但正火由于冷速较快，对于某些钢尤其是一些高合金钢，正火后可能得到高硬度而不能进行切削加工或产生其他缺陷，因此退火是优先选择的工艺方法。

2）调质工序的位置

调质是为了提高工件的综合力学性能，减少工件的变形或为以后的表面热处理做好组织准备（有时调质处理也直接作为最终热处理使用）。因此，调质处理的工序位置一般安排在粗加工后、精加工之前进行。其主要目的是为了保证淬透性差的钢种表面调质层（回火索氏体）的

组织不被切削掉，工序安排为下料→锻造→正火（或退火）→粗加工→调质→半精加工。

（2）最终热处理的工序位置

最终热处理包括各种淬火、回火、表面淬火、表面化学热处理等。在一般情况下处理后的硬度较高，除磨削加工外很难再用其他切削方法加工。因此，最终热处理工序位置一般安排在半精加工之后、磨削加工之前进行。最终热处理决定工件的组织状态、使用性能与寿命。

①整体淬火的工序位置为下料→锻造→退火（或正火）→粗、半精加工（留余量）→淬火、回火（低温、中温回火）→磨削。

②表面淬火的工序位置为下料→锻造→正火（或退火）→粗加工→*调质→半精加工（留余量）→表面淬火、回火→磨削。

③渗碳淬火的工序位置为下料→锻造→正火→粗、半精加工→渗碳、淬火→低温回火→磨削。

④渗氮的工序位置为下料→锻造→退火→粗加工→调质→半精、精加工→去应力退火→粗磨→渗氮→精磨或超精磨。

上述热处理工序安排不是固定不变的，应根据实际生产情况做某些调整。例如，对工件性能要求不高的大批、大量生产的工件，就可以由原料不经热处理而直接进行切削加工。

**3. 确定热处理工序位置的实例**

**案例1：车床主轴的加工工艺路线和热处理各工序的作用**

一车床主轴由中碳结构钢制造（如45钢），为传递力的重要零件，它承受一般载荷，轴颈处要求耐磨。热处理技术条件为整体调质，硬度为220～250 HRW；轴颈处表面淬火，硬度为50～52 HRC。现确定加工工艺路线，并指出其中热处理各工序的作用。

**解**：（1）该轴的加工工艺路线

下料→锻造→正火→机加工（粗加工）→调质处理（淬火、高温回火）→机加工（半精加工）→轴颈处高频感应淬火、低温回火→磨削。

（2）该轴各热处理工序的作用

正火：作为预备热处理，目的是消除锻件内应力，细化晶粒，改善切削加工性。

调质：获得回火索氏体，使该主轴整体具有较好的综合力学性能，为表面淬火做好组织准备。

轴颈处高频感应淬火、低温回火作为最终热处理。高频感应淬火是为了使表面得到较高的硬度、耐磨性和疲劳强度；低温回火是为了消除应力，防止磨削时产生裂纹，并保持高硬度和耐磨性。

**案例2：减速器输出轴的选材及热处理**

（1）减速器输出轴的工作情况

图6.15为一级圆柱齿轮减速器立体装配关系图，其是通过装在箱体内的一对啮合型轮的转动将外界动力从主动齿轮轴（输入轴）传至从动轴（输出轴）来实现减速的。输出轴上安装有端盖、滚动轴承、从动齿轮等零件。减速器输出轴主要承受弯曲和扭转载荷，应怎样选材？

（2）减速器输出轴的选材及热处理

减速器输出轴的选材及热处理选用45钢并需调质（淬火+高温回火）处理。

输出轴

输出轴

图 6.15　一级圆柱齿轮减速器立体装配关系图

## 本章小结

①钢的普通热处理工艺主要包括退火、正火、淬火及回火，常称为热处理的"四把火"。不同的材料及热处理目的采用的退火方法也不相同。淬火的主要目的是为了获得马氏体组织，淬火后需要进行不同温度的回火，才能得到不同的组织及力学性能。不同成分的钢其淬透性、淬硬性不相同。

②钢的表面热处理包括钢的表面淬火和钢的化学热处理。感应加热表面淬火是常用的一种表面淬火方法；生产中常用的化学热处理方法是渗碳、渗氮和碳氮共渗、渗硼。

③热处理常见的缺陷有过热、过烧、氧化、脱碳、变形和开裂等，在设计零件时，除了考虑零件的使用性能外，还要考虑热处理工艺对零件结构的要求，合理地标注热处理件技术条件及各热处理工序位置的安排。

## 复习思考题和习题

6.1　什么是热处理？热处理的目的是什么？

6.2　常用的热处理方法是如何分类的？

6.3　什么是球化退火？球化退火的目的是什么？其主要用于什么钢？

6.4　什么是正火热处理？正火热处理的目的是什么？其用于什么场合？

6.5　什么是淬火？淬火对冷却速度有何要求？

6.6　什么叫淬透性和淬硬性？它们各自的影响因素有哪些？

6.7　什么是回火？回火工艺的分类、目的、组织与应用是什么？

6.8　什么叫调质处理？调质处理获得什么组织？

6.9　什么叫表面热处理？常用的表面热处理有哪些？

6.10　什么叫化学热处理？常用的化学热处理有哪些？

6.11　什么是渗碳？其目的是什么？

6.12　目前热处理新工艺有哪些？

# 第7章　金属的表面改性

金属的表面改性是在不改变基体成分及性能的基础上，通过物理、化学、机械等手段使材料表面得到耐磨、耐蚀、耐热等特殊性能，从而提高产品性能、质量及寿命。金属的表面改性包括表面涂覆（电镀、化学镀、热喷涂、堆焊、气相沉积、涂料涂装等），表面合金化（扩散渗、喷焊、堆焊、离子注入、激光熔覆等），表面组织转变（表面淬火、表面形变强化等）等。随着社会的发展，人们对材料表面的性能要求越来越高，金属的表面改性方法不断增多，表面改性技术不断进步。本章主要介绍常用的金属表面改性方法及技术。

## 7.1　电镀及化学镀

### 7.1.1　电镀

电镀是指在含有欲镀金属的盐类溶液中，在直流电作用下，以被镀基体金属为阴极，通过电解作用，使镀液中欲镀金属的阳离子在基体金属表面沉积出来，形成镀层的一种表面工程技术。镀层材料可以是金属、合金或半导体等；基体材料可以是金属材料、高分子材料、陶瓷。镀层性能不同于基体金属，镀层性能的多样性，使电镀涂层广泛应用于耐蚀、耐磨、装饰及其他功能性镀层（如磁性膜、光学膜）。

**1. 电镀原理**

电镀装置示意图如图 7.1 所示。被镀的零件为阴极，与直流电源的负极相连，金属阳极与直流电源的正极连接，阳极与阴极均浸入镀液（电解液）中。通电时，镀液中的金属离子如 $M^{n+}$ 在阴极表面得到电子，发生还原反应，被还原成金属 M，并覆盖在阴极（镀件）表面上；而在阳极表面上发生氧化反应，金属溶解，释放 $n$ 个电子而生成金属离子 $M^{n+}$。随着阴极的还原反应和阳极的氧化反应不断进行，在阴极表面沉积上一层金属 M。

**2. 电镀方法**

在工业化生产中，最常用的电镀方法有挂镀、滚镀、刷镀和连续电镀等。

（1）挂镀

挂镀是电镀生产中最常用的一种方式，适用于外形尺寸较大的零件，它是将零件悬挂于用导电性能良好的材料制成的挂具上，然后浸没于欲镀金属的镀液中作为阴极；在两边适当

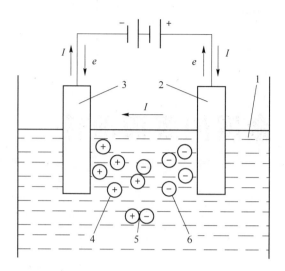

1—电解液；2—阳极；3—阴极；4—正离子；5—未电离的分子；6—负离子。

图 7.1　电镀装置示意图

的距离放置阳极，通电后使金属离子在零件表面沉积的一种电镀方法。

（2）滚镀

滚镀是电镀生产中的另一种常用方法，适用于尺寸较小、批量较大的零件。它是将欲镀零件置于多角形的滚筒中，依靠零件自身的重量来接通滚筒内的阴极，在滚筒转动的过程中实现金属电沉积。与挂镀相比，滚镀最大的优点是节省劳动力，提高生产效率，设备维修费用少且占地面积小，镀层的均匀性好。但是，滚镀的使用范围受到限制，镀件不宜太大和太轻；单件电流密度小，电流效率低；槽电压高，槽液温升快，镀液带出量大。

（3）刷镀

刷镀是在被镀零件表面局部快速电沉积金属镀层的技术，一般用于局部修复。刷镀实际上是依靠一个与阳极接触的垫或刷提供电镀需要的电解液的一种电镀形式。因此刷镀也称选择电镀、笔镀、涂镀、擦镀、无槽镀等。

图 7.2 为电刷镀工艺的原理，将表面处理好的工件与专用的直流电源的负极相连，作为刷镀的阴极；镀笔与电源的正极连接，作为刷镀的阳极。刷镀时，使棉花包套中浸满镀液的镀笔以一定的相对运动速度在被镀零件表面上移动，并保持适当的压力。这样，在镀笔与被镀零件接触的那些部分，镀液中的金属离子在电场力的作用下扩散到零件表面，在表面获得电子从而被还原成金属原子，这些金属原子沉积结晶就形成了镀层。随着电刷镀时间的延长，镀层逐渐增厚，直至达到需要的厚度。

一般电刷镀使用的电流密度及其沉积速度是电镀的几倍到几十倍；由于无需常规镀槽，工艺灵活、机动性强，故适合于局部电镀，如现场作业或野外作业，大型工件不解体或部分解体镀覆；镀液大多采用有机络盐体系，其稳定性好，可循环使用，废液量少。但电刷镀不适用于大批生产作业，其工艺过程在很大程度上依赖于手工操作，劳动强度较大。

（4）连续电镀

连续电镀是指主要用于薄板、金属丝、金属带的电镀，在工业上有着极其重要的地位。镀锡钢板、镀锌薄板和钢带、电子元器件引线、镀锌铁丝等的生产都采用了连续电镀技术。连续电镀有垂直浸入式、水平运动式和盘绕式 3 种方式。

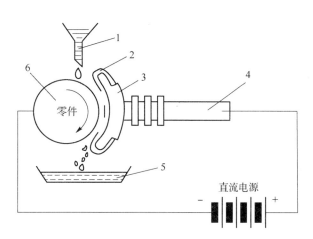

1—镀液滴漏；2—包套；3—镀笔头；4—镀笔；5—集液槽；6—零件。

图 7.2 电刷镀工艺的原理

### 3. 电镀的镀层种类

（1）镀锌

镀锌层对钢铁基体既有机械保护作用，又有电化学保护作用，所以它的耐蚀性相当优良。镀锌层经钝化处理后，因钝化液不同可得到不同色彩的钝化膜或白色钝化膜。镀锌多采用彩色钝化，白色钝化膜外观洁白，多用于日用五金、建筑五金等制品。镀锌层的厚度视镀件的要求而异，通常在 $6 \sim 12~\mu m$，较厚而无孔隙的镀锌层耐蚀性优良，用于恶劣环境条件时其厚度超过 $20~\mu m$。镀锌具有成本低、耐蚀性好、美观和耐储存等优点，所以在轻工、仪表、机电和国防等工业中得到广泛应用。但由于镀锌层硬度低，又对人体有害，故不宜在食品行业中用。在钢铁零件上镀锌，主要是作为防护性镀层，用量要占全部镀件的1/3～1/2，是所有电镀品种中产量最大的一个镀种。

（2）镀铜

铜具有良好的延展性、导热性和导电性，柔软而易于抛光。当镀铜层有孔隙、缺陷时，在腐蚀介质地作用下，基体金属成为阳极受到腐蚀，比未镀铜时腐蚀得更快。所以，单独用铜作防护装饰性镀层，常作为其他镀层的中间层，以提高表面镀层与基体金属的结合强度。在电力工业中，在铁丝上用高速镀厚铜来代替纯铜导线，以减少铜的耗用量。在无线电行业中，印制电路板上通孔镀铜也获得了良好效果。镀铜层也用来修复零件。

（3）镀硬铬

镀硬铬属于耐磨性镀铬，镀硬铬层具有很高的硬度和耐磨性能，可提高制品的耐磨性，延长使用寿命，如工具、模具、量具、切削刀具及易磨损零件、机床主轴、汽车拖拉机曲轴等。这类镀层的厚度一般在 $5 \sim 80~\mu m$ 范围内。镀硬铬还可用于修复磨损零件的尺寸。若严格控制镀铬工艺过程，将零件准确地镀覆到图样规定的尺寸，镀后不进行加工或进行少量加工，则称为尺寸镀铬。乳白铬镀层韧性好，硬度稍低，镀层中裂纹和孔隙较少，主要用在各种量具上。在乳白铬镀层上加镀光亮耐磨铬镀层，既能提高镀件耐蚀性又能达到耐磨目的，称为防护-耐磨双层铬镀层。这种双层铬镀层在飞机、船舶零件及枪炮内壁上得到广泛应用。

（4）镀镍

镍镀层常作为底层或中间层或采用多层镍来降低镀层的孔隙率，以提高镀层耐蚀性。镀镍的应用面很广，可分为防护装饰性和功能性两方面。

1）防护装饰性镍镀层

镍可以镀覆在低碳钢，锌铸件，某些铝合金、铜合金表面，保护基体材料不受腐蚀，并通过抛光暗镍镀层或直接镀光亮镍的方法获得光亮的镍镀层，达到装饰的目的。镍在大气中易变暗，所以在光亮镍镀层上往往再镀一薄层铬，使其耐蚀性更好、外观更美。也有在光亮镍镀层上镀一层金镀层或镀一层仿金镀层，并覆以透明的有机覆盖层，从而获得金色装饰层。自行车、缝纫机、钟表、家用电器仪表、汽车、摩托车及照相机等零件均用镍镀层作为防护装饰性镍镀层。

2）功能性镍镀层

其主要用于修复电镀，在被磨损的、被腐蚀的或加工过度的零件上镀比实际需要更厚的镀层，然后经过机械加工使其达到规定的尺寸。厚的镍镀层具有良好的耐磨性，可作为耐磨镀层。尤其是复合电镀，以镍作为主体金属，以金刚石、碳化硅等耐磨粒子作为分散颗粒，可沉积出夹有耐磨微粒的复合镀层，其硬度比普通的镍镀层高，耐磨性更好。若以石墨或氟化石墨作为分散颗粒，则获得的镍-石墨或镍-氟化石墨复合镀层，具有很好的自润滑性，可用作润滑镀层。

（5）镀铜锡合金

根据合金镀层中的含锡量来划分，主要有低锡青铜和高锡青铜。

1）低锡青铜

低锡青铜的 $\omega_{So}$ 在8%~15%之间，镀层呈黄色，其孔隙率随锡含量的升高而降低，耐蚀性则提高。它的抛光性好，硬度较低，耐蚀性较好，但在空气中易氧化变色。镀铬后有很好的耐蚀性，是优良的防护装饰性底层或中间层，已广泛应用于日用五金、轻工、机械、仪表等行业中。

2）高锡青铜

高锡青铜的 $\omega_{So}$ 在40%~55%范围内，镀层呈银白色，又称白青铜。硬度介于镍铬之间，抛光后有良好的反光性，在大气中不易氧化变色，在弱酸、碱液中很稳定，还具有良好的钎焊和导电性，可用作代银或代铬镀层，常用于日用五金、仪器仪表、餐具、反光器械等。该镀层较脆，有细小裂纹和孔隙，不适于在恶劣条件下使用，产品不能经受变形。含锡量中等的中锡青铜，硬度中等，不宜作表面镀层，可作防护装饰性镀层的底层。

（6）镀铜锌合金

$\omega_{Cu} = 70\%~80\%$ 的铜锌合金（黄铜）呈金黄色，具有优良的装饰效果，它还可以进行化学着色从而转化为其他色彩的镀层，广泛应用于灯具、日用五金、工艺品等方面。钢丝镀黄铜后能明显提高钢丝与橡胶的黏结力，因而国内外的钢丝轮胎均采用黄铜镀层作为钢丝与橡胶热压时的中间层。

（7）镀镍铁合金

镍铁合金通常比镍白，其硬度、平整性和韧性比亮镍好，有利于零件镀后形变加工，并且成本较低。镍铁合金镀层为阴极性镀层，其防锈性能与亮镍相当。镀镍铁合金已广泛用于自行车、摩托车、缝纫机、家具、家用电器、日用五金、文教用品、塑料电镀件、玩具、建筑配件、皮箱零件、汽车配件等方面，绝大多数的镀镍产品都可用镀镍铁合金代替。

（8）镀镍钴合金

镍钴合金可作为装饰合金和磁性合金，装饰用镍钴镀层通常用 $\omega_{Co} = 15\%$ 的合金层，具

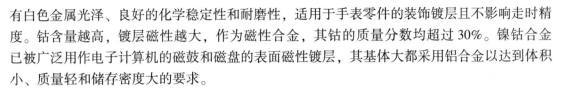

有白色金属光泽、良好的化学稳定性和耐磨性，适用于手表零件的装饰镀层且不影响走时精度。钴含量越高，镀层磁性越大，作为磁性合金，其钴的质量分数均超过30%。镍钴合金已被广泛用作电子计算机的磁鼓和磁盘的表面磁性镀层，其基体大都采用铝合金以达到体积小、质量轻和储存密度大的要求。

（9）复合电镀

在镀液中加入所需的高硬度固体微粒，并通过机械搅拌、超声波振动搅拌或气体搅拌等方式使微粒悬浮于镀液，在电镀过程中，镀层金属与固体微粒可共同沉积在基体材料表面，得到复合材料镀层，这种方法称为复合电镀，相当于在材料表面形成了颗粒增强的金属基复合材料。

根据复合镀层内各相的类型与相对量的不同，这种镀层可具有更高的硬度、耐磨性、耐蚀性、耐热性及自润滑性等。与一般金属基复合材料的制备技术相比，其具有无需高温加热、简便、成本低等优点，可直接在零件表面得到所需表面层。例如，Ni-SiC复合镀层用于汽车发动机气缸内表面，可提高耐磨性；Ni-PTFE（聚四氟乙烯）复合镀层用于热压塑料模具，可改善其自润滑性而易于脱模；Cr-ZnO$_2$复合镀层用于飞机、燃气轮机、核能装置的高温零件，可提高其抗氧化性；Au-BN复合镀层用于电接触元件，可提高其抗电弧烧损性能等。

电镀层种类的选择要根据性能要求。例如，对于耐磨的表面，镀层可以选用镍、镍-钨合金和钴-钨合金等；对于装饰表面，镀层可选用金、银、铬、半光亮镍等；对于要求耐腐蚀的表面，镀层可选用镍、锌、铜等。

## 7.1.2　化学镀

### 1. 化学镀的特点及应用

化学镀是在无外加电流的情况下借助合适的还原剂，通过可控制的氧化还原反应，使镀液中金属离子还原成金属，并沉积到零件表面的一种镀覆方法。与电镀相比，化学镀具有镀层均匀、针孔小、不需直流电源设备、能在非导体上沉积和具有某些特殊性能等特点；另外，由于化学镀废液排放少，对环境污染小以及成本较低，故在许多领域已逐步取代电镀，成为一种环保型的表面处理工艺。目前，化学镀技术已在电子、阀门制造、机械、石油化工、汽车、航空航天等工业中得到广泛的应用。

### 2. 常用的化学镀层种类

（1）化学镀 Ni-P

化学镀 Ni-P 是发展最快的一种化学镀，镀液一般以硫酸镍、乙酸镍等为主盐，次亚磷酸盐、硼氢化钠、硼烷、肼等为还原剂，再添加各种助剂。在90℃的酸性溶液或接近常温的中性溶液、碱性溶液中进行作业。

化学镀镍层由于具有优良的耐蚀性和耐磨性，故用于泵、阀、辅件、螺栓、叶轮等的表面处理，可以提高零件的使用寿命。

（2）化学镀铜

化学镀铜是在碱性金属铜盐溶液中，以甲醛或次磷酸钠为还原剂，在具有催化活性的基体金属表面上进行自催化氧化还原反应，在基体表面形成一定厚度、具有一定功能的金属铜的化学镀工艺。以甲醛为还原剂的化学镀铜，古代曾用于制造铜镜。化学镀铜与化学镀镍相比，铜的标准电极电位比较正（0.34 V），因此比较容易从镀液中还原析出，但镀液的稳定性差一些，容易自分解而失效。

化学镀铜主要用于非金属表面形成导电层，在印制电路板电镀和塑料电镀中有广泛应用。镀覆印制电路板的导电膜，其镀膜厚度为 20~30 μm，要求镀膜速度大，膜的强度和塑性好，使用温度为 60~70 ℃。镀塑料时镀膜厚度小于 1 μm，使用温度为 20~25 ℃。

（3）化学复合镀

化学复合镀是用化学镀方法使镀层金属与固体颗粒（或纤维）等一起沉积在基体金属表面，以获得复合镀层的工艺。通过改变镀层金属和固体颗粒的种类可获得具有高硬度、耐磨性、自润滑性、耐热性、耐蚀性和特殊功能的表面复合材料。例如，将 $SiC$、$Al_2O_3$、$SiO_2$、$BN$、$S_3N_4$、$Cr_2O_3$、$WC$、金刚石粉、碳纳米管等分散在镍、钴、铬等镀层金属中形成的各种镀层具有较高硬度和优良的耐磨性；将具有润滑性能的 $MoS_2$、石墨、氟化石墨（CF）、聚四氟乙烯（PTFE）、$BN$ 等分散在镀层金属镍、铜等中可得到自润滑性表面复合镀层。

化学复合镀具有独特的优点，如制备过程温度低、投资少、复合镀层组成多样化、节省材料等，近年来得到了快速发展。例如，化学镀 Ni-P-SiC 复合镀层可代替电镀硬铬镀层用于汽车发动机的铝合金耐磨零件；石墨复合镀层用于连续铸造结晶器内壁，不需要润滑剂就可顺利地将铸坯从结晶器拉出；聚四氟乙烯复合镀层用于塑料热压模具，不需要脱模剂就很容易脱模。

# 7.2  热喷涂

热喷涂技术是采用气体、液体燃料或电弧、等离子弧、激光等作热源，使合金、陶瓷、氧化物、碳化物以及它们的复合材料等喷涂材料加热到熔化或半熔化状态，通过高速气流使其雾化，然后喷射、沉积到经过预处理的工件表面，从而形成附着牢固的表面层的加工方法。

热喷涂方法有很多，喷涂材料广泛，金属及其合金、陶瓷、塑料、尼龙以及它们的复合材料等都可以作为喷涂材料；热喷涂的基体材料种类也有很多，几乎所有的固体材料表面都可以热喷涂。热喷涂不受零件尺寸及场地限制，既可以大面积喷涂，也可以进行局部喷涂。喷涂时可使基体控制在较低温度，所以基体变形小、组织和性能变化小，保证了基体质量基本不受影响。涂层间结合以机械结合为主，也有物理结合、扩散结合、冶金结合等综合效果，结合力较大，喷涂层厚度可以控制。但操作环境较差，存在粉尘、烟雾和噪声等问题，需加强防护。

热喷涂涂层材料种类繁多，主要有耐蚀涂层、耐磨涂层等。

（1）耐蚀涂层

Zn、Al、Zn-Al 合金涂层对钢铁具有良好的防护作用，这不仅与阴极保护作用有关，而且涂层本身也具有良好的耐蚀作用。处于室外工业气氛中的钢件，若气氛呈碱性，则可采用 Zn 涂层；若气氛中硫或硫化物含量高，则可采用 Al 涂层。桥梁、输电线、钢结构件、高速公路护栏、照明灯杆等可喷涂 Zn 或 Al 涂层进行长效防腐。处于盐气雾中的钢件（如海岸附近的金属构件、甲板、发射天线、海上吊桥等）均可喷涂 Al、Zn 或其合金进行长效防腐，一般 20~30 年不需要维护。长期处于盐水中的钢件（如船体、钢体河桩及桥墩等）可喷涂 Al 进行长期防腐。耐饮用水的涂层可用 Zn，涂层不需封孔，如淡水储器、输送器等；耐热淡水的涂层可用 Zn，但涂层需封孔，如热交换器、蒸汽净化设备及处于蒸汽中的钢件。

（2）耐磨涂层

在机械零部件表面喷涂耐磨涂层的主要目的是提高其性能和延长寿命。其基本出发点是机件表面的强化、修旧利废、恢复因磨损或腐蚀而造成的尺寸超差，并赋予机件更好的耐磨性能，提高产品质量。对于设备中的某些零部件，通过喷涂耐磨涂层，将会提高整机的性能和技术指标，从而提高产品的质量。由于机械的工作环境和服役条件不同，其磨损机制也不尽相同，因此应有针对性地选择合适的涂层，有以下几种涂层可供选择。

1）抗磨料磨损涂层

许多工程机械（如各种破碎机、泥浆泵、农用机械及混凝土搅拌机等）的机件往往因遭受矿物、岩石、泥沙等磨料的磨损而失效。在此类机件表面喷涂某些铁基、镍基、钴基材料或在这些喷涂材料中加入 WC、$Al_2O_3$、$Cr_2O_3$、ZnO 等陶瓷颗粒获得复合涂层，可显著提高其抗磨料磨损性能。

2）抗黏着磨损涂层

在机件表面喷涂铁基、镍基或钴基的 WC、$Al_2O_3$、C、O、ZnO 复合涂层，或喷涂陶瓷，将增大或改变摩擦副间的物理、化学及晶体结构的差异和性质，从而提高机械的抗黏着磨损性能。另外，在边界润滑条件下，钼涂层具有优异的耐黏着磨损性能。

3）抗微动磨损涂层

凸轮从动件、气缸衬套、导叶、涡轮叶片等机件常因微动磨损而失效，喷涂自熔合金、氧化物或碳化物金属陶瓷，如某些 Ni、Fe、Co 基材料可显著提高机件的抗微动磨损性能。

## 7.2.1　火焰喷涂

### 1. 火焰线材喷涂

将线材或棒材送入氧-乙炔火焰区加热熔化，借助压缩空气使其雾化成颗粒，喷向粗糙的工件表面形成涂层。这种喷涂设备简单，成本低，手工操作灵活方便，广泛应用于曲轴、柱塞、轴颈、机床导轨、桥梁、铁塔、钢结构防护架等。缺点是喷出的熔滴大小不均匀，导致涂层不均匀和孔隙大等缺陷。

### 2. 火焰粉末喷涂

它也是以氧-乙炔焰为热源，借助高速气流将喷涂粉末吸入火焰区，加热到熔融或高塑性状态后再喷射到经过制备的工件表面，形成涂层。其工艺过程主要包括喷涂打底层粉末、喷涂工作层粉末。打底层一般喷涂放热型铝包镍复合粉末，喷涂前工件用中性焰或弱碳化焰预热到温度为 100~200 ℃。喷涂火焰为中性焰，喷涂距离为 150~260 mm。打底层粉末起结合作用，其厚度一般为 0.10~0.15 mm；工作层粉末不是放热型，粉末所需热量全部由火焰提供，喷涂火焰也采用中性焰或碳也焰，喷涂距离为 180~200 mm，喷涂时火焰功率要大些，以粉末加热到白亮色为宜。火焰粉末喷涂工件受热温度低，主要用于保护或修复已经精加工的或不免有些许变形的机械零件，如轴、轴瓦、轴套等。

### 3. 火焰喷熔

氧-乙炔焰喷熔以氧-乙炔焰为热源，将自熔性合金粉末喷涂到经制备的工件表面，然后对薄涂层加热重熔并润湿工件，通过液态合金与固态工件表面间相互溶解和扩散，形成牢固结合的冶金火焰喷熔是介于喷涂和堆焊之间的一种新工艺。粉末喷涂涂层与基体呈机械结合，结合强度高，涂层多孔不致密；堆焊层熔深大，稀释率高，加工余量大；而经喷熔处理的涂层，表面光滑，稀释率极低，涂层与基体金属结合强度高，致密无气孔。喷熔的缺点是重熔温度高，须达到粉末熔点温度，工件受热温度高，会产生变形。火焰喷熔主要用于喷铜、镍和不锈钢等耐腐蚀的涂层，也可喷熔钴基合金、镍基合金等耐热合金涂层。

## 7.2.2 电弧线材喷涂

电弧线材喷涂是将金属或合金丝制成两个熔化电极，由电动机变速驱动，在喷枪口相交产生短路而引发电弧、熔化，借助压缩空气雾化成微粒并高速喷向经预备处理的工件表层，从而形成涂层，原理如图7.3所示。

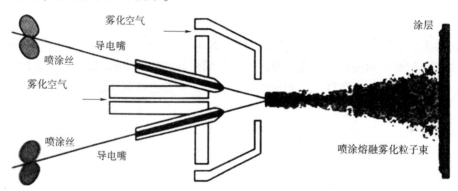

图7.3 电弧线材喷涂的原理

与火焰喷涂相比，它具有以下特点：涂层与基体结合强度高，剪切强度高；电加热，热能利用率高，成本低；熔敷能力大，可达 $30\sim40$ kg/h；采用两根不同成分的金属丝可获得合金涂层，如铝青铜和Cr13等。电弧线材喷涂一般采用不锈钢丝、高碳钢丝、合金工具钢丝、铝丝和锌丝等作喷涂，广泛应用于轴类、导轨等负荷零件的修复，以及钢结构防护涂层。例如，喷涂Zn-Al合金可提高涂层的耐蚀性能，用于储油罐、桥梁等钢结构的防护；喷涂钼丝作为耐摩擦磨损的涂层，用于汽车行、活塞环、拨叉、同步啮合环等。

## 7.2.3 等离子喷涂

等离子喷涂是利用等离子焰流，即非转移等离子弧作热源，将喷涂材料加热到熔融或高塑性状态，在高速等离子焰流引导下高速撞击工件表面，并沉积在经过粗糙处理的工件表面从而形成很薄的涂层。涂层与母材的结合主要是机械结合，其原理如图7.4所示。

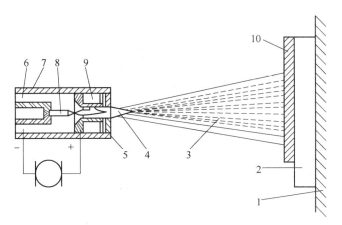

1—Al移动部分；2—基体；3—喷涂束；4—等离子焰；5—阳极；6—送粉腔；7—离子气体；8—阴极；9—冷却水；10—涂层。

**图 7.4 等离子喷涂的原理**

等离子喷涂技术是继火焰喷涂之后发展起来的一种新型多用途的精密喷涂方法。它具有超高温特性，便于进行高熔点材料的喷涂，等离子喷焰温度高达 1 000 ℃ 以上，可喷涂几乎所有固态工程材料，包括各种金属和合金、陶瓷、非金属及复合粉末材料等。其喷射粒子的速度高，等离子焰流速可达 10 000 m/s 以上，喷出的粉粒速度可达 180~600 m/s，得到的涂层致密性和结合强度均比火焰喷涂及电弧喷涂高。等离子喷涂工件不带电，受热少，表面温度不超过 250 ℃，母材组织性能无变化，涂层厚度可严格控制在几微米到 1 mm 左右。由于使用惰性气体作为工作气体，所以喷涂材料不易氧化。

总的来说，对于承载低的耐磨涂层和以提高机件抗蚀性的耐蚀涂层，当喷涂材料的熔点不超过 2 500 ℃ 时，可采用设备简单、成本较低的火焰喷涂；对于涂层性能要求较高或较为贵重的机件，特别是喷涂高熔点陶瓷时，宜采用等离子喷涂；工程量大的耐蚀、耐磨金属涂层，宜采用电弧喷涂；要求高结合力、低孔隙率的金属或合金涂层可采用气体火焰超高速喷涂；要求结合强度高、孔隙率低的金属和陶瓷涂层可采用超音速等离子喷涂。

# 7.3 气相沉积

气相沉积技术是利用气相之间的反应，在各种材料或制品表面沉积单层或多层薄膜，从而获得所需性能的表面成膜技术。气相沉积技术是近 30 年来迅速发展的一门新技术，它不仅可以用来制备各种特殊力学性能的薄膜，而且还可用来制备各种功能薄膜材料和装饰薄膜涂层等。薄膜的制备按机理可分为物理气相沉积（PVD）和化学气相沉积（CVD）。

## 7.3.1 物理气相沉积

物理气相沉积是指在真空条件下，利用物理的方法，将材料气化成原子、分子或使其电离成离子，并通过气相过程，在材料或基体表面沉积一层具有某些特殊性能的薄膜的技术。其主要方法有真空蒸镀、溅射沉积和离子镀。

### 1. 真空蒸镀

把待镀膜的基体或工件置于高真空室内，通过加热使蒸发材料气化（或升华），以原子、分子或原子团离开熔体表面，凝聚在具有一定温度的基片或工件表面，并冷凝成薄膜的过程称为真空蒸发镀膜，简称真空蒸镀，其原理如图 7.5 所示。真空蒸镀主要包括 3 个过程：膜料的蒸发、蒸发粒子的运动和成膜过程。蒸发材料可以是金属、合金和化合物。在高真空环境中蒸发，可以防止膜的氧化和污染，得到洁净、致密、符合预定要求的薄膜。蒸镀相对于后来发展起来的溅射镀膜、离子镀膜技术，其设备简单可靠，价格便宜，工艺容易掌握，可进行大规模生产。因此，该工艺在光学、微电子学、磁学、装饰、防腐蚀等多方面得到广泛的应用。

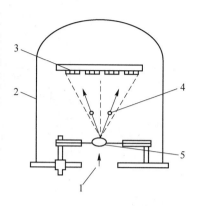

1—真空系统；2—真空罩；
3—基片；4—蒸发材料；5—坩埚。
图 7.5　真空蒸镀的原理

被镀金属材料可以是金、银、铜、锌、铬、铝等，最常用的是铝，在塑料薄膜及纸张表面蒸镀铝薄膜可代替铝箔-塑料、铝箔-纸复合材料。

### 2. 溅射沉积

在真空条件下，用具有一定能量的荷能粒子轰击材料的表面，使被轰击材料的原子获得足够的能量，脱离原材料点阵的束缚，进入气相，这种技术就是溅射技术。可以利用溅射出的气相元素进行沉积成膜，这种沉积过程被称为溅射沉积。溅射沉积能沉积许多不同成分和特性的功能薄膜。从 20 世纪 70 年代起，它就成为一种重要的薄膜沉积制备技术。

溅射沉积可采用耐磨强化膜（如 Ti、TiC、$Al_2O_3$ 等）用于工具、模具等。可采用溅射纯铝膜取代蒸发纯链膜用于集成电路及高反射率的镜面，溅射铝膜镜面由于晶粒细，镜面反射率和表商平滑性远优于蒸发镀铝膜。

### 3. 离子镀

离子镀是在真空条件下，利用气体放电或被蒸发物质部分电离，在气体离子或者被蒸发物质离子的轰击下，把蒸发物质或其反应物沉积在基片上，其原理如图 7.6 所示。它兼具真空蒸镀的沉积速度快和溅射沉积的离子轰击清洁表面的特点，特别是具有膜的附着力强、绕射性能好、可镀材料广泛等优点，因此这一技术在 20 世纪 60 年代获得了迅速的发展。

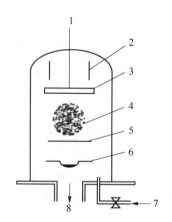

1—接负高压；2—接正高压；3—基片；
4—等离子体；5—挡板；6—蒸发源；
7—氩气阀；8—真空系统。
图 7.6　离子镀的原理

镀膜的基体材料广泛，可以是金属、塑料、陶瓷、玻璃、纸张等。离子镀不仅可以镀制纯金属膜且可以在工艺过程中通入反应气体，得到氧化物、氮化物和碳化物等薄膜。离子镀膜层的附着性能好，沉积的全过程始终存在氩离子的反溅射作用，清除了结合不牢的原子，使膜层组织均匀、致密、细化，可消除粗大柱状晶，获得致密的等轴晶。离子镀可以获得表面强化的耐磨镀层，致密且化学性质稳定的耐蚀镀层，固体润滑镀层，各种色泽的装饰镀层以及电子学、光学、能源科学等所需的特殊功能镀层。

高速钢刀具最常用的涂层是 TiN，采用离子镀后刀具的寿命提高 1.6~3 倍。用于模具的离子镀超硬涂层材料主要是 TiC、TiN，模具的寿命可大大提高，其中弯曲模、轧辊、铝或锌压铸模的寿命可提高 10 倍，冲模、翻边模、整形模的寿命可提高 2~5 倍等。一般碳钢螺栓离子镀铝代替不锈钢，离子镀铬、钛、氮化钛取代湿法镀铬可用于耐蚀要求的零件。离子镀 W、Ti、Ta 等纯金属涂层，用于需要耐热的金属零件上，如排热气管等，可以提高耐热性能。

### 7.3.2　化学气相沉积

化学气相沉积是在一定温度下，混合气体之间或混合气体与基体表面之间相互作用，在基体表面形成金属或化合物等的固态膜或镀层，使材料表面改性，以满足耐磨、抗氧化、耐腐蚀以及特定的电学、光学和摩擦学等特殊性能要求的一种薄膜技术。化学气相沉积是一种化学气相生长法。这种方法是把一种或几种含有构成薄膜元素的化合物、单质气体通入放置有基片的反应室，借助气相作用或在基片上的化学反应生成所希望的薄膜。它可以方便控制薄膜组成，制备各种单质、化合物、氧化物和氮化物甚至一些全新结构的薄膜。

在耐磨涂层方面，其主要用于金属切削刀具，常用的镀层一般包括难熔硼化物、碳化物、氮化物和氧化物等。氮化硅材料常用于陶瓷刀具涂层，既能提高刀具耐磨损性能，也能使刀具的切削性能得到提高。化学气相沉积也用于耐腐蚀和耐摩擦设备（如喷砂设备的喷嘴、泥浆传输设备、煤的汽化设备和矿井设备等）。

在高温涂层方面，难熔金属硅化物、过渡金属铝化物镀层已被广泛应用，如燃烧室部件、高温燃气轮机热交换部件和陶瓷汽车发动机等。

在耐磨耐蚀涂层方面，在硬质合金和工、模具钢的基体表面上形成碳化物、氮化物、氧化物等，可使硬质合金刀片的寿命提高 1~5 倍以上，冷作模具寿命提高 3 至数十倍。但是，用化学气相沉积法生产工、模具涂层的主要问题是沉积温度高，这对许多基材，尤其对模具钢是十分不利的。

目前，气相沉积法在一些特殊领域的应用正在大量开发。例如，在 SUS316L 不锈钢上物理气相沉积 $TiN-Al_2O_3$ 复合涂层，正作为医用材料用于制作人工关节。一方面该涂层具有良好的耐磨、耐蚀性，另一方面对人体肌肉有良好的适应性。

## 7.4　激光表面改性

采用激光束对材料进行表面改性是近 30 多年迅速发展起来的表面新技术。

### 7.4.1　激光表面熔覆

激光表面熔覆也可称作激光熔覆。激光熔覆技术是国内外激光表面改性研究的热点，广泛应用于机械制造与维修、汽车制造、纺织机械、航海与航天和石油化工等领域。

**1. 激光熔覆的原理与特点**

激光熔覆是利用高能激光束辐照，通过迅速熔化、扩展和凝固，在基体表面熔覆一层具有特殊物理、化学或力学性能的材料。激光熔覆时，覆层材料及基体表面熔化，使熔覆层与基体形成冶金结合。激光熔覆示意图如图 7.7 所示。

因此可在熔覆层较薄的情况下，获得所要求的成分。

与堆焊、热喷涂和等离子喷焊等表面强化技术相比，激光熔覆的熔覆层晶粒细小，结构致密，因而硬度一般较高，耐磨、耐蚀等性能也更为优异。熔覆层稀释率低，由于激光作用时间短，基体的熔化量小，对熔覆层的冲淡率低（一般仅为 5%~8%）。因此可在熔覆层较薄的情况

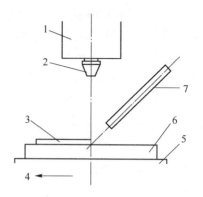

1—聚焦镜；2—出光镜；3—熔覆层；
4—运动方向；5—操作台；6—试样；7—粉末输送管。

图 7.7 激光熔覆示意图

下，获得所要求的成分与性能，节约昂贵的覆层材料。激光熔覆热影响区小，工件变形小，熔覆成品率高。激光熔覆过程易实现自动化生产，镀层质量稳定，如在熔覆过程中熔覆厚度可实现连续调节，这在其他工艺中是难以实现的。

由于激光熔覆有较多优点，故它在航空乃至民用产品工业领域中都有较广阔的应用前景，已成为当今材料领域研究和开发的热点。

**2. 激光熔覆的性能及应用**

激光熔敷层与基体材料呈冶金结合，可显著改善基体表面耐磨、耐蚀、耐热、抗氧化及电气特性等。例如，对 60 钢进行碳钨激光熔覆后，硬度最高达 2 200 HV 以上，耐磨损性能为基体 60 钢的 20 倍左右；在 Q235 钢表面激光熔覆 CoCrSiB 合金后，其耐蚀性大大提高，而且耐蚀性明显高于火焰喷涂。激光熔覆技术的耐磨合金层已用于强化、修复喷气发动机涡轮叶片，用于强化汽车发动机排气门的密封锥面；耐高温、耐蚀层用于化工设备某些不锈钢部件，用于油田液压泵的易磨损、腐蚀部件。

激光熔覆铁基合金粉末适用于要求局部耐磨而且容易变形的零件。镍基合金粉末适用于要求局部耐磨、耐热腐蚀及抗热疲劳的构件。钴基合金粉末适用于要求耐磨、耐蚀及抗热疲劳的零件。陶瓷涂层在高温下有较高的强度，热稳定性好，化学稳定性高，适用于要求耐磨、耐蚀、耐高温和抗氧化性的零件。激光熔覆金属陶瓷复合涂层比熔敷合金涂层具有更高的耐磨性，其研究及应用日益广泛，如在钢、钛合金及铝合金表面激光熔覆多种陶瓷或金属陶瓷涂层。

## 7.4.2 激光表面合金化

**1. 激光表面合金化的原理及特点**

激光表面合金化是利用高能激光束加热并熔化基体表层与添加元素，使其混合后迅速凝固，从而形成以原基材为基的、新的表面合金层。激光表面合金化的强化是相变硬化、固溶强化和碳化物第二相强化的综合效果，其中碳化物第二相强化是提高耐磨性的主要因素。

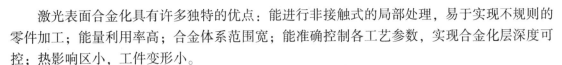

激光表面合金化具有许多独特的优点：能进行非接触式的局部处理，易于实现不规则的零件加工；能量利用率高；合金体系范围宽；能准确控制各工艺参数，实现合金化层深度可控；热影响区小，工件变形小。

**2. 激光表面合金化的工艺**

激光表面合金化可分为以下 3 种工艺方式。

（1）预置法

预置法是指先将合金化材料预涂覆于需强化部位，然后进行激光扫描熔化，实现合金化。预涂覆可采用热喷涂、气相沉积、电镀等工艺。实际应用较多的黏接法工艺简单，便于操作，且不受合金成分限制。

（2）硬质粒子喷射法

硬质粒子喷射法是指采用惰性气体将合金化细粉直接喷射至激光扫描所形成的熔池中，凝固后硬质相镶嵌在基体中，形成合金化层。

（3）激光气相合金化

激光气相合金化是指将能与基材金属反应形成强化相的气体（如氮气、渗碳气氛等）注入金属熔池中，并与基材元素反应，形成合金化物合金层。例如，Ti 及 Ti 合金进行激光气体合金化，可形成 TiN、TiC 或 Ti(C，N) 化合物。

**3. 激光表面合金化的性能与应用**

基体材料经过激光表面合金化处理，可大幅度提高材料的表面性能，这种性能主要体现在耐磨性和耐蚀性两个方面。20 钢中加入 Ni 基合金粉末激光表面合金化，其硬度虽然不及 CrWMn 钢淬火，但耐磨性提高 2.4 倍。而在加入 Ni 基合金粉末的同时加入 WC，其耐磨性可提高 5 倍以上。对 Al-Si 合金，采用 Ni 粉末合金化，生成 $Al_3Ni$ 硬化相，硬度达 300 HV，再加入碳化物粒子，耐磨性可提高 1 倍。

激光表面合金化主要用于耐磨件的表面处理，如泥浆泵叶轮、拖拉机换向拨叉、螺母攻丝机出料道、轴承扩孔模、冲裁模、电厂排粉机叶片及铝活塞等零件。以 WC/Co 为添加粉末合金化后，可获得大量碳化物，基体又为马氏体组织，所以其表面硬度达 1 000 HV 以上，使拨叉、料道的使用寿命提高 10 倍以上，冲材模、排粉机叶片使用寿命提高 2~3 倍。激光表面合金化用于铝活塞环槽，其强化效果显著，经装车试验，运行 $14.2×10^4$ km 后，环槽最大磨损量仅有 0.07 mm。

激光表面合金化与激光熔覆的区别是，激光表面合金化是在基材的表面熔覆层内加入合金元素，目的是形成以基材为基的新的合金层；而激光熔覆过程中的覆层材料完全融化，其基体熔化层极薄，因而对熔覆层的成分影响极小。

激光表面合金化实质上是把基体表面层熔融金属作为溶剂，而熔覆是将另行配置的合金粉末融化，使其成为熔覆层的主体合金，同时基体合金也有薄层融化，与之形成冶金结合。

**本章小结**

①金属的表面改性是在不改变基体成分及性能的基础上，通过物理、化学、机械等手段使材料表面得到耐磨、耐蚀、耐热等特殊性能，从而提高产品性能、质量及寿命。

②金属的表面改性包括表面涂覆、表面合金化、表面组织转变等。随着社会的发展，人们对材料表面的性能要求越来越高，金属的表面改性方法不断增多，表面改性技术不断进步。本章主要介绍常用的金属表面改性方法及技术。

③电镀是指在含有欲镀金属的盐类溶液中，在直流电作用下，以被镀基体金属为阴极，通过电解作用，使镀液中欲镀金属的阳离子在基体金属表面沉积出来，形成镀层的一种表面工程技术。其广泛应用于耐蚀、耐磨、装饰及其他功能性镀层。电镀的镀层种类有镀锌、镀铜、镀硬铬、镀镍、镀铜锡合金等。

④化学镀是在无外加电流的情况下借助合适的还原剂，通过可控制的氧化还原反应，使镀液中金属离子还原成金属，并沉积到零件表面的一种镀覆方法。目前，化学镀已在电子、阀门制造、机械、石油化工、汽车、航空航天等工业中得到广泛的应用。

⑤热喷涂是采用气体、液体燃料或电弧、等离子弧、激光等作热源，使合金、陶瓷、氧化物、碳化物以及它们的复合材料等喷涂材料加热到熔化或半熔化状态，通过高速气流使其雾化，然后喷射、沉积到经过预处理的工件表面，从而形成附着牢固的表面层的加工方法。

⑥气相沉积是利用气相之间的反应，在各种材料或制品表面沉积单层或多层薄膜，从而获得所需性能的表面成膜技术。其可以用来制备各种特殊力学性能的薄膜，而且还可以用来制备各种功能薄膜材料和装饰薄膜涂层等。

⑦激光表面改性是对材料进行表面改性的技术，其广泛应用于机械制造与维修、汽车制造、纺织机械、航海与航天和石油化工等领域。

## 复习思考题和习题

7.1 常用的表面技术有哪些种类？

7.2 工业化生产中，电镀的实施方式有哪些？

7.3 与常用电镀技术相比，电刷镀有哪些特点？

7.4 常用的镀层金属与合金各有何特点？

7.5 热喷涂有哪些实施方式？各有何特点？

7.6 试介绍热喷涂材料的种类及特点。

7.7 试介绍各种物理气相沉积的原理、特点及应用。

7.8 试介绍激光熔覆的原理、特点与应用。

7.9 激光表面合金化与激光熔覆的区别有哪些？

# 第 8 章　合金钢

## 8.1　认识合金钢

　　在第 4 章中已经研究了非合金钢（碳素钢），其具有较好的力学性能和工艺性能，价格低，已成为机械工程中应用最广泛的金属材料。但是，由于现代工业和科学技术的不断发展，对材料的力学性能和物理、化学性能都提出了更高的要求，碳素钢即使经过热处理也不能够满足实际需要，而合金钢是指为了提高力学性能，改善钢的工艺性能或使其具有某些特殊的物理化学性能，在碳钢冶炼过程中有意地加入一种或几种合金元素，使其使用性能和工艺性能得以提高的以铁为基的合金。

　　合金钢的生产过程复杂、成本较高，但由于其具有优良的性能，能够满足不同工作条件下的产品要求，因此应用范围不断扩大，重要的工程结构和机械零件均使用合金钢制造。图 8.1 的南京长江大桥位于长江下游，是长江上第一座由我国自行设计建造的双层式铁路、公路两用桥，主跨为 160 米，桥体为钢结构。如果桥体材料要有足够的强度和很好的抗疲劳强度，则须采用合金钢。

（a）　　　　　　　　　　　　　　　　　　（b）

图 8.1　南京长江大桥

（a）施工中；（b）竣工后

# 8.2　钢铁中的元素及其作用

钢铁中的主要组元是铁和碳，但在冶炼过程中，还会带入一定量的 Mn、Si、S、P 等金属元素或非金属夹杂物及氧、氮、氢等气体，这些非有意加入的元素称为杂质；而为了改善钢铁材料的力学性能或使之获得某种特殊性能，人为地在其中加入一定量的一种或几种化学元素，这些元素称为合金元素，得到的材料称为合金钢。

## 8.2.1　常存杂质元素对钢性能的影响

杂质元素对钢性能的影响较大。Mn、Si 溶入铁素体，有利于提高钢的强度和硬度、Mn还可以与 S 形成 MnS，减轻 S 的危害，所以 Mn 和 Si 在一定范围内属于有益元素。S 和 P 属于有害元素，S 在钢中主要以 FeS 的形态存在，形成低熔点的共晶体分布在晶界上，使钢加热到 1 100～1 200 ℃进行锻压或轧制时晶界熔化并沿此开裂（称之为热脆）；P 在低温时会使钢的塑性、韧性显著降低（称之为冷脆），也会使焊接性变坏，所以 S 和 P 的含量必须严格控制，两者是衡量钢的质量等级的指标之一。

## 8.2.2　合金元素在钢中的作用

合金元素在钢中的作用主要表现在合金元素与铁、碳之间的相互作用，以及对铁碳相图和热处理相变过程的影响，常用的有 Cr、Mn、Si、Ni、Mo、W、V、Co、Ti、Al、Cu、B、N、稀土等。

**1. 合金元素对钢力学性能的影响**

①合金元素 Cr、Mn、Si、Ni、Mo、W 等可溶入铁素体、奥氏体、马氏体中，引起晶格畸变，产生固溶强化，使钢的强度、硬度提高，但塑性、韧性下降，如图 8.2 所示。

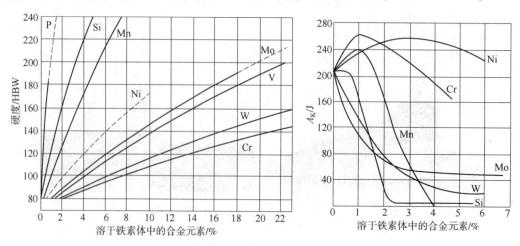

图 8.2　几种合金元素对铁素体力学性能的影响

②有些合金元素可与碳作用形成碳化物，这类元素称为碳化物形成元素，如 Fe、Mn、Cr、W、V、Nb、Zr、Ti（按与碳的亲和力由弱到强依次排列）。与碳的亲和力越强，形成的碳化物越稳定，硬度就越高。由于合金元素与碳的亲和力强弱的不同及含量的不同，会形成不同类型的碳化物，如合金渗碳体（FeMn）$_3$C、合金碳化物 Cr$_7$C$_3$、特殊碳化物 WC 等，它们的稳定性及硬度依次升高，使钢的强度、硬度提高，但塑性、韧性下降。

**2. 合金元素对钢热处理的影响**

（1）在钢加热过程中的表现

合金钢的奥氏体化过程与非合金钢基本相同，但其需要较高的温度和较长的保温时间，因为合金元素（除 Mn、P 外）均会阻止奥氏体晶粒长大，其与碳作用形成的碳化物很难溶解在奥氏体中。

（2）在钢冷却过程中的表现

合金元素（除 Co、Al 外）完全溶于奥氏体，使奥氏体转变曲线位置右移，降低了钢的马氏体临界冷却速度，提高了钢的淬透性。部分合金元素对过冷奥氏体等温转变曲线的影响，如图 8.3（a）所示。Cr、W、Mo 等合金元素不但使 C 曲线右移，而且当达到一定含量时，会使 C 曲线出现两个"鼻尖"，分解成珠光体和贝氏体两个转变区，如图 8.3（b）所示，可在连续冷却的条件下获得贝氏体组织。但除 Co、Al 外，大多数合金元素均使马氏体转变温度线 $M_s$ 和 $M_f$ 下降，使合金钢淬火后残余奥氏体量较非合金钢多，须进行冷处理或多次回火，使残余奥氏体转变为马氏体或贝氏体。另外，在淬火钢回火时，大多数合金元素可以提高回火稳定性，有些元素可使钢回火时产生二次硬化，并防止出现回火脆性。合金元素对钢热处理的影响如表 8.1 所示。

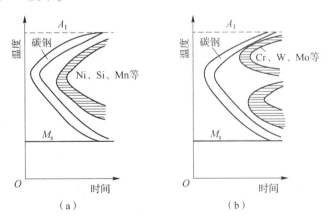

图 8.3　部分合金元素对过冷奥氏体等温转变曲线的影响
（a）Ni、Si、Mn 等的影响；（b）Cr、W、Mo 等的影响

**3. 合金元素对铁−碳相图的影响**

铁−碳相图是以铁和碳两种元素为基本组元的相图，加入合金元素必将使铁−碳相图的相区和转变点发生变化。

（1）合金元素对奥氏体区的影响

Ni、Cr、Si、Mn 等合金元素的加入使奥氏体区扩大，GS 线向左下方移动，$A_1$、$A_3$ 线下降；若其含量足够高，可使单相奥氏体区扩大至常温，即可在常温下保持稳定的单相奥氏体组织，从而得到奥氏体钢。Cr、Si、Mo、W、V、Ti、Al 等合金元素的加入使奥氏体区缩小，$GS$ 线向左上方移动，$A_1$、$A_3$ 线升高；若其含量足够高，可使单相奥氏体区完全消失，即可在常温下保持稳定的单相铁素体组织，从而得到铁素体钢。

表 8.1　合金元素对钢热处理的影响

| 合金元素 | 退火、正火、淬火加热温度 | 晶粒长大 | 淬透性 | 残余奥氏体量 | 回火稳定性 | 回火脆性 |
|---|---|---|---|---|---|---|
| Mn | 降低 | 稍增大 | 增大显著 | 增多 | 稍提高 | 增加 |
| Si | 升高 | （易脱碳） | 稍增大 | 影响小 | 提高 | — |
| Cr | 升高 | 阻止 | 增大 | 增多 | 提高 | 增加 |
| Mo | 升高 | 阻止 | 增大显著 | 增多 | 提高 | 显著减小 |
| W | 升高 | 阻止 | 增大 | 增多 | 提高 | 减小 |
| V | 升高 | 阻止 | 增大 | 增多 | 提高 | 减小第一类脆性 |
| Ti | 升高 | 阻止 | 增大 | 增多 | 提高 | 减小第一类脆性 |
| Nb | 升高 | 阻止 | 增大 | 增多 | 提高 | — |
| Ni | 降低 | 影响小 | 增大 | 增多 | 稍提高 | 与 Cr 同时存在同时增加 |
| Al | 升高 | 阻止 | 影响小 | 减少 | — | — |
| B | — | 稍增大 | 增大极显著 | — | — | 稍增加 |

（2）合金元素使 $S$、$E$ 点位置左移

合金元素的加入使奥氏体区扩大或缩小，都会使 $S$、$E$ 点位置左移，即使钢的共析碳含量和奥氏体对碳的最大溶解度降低，亚共析钢中出现过共析钢的组织，但钢中也有可能出现莱氏体组织（称为莱氏体钢）。要判断合金钢是亚共析钢还是过共析钢，以及确定其热处理加热或缓冷时的相变温度，不能单纯地直接根据 $Fe-Fe_3C$ 相图，而应根据多元铁基合金系相图来进行分析。

# 8.3　合金钢的分类方法

合金钢品种繁多，常用的分类方法如下所述。

## 8.3.1　按合金元素含量分类

（1）低合金钢

低合金钢是指钢中合金元素总含量 $\omega_{总量} \leqslant 5\%$。

（2）中合金钢

中合金钢是指钢中合金元素总含量 $\omega_{总量} = 5\% \sim 10\%$。

（3）高合金钢

高合金钢是指钢中合金元素总含量 $\omega_{总量}$>10%。

### 8.3.2　按合金元素种类分类

根据主加合金元素的不同，合金钢分别称为铬钢、锰钢、铬镍钢、铬钼钢、硅锰钢、铬镍锰钢及硅锰钼钒钢等。

### 8.3.3　按主要用途分类

（1）低合金结构钢

低合金结构钢主要用于强度、塑性和韧度要求较高的建筑、工程结构和各种机械零件。

（2）合金工具钢

合金工具钢主要用于硬度、耐磨性和热硬性等要求高的各种刀具、工具和模具。

（3）特殊性能钢

特殊性能钢包括要求特殊物理、化学或力学性能的各种不锈钢、耐热钢、耐磨钢、磁钢和超强钢等。

# 8.4　合金结构钢

## 8.4.1　低合金高强度钢

低合金结构钢一般是在低碳钢的基础上，加入少量合金元素（$\omega_{总量}$<3%）而形成的合金钢。这类钢冶炼比较方便，生产成本与碳钢相近，但其强度比一般低碳钢高 10%～30%，并具有足够的塑性和韧度，故又称低合金高强度钢。

低碳低合金工程结构用钢可用来代替普通碳素结构钢，其屈服强度可提高 25%～100%，质量可减轻 30%，零件使用更可靠、耐久。这些构件的特点是尺寸大，需冷弯及焊接成型，形状复杂，大多在热轧或正火条件下使用，且可能长期处于低温或暴露于一定的环境介质中，因而要求钢材必须具有较高的强度和屈强比；较好的塑性和韧性；良好的焊接性；较低的缺口敏感性和冷弯后低的时效敏感性；较低的韧脆转变温度。低合金高强度钢是一类可焊接的低碳低合金工程结构用钢，主要用于房屋、桥梁、船舶、车辆、铁道、高压容器及大型军事工程等工程结构件。低合金高强度钢牌号与碳素结构钢牌号相似，由代表屈服强度"屈"字的汉语拼音字母 Q+屈服强度数值+质量等级代号组成。其质量等级代号有 A、B、C、D、E 5 个级别，并由 A～E，钢中的 S、P 含量依次降低。例如 Q460E，表示下屈服强度 $R_{eL}$>460 MPa，质量等级数为 E 级的低合金高强度钢，低合金高强度钢的牌号有 Q345、Q390、Q420、Q460、Q500、Q550、Q620、Q690。低合金高强度钢牌号新、旧标准对照及应用如表 8.2 所示。

表 8.2 低合金高强度钢牌号新、旧标准对照及应用

| 新标准 | 旧标准 | 应用 |
|---|---|---|
| Q295 | 09MnV、09MnNb、09Mn2、12Mn | 车辆的冲压件、冷弯型钢、螺旋焊管、低压锅炉气包、中低压化工容器、输油管道、储油罐、油船等 |
| Q345 | 12MnV、14MnNb、16Mn、18Nb、16MnRE | 船舶、铁路车辆、桥梁、管道、锅炉石油储罐、起重及矿山机械、电站设备 |
| Q390 | 15MnTi、16MnNb、10MnPNbRE、15MnV | 中高压锅炉气包、中高压石油化工容器、桥梁、车辆、起重机及其他较高载荷件 |
| Q420 | 15MnVN、14MnVTiRE | 大型船舶、桥梁、机车车辆、中压或高压锅炉容器及其他大型焊接结构件等 |
| Q460 | —— | 可淬火加回火后用于大型挖掘机、起重运输机械、钻井平台等 |

为了适应某些专业的特殊需要，对低合金高强度钢的成分、工艺及性能做了相应的调整和补充规定，从而发展了门类众多的低合金专业用钢，如锅炉、各种压力容器、船舶、桥梁、汽车、农机、自行车、矿山、建筑钢筋等，许多已纳入国家标准。例如，汽车用低合金钢是一类用量极大的专业用钢，广泛用于汽车大梁、托架及车壳等结构件。

低碳低合金工程结构用钢应用举例如图 8.4 所示。

（a）　　　　　　　　　　　（b）

图 8.4　低碳低合金工程结构用钢的应用举例
（a）协和号动车组列车；（b）舰船

低合金高强度钢由于其力学性能和加工性能良好，不需要进行热处理，因此受到重视，是近年来发展最快、最具有经济价值的一类合金钢。我国 1951 年开始试制生产低合金高强度钢，现已有很大发展，目前其产量已占钢总产量的 15.4% 左右，是今后钢铁生产的发展方向之一。这类钢的强度级别在不断提高，现已达到 800 MPa 级，相当于调质钢的水平。当前主要的发展方向如下。

（1）通过合金化和热处理改变其基体组织以提高强度

它是加入较多种类的合金元素，如 Cr、Mn、Mo、Ni、Si、B 等，通过淬火和高温回火使钢获得低碳素氏体组织，从而得到良好的综合力学性能和焊接性能。这类钢发展很快，强度已达 800 MPa 级，低温韧性非常好，已用于重型车辆、桥梁及舰艇。

（2）超低碳化

为了充分保证钢的韧性和焊接性能，进一步降低碳含量，使碳的质量分数甚至降到 0.02%~0.04%，此时需采用真空冶炼或真空去气冶炼工艺。

（3）控制轧制

控制轧制是指把细化晶粒与合理轧制工艺结合起来，实现控制轧制。Nb、V 等元素在轧制温度下溶入奥氏体中，能抑制或延缓奥氏体的再结晶过程，使钢获得小于 5 μm 的超细晶粒，而保证得到高强度和高韧性。

（4）发展专用钢

为了适应各种专门用途的需要，对某些常用普通低合金高强度钢的成分、性能和质量做了一定调整，即派生出了一系列专用钢，如低温用钢，耐海水、大气腐蚀用钢，钢轨用钢等。

**案例1：南京长江大桥的选材分析**

（1）南京长江大桥简介

南京长江大桥如图 8.1 所示，位于长江下游，是长江上第一座由我国自行设计、建造的双层式铁路、公路两用桥，主跨为 160 米，桥体为钢结构。

（2）桥体材料要求

南京长江大桥的桥体材料要有足够的强度和很好的抗疲劳强度，同时焊接性要好，还要具有一定的耐大气腐蚀能力。应怎样选材？

（3）选材分析及选定

在二十世纪五十年代建造的武汉长江大桥，其主跨为 128 米，采用 Q235 制造。而在二十世纪六十年代，我国独立设计研发建造的南京长江大桥，其所在位置在长江下游，江面宽，主跨增加到 160 米，对桥体材料更为严苛。

在选材时，考虑到 Q345（16Mn）是我国低合金高强度钢中用量最多、产量最大的钢种。其强度比普通碳素结构钢 Q235 高约 20%~30%，耐大气腐蚀性能高 20%~138%，可使结构自重减轻，使用可靠性提高。经科学实验，综合对比，故最后采用了 Q345（16Mn）制造。

## 8.4.2 合金渗碳钢

许多机器零件，如汽车中的变速齿轮，在工作时其载荷主要集中在啮合的轮齿上，会在局部产生很大的压应力、弯曲应力和摩擦力，因而要求其表面必须具有很高的硬度、耐磨性，以及高的疲劳强度。而在传递动力的过程中，又要求这些零件具有足够的强度和韧性，能承受大的冲击载荷。为解决这一矛盾，首先应从保证零件具有足够的强度和韧性入手，选用碳含量低的钢材，通过渗碳使表面变成高碳，经淬火+低温回火后，使其心部和表面同时满足要求。

齿轮常见的失效方式为麻点剥落、磨损或轮齿断裂。对其提出的性能要求是，渗碳层表面具有高硬度、高耐磨性、高疲劳抗力及适当的塑韧性；心部具有高的韧性和足够高的强度，即具有良好的综合性能。

（1）应用与性能特点

合金渗碳钢通常是指经渗碳淬火、低温回火后使用的合金钢。合金渗碳钢主要用于制造承受强烈冲击和摩擦磨损的机械零件，如汽车、拖拉机中的变速齿轮，内燃机上的凸轮轴、活塞销等。合金渗碳钢的应用举例如图 8.5 所示。要求其工作表面具有高硬度、高耐磨性，心部具有良好的塑性和韧性。

图 8.5　合金渗碳钢的应用举例

（2）化学成分特点

为了保证心部具有足够的强度和良好的韧性，合金渗碳钢中碳的质量分数为 0.10% ~ 0.25%，其主加元素为 Si、Mn、Cr、Ni、B，辅加元素为 V、Ti、W、Mo。

合金渗碳钢中合金元素的主要作用是，Si、Mn、Cr、Ni、B 可提高淬透性；V、Ti、W、Mo 可细化晶粒，在渗碳阶段防止奥氏体粗大，从而获得良好的渗碳性能；碳化物形成元素（Cr、V、Ti、W、Mo）可增加渗碳层硬度，提高耐磨性。

（3）热处理特点

合金渗碳钢的最终热处理是在渗碳后进行的。对于在渗碳温度下仍保持细小奥氏体晶粒的钢，如 20CrMnTi，渗碳后如果不需要机加工，则可在渗碳后预冷并直接淬火 + 低温回火；而对于渗碳时容易过热的钢，如 20Cr，渗碳后需先正火消除过热组织，再进行淬火 + 低温回火，从而得到心部为低碳回火马氏体，表面为高碳回火马氏体 + 合金渗碳体 + 少量残留奥氏体的组织。20CrMnTi 是应用最广泛的合金渗碳钢，用于制造汽车、拖拉机的变速齿轮、轴等零件，其表面硬度一般为 58 ~ 64 HRC，而心部组织则视钢的淬透性高低及零件尺寸大小而定，可得到低碳回火马氏体或珠光体 + 铁素体组织。

（4）钢种、牌号及应用

常用合金渗碳钢的牌号、主要化学成分、热处理温度、力学性能及应用如表 8.3 所示。合金渗碳钢按淬透性或强度的不同分为低淬透性、中淬透性及高淬透性合金渗碳钢 3 类。

1）低淬透性合金渗碳钢

其水淬临界淬透直径为 20 ~ 35 mm。典型钢种有 20Mn2、20Cr、20MnV 等，用于制造受力不大、要求耐磨并承受冲击的小型零件。

2）中淬透性合金渗碳钢

其油淬临界淬透直径为 25 ~ 60 mm。典型钢种有 20CrMnTi、20Mn2TiB 等，用于制造尺寸较大、承受中等载荷或重要的耐磨零件，如汽车齿轮。

3）高淬透性合金渗碳钢

其油淬临界淬透直径为 100 mm 以上，属于马氏体钢。典型钢种有 20Cr2Ni4A、18Cr2Ni4WA、15CrMn2SiMo 等，用于制造承受重载与强烈磨损或极为重要的大型零件，如航空发动机及坦克齿轮等。

**案例 2：汽车变速箱齿轮的选材及热处理**

（1）汽车变速箱齿轮的作用

汽车变速箱齿轮［见图 8.6（b）］位于汽车传动部分，用于传递扭矩与动力，起改变速度的作用。

表8.3 常用合金渗碳钢的牌号、主要化学成分、热处理温度、力学性能及应用

| 类别 | 牌号 | 主要化学成分（质量分数）/% | | | | | | | 热处理温度/℃ | | | | 力学性能（不小于） | | | | | 应用 |
|---|---|---|---|---|---|---|---|---|---|---|---|---|---|---|---|---|---|---|
| | | C | Mn | Si | Cr | Ni | V | 其他 | 渗碳 | 预备热处理 | 淬火 | 回火 | $R_m$ /MPa | $R_{eL}$ /MPa | A /% | Z /% | $a_K$ /kJ·m$^{-2}$ | |
| 低淬透性合金渗碳钢 | 15 | 0.12~0.19 | 0.35~0.65 | 0.17~0.37 | — | — | — | — | 930 | 890±10（空） | 770~800（水） | 200 | 500 | 300 | 15 | 55 | | 活塞柱 |
| | 20Mn2 | 0.17~0.24 | 1.40~1.80 | 0.20~0.40 | — | — | — | — | 930 | 850~870 | 770~800（油） | 200 | 820 | 600 | 10 | 47 | 600 | 小齿轮、小轴、活塞销 |
| | 20Cr | 0.18~0.24 | 0.50~0.80 | 0.20~0.40 | 0.70~1.00 | — | — | — | 930 | 880（水、油） | 880（水、油） | 200 | 850 | 550 | 10 | 40 | 600 | 齿轮、小轴、活塞销 |
| | 20MnV | 0.17~0.24 | 1.30~1.60 | 0.20~0.40 | — | — | 0.07~0.12 | — | 930 | 880 | 880（水、油） | 200 | 800 | 600 | 10 | 40 | 700 | 锅炉、高压容器管道 |
| | 20CrV | 0.17~0.24 | 0.50~0.80 | 0.20~0.40 | 0.80~1.10 | — | 0.07~0.12 | — | 930 | 880 | 880（水、油） | 200 | 850 | 600 | 12 | 45 | 700 | 齿轮、小轴、活塞销、顶杆、前照热垫圈 |
| 中淬透性合金渗碳钢 | 20CrMn | 0.17~0.24 | 0.90~1.20 | 0.20~0.40 | 0.90~1.20 | — | — | — | 930 | — | 850（油） | 200 | 950 | 750 | 10 | 45 | 600 | 齿轮、轴、钢杆、活塞销、摩擦轮 |
| | 20CrMnTi | 0.17~0.23 | 0.80~1.10 | 0.20~0.40 | 1.00~1.30 | — | — | Ti:0.06~0.12 | 930 | 830（油） | 860（油） | 200 | 1 100 | 850 | 10 | 45 | 700 | 汽车、拖拉机上的变速箱齿轮 |
| | 20Mn2TiB | 0.17~0.24 | 1.50~1.80 | 0.20~0.40 | — | — | — | Ti:0.06~0.12 B:0.001~0.004 | 930 | — | 860（油） | 200 | 1 150 | 950 | 10 | 45 | 700 | 代20CrMnTi |
| | 20SiMnVB | 0.17~0.24 | 1.30~1.60 | 0.50~0.80 | — | — | 0.07~0.12 | B:0.001~0.004 | 930 | 850~880（油） | 780~800（油） | 200 | 1 200 | 1 000 | 10 | 45 | 700 | 代20CrMnTi |
| 高淬透性合金渗碳钢 | 18Cr2Ni4WA | 0.13~0.19 | 0.30~0.60 | 0.20~0.40 | 1.35~1.65 | 4.00~4.50 | — | W:0.80~1.20 | 930 | 950（空） | 850（空） | 200 | 1 200 | 850 | 10 | 45 | 1 000 | 大型渗碳齿轮和轴类零件 |
| | 20Cr2Ni4A | 0.17~0.24 | 0.30~0.60 | 0.20~0.40 | 1.25~1.75 | 3.25~3.75 | — | — | 930 | 880（油） | 780（油） | 200 | 1 200 | 1 100 | 10 | 45 | 800 | 大型渗碳齿轮、飞机齿轮 |
| | 15CrMn2SiMo | 0.13~0.19 | 2.00~2.40 | 0.40~0.70 | 0.40~0.70 | — | — | Mo:0.40~0.50 | 930 | 880~920（空） | 860（油） | 200 | 1 200 | 900 | 10 | 45 | 800 | 大型渗碳齿轮、飞机齿轮 |

（a） （b）

图8.6 汽车变速箱齿轮

（a）变速箱；（b）齿轮

（2）齿轮选材要求

齿轮的轮齿要承受较大的弯曲载荷和交变载荷，表面还要承受强烈的摩擦，同时还要承受变速时的冲击与碰撞。应如何选材和选择热处理工艺？

（3）汽车变速箱齿轮选材和处理的选择

汽车变速箱齿轮选用具有良好机械性能和工艺性能的20CrMnTi（中淬透性合金渗碳钢）；进行热处理的预处理为正火（950~970 ℃），非合金钢（碳素钢），机械加工后再渗碳（920~950 ℃，6~8 h），预冷到875 ℃左右油淬，最后低温回火（180~200 ℃）。

### 8.4.3 合金调质钢

调质钢主要采用调质处理得到回火索氏体，其综合力学性能好，用作轴、杆类零件。

以轴类零件为例，其作用是传递力矩，且其工作对象受扭转、弯曲等交变载荷，也会受到冲击，因此在配合处有强烈摩擦。其失效方式主要是由于硬度低、耐磨性差而造成的花键磨损，以及承受交变的扭转、弯曲载荷所引起的疲劳破坏。因此，对轴类零件提出的性能要求是高强度，尤其是高疲劳强度、高硬度、高耐磨性及良好的塑韧性。

（1）应用与性能特点

合金调质钢是指经调质后使用的钢，主要用于制造在重载荷下同时又受冲击载荷的一些重要零件，如汽车、拖拉机、机床等的齿轮，轴，连杆，高强度螺栓等，如图8.7所示。它是机械结构用钢的主体，要求零件具有高强度、高韧性相结合的良好综合力学性能。

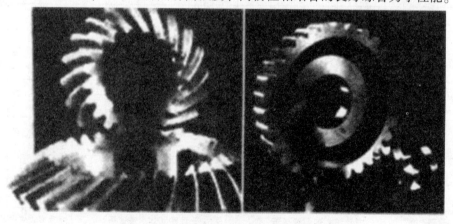

图8.7 合金调质钢的应用举例

（2）化学成分特点

合金调质钢中碳的质量分数为 0.25%~0.50%。若其碳含量过低，则不易淬硬，回火后强度不足；若其碳含量过高，则韧性不够。

调质钢合金化的主加元素为 Mn、Cr、Si、Ni，辅加元素为 V、Mo、W、Ti。合金元素的主要作用是提高淬透性（Mn、Cr、Si、Ni 等），降低第二类回火脆性倾向（Mo、W），细化奥氏体晶粒（V、Ti），提高钢的耐回火性。典型的牌号为 40Cr、40CrNiMo、40CrMnMo。

（3）热处理特点

合金调质钢的最终热处理通常采用淬火+高温回火（即调质）。汽车、拖拉机上的连杆选用 40Cr，锻造成型后采用正火，粗加工后调质处理。

（4）钢种、牌号及应用

常用合金调质钢的牌号、主要化学成分、热处理温度、力学性能及应用如表 8.4 所示。

**案例 3：汽车、拖拉机连杆的选材及热处理**

（1）连杆的工作

位于汽车、拖拉机传动部分的连杆［见图 8.8(a)］，其作用是连接活塞与曲轴，把活塞所承受的气体压力传给曲轴，将活塞的往复运动变成曲轴的旋转运动。它由小头、杆身、大头 3 部分组成，如图 8.8(b) 所示，小头与活塞一起做往复运动，大头与曲轴一起做旋转运动，杆身做复杂的平面摆动。

（2）对连杆材料的要求

要求连杆在工作中除受到交变的拉、压载荷外，还会承受弯曲载荷，还会产生摩擦和磨损，工作环境很复杂，因此要求材料既有高的屈服强度和疲劳强度，又有很好的塑性和冲击韧度，即良好的综合力学性能。应如何选材？

（3）连杆材料的选择

汽车、拖拉机上连杆选用 40Cr，锻造成形后采用正火，粗加工后调质处理。

## 8.4.4 弹簧钢

按结构形态可将弹簧分为螺旋弹簧和板簧，弹簧可通过弹性变形储存能量，以达到消振、缓冲或驱动的作用。

在长期承受冲击、振动的周期交变应力下，板簧会出现反复的弯曲，螺旋弹簧会出现反复的扭转，因而其失效方式通常为弯曲疲劳或扭转疲劳破坏，也可能由于弹性极限较低而引起弹簧的过量变形或永久变形而失去弹性。因此弹簧必须具有高的弹性极限与屈服强度，高的屈强比，高的疲劳极限及足够的冲击韧度和塑性。另外，由于弹簧表面受力最大，表面质量会严重影响疲劳极限，所以弹簧钢表面不应有脱碳、裂纹、折叠、夹杂等缺陷。

（1）应用与性能特点

弹簧钢是专用结构钢，主要用于制造弹簧等弹性元件。弹簧类零件应有高的弹性极限和屈强比（$R_{eL}/R_m$），还应具有足够的疲劳强度和韧性。

表 8.4　常用合金调质钢的牌号、主要化学成分、热处理温度、力学性能及应用

| 牌号 | 主要化学成分（质量分数）/% | | | | | | | | 热处理温度/℃ | | 力学性能（不小于） | | | | | | 应用 |
|---|---|---|---|---|---|---|---|---|---|---|---|---|---|---|---|---|---|
| | C | Mn | Si | Cr | Ni | Mo | V | 其他 | 淬火 | 回火 | $R_{eL}$/MPa | $R_m$/MPa | $A$/% | $Z$/% | $a_K$/kJ·m$^{-2}$ | HBW | |
| 45Mn2 | 0.42~0.49 | 1.40~1.80 | 0.17~0.37 | — | — | — | — | — | 840（油） | 550（水、油） | 885 | 735 | 10 | 45 | 47 | 217 | 重要螺栓和轴类零件 |
| 40MnB | 0.37~0.44 | 1.10~1.40 | 0.17~0.37 | — | — | — | — | B:0.0005~0.0035 | 850（油） | 500（水、油） | 980 | 785 | 10 | 45 | 47 | 207 | 中、小载面重要调质零件 |
| 40MnVB | 0.37~0.44 | 1.10~1.40 | 0.17~0.37 | — | — | — | 0.05~0.10 | B:0.0005~0.0035 | 850（油） | 520（水、油） | 980 | 785 | 10 | 45 | 47 | 207 | 代40Cr |
| 35SiMn | 0.32~0.40 | 1.10~1.40 | 1.10~1.40 | — | — | — | — | — | 900（水） | 570（水、油） | 885 | 735 | 15 | 45 | 47 | 229 | 代40Cr |
| 40Cr | 0.37~0.44 | 0.50~0.80 | 0.17~0.37 | 0.80~1.10 | — | — | — | — | 850（油） | 520（水、油） | 980 | 785 | 9 | 45 | 47 | 217 | 汽车后半轴、机床齿轮、齿轮轴、花键轴、顶尖套 |
| 38CrSi | 0.35~0.43 | 0.30~0.60 | 1.00~1.30 | 1.30~1.60 | — | — | — | — | 900（油） | 600（水、油） | 980 | 835 | 12 | 50 | 55 | 255 | 作承受大载荷的轴类零件及车辆上的重要调质零件 |
| 40CrMn | 0.37~0.45 | 0.90~1.20 | 0.17~0.37 | — | — | — | — | — | 840（油） | 550（水、油） | 980 | 835 | 9 | 45 | 47 | 229 | 代40CrNi |
| 30CrMnSi | 0.27~0.34 | 0.80~1.10 | 0.90~1.20 | 0.80~1.10 | — | — | — | — | 880（油） | 520（水、油） | 1 080 | 835 | 10 | 45 | 39 | 229 | 高强度钢，作高速载荷砂轮轴、车轴上的内外摩擦片 |

续表

| 牌号 | 主要化学成分（质量分数）/% | | | | | | | | 热处理温度/℃ | | 力学性能（不小于） | | | | | | 应用 |
|---|---|---|---|---|---|---|---|---|---|---|---|---|---|---|---|---|---|
| | C | Mn | Si | Cr | Ni | Mo | V | 其他 | 淬火 | 回火 | $R_{eL}$/MPa | $R_m$/MPa | $A$/% | $Z$/% | $a_K$/kJ·m$^{-2}$ | HBW | |
| 35CrMo | 0.32~0.40 | 0.40~0.70 | 0.17~0.37 | 0.80~1.10 | — | 0.15~0.25 | — | — | 850（油） | 550（水、油） | 980 | 835 | 12 | 45 | 63 | 229 | 重要调质零件，如曲轴、连杆 |
| 38CrMoAlA | 0.35~0.42 | 0.30~0.60 | 0.20~0.45 | 1.35~1.65 | — | 0.15~0.25 | — | Al：0.70~1.10 | 940（水、油） | 640（水、油） | 980 | 835 | 14 | 50 | 71 | 229 | 渗氮零件 |
| 40CrNi | 0.37~0.44 | 0.50~0.80 | 0.17~0.37 | 0.45~0.75 | 1.00~1.40 | — | — | — | 820（油） | 500（水、油） | 980 | 785 | 10 | 45 | 55 | 241 | 大截面和重要的曲轴、主轴 |
| 37CrNi3 | 0.34~0.41 | 0.30~0.60 | 0.17~0.37 | 1.20~1.60 | 3.00~3.50 | — | — | — | 820（油） | 500（水、油） | 1 130 | 980 | 10 | 50 | 47 | 269 | 大截面、高强度、高韧性的零件 |
| 37SiMn2MoV | 0.33~0.39 | 1.60~1.90 | 0.17~0.37 | — | | 0.40~0.50 | 0.05~0.12 | — | 870（水、油） | 650（水、空） | 980 | 835 | 12 | 50 | 63 | 269 | 大截面、重载荷的轴、连杆、齿轮 |
| 40CrMnMo | 0.37~0.45 | 0.90~1.20 | 0.17~0.37 | 0.90~1.20 | — | 0.20~0.30 | — | — | 850（油） | 600（水、油） | 980 | 785 | 10 | 45 | 63 | 217 | 相当于40CrNiMo |
| 25CrNi4WA | 0.21~0.28 | 0.30~0.60 | 0.17~0.37 | 1.35~1.65 | 4.00~4.50 | — | — | W：0.80~1.20 | 850（油） | 550（水） | 1 080 | 930 | 11 | 45 | 71 | 269 | 制造力学性能要求很高的大截面零件 |
| 40CrNiMoA | 0.37~0.44 | 0.50~0.80 | 0.17~0.37 | 0.60~0.90 | 1.25~1.65 | 0.15~0.25 | — | — | 850（油） | 600（水、油） | 980 | 845 | 12 | 55 | 78 | 269 | 高强度零件 |
| 45CrNiMoVA | 0.42~0.49 | 0.50~0.80 | 0.17~0.37 | 0.80~1.10 | 1.30~1.80 | 0.20~0.30 | 0.10~0.20 | — | 860（油） | 460（油） | 1 470 | 1 330 | 7 | 35 | 31 | 269 | 高强度、高弹性零件 |

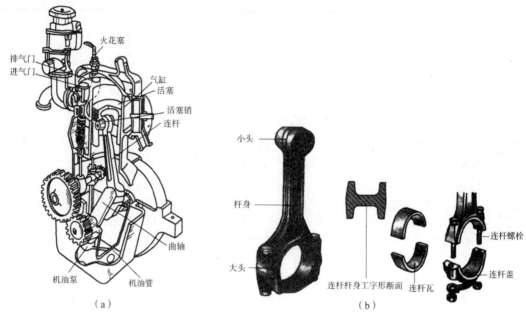

图 8.8　单缸发动机结构和连杆机构

（a）单缸发动机结构；（b）连杆机构

（2）化学成分特点

碳素弹簧钢中碳的质量分数为 0.6%～0.9%，合金弹簧钢中碳的质量分数为 0.45%～0.70%，中高碳含量用来保证高的弹性极限和疲劳极限。其合金化主加元素为 Mn、Si、Cr，辅加元素为 Mo、V、Nb、W。

合金元素的主要作用是提高淬透性（Mn、Si、Cr），提高耐回火性（Cr、Si、Mo、W、V、Nb），细化晶粒，防止脱碳（Mo、V、Nb、W），提高弹性极限（Si、Mn）等，典型牌号为 60Si2Mn、65Mn。

（3）热处理特点

弹簧按加工工艺不同可分为冷成型弹簧和热成型弹簧两种。对于大型弹簧或复杂形状的弹簧，采用热轧成型后淬火+中温回火（450～550 ℃）工艺，获得回火托氏体组织，保证高的弹性极限、疲劳极限及一定的塑韧性。对于小尺寸的弹簧，按其强化方式和生产工艺的不同可分为以下 3 种类型。

①铅浴等温淬火冷拉弹簧钢丝：冷拔前将钢丝加热到 $Ac_3$+100～200 ℃，完全奥氏体化，再在铅浴（480～540 ℃）中进行等温淬火，得到塑性高的索氏体组织，经冷拔后绕卷成型，再进行去应力退火（200～300 ℃），这种方法能生产强度很高的钢丝。

②油淬回火弹簧钢丝：冷拔钢丝退火后冷绕成弹簧，再进行淬火+中温回火处理，得到回火托氏体组织。

③硬拉弹簧钢丝：冷拔至要求尺寸后，利用淬火+回火来进行强化，再冷绕成弹簧，并进行去应力退火，之后不再进行热处理。

（4）钢种、牌号及应用

①以 Si、Mn 元素合金化的弹簧钢，代表性钢种是 60Si2Mn。其淬透性显著优于碳素弹簧钢，可制造截面尺寸较大的弹簧。Si、Mn 复合合金化的性能比只加 Mn 的要好，这类钢

主要用于制造汽车、拖拉机及机车上的板簧和螺旋弹簧，如图 8.9 所示。

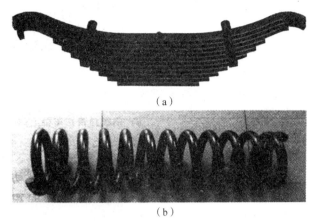

（a）

（b）

图 8.9 常用弹簧钢的应用举例

（a）板簧；（b）螺旋弹簧

②含 Cr、V、W 等元素的弹簧钢，具有代表性的钢种是 50CrVA。Cr、V 的复合加入不仅使钢具有较高的淬透性，而且具有较高的高温强度、韧性和较好的热处理工艺性能。因此，这类钢可制作在温度为 350～400 ℃下承受重载的较大型弹簧，如阀门弹簧、高速柴油机气门弹簧等。

常用弹簧钢的牌号、主要化学成分、热处理温度、力学性能及应用如表 8.5 所示。

表 8.5 常用弹簧钢的牌号、主要化学成分、热处理温度、力学性能及应用

| 类别 | 牌号 | 主要化学成分（质量分数）/% | | | | | | 热处理温度/℃ | | 力学性能（不小于） | | | | 应用 |
|---|---|---|---|---|---|---|---|---|---|---|---|---|---|---|
| | | C | Si | Mn | Cr | V | 其他 | 淬火 | 回火 | $R_m$ /Mpa | $R_{eL}$ /Mpa | A/% | Z/% | |
| 碳素弹簧钢 | 65 | 0.62～ 0.70 | 0.17～ 0.37 | 0.50～ 0.80 | — | | | 840 （油） | 500 | 800 | 1 000 | 9 | 35 | 直径小于 12 mm 的一般机器上的弹簧 |
| | 85 | 0.82～ 0.90 | 0.17～ 0.37 | 0.50～ 0.80 | — | | | 820 （油） | 480 | 1 000 | 1 150 | 6 | 30 | 直径小于 12 mm 的一般机器上的弹簧 |
| | 65Mn | 0.62～ 0.70 | 0.17～ 0.37 | 0.90～ 1.20 | — | | | 830 （油） | 540 | 800 | 1 000 | 8 | 30 | 直径小于 12 mm 的一般机器上的弹簧 |
| 合金弹簧钢 | 55Si2Mn | 0.52～ 0.60 | 1.50～ 2.00 | 0.60～ 0.90 | | | | 870 （油） | 480 | 1 200 | 1 300 | 6 | 30 | 直径为 20～25 mm 的弹簧，工作温度低于 230 ℃ |
| | 60Si2Mn | 0.56～ 0.60 | 1.50～ 2.00 | 0.60～ 0.90 | | | | 870 （油） | 480 | 1 200 | 1 300 | 5 | 25 | 直径为 25～30 mm 的弹簧，工作温度低于 300 ℃ |
| | 50CrVA | 0.46～ 0.54 | 0.17～ 0.37 | 0.50～ 0.80 | 0.80～ 1.10 | 0.10～ 0.20 | — | 850 （油） | 500 | 1 150 | 1 300 | 10 （δ5） | 40 | 直径为 30～50 mm 的弹簧，工作温度低于 210 ℃ 的气阀弹簧 |
| | 60Si2CrVA | 0.56～ 0.64 | 0.90～ 1.20 | 0.17～ 0.37 | 0.90～ 1.20 | 0.10～ 0.20 | — | 850 （油） | 410 | 1 700 | 1 900 | 6 （δ5） | 20 | 直径小于 50 mm 的弹簧，工作温度低于 250 ℃ |
| | 50SiMnMoV | 0.52～ 0.60 | 0.80～ 1.10 | 0.90～ 1.20 | — | 0.08～ 0.15 | Mo： 0.20 ～0.30 | 880 （油） | 550 | 1 300 | 1 400 | 6 | 30 | 直径小于 75 mm 的弹簧，重型汽车、越野汽车大截面弹簧 |

### 案例4：汽车板弹簧的选材及热处理

（1）汽车板弹簧的工作

汽车板弹簧是汽车悬架中应用最广泛的一种弹性元件，它是由若干片等宽但不等长（厚度可以相等，也可以不相等）的合金弹簧片组合而成的一根近似等强度的弹性梁，如图8.10（a）所示。当汽车板弹簧安装在汽车悬架中，其所承受的垂直载荷为正向时，各弹簧片都受力变形，有向上拱弯的趋势如图8.10（b）所示。这时，车桥和车架便相互靠近。当车桥与车架互相远离时，汽车板弹簧所受的正向垂直载荷和变形便逐渐减小，可以缓冲和减轻车厢的振动。

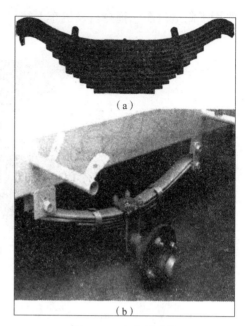

图8.10　汽车板弹簧
（a）汽车板弹簧；（b）汽车板弹簧在车桥上的安装示意图

（2）对弹簧材料的要求

汽车板弹簧在工作中承受很大的交变弯曲载荷和冲击载荷，需要高的屈服强度和疲劳强度。应如何选材？

（3）汽车板弹簧的选用

汽车板弹簧选用60Si2Mn热轧扁钢制造，进行淬火及中温回火，最后喷丸处理。

## 8.4.5　滚动轴承钢

滚动轴承钢主要用来制造滚动轴承的滚动体、内外套圈。当轴转动时，位于轴承正下方的钢球承受轴的颈向载荷最大。由于接触面积小，其接触应力可达 1 500~5 000 MPa，应力交变次数达每分钟数万次。常见的失效方式为由于接触疲劳破坏而产生的麻点或剥落，由于长期摩擦造成磨损而丧失精度，由于处于润滑油环境下带来的锈蚀。因此对这类零件提出的性能要求为具有高的接触疲劳强度、高硬度、高耐磨性，以及良好的耐蚀性。

（1）应用与性能特点

滚动轴承钢主要用于制造滚动轴承的内、外套圈以及滚动体，此外还可用于制造某些工具，如模具、量具等，如图8.11所示。由于滚动轴承在工作时承受很大的交变载荷和极大的接触应力，受到严重的摩擦磨损，并受到冲击载荷、大气和润滑介质腐蚀的作用，因此，这就要求滚动轴承钢必须具有高而均匀的硬度和耐磨性、高的接触疲劳强度、足够的韧性和对大气的耐蚀能力。

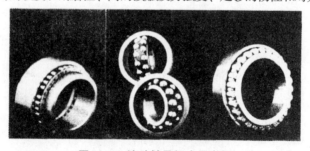

图8.11　滚动轴承钢应用举例

（2）化学成分特点。

滚动轴承钢中碳的质量分数为 0.95%~1.10%，以保证具有高硬度、高耐磨性和高强度。其主加元素为 Cr，辅加元素为 Si、Mn、V、Mo。

Cr 的作用是能提高淬透性，并形成（Fe，Cr）$_3$C，细小且均匀分布，从而提高钢的耐磨性和接触疲劳强度；能提高钢的耐回火性及耐蚀性。其缺点是当 $\omega_C$>1.65% 时，会增大残留奥氏体量，并增大碳化物的带状分布趋势，使钢的硬度和疲劳强度下降。因此，为进一步提高钢的淬透性，可补加 Si 来制造大型轴承。而通过加入 V、Mo，可阻止奥氏体晶粒长大，防止过热，还可进一步提高钢的耐磨性。

（3）热处理特点

滚动轴承钢的最终热处理是淬火+低温回火，组织为极细的回火马氏体、均匀分布的细粒状碳化物及微量的残留奥氏体，硬度为 61~65 HRC。淬火温度要求十分严格，过高会引起奥氏体晶粒长大，出现过热；过低则奥氏体中铬与碳溶解不足，影响硬度。

对于精密轴承，为稳定其尺寸，保证长期存放和使用中不变形，淬火后可立即进行冷处理，并且在回火和磨削加工后进行 120~130 ℃保温 5~10 h 的尺寸稳定化处理，尽量减少残留奥氏体量，并充分去除应力。

（4）钢种、牌号与应用。

我国轴承钢主要分为以下两类。

1）铬轴承钢

最有代表性的铬轴承钢是 GCr15，使用量占轴承钢的绝大部分。由于其淬透性不是很高，故多用于制造中、小型轴承，也常用来制造冷冲模、量具、丝锥等。可添加 Si、Mn 提高淬透性（如 GCr15MnSi 钢等），用于制造大型轴承，如表 8.6 所示。

表 8.6 滚动轴承钢的牌号、化学成分及退火硬度

| 牌号 | 化学成分（质量分数）/% | | | | | | | | | 退火硬度 /HBW |
| | C | Si | Mn | Cr | Mo | P | S | Ni | Cu | |
| | | | | | | 不大于 | | | | |
| GCr4 | 0.95~1.05 | 0.15~0.30 | 0.15~0.30 | 0.35~0.50 | ≤0.08 | 0.025 | 0.020 | 0.25 | 0.20 | 179~207 |
| GCr15 | 0.95~1.05 | 0.15~0.35 | 0.25~0.45 | 1.40~1.65 | ≤0.10 | 0.025 | 0.025 | 0.30 | 0.25 | 179~207 |
| GCr15SiMn | 0.95~1.05 | 0.45~0.75 | 0.95~1.25 | 1.40~1.65 | ≤0.10 | 0.025 | 0.025 | 0.30 | 0.25 | 179~217 |
| GCr15SiMo | 0.95~1.05 | 0.65~0.85 | 0.20~0.40 | 1.40~1.70 | 0.30~0.40 | 0.027 | 0.020 | 0.30 | 0.25 | 179~217 |
| GCr18Mo | 0.95~1.05 | 0.20~0.40 | 0.25~0.40 | 0.65~1.95 | 0.15~0.25 | 0.025 | 0.020 | 0.25 | 0.25 | 179~207 |

2）无铬轴承钢

为了节约铬，在 GCr15 基础上研究出了以 Mo 代 Cr，并加入稀土，使钢的耐磨性有所提高的无铬轴承钢，如 GSiMnV、GSiMnMoVRE 等，其性能与 GCr15 相近。

### 8.4.6 特殊性能钢

用于制造在特殊工作条件或特殊环境（腐蚀、高温等）下具有特殊性能要求的构件和零件的钢材，称为特殊性能钢。特殊性能钢一般包括不锈钢、耐热钢、热强钢、耐磨钢、特殊物理性能钢等。

**1. 不锈钢**

如果要了解这类钢是如何通过合金化及热处理来保证钢的耐蚀性能，则应首先了解钢的腐蚀过程及提高耐蚀性的途径。

（1）钢的腐蚀

腐蚀按化学原理可分为化学腐蚀和电化学腐蚀。

1）化学腐蚀

化学腐蚀是指金属与化学介质直接发生化学反应而造成的腐蚀，如铁的氧化，其反应式为 $4Fe+3O_2 \rightarrow 2Fe_2O_3$。其特征是腐蚀产物覆盖在工件的表面，它的结构与性质决定了材料的耐蚀性。若产生的腐蚀膜结构致密，化学稳定性高，能完全覆盖工件表面并且与基体牢固结合，那么就会有效隔离化学介质和金属，阻止腐蚀的继续进行。因此，提高金属耐化学腐蚀性的主要措施之一是加入 Si、Cr、Al 等能形成致密保护膜的合金元素进行合金化。

2）电化学腐蚀

电化学腐蚀是指金属在腐蚀介质中由于形成原电池，在其表面有微电流产生而不断腐蚀的电化学反应腐蚀过程。原电池的形成过程如图 8.12（a）所示，阳极失去电子变成离子溶解进入液体介质 $H_2SO_4$ 中，电子跑向阴极，被介质中能够吸收电子的物质所接受，从而形成电流。如果金属或相之间有电位差，则能构成原电池的两极，且在大气、海水及酸、碱、盐溶液中相互连通或接触，如图 8-12（b）所示，则很容易形成电化学腐蚀。因此，提高材料耐电化学腐蚀的能力可以采用：

①减少原电池形成的可能性，使金属具有均匀的单相组织，并尽可能提高金属的电极电位；

②形成原电池时，尽可能减少两极的电极电位差，提高阳极的电极电位；

③减少甚至阻断腐蚀电流，使金属"钝化"，即在表面形成致密的、稳定的保护膜，将金属与介质隔离。

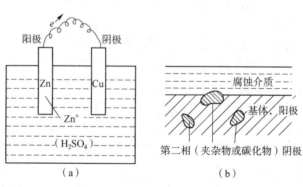

图 8.12　电化学腐蚀过程示意图
（a）Zn-Cu 原电池；（b）实际金属

金属在大气、海水及酸碱盐介质中工作，腐蚀会自发地进行。统计表明，全世界每年有 15% 的钢材在腐蚀中失效。为了提高材料在腐蚀介质中的寿命，人们研制出了一系列的不锈钢。不锈钢是不锈耐酸钢的简称，指在自然环境（大气、水蒸气）或一定工业介质（盐、酸、碱等）中具有高的化学稳定性，能耐腐蚀的一类钢。有时，仅把能耐大气腐蚀的钢称为不锈钢，而在某些侵蚀性强烈的介质中能耐腐蚀的钢称为耐酸钢。这些材料除要求在相应的环境下具有良好的耐蚀性外，还要考虑其受力状态、制造条件等因素，因而要求其具备下列性能要求：

①良好的耐蚀性；

②良好的力学性能；

③良好的工艺性能；

④价格低廉。

（2）应用与性能特点

不锈钢主要用来制造在各种腐蚀性介质中工作的零件或构件，如化工装置中的各种管道、阀门和泵，医疗手术器械，防锈刀具和量具等，其应用举例如图 8.13 所示。对不锈钢性能的要求最重要的是耐蚀性能，还要有合适的力学性能，良好的冷、热加工和焊接工艺性能。对不锈钢的耐蚀性要求越高，其碳含量应越低。加入 Cr、Ni 等合金元素可提高不锈钢的耐蚀性。

图 8.13　不锈钢的应用举例

（3）化学成分特点

不锈钢中碳的质量分数为 0.08% ~ 1.2%，其主加元素为 Cr、Ni，且铬的质量分数至少为 10.5%，辅加元素有 Ti、Nb、Mo、Cu、Mn、N 等。

在不锈钢中，碳的变化范围很大，其选取主要考虑两个方面，一方面从耐蚀性的角度来看，碳含量越低越好，因为碳会与铬形成碳化物 $Cr_{23}C_6$，沿晶界析出，使晶界周围基体严重贫铬，当铬贫化到耐蚀所必需的最低含量（$\omega_{Cr} \approx 12\%$）以下时，贫铬区即迅速被腐蚀，造成沿晶界发展的晶间腐蚀，如图 8.14 所示，使金属产生沿晶脆断的危险，大多数不锈钢碳的质量分数为 0.1% ~ 0.2%；另一方面从力学性能的角度来看，碳含量越高，钢的强度、硬度、耐磨性也会相应地提高，因而对于要求高硬度、高耐磨性的刀具和滚动轴承钢，其碳含

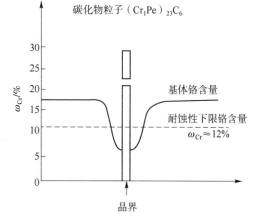

图 8.14　不锈钢中的晶间腐蚀示意图

量要高（$\omega_C = 0.85\% \sim 0.95\%$），同时要相应提高铬的含量，以保证形成碳化物后基体铬的质量分数仍高于12%。

铬是不锈钢中最重要的合金元素。它能按$n/8$规律显著提高基体的电极电位，即当铬的加入量的原子比达到$1/8$，$2/8$，$3/8$，…，$n/8$时，会使钢基体的电极电位产生突变。铬是缩小奥氏体区的元素，当铬含量达到一定值时，能获得单一的铁素体组织。另外，铬在氧化性介质（如水蒸气、大气、海水、氧化性酸等）中极易钝化，生成致密的氧化膜，使钢的耐蚀性大大提高。

镍为扩大奥氏体区元素，它的加入主要是配合铬调整组织形式，当$\omega_{Cr} \leq 18\%$、$\omega_{Ni} > 8\%$时，可获得单相奥氏体不锈钢。在此基础上进行调整，可获得不同组织形式。如果适当提高铬含量，降低镍含量，可获得铁素体+奥氏体双相不锈钢。对于原为单相铁素体的10Cr17钢，加入质量分数为2%的镍后就变为马氏体型不锈钢10Cr17Ni2；另外，还可得到11-7型奥氏体+马氏体超高强度不锈钢。

钛、铌作为与碳的亲和力强的碳化物形成元素会优先与碳形成碳化物，使铬保留在基体中，避免晶界贫铬，从而减轻钢的晶间腐蚀倾向。

钼、铜的加入可提高钢在非氧化性酸中的耐蚀性。

锰、氮也为扩大奥氏体区元素，它们的加入是为了部分取代镍，以降低成本。

（4）常用不锈钢及其热处理特点

根据成分与组织特点的不同，不锈钢可分为以下4种类型。

1）奥氏体型不锈钢

这类钢的成分范围为$\omega_C \leq 0.1\%$、$\omega_{Cr} \leq 18\%$、$\omega_{Ni} > 8\%$，有时为了避免晶间腐蚀，还加入少量Ti、Nb。其热处理方式为固溶处理（850~950 ℃加热，水冷），得到单相奥氏体组织，或者再加一个稳定化退火（850~950 ℃加热，空冷），以避免晶间腐蚀的产生。这类钢的耐蚀性很好，同时也具有优良的塑性、韧性和焊接性。其缺点是强度较低。

2）铁素体型不锈钢

这类钢的成分范围为$\omega_C < 0.15\%$、$\omega_{Cr} > 17\%$，加热和冷却时不发生相变，不能通过热处理改变其组织和性能，通常在退火或正火状态下使用。这类钢具有较好的塑性，强度不高，对硝酸、磷酸有较高的耐蚀性。

3）马氏体型不锈钢

这类钢的成分范围分为两种，即$\omega_C = 0.1\% \sim 0.4\%$的Cr13型、$\omega_C = 0.8\% \sim 1.0\%$的Cr18型。该类钢淬透性很高，正火即可得到马氏体组织。其热处理方式为12Cr13、20Cr13采用淬火+高温回火工艺，类似于调质钢，作为结构件使用；30Cr13、40Cr13、95Cr18采用淬火+低温回火工艺，类似于工具钢，具有高硬度、高耐磨性。马氏体型不锈钢具有很好的力学性能，但其耐蚀性、塑性及焊接性稍差。

4）奥氏体-铁素体型双相不锈钢

双相不锈钢是指不锈钢中同时具有奥氏体和铁素体两种金相组织结构的不锈钢。这类钢的成分范围为$\omega_C = 0.03\% \sim 0.14\%$、$\omega_{Cr} = 22\%$、$\omega_{Ni} = 5\%$，钢中既有奥氏体又有铁素体组织结构，而且此两相组织要独立存在，含量都较大，一般认为最少相的含量应大于15%。而实际工程中应用的奥氏体-铁素体型双相不锈钢（习惯称为α+γ双相不锈钢）多以奥氏体为基体并含有不少于30%的铁素体，最常见的是两相各占约50%的双相不锈钢。双相不锈钢的英文简写是DSS（Duplex Stainless Steel）。

由于具有 α+γ 双相组织结构，α+γ 双相不锈钢兼有奥氏体型不锈钢和铁素体型不锈钢的特点。与铁素体型不锈钢相比，α+γ 双相不锈钢的韧性高，脆性转变温度低，耐晶间腐蚀性能和焊接性能均显著提高，同时又保留了铁素体型不锈钢的一些特点，如 475 ℃ 脆性、热导率高、线膨胀系数小、超塑性、有磁性等。与奥氏体型不锈钢相比，α+γ 双相不锈钢的强度高，特别是屈服强度显著提高，且耐晶间腐蚀、耐应力腐蚀、耐疲劳腐蚀等性能都有明显改善。

常用不锈钢的牌号、化学成分、热处理工艺及力学性能如表 8.7 所示。

表 8.7　常用不锈钢的牌号、化学成分、热处理工艺及力学性能

| 类别 | 牌号 | 化学成分（质量分数）/% | | | 热处理工艺 | | 力学性能（不小于） | | | | |
| --- | --- | --- | --- | --- | --- | --- | --- | --- | --- | --- | --- |
| | | C | Cr | 其他 | 淬火 | 回火 | $R_{p0.2}$ /MPa | $R_m$ /MPa | A/% | Z/% | 硬度 |
| 马氏体型 | 12Cr13 | ≤0.15 | 11.50~ 13.50 | Si≤1.00 Mn≤1.00 | 950~ 1 000 ℃ 油冷 | 700~ 750 ℃ 快冷 | 345 | 540 | 25 | 55 | ≥159 HBW |
| | 20Gr13 | 0.26~ 0.25 | 12.00~ 14.00 | Si≤1.00 Mn≤1.00 | 920~ 980 ℃ 油冷 | 600~ 750 ℃ 快冷 | 440 | 635 | 20 | 50 | ≥192 HBW |
| | 30Cr13 | 0.26~ 0.35 | 12.00~ 14.00 | Si≤1.00 Mn≤1.00 | 920~ 980 ℃ 油冷 | 600~ 750 ℃ 快冷 | 540 | 735 | 12 | 40 | ≥217 HBW |
| | 40Cr13 | 0.36~ 0.45 | 12.00~ 14.00 | Si≤0.60 Mn≤0.80 | 1 050~ 1 100 ℃ 油冷 | 200~ 300 ℃ 空冷 | | | | | ≥50 HRC |
| | 95Cr18 | 0.90~ 1.00 | 17.00~ 19.00 | Si≤0.80 Mn≤0.80 | 1 000~ 1 050 ℃ 油冷 | 200~ 300 ℃ 油、空冷 | | | | | ≥55 HRC |
| 铁素体型 | 10Cr17 | ≤0.12 | 16.00~ 18.00 | Si≤1.00 Mn≤1.00 | 退火 780~850 ℃ 空冷或缓冷 | | 205 | 450 | 22 | 50 | ≤183 HBW |
| 奥氏体型 | 06Cr19Ni10 | ≤0.08 | 18.00~ 20.00 | Ni：8.00~ 11.00 | 固溶 1 010~1 150 ℃ 快冷 | | 205 | 520 | 40 | 60 | ≤187 HBW |
| | 12Cr18Ni9 | ≤0.15 | 17.00~ 19.00 | Ni：8.00~ 10.00 | 固溶 1 010~1 150 ℃ 快冷 | | 205 | 520 | 40 | 60 | ≤198 HBW |
| 奥氏体-铁素体型 | 022Cr18 Ni：5Mo3Si2 | ≤0.03 | 18.00~ 19.50 | Ni：4.5~ 5.5 Mo：2.5~ 3.0 Si：1.3~ 2.0 Mn：1.0~ 2.0 | 固溶 920~1 100 ℃ 快冷 | | 390 | 590 | 20 | 40 | ≤300 HBW |

| 类别 | 牌号 | 化学成分（质量分数）/% | | | 热处理工艺 | | 力学性能（不小于） | | | | |
|------|------|------|------|------|------|------|------|------|------|------|------|
| | | C | Cr | 其他 | 淬火 | 回火 | $R_{p0.2}$/MPa | $R_m$/MPa | A/% | Z/% | 硬度 |
| 奥氏体-马氏体沉淀硬化型 | 07Cr17Ni7Al | ≤0.09 | 16.00~18.00 | Ni：6.50~7.75 Al：0.75~1.50 | 固溶 1 010~1 150 ℃ 冷处理、塑性变形或调整处理（750 ℃加热，空冷）时效处理（400~500 ℃） | | 1 030 | 1 230 | 4 | 10 | ≤388 HBW |

注：1. 表中所列奥氏体型不锈钢的 $\omega_{Si}$≤1%；$\omega_{Mn}$≤2%；

　　2. 表中所列各钢种的 $\omega_P$≤0.035%、$\omega_S$≤0.030%。

**2. 耐热钢**

耐热钢是指在高温下具有高的热化学稳定性和热强性的特殊钢，以便能够在 300 ℃ 以上（有时高达 1 200 ℃）的温度下长期工作。

（1）应用与性能特点

耐热钢主要用于热工动力机械（汽轮机、燃气轮机、锅炉和内燃机）、化工机械、石油装置和加热炉等高温条件下工作的构件，如图 8.15 所示。这类钢的失效有两方面因素：一方面是温度升高会带来钢的剧烈氧化，形成氧化皮，使工作截面不断缩小，最终导致破坏；另一方面是温度升高会引起强度更急剧的下降而导致破坏。因此对耐热钢提出的性能要求是高的抗氧化性；高的高温力学性能（抗蠕变性、热强性、热疲劳性、抗热松弛性等）；组织稳定性高；膨胀系数小，导热性好；工艺性及经济性好。

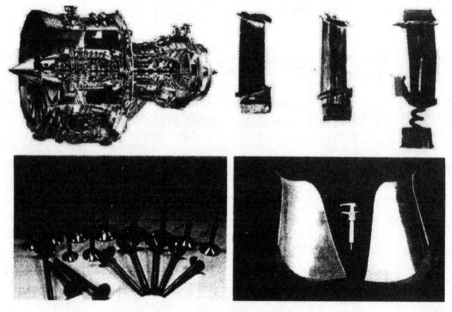

图 8.15　耐热钢的应用举例

（2）化学成分特点

耐热钢按性能和应用可分为抗氧化钢和热强钢两类。抗氧化钢主要用于长期在燃烧环境中工作、有一定强度的零件，如各种加热炉底板、辊道、渗碳箱、燃气轮机燃烧室等。

氧化过程是化学腐蚀过程，腐蚀产物即氧化膜覆盖在金属表面，这层膜的结构、性质决定了进一步腐蚀进行的难易程度。在温度为 570 ℃ 以上，铁的氧化膜主要是 FeO，其结构疏松，保护性差。所以提高钢的抗氧化性的途径是合金化，通过加入 Cr、Si、Al 等合金元素，使钢的表面形成致密稳定的合金氧化膜层，防止钢的进一步腐蚀。

（3）失效及强化途径

金属在高温下所表现的力学性能与室温下大不相同。当温度超过再结晶温度时，除受机械力的作用产生塑性变形和加工硬化外，同时还可发生再结晶和软化的过程。当工作温度高于金属的再结晶温度、工作应力超过金属在该温度下的弹性极限时，随着时间的延长，金属会发生极其缓慢的变形，这种现象称为"蠕变"。金属的蠕变过程是在高温下通过原子扩散使由于塑性变形引起的金属强化迅速消除的过程。因此，在蠕变过程中，两个相互矛盾的过程同时进行，即塑性变形使金属强化和由于温度的作用而消除强化。热强钢的特点是在高温下不仅具有良好的抗氧化能力，而且具有较高的高温强度及较高的高温强度保持能力，如汽轮机、燃气轮机的转子和叶片、内燃机的排气阀等零件。但由于长期在高温下承载工作，即使其所受应力小于材料的屈服极限，也会缓慢而持续地发生塑性变形，产生蠕变，最终将导致零件断裂或损坏。

高温下的强化机制与室温有所不同，高温变形不仅由晶内滑移引起，而且还有扩散和晶界滑动的贡献。扩散能促进位错运动引起变形，同时本身也能导致变形；高温时晶界强度低，晶粒容易滑动而产生变形，因此提高金属的热强性可采取以下 3 种办法。

1）固溶强化

基体的热强性首先取决于固溶体的晶体结构。高温时奥氏体的强度高于铁素体，主要是因为奥氏体结构紧密，扩散较困难，使蠕变难以发生；其次，加入一定量的合金元素 Mo、W、C、O 时，增大了原子间的结合力，同时也减慢了固溶体中的扩散过程，使热强性提高。

2）第二相强化

这是提高热强性最有效的方法之一。为了提高强化效果，第二相粒子在高温下应当非常稳定，不易聚集长大，保持高度的弥散分布。耐热钢主要采用难溶碳化物 MC、$M_6C$、$M_{23}C_6$ 等作为强化相；耐热合金则多利用金属间化合物如 $Ni_3(Ti, Al)$ 来强化。

3）晶界强化

晶界强化在高温下晶界为薄弱部位。为了提高热强性，应当减少晶界，采用粗晶金属。进一步提高热强性的办法有定向结晶，消除与外力垂直的晶界，甚至采用没有晶界的单晶体；加入微量的 B、Zr 或 RE 等元素以净化晶界和提高晶界强度；使晶界呈齿状，以阻止晶界滑动等。

（4）常用钢种及热处理特点

耐热钢按其正火组织可分为马氏体型、铁素体型、奥氏体型及沉淀硬化型，下面主要介绍其前 3 种类型。常用耐热钢的牌号、化学成分、热处理工艺、部分力学性能及应用如表 8.8 所示。

表 8.8　常用耐热钢的牌号、化学成分、热处理工艺、部分力学性能及应用

| 类别 | 牌号 | 化学成分（质量分数）/% | | | | | | | 热处理工艺 | 部分力学性能 | | | 应用 |
|---|---|---|---|---|---|---|---|---|---|---|---|---|---|
| | | $\omega_C$ | $\omega_{Si}$ | $\omega_{Mn}$ | $\omega_{Ni}$ | $\omega_{Cr}$ | $\omega_{Mo}$ | 其他 | | $R_{p0.2}/MPa$（≥） | $R_m/MPa$（≥） | 硬度/HB | |
| 马氏体型耐热钢 | 4Cr9Si2 | 0.35~0.50 | 2.00~3.00 | ≤0.70 | ≤0.60 | 8~10 | — | — | 淬火1 020~1 040 ℃油冷 回火700~780 ℃油冷 | 590 | 885 | — | 有较高的热强性，制造内燃机进气阀，轻负荷发动机的提气阀 |
| | 4Cr10Si2Mo | 0.35~0.45 | 1.90~2.60 | ≤0.70 | ≤0.60 | 9.0~10.5 | 0.70~0.90 | — | 淬火1 010~1 040 ℃油冷 回火720~760 ℃空冷 | 686 | 885 | — | 有较高的热强性，制造内燃机排气阀，轻负荷发动机的排气阀 |
| | 1Cr13 | ≤0.15 | ≤1.00 | ≤1.00 | ≤0.60 | 11.5~13.5 | — | — | 淬火950~1 000 ℃油冷 回火700~750 ℃快冷 | 345 | 540 | ≥159 | 制造800 ℃以下耐氧化用部件 |
| 铁素体型耐热钢 | 15CrMo | 0.12~0.18 | 0.17~0.37 | 0.40~0.70 | — | 0.8~1.10 | 0.40~0.55 | — | 正火950~1 000 ℃空冷 回火700~750 ℃空冷 | — | — | — | ≤540 ℃锅炉受热管子、垫圈等 |
| | 12CrMoV | 0.08~0.15 | 0.17~0.37 | 0.40~0.70 | — | 0.40~1.60 | 0.25~0.35 | V:0.15~0.30 | 正火960~980 ℃空冷 回火700~760 ℃空冷 | — | — | — | ≤370 ℃的各种过热器管、导管和相应的锻件 |
| 奥氏体型耐热钢 | 1Cr18Ni9Ti | ≤0.12 | ≤1.00 | ≤2.00 | 8.00~11.00 | 17.00~19.00 | — | Ti:0.8 | 固溶处理1 000~1 100 ℃快冷 | 206 | 502 | 187 | <610 ℃锅炉和汽轮机过热器管、构件等 |
| | 4Cr14Ni14W2Mo | 0.40~0.50 | ≤0.80 | ≤0.70 | 13.00~15.00 | 13.00~15.00 | 0.25~0.40 | W:2.00~2.75 | 固溶处理820~850 ℃快冷 | 314 | 706 | 248 | 500~600 ℃超高参数锅炉和汽轮机零件 |
| | 2Cr21Ni12N | 0.15~0.28 | 0.75~25 | 1.0~1.6 | 10.50~12.50 | 20~22 | — | N:0.15~0.30 | 固溶1 050~1 150 ℃快冷 时效780~800 ℃空冷 | 430 | 820 | ≤269 | 以抗氧化为主的汽油及柴油机用排气阀 |

1）马氏体型耐热钢

这类钢淬透性好，空冷就能得到马氏体组织。它包括两种类型，一类是低碳高铬钢，是在 Cr13 型不锈钢的基础上加入 Mo、W、V、Ti、Nb 等合金元素，以便强化铁素体，形成稳定的碳化物，提高钢的高温强度，常用的牌号有 14Cr11MoV、15Cr12WMoV 等，它们在 500 ℃ 以下温度具有良好的蠕变抗力和优良的消振性，最宜制造汽轮机的叶片，故又称叶片钢；另一类是中碳铬硅钢，其抗氧化性好，蠕变抗力高，还有较高的硬度和耐磨性，常用的牌号有 42Cr9Si2、40Cr10Si2Mo 等，主要用于制造使用温度低于 750 ℃ 的发动机排气阀，故又称气阀钢。此类钢通常是在淬火（1 000～1 100 ℃ 加热后空冷或油冷）及高温回火（650～800 ℃ 空冷或油冷）后获得具有马氏体形态的回火索氏体状态下使用。

2）铁素体型耐热钢

这类钢是在铁素体不锈钢的基础上加入了 Si、Al 等合金元素以提高钢的抗氧化性。其特点是抗氧化性强，但高温强度低，焊接性能差，脆性大，多用于受力不大的加热炉构件，常用的牌号有 06Cr13Al、10Cr17、16Cr25N 等。此类钢通常采用正火处理（700～800 ℃ 加热空冷），得到铁素体组织。

3）奥氏体型耐热钢

这类钢是在奥氏体型不锈钢的基础上加入了 W、Mo、V、Ti、Nb、Al 等元素，用以强化奥氏体，形成稳定碳化物和金属间化合物，以提高钢的高温强度。此类钢具有高的热强性和抗氧化性，高的塑性和冲击韧度，良好的焊接和冷成型性。其主要用于制造工作温度在 600～850 ℃ 间的高压锅炉过热器、汽轮机叶片、叶轮、发动机气阀等，常用的牌号有 16Cr20Ni14Si2、26Cr18Mn12Si2N、45Cr14Ni14W2Mo。奥氏体型耐热钢一般采用固溶处理（1 000～1 150 ℃，加热后水冷或油冷）或是固溶+时效处理，获得单相奥氏体+弥散碳化物和金属间化合物的组织。时效的温度应比使用温度高 60～100 ℃，保温 10 h 以上。

3. 热强钢

热强钢应有较高的高温强度和合适的抗氧化性，主要加入 Cr、Mo、Mn、Nb、Ti、V、W、Mo 等合金元素，用于提高钢的再结晶温度和在高温下析出弥散相来达到强化的目的。

热强钢按使用状态下组织的不同，可分为铁素体型、奥氏体型、马氏体型、珠光体型等几种类型的耐热钢，常用热强钢的牌号、主要化学成分、热处理工艺及应用如表 8.9 所示。

4. 耐磨钢

耐磨钢主要应用于承受严重磨损和强烈冲击的零件，如车辆履带板、挖掘机铲斗、破碎机颚板、铁轨分道叉和防弹板等。对这类钢的要求是具有很高的耐磨性和韧性。

高锰钢能很好地满足这些要求，它是重要的耐磨钢。例如：ZGMn13 型（ZG 是"铸钢"的代号）$\omega_C = 0.9\% \sim 1.5\%$、$\omega_{Mn} = 11\% \sim 14\%$、$\omega_S \leq 0.05\%$、$\omega_P \leq 0.07\% \sim 0.09\%$。该类钢在温度为 1 100 ℃ 水淬后得到单相奥氏体，硬度很低（20HRC 左右）。但在强烈冲击摩擦条件下工作时，其表面层产生强烈的形变硬化，使奥氏体转变成马氏体，表层硬度可达 52～56 HRC，而心部仍保持为原来的高韧性状态。

除高锰钢外，还有其他种类的马氏体中低合金耐磨钢。

5. 特殊物理性能钢

特殊物理性能钢是指在钢的定义范围内具有特殊的磁、电、弹性、热膨胀等特殊物理性能的合金钢，包括软磁钢、永磁钢、低磁钢、特殊弹性钢、特殊膨胀钢、高电阻钢及合金等。

表 8.9 常用热强钢的牌号、主要化学成分、热处理工艺及应用

| 类别 | 牌号 | | 主要化学成分（质量分数）/% | | | | | | | 热处理工艺 | 应用 |
| | 新牌号 | 旧牌号 | C | Mn | Si | Ni | Cr | Mo | 其他 | | |
|---|---|---|---|---|---|---|---|---|---|---|---|
| 铁素体型 | 16Cr25N | 2Cr25N | ≤0.20 | ≤1.50 | ≤1.00 | — | 23.00~27.00 | — | N<0.25 | 退火780~880℃（快冷） | 耐高温，耐蚀性强，1085℃以下不产生剥落的氧化皮，用作1050℃以下炉用构件 |
| | 06Cr13Al | 0Cr13Al | ≤0.08 | ≤1.00 | ≤1.00 | — | 11.50~14.50 | — | Al≤0.10~0.30 | 退火780~830℃（空冷） | 最高使用温度为900℃，制造各种承受应力不大的炉用构件，如喷嘴、退火炉罩、吊挂等 |
| 奥氏体型 | 06Cr25Ni20 | 0Cr25Ni20 | ≤0.08 | ≤2.00 | ≤1.50 | 19.00~22.00 | 24.00~26.00 | — | — | 固溶处理1030~1180℃（快冷） | 可用作1035℃以下温度的炉用材料 |
| | 12Cr16Ni35 | 1Cr15Ni35 | ≤0.15 | ≤2.00 | ≤1.50 | 33.00~37.00 | 14.00~17.00 | — | — | 固溶处理1030~1180℃（快冷） | 抗渗碳、渗氮性好，在1035℃以下温度可反复加热 |
| | 26Cr18Mn12Si2N | 3Cr18Mn12Si2N | 0.22~0.30 | 10.50~12.50 | 1.40~2.20 | — | 17.00~19.00 | — | N: 0.22~0.33 | 固溶处理1100~1150℃（快冷） | 最高使用温度为1100℃，制造渗碳炉构件，加热炉传送带、料盘等 |
| | 06Cr18Ni11Ti | 0Cr18Ni10Ti | ≤0.08 | ≤2.00 | ≤1.00 | 9.00~12.00 | 17.00~19.90 | — | $T: 5_{w_C}$~0.70 | 固溶处理920~1150℃（快冷） | 用作400~900℃温度间腐蚀条件下使用的部件，高温用焊接结构部件 |
| | 45Cr14Ni14W2Mo（14-14-2） | 4Cr14Ni14W2Mo（14-14-2） | 0.40~0.50 | ≤0.70 | ≤0.80 | 13.00~15.00 | 13.00~15.00 | 0.25~0.40 | W: 2.00~2.75 | 固溶处理820~850℃（快冷） | 具有高热强性，用于内燃机重负荷排气阀 |

续表

| 类别 | 牌号 新牌号 | 牌号 旧牌号 | 主要化学成分（质量分数）/% C | Mn | Si | Ni | Cr | Mo | 其他 | 热处理工艺 | 应 用 |
|---|---|---|---|---|---|---|---|---|---|---|---|
| 马氏体型 | 12Cr13 | 1Cr13 | 0.08~0.15 | ≤1.00 | ≤1.00 | ≤0.60 | 11.50~13.50 | — | — | 950~1 000 ℃油淬或700~750℃回火（快冷） | 用作800 ℃以下耐氧化部件 |
| 马氏体型 | 13Cr13Mo | 1Cr13Mo | 0.08~0.18 | ≤1.00 | ≤0.60 | ≤0.60 | 11.50~14.50 | — | — | 970~1 000 ℃油淬 或650~750 ℃回火（快冷） | 汽轮机叶片、高温高压耐氧化部件 |
| 马氏体型 | 14Cr11MoV | 1Cr11MoV | 0.11~0.18 | ≤0.60 | ≤0.50 | ≤0.60 | 10.00~11.50 | 0.50~0.70 | V: 0.25~0.40 | 1 050~1 100 ℃空淬 720~740 ℃回火（空冷） | 有较高的热强性，良好的减振性及组织稳定性，用于涡轮机叶片及导向叶片 |
| 马氏体型 | 42Cr9Si2 | 4Cr9Si2 | 0.35~0.50 | ≤0.07 | 2.00~3.00 | ≤0.60 | 8.00~10.00 | — | — | 1 020~1 040 ℃油淬 或700~780 ℃回火（油冷） | 有较高的热强性，制造内燃机气阀、轻载荷发动机的推气件 |
| 珠光体型 | 15CrMo① | | 0.12~0.18 | 0.40~0.70 | 0.17~0.37 | — | 0.80~1.10 | 0.40~0.55 | — | 930~960 ℃正火 | 用于制造高压钢炉等 |
| 珠光体型 | 35CrMoV① | | 0.35~0.38 | 0.40~0.70 | 0.17~0.37 | — | 1.00~1.30 | 0.20~0.30 | V: 0.10~0.20 | 980~1 020 ℃正火或调质处理 | 高应力下工作的重要机件，如520℃以下的汽轮机转子叶轮、压缩机转子等 |

① 15CrMo，35CrMoV 为 GB/T 3077—2015 中的牌号。

（1）软磁钢

软磁钢是指要求磁导率特性的钢种，如铝铁系软磁合金等。

（2）永磁钢

永磁钢是指具有永久磁性的钢种。它包括变形永磁钢、铸造永磁钢、粉末烧结永磁钢等，国内按精密合金进行管理。

（3）低磁钢

低磁钢是指在正常状态下不具有磁性的稳定的奥氏体型合金钢，常见的有铬镍奥氏体钢（如 06Cr19NT10）。

（4）特殊弹性钢

特殊弹性钢是指具有特殊弹性的合金钢。国内一般不包括常用的碳素与合金系弹簧钢。

（5）特殊膨胀钢

特殊膨胀钢是指具有特殊膨胀性能的钢种。如 $\omega_C = 28\%$ 的合金钢，在一定温度范围内与玻璃的膨胀系数相近。

（6）高电阻钢及合金

高电阻钢及合金是指具有高的电阻值的钢及合金，主要是指铁铬系合金钢和镍铬系高电阻合金组成的一个电阻电热钢和合金系列。

## 8.4.7  合金工具钢

合金工具钢比碳素工具钢的力学性能好，当然价格也贵。

合金工具钢按用途分类可分为合金量具钢、合金刃具钢和合金模具钢。牌号表示方法与合金结构钢（合金渗碳钢、合金调质钢、合金弹簧钢等）相似，但要注意的是，碳的质量分数表示方法不同：当碳的平均质量分数 $\omega_C \geq 1\%$ 时，不标注；当 $\omega_C < 1\%$ 时，牌号前一位数字是以名义千分数表示的碳的质量分数；合金元素含量小于 1.5% 不标注，大于 1.5% 时标注 1，1.5%~2.49% 时标 2，2.5%~3.49% 时标 3。另外由于合金工具钢都属于高级优质钢，故不在牌号后标注 A。例如，CrMn 表示碳的平均质量分数 $\omega_C \geq 1\%$，Cr、Mn 的平均质量分数都小于 1.5% 的合金工具钢；9SiCr 表示碳的平均质量分数 $\omega_C = 0.9\%$，Si、Cr 的平均质量分数都小于 1.5% 的合金工具钢。

**1. 合金量具钢**

合金量具钢主要用于制造各种测量工具，如游标卡尺、千分尺、量规、塞规等，如图 8.16 所示。量具在使用中与工件表面之间有摩擦作用，会使量具磨损而失去精确度。另外，由于组织和应力的原因，也会引起量具在长期使用和存放过程中的尺寸精度发生变化。这种现象称为时效效应。

量具工作时主要承受摩擦、磨损，承受外力很小，有时承受碰撞，因此必须重点考虑其满足高的硬度（60~65 HRC）、耐磨性和足够的韧性，高的尺寸精度与稳定性，一定的淬透性，较小的淬火变形和良好的耐蚀性，以及良好的磨削加工性等要求。

（1）成分特点及其作用

合金量具钢的碳含量一般在 0.9%~1.5% 之间，以保证高的硬度和耐磨性；加入 Cr、W、Mn 等合金元素，以提高淬透性。

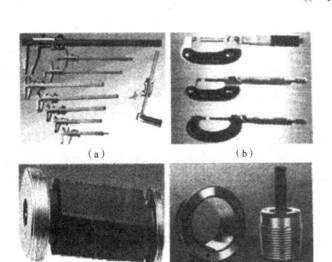

图 8.16 合金量具钢的应用举例

（a）游标卡尺；（b）千分尺；（c）量规；（d）塞规

（2）热处理工艺

合金量具钢常采用的热处理工艺为球化退火→调质处理（减小淬火应力和变形，保持较好的韧性）→淬火→冷处理（使残余奥氏体转变成马氏体，提高硬度和耐磨性及尺寸的稳定性）→低温回火（保证硬度和耐磨性）→时效处理（消除磨削应力，稳定尺寸）。

（3）牌号与应用

常见合金量具钢的牌号及应用如表 8.10 所示。

表 8.10 常见合金量具钢的牌号及应用

| 应 用 | 牌 号 |
| --- | --- |
| 平样板或卡板 | 10、20 或 50、55、60、60Mn，65Mn |
| 一般量规与量块 | T10A、T12A、9SiCr |
| 高精度量规与量块 | Cr（刃具钢）、CrMn、GCr15 |
| 高精度且形状复杂的量规与量块、螺旋塞头、千分尺 | CrWMn（低变形钢） |
| 抗蚀量具 | 4Cr13、9Cr18（不锈钢） |

**2. 合金刃具钢**

合金刃具钢是用来制造各种切削加工工具（如车刀、铣刀、钻头等）的钢种，由于被切削材料的差异、切削速度的不同，对刀具的热硬性（刀具和被切割材料之间强烈摩擦产生的高温对刀具硬度的影响）要求也不同。

把合金刃具钢分成低合金刃具钢和高合金刃具钢，低合金刃具钢常被称为"合金刃具钢"，高合金刃具钢常被称为"高速钢"。它们的共同点是都能承受弯曲扭转、剪切应力和冲击、振动负荷，同时还要受到工件和切屑的强烈摩擦作用，产生大量热量，使刃具温度升高，所以合金刃具钢的性能要求为足够高的硬度和耐磨性（刀具必须具有比被加工工件更高的硬度），还要求其具有一定的强度、韧性和塑性，防止刀具由于冲击、振动负荷的作用而发生崩刃或折断。

1）低合金刃具钢

①低合金刃具钢的成分特点及其作用。低合金刃具钢的碳含量一般在 0.9%~1.4% 之间，以保证高的硬度和耐磨性；加入 W、Mn、Cr、V、Si 等合金元素（一般合金元素总含量小于 5%），以提高淬透性和回火稳定性，从而形成碳化物，细化晶粒，提高热硬性，降低过热敏感性。典型牌号为 9SiCr。

②热处理工艺。低合金刃具钢的预先热处理一般采用球化退火，最终热处理为淬火后低温回火，以获得细小回火马氏体、粒状合金碳化物及少量残余奥氏体组织。

③常用低合金刃具钢的牌号、主要化学成分、热处理工艺及应用如表 8.11 所示。

表 8.11　常用低合金刃具钢（量具通用）的牌号、主要化学成分、热处理工艺及应用

| 牌号 | 主要化学成分（质量分数）/% | | | | | 热处理工艺/℃（淬火） | 硬度/HRC（不小于） | 应　用 |
| --- | --- | --- | --- | --- | --- | --- | --- | --- |
| | C | Si | Mn | Cr | 其他 | | | |
| 9Mn2V | 0.85~0.95 | ≤0.40 | 1.70~2.00 | — | V：0.10~0.25 | 780~810油 | 62 | 小冲模、剪刀、冷压模、量规、样板、丝维、板牙、铰刀 |
| 9SiCr | 0.85~0.95 | 1.20~1.60 | 0.30~0.60 | 0.95~1.25 | — | 820~860油 | 62 | 板牙、丝锥、钻头、冷冲模、冷轧辊 |
| Cr06 | 1.30~1.45 | ≤0.40 | ≤0.40 | 0.50~0.70 | — | 780~810水 | 64 | 剃刀、锉刀、量规、量块 |
| CrWMn | 0.90~1.05 | ≤0.40 | 0.80~1.10 | 0.90~1.20 | W：1.20~1.60 | 800~830油 | 62 | 长丝锥、拉刀、量规、形状复杂的高精度冲模 |

④合金刃具钢应用举例。图 8.17 是合金刃具钢应用举例，其组织为回火马氏体+未溶碳化物+残留奥氏体。

2）高合金刃具钢

其是含有大量合金元素（合金元素总含量大于 5%，还有的大于 10%），用于制造高速切削刀具的钢。

①应用与性能特点。高速钢要求具有高强度、高硬度、高耐磨性，以及足够的塑性和韧性。由于在高速切削时其温度可高达 600 ℃，因此，要求其具有良好的热硬性。所谓热硬性是指在很高的温度下保持良好硬度的性能。

高速钢可用于制造生产率及耐磨性高，且在比较高的温度下（600 ℃左右）能保持其切削性能和耐磨性的工具。其切削速度比碳素工具钢和低合金刃具钢提高 1~3 倍，而耐用性提高 7~14 倍。

②化学成分特点。高速钢中碳的质量分数为 0.7%~1.6%，能保证马氏体基体的高硬

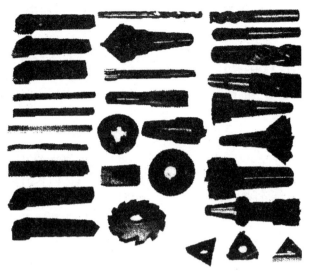

图 8.17　合金刃具钢应用举例

度，并可形成足够数量的碳化物。常加入的合金元素为 W、Mo、Cr、V。几乎所有高速钢中铬的质量分数均为 4% 左右。铬的碳化物在淬火加热时几乎全部溶于奥氏体中，从而增加过冷奥氏体的稳定性，大大提高钢的淬透性。铬还能提高钢的抗氧化能力。

钨和钼的作用相似，退火态以 $M_6C$ 碳化物的形式存在，当加热至奥氏体化温度时，一部分溶解进入奥氏体中，在淬火后存在于马氏体中。当回火时，$M_6C$ 一方面阻止马氏体的分解，使基体在温度为 560 ℃ 回火时仍处于回火马氏体状态；另一方面，回火温度达 500 ℃ 时，开始析出 $W_2C$、$Mo_2C$ 特殊碳化物，造成二次硬化，在温度为 560 ℃ 时硬度达到最高值。这种碳化物在 500~600 ℃ 温度范围内非常稳定，不易聚集长大，从而使钢具有良好的热硬性。而在淬火加热时未溶入奥氏体的碳化物可阻止奥氏体晶粒长大并提高耐磨性。

高速钢中钨的加入量可以高达 18% 的质量分数，或降低到 6% 再配以质量分数为 5% 的钼。

高速钢中加入少量的钒，主要是细化奥氏体晶粒并提高钢的耐磨性。VC 非常稳定，极难溶解，硬度很高。

③热处理特点。高速钢的热处理特点主要是淬火加热温度高（1 200 ℃ 以上），回火加热温度也高（560 ℃ 左右），且回火次数多（3 次），热处理后硬度可达 63~64 HRC。

高速钢要具有良好的热硬性，要求淬火马氏体中合金化程度要高，即淬火加热至奥氏体化时碳化物能充分溶解到奥氏体中，因此淬火温度应是越高越好；但另一方面，碳化物若全部溶解，则奥氏体晶粒会急剧长大，且晶界处易熔化过烧，因此还要控制淬火温度。对于 W18C-V 钢，其最佳的淬火温度为 1 280 ℃。由于高速钢导热性差，淬火温度又很高，因此在淬火加热过程中必须预热。对于大型或形状复杂的工具，还要采用两次预热。

高速钢的淬火方式通常采用油淬或分级淬火。分级淬火可减少变形和开裂倾向。高速钢淬火后的组织为淬火马氏体+未溶碳化物+大量残留奥氏体。

为消除淬火应力，减少残留奥氏体量，以达到所需性能，高速钢通常采用 550~570 ℃ 温度范围多次回火的方式。因为在温度为 550~570 ℃ 时，特殊碳化物 WC 或 MoC 呈细小弥散状从马氏体中析出，这些碳化物很稳定，难以聚集长大，从而提高了钢的硬度，即"弥散强化"。

另外，在此温度范围内，由于碳化物也从残留奥氏体中析出，使残留奥氏体中的碳含量及合金元素含量降低，$M_0$ 线温度升高，在随后冷却时，就会有部分残留奥氏体转变为马氏体，即发生二次淬火，也使钢的硬度升高。由于以上原因，在回火时便出现了硬度回升的二次硬化现象。

多次回火的目的主要是为了充分消除残留奥氏体。W18Cr4V 在淬火状态约有 20%~25% 的残留奥氏体，通过二次淬火可使残留奥氏体在回火冷却时发生部分转变，但转变难以一次完成。通常经一次回火后剩 10%~15% 的残留奥氏体，经二次回火后剩 3%~5% 的残留奥氏体，三次回火后剩 1%~2% 的残留奥氏体。后一次回火还可消除前一次回火时由于奥氏体转变为马氏体所产生的内应力。经三次回火后，其组织为回火马氏体+少量未溶碳化物。W18Cr4V 高速钢的热处理工艺过程如图 8.18 所示。常用高速钢的牌号、化学成分、热处理温度及硬度如表 8.12 所示。

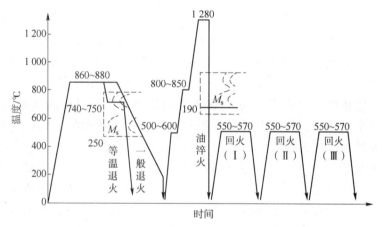

图 8.18　W18Cr4V 高速钢的热处理工艺过程

表 8.12　常用高速钢的牌号、化学成分、热处理温度及硬度

| 牌号<br>（代号） | 化学成分（质量分数）/% | | | | | | | | 热处理温度/℃ | | 退火硬度<br>/HBW | 淬回火硬度<br>/HRC |
| --- | --- | --- | --- | --- | --- | --- | --- | --- | --- | --- | --- | --- |
| | C | Mn | Si | Cr | W | Mo | V | 其他 | 淬火 | 回火 | | |
| WI8C4V<br>（T51841） | 0.70~<br>0.80 | 0.10~<br>0.40 | 0.20~<br>0.40 | 3.80~<br>4.40 | 17.50~<br>19.00 | ≤0.30 | 1.00~<br>1.40 | | 1 270~<br>1 285 | 550~<br>570 | ≤255 | ≥63 |
| W18Cr4V2Co5 | 0.70~<br>0.80 | 0.10~<br>0.40 | 0.20~<br>0.45 | 3.75~<br>4.50 | 17.50<br>~19.00 | 0.40~<br>1.00 | 0.80~<br>1.20 | Co:<br>4.25~<br>5.75 | 1 280~<br>1 300 | 540~<br>560 | ≤269 | ≥63 |
| W6Mo5Cn4V2<br>（T66541） | 0.80~<br>0.90 | 0.15~<br>0.40 | 0.20~<br>0.45 | 3.80~<br>4.40 | 5.00~<br>6.75 | 4.50~<br>5.50 | 1.75~<br>2.20 | | 1 210~<br>1 230 | 540~<br>560 | ≤255 | ≥63 |
| W6Mo5Cr4V3 | 1.00~<br>1.10 | 0.15~<br>0.40 | 0.20~<br>0.45 | 3.75~<br>4.50 | 5.00~<br>6.75 | 4.75~<br>6.50 | 2.25~<br>2.75 | | 1 200~<br>1 220 | 540~<br>560 | ≤255 | ≥64 |

续表

| 牌号<br>（代号） | 化学成分（质量分数）/% | | | | | | | | 热处理温度/℃ | | 退火硬度<br>/HBW | 淬回火<br>硬度<br>/HRC |
| | C | Mn | Si | Cr | W | Mo | V | 其他 | 淬火 | 回火 | | |
| --- | --- | --- | --- | --- | --- | --- | --- | --- | --- | --- | --- | --- |
| W9Mo3Cr4V<br>（T69341） | 0.77~<br>0.87 | 0.20~<br>0.40 | 0.20~<br>0.40 | 3.80~<br>4.40 | 8.50~<br>9.50 | 2.70~<br>3.30 | 1.30~<br>1.70 | | 1 220~<br>1 240 | 540~<br>560 | ≤255 | ≥63 |
| W6Mo5Cr4V2Al | 1.05~<br>1.20 | 0.15~<br>0.40 | 0.20~<br>0.60 | 3.80~<br>4.40 | 5.50~<br>6.75 | 4.50~<br>5.50 | 1.75~<br>2.20 | Al：<br>0.80~<br>1.20 | 1 230~<br>1 240 | 540~<br>560 | ≤269 | ≥65 |

④高速钢的应用举例。图 8.19 所示的高速钢铣刀是用于铣削加工的、具有一个或多个刀齿的旋转刀具。工作时，各刀齿依次间歇地切去工件的余量。高速钢铣刀的选材要考虑硬度和耐磨性高，耐热性好，以及强度高和韧性好的高速钢。

（a）　　　　　　（b）　　　　　　（c）　　　　　　（d）

图 8.19　高速钢铣刀

（a）立铣刀；（b）圆柱铣刀；（c）面铣刀；（d）锯片铣片

**案例 5：麻花钻头的选材与热处理**

（1）麻花钻头的功用

麻花钻头是安装在钻床上，对其他实体材料进行钻削得到通孔或盲孔，并能对已有孔扩孔的刀具，如图 8.20 所示。麻花钻头是应用最广的孔加工刀具。其钻头在钻削过程中承受非常大的压应力、弯曲应力、扭转应力，还有振动与冲击，同时还受到工件的强烈摩擦，以及由此产生的高温。

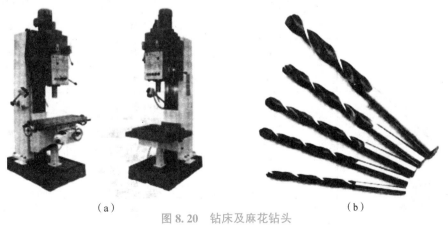

（a）　　　　　　　　　　　　　　　　　（b）

图 8.20　钻床及麻花钻头

（a）钻床；（b）麻花钻头

（2）对麻花钻头的材料要求

麻花钻头材料应具有足够高的硬度及耐磨性，非常高的热硬性、良好的韧性及淬透性。应怎样选材？

（3）麻花钻头材料的选用

麻花钻头通常选用 W18Cr4V（合金工具钢中的高速钢），采用等温或球化退火的预处理，最终热处理为 1 280 ℃淬火+560~580 ℃回火（3 次）。

### 3. 模具及合金模具钢

（1）模具及其分类

模具是工业生产中不可缺少的重要工艺装备，是降低成本、提高产品质量和适应规模生产的基础和保证。模具的使用寿命对工业生产的发展影响极大。影响模具使用寿命的因素有很多，其中模具材料的选择极为重要。因此，选择何种原材料是至关重要的。材料是产品的基础，影响着模具产品的功能适用性、耐用度、安全性。在模具及其零件的设计、制造过程中，只有在材料确定后，才能安排制造、装配的加工路线和加工工艺方法，以及估算制造成本。通过对各种典型模具的失效分析，设法满足材料的使用性能和工艺性能两方面的要求，找出能影响模具寿命特点的性能指标，然后，以此为依据，有针对性地选择模具。

模具种类分为冷作模具、热作模具和塑料模具。

（2）合金模具钢

合金模具钢是用来制造各种成型工件模具的钢种，大致可分为冷作模具钢、热作模具钢和塑料模具钢 3 类，用于锻造、冲压、切型、压铸等。由于各种模具用途不同，工作条件复杂，因此对合金模具钢的性能要求也不同。

1）合金模具钢的分类及性能要求

表 8.13 为各种合金模具钢的性能要求。合理选择合金模具钢的基本目的，在于避免模具在服役时出现早期失效，以及在制造时减少废品率。合金模具钢的性能水平、材质优劣、使用合理与否等因素，对模具制造的精度、合格率以及服役时的承载能力、寿命水平均有密切的关系。

表 8.13　各种合金模具钢的性能要求

| 性　能 | 冷作模具钢 | 热作模具钢 | 塑料模具钢 |
|---|---|---|---|
| 耐磨性 | ● | ● | ● |
| 强度 | ● | ● | ● |
| 韧性 | 0 | ● | 0 |
| 硬度 | ● | 0 | 0 |
| 耐蚀性 | | 0 | ● |
| 热稳定性 | 0 | ● | |
| 抗热疲劳龟裂 | | ● | |
| 抗氧化性 | | ● | |
| 组织均匀性（各向同性） | ● | ● | ● |

续表

| 性　能 | 冷作模具钢 | 热作模具钢 | 塑料模具钢 |
|---|:---:|:---:|:---:|
| 尺寸稳定性（零件精度保持性） | ● | ● | ● |
| 抗黏着（咬合）性、擦伤性 | ● | 0 | 0 |
| 热传导性 | 0 | 0 | ● |
| 工艺性能 | | | |
| 可加工性（冷、热加工成形性） | ● | ● | ● |
| 镜面性和蚀刻性 | | | ● |
| 淬透性 | ● | ● | ● |
| 淬硬性 | ● | 0 | 0 |
| 焊接性 | | | 0 |
| 电加工性（包括线切割） | | 0 | 0 |

注：●表示为主要要求；0 表示次要要求；空白表示可以不做要求。

2）冷作模具钢

冷作模具包括冷冲模、拉丝模、拉延模、冷镦模和冷挤压模等。因为被加工材料在冷态下成型，故模具要承受很大的冲击压力、挤压力，同时模具与坯料之间还会发生强烈的摩擦，所以要求冷作模具钢应具有高的硬度、强度、耐磨性、足够的韧性，以及高的淬透性、淬硬性和其他工艺性能。常选用高碳钢、高碳合金钢。

①成分特点及其作用。冷作模具钢的碳含量一般在 0.8%~2.3% 之间，以保证形成足够数量的碳化物，并获得含碳过饱和马氏体，从而提高钢的硬度、耐磨性。钢中加入 Cr 提高淬透性；加入 W、Mo 提高热硬性；加入 V 提高耐磨性。

②热处理工艺。冷作模具钢的预先热处理一般采用锻后球化退火，最终热处理为淬火后回火。

③常用冷作模具钢的牌号、热处理温度及应用如表 8.14 所示。

表 8.14　常用冷作模具钢的牌号、热处理温度及应用

| 牌号 | 热处理温度/℃ | 硬度 HRC（不小于） | 应用 |
|:---:|:---:|:---:|:---:|
| 9Mn2V | 780~810 油 | 62 | 冲模、冷压模 |
| CrWMn | 800~830 油 | 62 | 形状复杂、高精度的冲模 |
| Cr12 | 950~1 000 油 | 60 | 冷冲模、冲头、拉丝模、粉末冶金模 |
| Cr12MoV | 950~1 000 油 | 58 | 冲模、切边模、拉丝模 |

3）热作模具钢

热作模具钢用来制造使热态金属在压力下成型的模具，有热锻模、压力机锻模、冲压模、热挤压模和金属压铸模等，承受大的冲击载荷、强烈的摩擦、剧烈的冷热循环所引起的热应变和热压力，以及高温氧化。因此热作模具钢要有高的高温耐磨性和热硬性，高的热强性和抗氧化性能，足够的韧性和热疲劳抗力；淬透性好，热处理变形小。

①成分特点及其作用。热作模具钢的碳含量一般在 0.3%~0.6% 之间，保证高韧性、热疲劳抗力和较高的硬度。加入 Cr、Ni、Mn、Si 能提高其淬透性、回火稳定性和热疲劳抗力；加入 W、Mo、V 能提高其热硬性和热强性。

②热处理工艺。热作模具钢的预先热处理采用锻后退火；最终热处理是淬火后回火，回火温度视模具大小而定。

③常用热作模具钢的主要化学成分、热处理工艺、硬度及应用如表 8.15 所示。

表 8.15 常用热作模具钢的主要化学成分、热处理工艺、硬度及应用

| 牌号 | 主要化学成分（质量分数）/% | | | | | | 热处理工艺/℃ | | 硬度/HRC | 应用 |
|---|---|---|---|---|---|---|---|---|---|---|
| | C | Si | Mn | Cr | Mo | 其他 | 淬火 | 回火 | | |
| 5CrMnMo | 0.50~0.60 | 0.25~0.60 | 1.20~1.60 | 0.60~0.90 | 0.15~0.30 | — | 820~850 油 | 490~640 | 30~47 | 中型锻模 |
| 5CrNiMo | 0.50~0.60 | ≤0.40 | 0.50~0.80 | 0.50~0.80 | 0.15~0.30 | Ni：1.40~1.80 | 830~860 油 | 490~660 | 30~47 | 大型锻模 |
| 3Cr2W8V | 0.30~0.40 | ≤0.40 | ≤0.40 | 2.20~2.27 | — | W：7.50~9.00 V：0.20~0.50 | 1 075~1 125 油 | 600~620 | 50~54 | 高应力压模、螺钉或铆钉热压模、压铸模 |

4）塑料模具钢

塑料模具种类有很多，按照塑料制品成型的主要方法，塑料模具可分为很多类型，主要有注射模、压缩模、压注模、吹塑模、真空成型模和热压印模等。不同的塑料模具在不同的工作条件下工作。例如，注射模是在不超过 200 ℃ 的加热温度下，将细粉或颗粒状塑料压制成型的注射模。工作时，模具持续受热、受压，并受到一定程度的摩擦和有害气体的腐蚀，因此要求塑料模具钢在温度为 200 ℃ 时具有足够的强度和韧性，较高的耐磨性和耐蚀性，并具有良好的加工性、抛光性及热处理工艺性能。

塑料模具钢要求具有一定的强度、硬度、耐磨性、热稳定性和耐蚀性等性能。此外，还要求具有良好的工艺性，如热处理变形小、加工性能好、耐蚀性好、研磨和抛光性能好，以及在工作条件下的尺寸和形状稳定等。一般情况下，注射成型或挤压成型模具可选用热作模具钢；热固性成型和要求高耐磨、高强度的模具可选用冷作模具钢。

常用塑料模具及其用钢如表 8.16 所示。

表 8.16 常用塑料模具及其用钢

| 塑料模具类型及工作条件 | 推荐用钢 |
| --- | --- |
| 泡沫塑料、吹塑模具 | 非铁金属 Zn、Al、Cu 及其合金或铸铁 |
| 中、小模具，精度要求不高，受力不大，生产批量小 | 45、40Cr、T8~T10、10、20、20Cr |
| 受磨损及动载荷较大、生产批量较大的模具 | 20Cr、12CrNi3、20Cr2Ni4、20CrMnTi |
| 大型复杂的注射成型模或挤压成型模，生产批量大 | 4Cr5MoSiV、4Cr5MoSiV1、4Cr3Mo3SiV、5CrNiMnMoVSCo |
| 热固性成型模，要求高耐磨性、高强度的模具 | Cr12、GCr15、9Mn2V、CrWMn、Cr12MoV、7CrSiMnMoV |
| 耐腐蚀性、高精度模具 | 2Cr13、 4Cr13、 9Cr18、 Cr18MoV、 3Cr2Mo、 Cr14Mo4V、3Cr17Mo、8Cr2MnWMoVS、 |
| 无磁模具 | 7Mn15Cr2A13V2WMo |

**本章小结**

①含有合金元素的钢称为合金钢。与碳素钢相比，合金钢具有较高的力学性能、良好的热处理工艺性能，并具有特殊的物理、化学性能，因此其应用范围不断扩大，重要的工程结构和机械零件均使用合金钢制造。

②当合金元素加入钢中时，合金元素可以溶于铁素体内，也可以溶于渗碳体内。由于合金元素与铁和碳的作用，$Fe-Fe_3C$ 相图将会发生变化，所有合金元素都会使 $S$、$E$ 点向左移动。大多数合金元素减缓钢的奥氏体化过程，使奥氏体化温度提高，并不同程度地阻碍奥氏体晶粒长大，使热处理时的加热保温时间延长。除钴外的大多数合金元素溶入奥氏体后，使奥氏体稳定性增加，从而使 C 曲线位置右移，临界冷却速度减小，钢的淬透性提高。合金元素降低了淬火马氏体的分解及碳化物的聚集程度，因此在同一温度下进行回火，合金钢的硬度高于同等碳含量的碳素钢。

③合金钢按照钢中合金元素含量的多少，可分为低合金钢、中合金钢和高合金钢；按照用途的不同合金钢又可分为低合金结构钢、合金工具钢和特殊性能钢 3 大类。

④合金钢牌号采用"数字+元素符号+数字"的表示方法。前面的数字表示钢中的碳含量；元素符号表示钢中所含的合金元素；元素符号后面的数字表示该合金元素平均含量为百分之几。

## 复习思考题和习题

8.1 试述国家标准对现行钢按化学成分分类的方法。

8.2 在合金钢中常加入的合金元素有哪些？

8.3 合金元素的加入对热处理过程中的加热及冷却转变有何影响？

8.4 合金元素为什么能提高钢的回火稳定性？

8.5 低合金高强度钢中合金元素主要是通过哪些途径起强化作用的？这类钢经常用于哪些场合？

8.6 滚动轴承钢除专用于制造滚动轴承外，是否可以用来制造其他结构的零件和工具？

8.7 为什么合金钢可在油中进行淬火，而碳钢在油中却淬不透？

8.8 弹簧为什么要进行淬火、中温回火？弹簧的表面质量对其使用寿命有何影响？可采用哪些措施提高弹簧的使用寿命？

8.9 试分析在高速钢中，碳与合金元素的作用及高速钢的热处理工艺特点。

8.10 高速钢经铸造后为什么要反复进行锻造？锻造后在切削加工前为什么必须进行退火？

8.11 为什么高速钢退火温度较低，淬火温度却高达 1 280 ℃？淬火后为什么要经 3 次 560 ℃ 回火？能否改用一次较长时间的回火？

8.12 高速钢在 560 ℃ 回火是否属于调质处理？为什么？

8.13 Cr12 型钢中碳化物的分布对钢的使用性能有何影响？热处理能改善其碳化物的分布吗？生产中常用什么方法改善其碳化物的分布？

8.14 合金弹簧钢常用的热处理方式有哪些？

8.15 合金调质钢的化学成分有何特点？一般用于哪些零件的生产？

8.16 合金工具钢化学成分有何特点？其最终热处理是什么？

8.17 Cr12 型钢的热处理方法有哪两种？

8.18 12Cr13 和 Cr12 中，铬的含量均大于 11.7%，12Cr13 属于不锈钢，而 Cr12 不属于不锈钢，为什么？

8.19 合金量具钢使用过程中常见的失效形式是磨损与尺寸变化，为了提高量具的使用寿命，应采用哪些热处理方法？请合理安排各热处理工序在加工工艺路线中的位置。

8.20 奥氏体型不锈钢为什么不能通过热处理方法强化？生产中常用什么方法使其强化？

8.21 奥氏体型不锈钢为什么会出现晶间腐蚀？应采用什么方法防止其晶间腐蚀的发生？

8.22 奥氏体型不锈钢和高锰耐磨钢淬火的目的与一般钢的淬火目的有何不同？

8.23 高锰钢的耐磨原理与淬火工具钢的耐磨原理有何不同？它们的应用场合又有何不同？

8.24 说明下列材料牌号的含义、用途及最终热处理方法。

Q345、20CrMnTi、12CrNi3A、18Cr2Ni4WA、CrMn、CrWMn、9SiCr、W18Cr4V、W6Mo5Cr4V2、07Cr19Ni11Ti、12Cr18Ni9、05Cr17Ni4Cu4Nb、07Cr17Ni7Al、Cr12、Cr12MoV、5CrNiMo、5CrMnMo、3Cr2W8V、022Cr17Ni14M02、GCr15、ZG100Mn13

# 第 9 章　铸铁

## 9.1　认识铸铁

铸铁是 $\omega_C > 2.11\%$ 的铁碳合金。工业上常用的铸铁是碳的质量分数为 2.0% ~ 4.0% 的 Fe、C、Si 多元合金。有时为了提高其力学性能或物理、化学性能，还可加入一定量的合金元素，得到合金铸铁。

### 9.1.1　铸铁的特点

与钢相比，铸铁的力学性能如抗拉强度、塑性、韧性等均较低，但铸铁熔炼简便，具有优良的铸造性能，很高的减摩和耐磨性，良好的消振性和切削加工性以及缺口敏感性低等一系列优点。因此，铸铁广泛应用于机械制造、冶金、石油化工、交通、建筑和国防工业各部门。铸铁在机械制造中应用很广，按其使用重量计算，汽车、拖拉机中的铸铁零件占总重量的 50% ~ 70%，机床中的铸铁零件占 60% ~ 90%。常见的机床床身、工作台、箱体、底座等形状复杂或受压力及摩擦作用的零件大多用铸铁制成。

### 9.1.2　铸铁的分类

#### 1. 根据碳在铸铁中存在的形式不同分类

根据碳在铸铁中存在的形式，铸铁可分为白口铸铁、灰铸铁、可锻铸铁、球墨铸铁、蠕墨铸铁、合金铸铁等。

①白口铸铁，其碳全部或大部分以渗碳体形式存在。因断裂时断口呈白亮颜色，故称白口铸铁。

②灰铸铁，其碳大部分或全部以游离的石墨形式存在。因断裂时断口呈暗灰色，故称为灰铸铁。根据石墨形态的不同，灰铸铁可分为普通灰铸铁，石墨呈片状；球墨铸铁，石墨呈球状。

③可锻铸铁，其石墨呈团絮状。

④蠕墨铸铁，其石墨呈蠕虫状。

⑤合金铸铁，在灰铸铁或球墨铸铁中加入一些合金元素，可使铸铁具有某些特殊性能。铸铁与钢具有相同的基体组织，主要有铁素体、珠光体及铁素体+珠光体 3 类。由于基体组织不同，灰铸铁可分为铁素体灰铸铁、珠光体灰铸铁和铁素体+珠光体灰铸铁。

**2. 根据铸铁中石墨的形态不同分类**

根据石墨的形态不同，可将铸铁分为灰铸铁（石墨呈片状）、可锻铸铁（石墨呈团絮状）、球墨铸铁（石墨呈球状）和蠕墨铸铁（石墨呈蠕虫状）等，如图 9.1 所示。

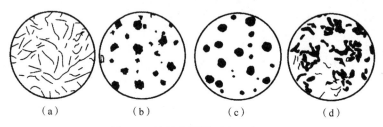

图 9.1　铸铁中石墨形态示意图

(a) 片状；(b) 团絮状；(c) 球状；(d) 蠕虫状

# 9.2　铸铁的石墨化

铸铁中的碳除极少量固溶于铁素体以外，大部分都以两种形式存在：一种是碳化物状态，如渗碳体（$Fe_3C$）及合金铸铁中的其他碳化物；另一种是游离状态，即石墨（以 C 表示）。石墨是碳的一种结晶形态，碳的质量分数为 100%。石墨的晶格类型为简单六方晶格，如图 9.2 所示，其基面中的原子结合力较强，而两基面之间的结合力较弱，故石墨的基面很容易滑动，其强度、硬度、塑性和韧性极低（石墨的抗拉强度 $R_m < 19.6MPa$，硬度为 3 HBW），常呈片状形态存在。

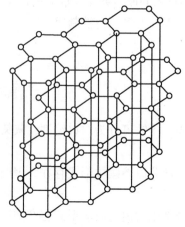

图 9.2　石墨的晶体结构

### 1. 铸铁的石墨化过程

铸铁组织中石墨的形成过程称为石墨化过程。铸铁的石墨化可以有两种方式：一种是石墨直接从液态合金或奥氏体中析出；另一种是渗碳体在一定条件下分解出石墨，即 $Fe_3C \rightarrow 3Fe + C$（石墨）。石墨化过程是一个原子扩散过程。根据铁碳合金双重相图，如图 9.3 所示，在极缓慢冷却条件下，铸铁的石墨化过程可分为两个阶段：第一阶段，包括从过共晶的铁液中直接析出的初生（一次）石墨、在共晶转变过程中形成的共晶石墨以及奥氏体冷却析出的二次石墨，这一阶段的石墨化温度较高，碳原子容易扩散，故容易进行得充分；第二阶段，包括共析转变过程中形成的共析石墨，这一阶段的石墨化温度较低，扩散困难，往往进行得不是很充分，当冷速稍大时其石墨化只能部分进行，如果冷速再大些，则第二阶段石墨化便完全不能进行。

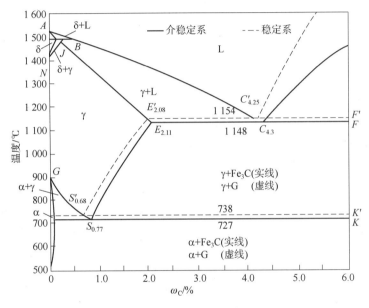

图 9.3　铁碳合金双重相图

如果第一阶段石墨化充分进行，则随着第二阶段石墨化进行程度的不同，可获得的铸铁组织也不同。如果第二阶段石墨化进行得充分，则铸铁的组织将由铁素体基体和石墨组成；如果第二阶段石墨化部分进行，则将形成以铁素体+珠光体为基体，其上分布着石墨的组织；如果第二阶段石墨化完全被抑制而不能进行，则其组织将由珠光体基体和石墨组成。显然，当冷速过快，两个阶段的石墨化均被抑制而不能进行时，则会得到白口铸铁。若第一阶段石墨部分进行，则可得到麻口铸铁。

### 2. 影响铸铁石墨化的因素

铸铁的组织取决于石墨化过程进行的程度，而影响铸铁石墨化的主要因素是铸铁的化学成分和冷却速度。

（1）化学成分

碳和硅对铸铁的石墨化起着决定性作用，是强烈促进石墨化的元素。铸铁的碳、硅含量越高则石墨化进行得越充分，因为碳含量越高越易形成石墨晶核，而硅有促进石墨成核的作用。实践证明，硅的质量分数每增加 1%，共晶点碳的质量分数相应下降 0.3%。为了综合考虑碳和硅对铸铁的影响，常将硅量折合成相当的碳量，并把实际的碳含量与折合成的碳量之和称为碳当量。例如，铸铁中实际碳的质量分数为 3.2%，硅的质量分数为 1.8%，则其碳当量 $CE = 3.2\% + (1/3) \times 1.8\% = 3.8\%$。图 9.4 综合表示了碳和硅的含量（铸铁成分）和铸件壁厚对铸铁组织的影响。在实际生产中，在铸件壁厚一定的情况下，常通过调配碳和硅的含量来得到预期的组织。

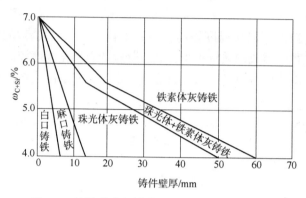

图 9.4　铸铁成分和铸件壁厚对铸铁组织的影响

硫是强烈阻碍石墨化的元素，并降低铁水的流动性，使铸铁的铸造性能恶化，其含量应尽可能降低。锰也是阻碍石墨化的元素，但它和硫有很强的亲和力，在铸铁中能与硫形成 $MnS$，减弱硫对石墨化的有害作用。

（2）冷却速度

冷却速度对铸铁石墨化的影响也很大。冷却速度受造型材料、铸造方法和铸件壁厚等因素的影响。金属型铸造使铸件冷却快，而砂型铸造使铸件冷却较慢。铸件厚壁处使铸铁冷却较慢，易得到灰铸铁组织；而薄壁处使铸件冷却较快，易出现白口铸铁组织。这表明在化学成分相同的情况下，铸铁结晶时的冷却速度对其石墨化影响很大，冷却温度越慢，越有利于石墨化的进行，易得到灰铸铁；冷却速度加快，不利于石墨化，甚至使石墨化来不及进行，易得到白口铸铁。

# 9.3　常用铸铁

常用铸铁有灰铸铁、球墨铸铁、蠕墨铸铁、可锻铸铁和合金铸铁，它们的组织形态都是由某种基体组织加上不同形态的石墨构成的。

## 9.3.1　灰铸铁

（1）灰铸铁金相组织

灰铸铁是指碳主要以片状石墨形式出现的铸铁［见图 9.5（a）］，其断口呈灰色。石墨的力学性能极差，使铸铁的拉伸强度比钢低很多，伸长率接近于零。铸铁中石墨含量越多，越粗大，力学性能越差。但因为石墨存在，又使铸铁具有一些优点，如减振性比钢好；石墨能起润滑作用，提高铸铁的耐磨性和切削加工性；有良好的铸造性能，收缩小，不易产生铸造缺陷等。另外，它的熔化过程简单、成本低，所以是应用最广的铸造合金。

灰铸铁的显微组织如图 9.6 所示。

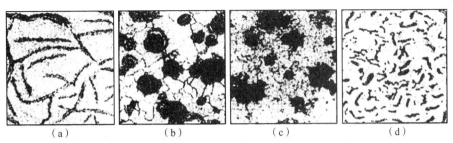

图 9.5　灰铸铁的显微组织

（a）片状石墨（灰铸铁）；（b）球状石墨（球墨铸铁）；
（c）团絮状石墨（可锻铸铁）；（d）蠕虫状石墨（蠕墨铸铁）

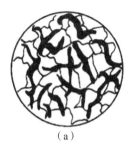  

（a）　　　　　　　　　　　（b）　　　　　　　　　　　（c）

图 9.6　灰铸铁的显微组织

（a）铁素体灰铸铁；（b）铁素体+珠光体灰铸铁；（c）珠光体灰铸铁

（2）灰铸铁牌号

灰铸铁牌号用"HT+一组数字"表示，HT 为"灰铁"汉语拼音首字母，数字表示最小拉伸强度。例如，HT150 表示拉伸强度 $R_m \geq 150$ MPa 的灰铸铁。

（3）灰铸铁的性能

石墨虽然降低了灰铸铁的力学性能，其抗拉强度、塑性、韧性和疲劳强度都比钢低得多，但却使灰铸铁获得了许多钢所不及的优良性能。

1）缺口敏感性低

石墨本身的强度和塑性几乎为零，它就像金属基体中的孔洞和裂缝，因此可以把灰铸铁看成是含有大量孔洞和裂缝的钢，石墨的存在就等于减小了金属基体的有效承载面积，相当于零件上的许多小缺口，使工件加工形成的切口作用相对减弱，故灰铸铁的缺口敏感性低。

2）抗压强度高

石墨割断了金属基体的连续性能，可以把石墨看成是一条条裂纹，在外力作用下裂纹尖端将导致严重的应力集中，形成断裂源。灰铸铁的硬度和抗压强度主要取决于基体，因为在压缩载荷作用下石墨产生的裂纹是闭合的，故灰铸铁的抗压强度是其抗拉强度的 3~5 倍。

3）加工性能好

灰铸铁在切削加工时，石墨的润滑和断屑作用使其具有良好的切削加工性。在干摩擦的情况下，由于石墨本身的润滑作用，以及它从铸铁表面脱落后留下的孔洞具有储存润滑油的能力，使工作表面保持良好的润滑条件，故灰铸铁又有良好的减摩性。由于石墨组织松软，对振动传递有削减作用，所以灰铸铁的减振性能是钢无法比拟的，具有良好的减振性，在所有铸铁中，灰铸铁的减振性最好。

4）铸造性能好

灰铸铁的熔点比钢低，流动性好，凝固过程中析出了比热容较大的石墨，减小了收缩率，故具有良好的铸造工艺性能，能够铸造形状复杂的零件。

（4）灰铸铁的孕育处理

为了改善灰铸铁的组织和力学性能，生产中常采用孕育处理，即在浇注前向铁水中加入少量孕育剂（如硅铁、硅钙合金等），改变铁水的结晶条件，从而得到细小且均匀分布的片状石墨和细小的珠光体组织。经孕育处理后的灰铸铁称为孕育铸铁。孕育铸铁（HT300、HT350）的力学性能在灰铸铁中属佼佼者，其强度有较大的提高，塑性和韧性也有所改善，一般用于制造力学性能要求较高、截面尺寸变化较大的大型铸件。

（5）灰铸铁的热处理

由于热处理只能改变灰铸铁的基体组织，不能改变石墨的形状、大小和分布，故灰铸铁的热处理一般只用于消除铸件的内应力和白口组织、稳定尺寸、提高工件表面的硬度和耐磨性等。消除应力退火是将灰铸铁缓慢加热到 $500\sim600\ ℃$，保温一段时间，随炉降至 $200\ ℃$ 后出炉空冷。消除白口组织的退火是将灰铸铁加热到 $850\sim950\ ℃$，保温 $2\sim5\ h$，然后随炉冷却到 $400\sim500\ ℃$，出炉空冷，使渗碳体在高温和缓慢冷却中分解，用以消除白口组织，降低硬度，改善切削加工性。为了提高某些铸件的表面耐磨性，常采用表面淬火等方法，使工作面（如机床导轨）获得细小的马氏体基体+石墨组织。

（6）常用灰铸铁的牌号、力学性能及应用

常用灰铸铁的牌号、力学性能和应用如表9.1所示。

表9.1 常用灰铸铁的牌号、力学性能和应用

| 类别 | 牌号 | 力学性能 | | | 应用 |
|---|---|---|---|---|---|
| | | 拉伸强度 $R_m \geq$ MPa | 弯曲强度 $\sigma_{bb} \geq$ MPa | 硬度/HBW | |
| 铁素体灰铸铁 | HT100 | 100 | 260 | 143~229 | 低载荷和不重要的部件，如盖、外罩、手轮、支架等 |
| 铁素体+珠光体灰铸铁 | HT150 | 150 | 330 | 163~229 | 承受中等应力的零件，如底座、床身、工作台、阀体、管路附件及一般工作条件要求的零件 |
| 珠光体灰铸铁 | HT200 | 200 | 400 | 170~241 | 承受较大应力和较重零件，如汽缸体、齿轮、机座、床身、活塞、齿轮箱等 |
| | HT250 | 250 | 470 | 170~241 | |
| 孕育铸铁 | HT300 | 300 | 540 | 187~255 | 床身导轨，车床、冲床等受力较大的床身、机座、主轴箱、卡盘、齿轮等 |
| | HT350 | 350 | 610 | 197~269 | 高压油缸、泵体、衬套、凸轮、大型发动机的曲轴、汽缸体、汽缸盖等 |
| | HT400 | 400 | 680 | 207~269 | |

## 9.3.2 球墨铸铁

1948 年问世的球墨铸铁使铸铁的性能发生了质的飞跃。球墨铸铁是石墨呈球状分布的

灰铸铁，是将铁水经过球化处理而得到的，简称球铁。与片状石墨和团絮状石墨相比，因石墨呈球状，因此球墨铸铁是各种铸铁中力学性能最好的一种。其基体强度利用率高达70%～90%，拉伸强度、塑性、韧性高，可与钢相媲美。与钢一样，通过热处理可进一步提高力学性能。球墨铸铁同时还具有灰铸铁的减振性、耐磨性和低的缺口敏感性等一系列优点。适用于代替钢在静载荷或冲击不大的条件下工作的零件，如曲轴、凸轮轴等。

（1）牌号、力学性能及用途

球墨铸铁牌号用"QT+两组数字"表示，QT 为球铁在灰铸铁中属佼佼者，前一组数字表示最低拉伸强度，后一组数字表示最低伸长率。例如，QT500-7 表示拉伸强度 $R_m \geqslant 500$ MPa，断后伸长率 $A \geqslant 7\%$ 的球墨铸铁。表 9.2 是常用球墨铸铁的牌号、力学性能和应用。

表 9.2　常用球墨铸铁的牌号、力学性能和应用

| 牌号 | 基体 | 力学性能 | | | | | 应用 |
|---|---|---|---|---|---|---|---|
| | | 拉伸强度 $R_m$/MPa | 弯曲强度 $\sigma_{bb}$/MPa | 断后伸长率 $A \geqslant 8$ 7% | 冲击韧度 $a_K$(J/cm$^2$) | 硬度 /HBW | |
| QT400-17 | F | 400 | 250 | 17 | 60 | <179 | 受压阀门、轮壳、后桥壳、牵引架、铸管，农机件 |
| QT420-10 | F | 420 | 270 | 10 | 30 | <207 | |
| QT500-05 | F+P | 500 | 350 | 5 | | 147～241 | 油泵齿轮、阀门、轴瓦等、曲轴、连杆、凸轮轴、蜗杆、蜗轮，轧钢机轧辊、大齿轮、水轮机主轴、起重机、农机配件 |
| QT600-02 | P | 600 | 420 | 2 | | 229～302 | |
| QT700-02 | P | 700 | 490 | 2 | | 230～304 | |
| QT800-02 | P | 800 | 560 | 2 | | 241～321 | |

注：牌号依照 GB/T 5612—2008《铸铁牌号表示方法》，力学性能摘自 GB/T 1348—2019《球墨铸铁件》。

（2）性能特点

球墨铸铁与可锻铸铁相比，具有生产工艺简单（生产球墨铸铁只要对一定成分的铁液进行适当的处理，生产周期短；而生产可锻铸铁时的石墨化退火周期即使采取措施仍需 30 h 以上）、不受铸件尺寸限制（可锻铸铁的生产过程是先浇注成白口铸铁，为了得到全白口组织，铸件的尺寸不能太厚）等特点。球墨铸铁还可以像钢一样进行各种热处理，以改善其金属基体组织，进一步提高力学性能。因此，在很多场合下球墨铸铁可以代替钢使用。

由于石墨呈球状，对基体的削弱作用小得多，使球墨铸铁的强度和塑性有了很大的提高。灰铸铁的抗拉强度最高只有 400 MPa，而铸态球墨铸铁的抗拉强度最低值为 600 MPa，经热处理后可达到 700～900 MPa。而同样是铁素体基体，其塑性与可锻铸铁相比也有很大提高。球墨铸铁的一个突出优良性能是其屈服强度与抗拉强度的比值（屈强比）约为钢的两倍。因此，对于承受静载荷的零件，可用球墨铸铁代替钢，以减轻机器重量。但球墨铸铁的塑性、韧性比较差。就球墨铸铁而言，其力学性能的好坏取决于石墨的大小和基体的组织。球墨铸铁中石墨球径越大，性能越差；球径越小，性能越好。珠光体球墨铸铁的抗拉强度是铁素体球墨铸铁的一倍，后者的断后伸长率是前者的 5 倍以上；以回火马氏体为基体的球墨铸铁具有高的强度、硬度；以下贝氏体为基体的球墨铸铁具有良好的综合力学性能。

（3）处理方法

生产球墨铸铁时必须要进行脱硫处理、球化处理（浇注前必须先往铁液中加入能促使石墨结晶成球状的球化剂）和孕育处理（指球化处理后立即加入石墨化元素而进行的处理）。

（4）热处理

在铸态下，球墨铸铁的基体是有不同数量的铁素体、珠光体，甚至自由渗碳体同时存在的混合组织。在生产中经过退火、正火、调质处理、等温淬火等不同的热处理后，球墨铸铁可获得铁素体、铁素体+珠光体、珠光体+贝氏体等不同的基体组织，如图9.7所示；也可获得贝氏体、马氏体、托氏体、索氏体和奥氏体等基体组织。

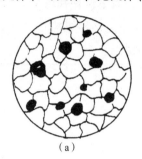 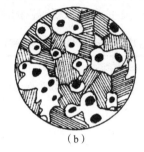 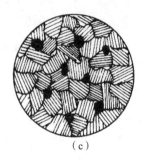

（a）　　　　　　　　　　（b）　　　　　　　　　　（c）

图9.7　球墨铸铁的显微组织

（a）铁素体球墨铸铁；（b）铁素体+珠光体球墨铸铁；（c）珠光体球墨铸铁

### 9.3.3　蠕墨铸铁

随着铸铁的发展，人们发现了石墨的另一种形态——蠕虫状，但当时被认为是球墨铸铁球化不良的缺陷形式。进入20世纪60年代中期，人们已经认识到具有蠕虫状石墨的蠕墨铸铁在性能上具有一定的优越性，并逐步将其发展成为独具一格的铸铁——蠕墨铸铁。它是在一定成分的铁水中加入适量的蠕化剂，获得形态介于片状与球状之间，形似蠕虫状石墨的铸铁。蠕墨铸铁中的石墨在光学显微镜下的形状似乎也呈片状，但其石墨片短而厚，头部较钝、较圆，形似蠕虫状，是一种介于片状与球状石墨之间的一种过渡性石墨。

（1）牌号及用途

蠕墨铸铁的牌号用"蠕铁"两字的汉语拼音字首RUT加数字表示，其中数字代表最小抗拉强度值。例如，RUT420、RUT340分别表示最小抗拉强度为420 MPa和340 MPa的蠕墨铸铁。各牌号蠕墨铸铁的主要区别在于基体组织。

蠕墨铸铁已在工业中得到广泛应用，主要用来制造大功率柴油机缸盖、气缸套、电动机外壳、机座、机床床身、阀体、玻璃模具、起重机卷筒、纺织机零件，以及钢锭模等铸件。

（2）性能特点

蠕墨铸铁的力学性能介于相同基体组织的灰铸铁和球墨铸铁之间，其铸造性能和热传导性、耐疲劳性及减振性与灰铸铁相近。蠕墨铸铁较球墨铸铁在性能上的优越性在于它具有优良的抗热疲劳性以及优良的导热性，而且其铸造性能、减振性能也优于球墨铸铁。

（3）化学成分。

蠕墨铸铁的化学成分与球墨铸铁的成分要求基本相似，即高碳、低硫及一定成分的硅、锰。$\omega_C = 3.5\% \sim 3.9\%$，$\omega_{sc} = 2.2\% \sim 2.8\%$，$\omega_{Mn} = 0.4\% \sim 0.8\%$，硫、磷的质量分数均小于0.1%（最好为0.06%以下），碳当量为4.3%~4.6%。

（4）蠕化处理

蠕墨铸铁是在具有上述成分的铁液中加入适量的蠕化剂进行蠕化处理后获得的。蠕量铸铁蠕化处理后还要进行孕育处理，以获得良好的蠕化效果。我国目前采用的蠕化剂主要有稀土镁钛合金，稀土镁、硅铁或硅钙合金。

## 9.3.4　可锻铸铁

可锻铸铁是指将白口铸铁通过石墨化退火或氧化脱碳处理，改变其金相组织成分而获得的有一定韧性的铸铁。

在汽车、农业机械上常有一些截面较薄，工作中又受到冲击和振动的零件。若用灰铸铁制造则韧性不足，而铸钢的铸造性能差，又不能用锻造法生产，因此也不易获得合格产品，且价格较贵。在这种情况下，就要利用铸铁的优良铸造性能，先铸成一定化学成分的白口铸铁铸件，然后经过石墨可锻化退火处理，将 $Fe_3C$ 分解为团絮状的石墨，即获得可锻铸铁。但需注意，可锻铸铁并不可锻造。

（1）牌号及用途

可锻铸铁的牌号用 KTH、KTZ 和后面的两组数字表示，KT 为"可锻"两字的汉语拼音字首，KTH 表示黑心可锻铸铁，KTZ 表示珠光体可锻铸铁，其后面的两组数字分别表示最低抗拉强度和最低断后伸长率。例如：KTH300-06 表示黑心可锻铸铁，其最低抗拉强度 $R_m =$ 300 MPa，最低断后伸长率 $A = 6\%$。常用可锻铸铁的牌号、力学性能、硬度如表 9.3 所示。

表 9.3　常用可锻铸铁的牌号、力学性能、硬度

| 类别 | 牌号 | 试样直径 $d$/mm | 力学性能 | | | 硬度 /HBW |
|---|---|---|---|---|---|---|
| | | | 拉伸强度 $R_m$/MPa | 弯曲强度 $\sigma_{bb}$/MPa | 断后伸长率 $A$/% （$L_0 = 3d$） | |
| | | | （不小于） | | | |
| 黑心可锻铸铁 | KTH300-06 | 12 或 15 | 300 | — | 6 | ≤150 |
| | KTH330-08 | | 330 | — | 8 | — |
| | KTH350-10 | | 350 | 200 | 10 | — |
| | KTH370-12 | | 370 | — | 12 | — |
| 珠光体可锻铸铁 | KTZ450-06 | | 450 | 270 | 6 | 150~200 |
| | KTZ550-04 | | 550 | 340 | 4 | 180~230 |
| | KTZ650-02 | | 650 | 430 | 2 | 210~260 |
| | KTZ700-02 | | 700 | 530 | 2 | 240~290 |

近年来，不少可锻铸铁件已被球墨铸铁件代替。但可锻铸铁的韧性和耐蚀性好，适宜制造形状复杂、承受冲击的薄壁铸件及在潮湿环境中工作的零件。如汽车、拖拉机的前后轮壳、减速器壳、转向机构等。与球墨铸铁相比其具有质量稳定、铁水处理简易、易于组织流水线生产等优点。

（2）组织及性能

可锻铸铁分为黑心（铁素体）可锻铸铁和珠光体可锻铸铁两种类型，如图 9.8 所示。

把白口铸铁经高温石墨化退火，完成共晶渗碳体的分解以及随后自奥氏体中析出二次石墨的过程，称为石墨化的第一阶段（可锻铸铁因其含 C、Si 较少，石墨化退火前为亚共晶白口铸铁，故不存在一次渗碳体）；把奥氏体发生共析转变形成铁素体+石墨的过程，称为石墨化的第二阶段（低温退火）。

在退火中，如果这两个阶段都进行得很充分，将得到铁素体+团絮状石墨的组织，如图 9.8（a）所示，即铁素体可锻铸铁。因其断口心部为铁素体基体，其上分布着大量的石墨而呈灰黑色，表层因退火时脱碳而呈灰白色，故又称黑心可锻铸铁。

如果完成了石墨化的第一阶段并析出二次石墨后以较快速度冷却（出炉空冷），使第二阶段的石墨化不能进行，则将得到珠光体可锻铸铁，如图 9.8（b）所示。

由于团絮状石墨对金属基体的割裂作用大为减弱，故使可锻铸铁的强度、塑性、韧性较灰铸铁都有明显提高。

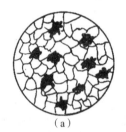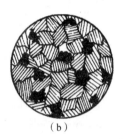

图 9.8　可锻铸铁的显微组织

（a）铁素体可锻铸铁；（b）珠光体可锻铸铁

（3）生产过程

可锻铸铁的生产过程较为复杂，其退火时间长、生产率低、能耗大、成本较高。可锻铸铁的生产过程分为两步，第一步先铸成白口铸铁件，第二步再经高温长时间的可锻化退火，使渗碳体分解出团絮状石墨。首先要获得全白口组织的铸铁，如果铸态组织中出现了片状石墨，则在进行石墨化退火时，$Fe_3C$ 分解的石墨将依附在片状石墨上长大，从而不能得到团絮状的石墨。为此，要适当降低 C、Si 等促进石墨化的元素含量，但也不能太低，否则会使退火时的石墨化困难，延长退火周期。C、Si 含量的大致范围为 $\omega_C = 2.0\% \sim 2.6\%$、$\omega_{Si} = 1.1\% \sim 1.6\%$。

## 9.3.5　合金铸铁

为了进一步提高铸铁的性能和获得某些特殊的物理、化学性能，在灰铸铁或球墨铸铁中加入一些合金元素，可使铸铁具有某些特殊性能，这些铸铁称为合金铸铁，或特殊性能铸铁。

铸铁合金化的目的有两个：一是为了强化铸铁组织中金属基体部分并辅之以热处理，获得高强度铸铁；另一个是赋予铸铁以特殊性能，如耐热、耐磨、耐蚀等。在铸铁中加入 Si、Al、Cr 元素，通过高温氮化，在表面形成致密、牢固、匀整的氧化膜，阻止产生铸铁内氧化，提高铸铁的使用温度。常用的有中硅、高铝、含铬耐热铸铁。铸铁中加入 Co、Mo、Mn、S、P、Cr、Ti 等合金元素，得到磷铜钛、铬钼铜、铬铜、铜钪钛、稀土钪钛耐磨铸铁。

下面再介绍几种常见的特殊性能铸铁。

（1）耐蚀铸铁

耐蚀铸铁是指在酸、碱等介质中具有抗腐蚀能力的铸铁。耐蚀铸铁主要用于制作化工机械，如容器、管道、泵、阀门等零件。为了提高铸铁的耐蚀性，常加入的合金元素有 Cr、Si、Al、Cu、Mo、Ni 等，加入这些元素后，在铸件表面会形成连续、牢固、致密的保护膜，并可提高铸铁基体的电极电位，还可使铸铁得到单相铁素体或奥氏体基体，能够显著提高其耐蚀性。

常用的耐蚀铸铁有高硅耐蚀铸铁、高硅钼耐蚀铸铁、高铝耐蚀铸铁、高铬耐蚀铸铁、镍铸铁等。耐蚀铸铁主要用于化工机械，如管道、阀门、耐酸泵、离心泵、反应锅及容器等。常用的高硅耐蚀铸铁的牌号有 STSi11Cu2CrRE、STSi5RE、STSi15Mo3RE 等。牌号中的 ST 表示耐蚀铸铁，RE 是稀土代号，数字表示合金元素的质量分数。如果牌号中有字母 Q，则表示耐蚀球墨铸铁，数字表示合金元素的质量分数，如 SQTAl5Si5 等。

常用耐蚀铸铁的主要化学成分及应用如表 9.4 所示。

表 9.4　常用耐蚀铸铁的主要化学成分及应用

| 类别 | 化学成分（质量分数）/% | 应用 |
|---|---|---|
| 高硅耐蚀铸铁 | C：0.5~0.8　S：14.4~16.0<br>Mn：0.3~0.8 | 在酸中均有良好的耐蚀性，用于制造化工、化肥、石油、医药设备中的零件 |
| 高铝耐蚀铸铁 | C：2.8~3.3　Al：4~6　Si：1.2~2.0<br>Mn：0.5~1.0 | 用于制造氯化铵及碳酸氢铵设备中的零件 |

（2）耐热铸铁

耐热铸铁具有抗高温氧化等性能，能够在高温下承受一定载荷。在铸铁中加入 Al、Si、Cr 等合金元素，可以在铸铁表面形成致密的保护性氧化膜，使铸铁在高温下具有抗氧化的能力，同时能够使铸铁的基体变为单相铁素体。加入 Ni、Mo 等合金元素能增加在高温下的强度和韧性，从而提高铸铁的耐热性。

常用的耐热铸铁有中硅耐热铸铁、中硅球墨铸铁、高铝球墨铸铁、铝硅球墨铸铁、总铬耐热铸铁等，主要用于制造加热炉附件，如炉底板、加热炉传送链构件、换热器、渗碳坩埚等。

常用耐热铸铁的化学成分及应用如表 9.5 所示。

表 9.5　常用耐热铸铁的化学成分及应用

| 类别 | 化学成分（质量分数）/% | | | | | | 使用温度/℃ | 应用 |
|---|---|---|---|---|---|---|---|---|
| | $\omega_C$/% | $\omega_{Si}$/% | $\omega_{Mn}$/% | $\omega_P$/% | $\omega_S$/% | 其他 | | |
| 中硅耐热铸铁 | 2.2~3.0 | 5.0~6.0 | <1.0 | <0.2 | <0.12 | Cr：0.5~0.9 | ≤350 | 烟道挡板、换热器等 |
| 中硅球墨铸铁 | 2.4~3.0 | 5.0~6.0 | <0.7 | <0.1 | <0.03 | Mg：0.04~0.07<br>（RE：0.15~0.035） | 900~950 | 加热炉底板、化铝电阻炉坩埚等 |
| 高铝球墨铸铁 | 1.7~2.2 | 1.0~2.0 | 0.4~0.8 | <0.2 | <0.01 | Al：21~24 | 1 000~1 100 | 加热炉底板、渗碳罐、炉子传递链构件等 |
| 铝硅球墨铸铁 | 2.4~2.9 | 4.4~5.4 | <0.5 | <0.1 | <0.02 | Al：40~50 | 950~1 050 | |
| 总铬耐热铸铁 | 1.5~2.2 | 1.3~1.7 | 0.5~0.8 | ≤0.1 | ≤0.1 | Cr：32~36 | 1 100~1 200 | 加热炉底板、炉子传递链构件等 |

（3）耐磨铸铁

为提高铸铁的耐磨性，可在铸铁中加入一些 Cu、Mo、Cr、Mn、Ni、P 等合金元素。一般耐磨铸铁按其工作条件大致可分为两大类，一类是在无润滑、干摩擦或磨料磨损条件下工作的耐磨铸铁，它具有均匀的高硬度组织和必要的韧性，包括高铬白口铸铁、低合金白口铸铁、中锰球墨铸铁和冷硬铸铁等，可用作轧辊、犁铧、破碎机和球磨机零件等。白口铸铁多半是在干摩擦情况下，通过破坏摩擦对偶而保全自身并具有较长的工作寿命，如球磨机的衬板和磨球等。欲进一步提高白口铸铁的耐磨性，可通过在铸铁中加入 Cr、Ni、Mo、V 等元素，提高其淬透性，从而得到铸态下具有马氏体组织的白口铸铁，也可使用$\omega_{Ni}=5\%$、$\omega_{Mo}=7\%$、$\omega_{Si}=3.3\%\sim5\%$的中锰合金球墨铸铁，其组织为马氏体+贝氏体+部分奥氏体+碳化物，在具有很高的硬度和耐磨性的同时又具有一定的韧性。

另一类是在润滑条件下工作的减摩铸铁，它具有较低的摩擦因数，能够很好地保持连续油膜，最适宜的组织形式应是在软的基体上分布着坚硬的骨架，以便使基体磨损后形成保持润滑剂的"沟槽"，其坚硬突出的骨架承受压力。常用的减摩铸铁有高磷铸铁和钒钛铸铁，常用于机床导轨、气缸套和活塞环等。例如，由灰铸铁制成的摩擦对（气缸套和活塞环），要求其摩擦因数小、磨损量低、彼此不损害对方偶件，一般是在润滑状态下工作。如果在灰铸铁的基础上提高磷含量，使其达到 $\omega_P=0.4\%\sim0.6\%$，得到高磷铸铁；在高磷铸铁的基础上再加入 Cu 和 Ti，即可得到磷铜钛耐磨铸铁。

## 9.3.6 几种最新规定的国家常用特殊铸铁的代号及牌号

几种最新规定的国家常用特殊铸铁的代号及牌号如表 9.6 所示。

表 9.6 几种最新规定的国家常用特殊铸铁的代号及牌号

| 类别 | 名称 | 代号 | 牌号 |
|---|---|---|---|
| 抗磨类 | 耐磨灰铸铁 | HTM | HTM Cu1CrMo |
| | 抗磨球墨铸铁 | QTM | QTM Mn8-30 |
| | 抗磨白口铸铁 | BTM | BTM Cr15Mo |
| 耐蚀类 | 耐蚀灰铸铁 | HTS | HTS Ni2Cr |
| | 耐蚀球墨铸铁 | QTS | QTS Ni20Cr2 |
| | 耐蚀白口铸铁 | BTS | BTS Cr28 |
| 耐热类 | 耐热灰铸铁 | HTR | HTR Cr |
| | 耐热球墨铸铁 | QTR | QTR Si5 |
| | 耐热白口铸铁 | BTR | BTR Cr16 |

**案例：机床床身的选材及热处理**

机床有很多种类，车床是机床中应用最广泛的切削加工设备，尤其是普通车床，如图 9.9（a）所示。图 9.9（b）为车床的床身，它是车床的基础零件。试分析怎样对车床床身进行选材？如何处理？

（1）车床床身的工作

车床床身是用来支撑和安装车床的各部件，并保证其相对位置，如主轴箱、进给箱、溜板箱、尾座等。

（2）车床床身的选材

车床床身主要承受压应力和加工零件时的振动，因此要求床身具有足够的刚度和强度。

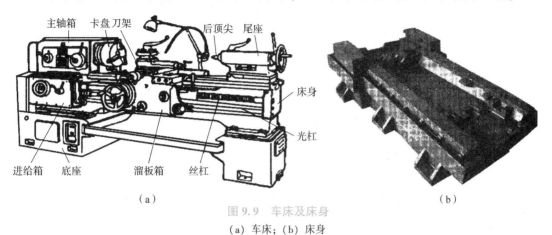

图 9.9　车床及床身

（a）车床；（b）床身

（3）床身的选材和热处理工艺

选灰口铸铁 HT250，热处理工艺采用退火及表面淬火。

### 本章小结

①铸铁是指碳含量大于 2.11% 的铁碳合金。碳在铸铁中的存在形式有两种：游离态的石墨（C）或化合态的渗碳体（$Fe_3C$）。根据碳在铸铁中存在的形式不同，铸铁可分为白口铸铁、灰铸铁、可锻铸铁、球墨铸铁、蠕墨铸铁。根据铸铁石墨形态的不同，灰口铸铁又可分为灰铸铁、可锻铸铁、球墨铸铁和蠕墨铸铁。

②铸铁中的碳原子以石墨形式析出的过程称为石墨化。影响铸铁石墨化过程的主要因素有铸铁的化学成分和冷却速度。在灰口铸铁中，石墨对基体产生割裂，因此其强度、塑性等低于同类基体的钢，但灰口铸铁具有较好的减振、减磨及切削加工性能。石墨的形态和分布对灰口铸铁力学性能的影响较大，球状石墨对基体的割裂作用最小，因此球墨铸铁具有较高的强度和塑性。热处理可以改变灰口铸铁的基体组织，但不能改变石墨的形态和分布。

### 复习思考题和习题

9.1　什么是铸铁？与钢相比，铸铁有何特点？

9.2　根据碳在铸铁中的存在形式的不同，铸铁可分为哪几类？

9.3　试述石墨对铸铁性能的影响。

9.4　灰铸铁石墨化过程中，若第一阶段完全石墨化，第二阶段石墨化分别为完全进行、部分进行、没有进行时，问它们各获得什么组织的铸铁？

9.5 判断下列说法是否正确，为什么？

(1) 石墨化过程中第一阶段的石墨化最不易进行。

(2) 采用球化退火可以获得球墨铸铁。

(3) 可锻铸铁可以锻造加工。

(4) 白口铸铁由于其硬度较高，故可作切削工具使用。

(5) 灰铸铁不能整体淬火。

9.6 灰铸铁具有哪些优良的性能？

9.7 什么是灰铸铁的孕育处理？孕育处理的目的是什么？

9.8 铸件为什么要进行去应力退火？

9.9 什么是可锻铸铁？其是如何获得的？可锻铸铁为什么不能进行锻造成型？

9.10 什么是球墨铸铁？其是如何获得的？它有何特点？

9.11 从综合力学性能和工艺性能来比较灰铸铁、球墨铸铁和可锻铸铁。

9.12 什么是合金铸铁？其有何特点？

9.13 解释下列材料牌号的含义：

HT100、HT200、QT400-18、QT900-02、RUT260、KTH300-06、KTZ700-02

9.14 选择题

(1) 机床的床身、机座、机架、箱体等铸件适宜采用 ( ) 铸造。

A. 灰铸铁　　　　　B. 可锻铸铁　　　　　C. 球墨铸铁　　　　　D. 蠕墨铸铁

(2) 灰铸铁牌号 HT250 中的数字 250 表示 ( ) 的最低值。

A. 抗拉强度　　　　B. 屈服强度　　　　　C. 冲击韧度　　　　　D. 疲劳强度

# 第 10 章　非铁金属及其合金

## 10.1　认识非铁金属（或称有色金属）

前面已述及，工业上使用的金属材料，分为黑色金属和有色金属两大类。钢和铸铁称为黑色金属，除钢和铸铁之外的其他金属及其合金称为有色金属（非铁金属）。

非铁金属是除钢铁材料以外的其他金属材料的总称，如铝、镁、铜、锌、锡、铅、镍、钛、金、银、铂、钒、钼等金属及其合金就属于非铁金属。非铁金属种类较多，冶炼比较难，成本较高，故其产量和使用量远不如钢铁材料多。但是由于非铁金属具有钢铁材料所不具备的某些物理性能和化学性能，因而是现代工业中不可缺少的重要金属材料，广泛应用在机械制造、航空、航海、汽车、石化、电力、电器、核能及计算机等行业。

本章主要介绍工业上广泛使用的铝合金、铜合金、钛合金、滑动轴承合金、其他非铁金属、材料和硬质合金等非铁金属的性能、特点、用途等，从而为合理选用材料打下基础。

## 10.2　铝及其合金

### 10.2.1　概述

#### 1. 铝和纯铝

铝在地壳中储量丰富，在地壳中约占 8.2%（质量分数），居所有金属元素之首，因其性能优异，已在几乎所有工业领域中得到应用。

铝具有银白色光泽，具有优良的导电性、导热性（仅次于银和铜），是非磁性材料。铝及铝合金的化学性质活泼，在空气中极易氧化形成一层牢固致密的表面氧化膜，从而使其在空气及淡水中具有良好的耐蚀性。常用铝导线的导电能力约为铜的 61%，其导热能力为银的 50%。虽然纯铝极软且富延展性，但仍可通过冷加工及制成合金来使它硬化。铝作为轻型结构材料，当其质量分数不低于 99.00% 时为纯铝。

**2. 铝合金**

铝合金是以铝为基础，加入一种或几种其他元素（如 Cu、Mg、Si 等）而构成的合金。铝合金重量轻，强度大，又保持纯铝的优良特性。

## 10.2.2　纯铝的性能、牌号及用途

### 1. 纯铝的性能

铝按含铝质量分数的多少分为高纯铝、工业高纯铝和工业纯铝，纯度依次降低。高纯铝含铝的质量分数为 99.93%~99.996%，主要用于科学试验、化学工业和其他特殊领域；工业高纯铝含铝的质量分数为 99.85%~99.9%；工业纯铝含铝的质量分数为 98.0%~99.0%。

纯铝密度是 2.7 g/cm³，约为铁的 1/3；熔点是 660 ℃，结晶后具有面心立方晶格，无同素异构转变现象，无铁磁性；纯铝有良好的导电和导热性能，仅次于银和铜，室温下的导电能力为铜的 60%~64%；铝和氧的亲和力强，容易在其表面形成致密的 $Al_2O_3$ 薄膜，该薄膜能有效地防止内部金属继续氧化，故纯铝在非工业污染的大气中有良好的耐蚀性，但纯铝不耐碱、酸、盐等介质的腐蚀；纯铝的塑性好（$A \approx 40\%$，$Z \approx 80\%$），但强度低（$R_m \approx 80$~100 MPa）；纯铝不能用热处理进行强化，合金化和冷变形是其提高强度的主要手段，纯铝经冷变形强化后，其强度可提高到 150~250 MPa，而塑性则下降到 $Z = 50\% \sim 60\%$。

此外，纯铝易加工，添加一定的合金元素后，可获得良好铸造性能的铸造铝合金或加工塑性好的变形铝合金，常用其来配制铝合金和做铝合金的包覆层。

纯铝具有极好的塑性和低的强度（当其纯度为 99.99 %时，$R_m = 45$ MPa，$A = 50\%$），还具有良好的低温塑性，直到温度为 253℃时其塑性和韧性也不降低。因而纯铝的工艺性能优良，易于铸造、切削，也易于通过压力加工制成各种规格的半成品。但纯铝的强度、硬度低，不适于制造受力的机械零件和结构材料。

### 2. 纯铝的牌号

纯铝有重熔用的铝锭和高纯铝，铝锭牌号用"Al+数字"表示，即 GB/T 1196—2017《重熔用铝锭》中对纯度在 99%以上的铝锭采用在 Al 后+数字 99，再在 99 的小数点后加两位数字表示纯度高低。例如：Al99.90 表示铝含量为 99.90%，Fe、Si、Cu、Ga、Mg 和 Zn 等杂质总量和约等于 0.10%，常用牌号有 Al99.90、Al99.85、Al99.70A、Al99.70、Al99.60、Al99.50 和 Al99.00，其中 Al99.70A 含 Si、Cu 和 Ga 杂质少于 Al99.70。

高纯铝沿用有色金属行业标准 GB/T 16474—2011《变形铝及铝合金牌号表示方法》，共有 Al-5N、Al+5N5 两个牌号，前者铝含量为 99.999%，后者铝含量为 99.9995%，余量为杂质元素 Cu、Si、Fe、Ti、Zn、Ga 的总量和。

### 3. 纯铝的用途

纯铝主要用作配制铝基合金。此外，纯铝还可用于制作电线、铝箱、屏蔽壳体、反射器、包覆材料及化工容器等。

## 10.2.3　铝合金

铝合金是以纯铝为基础，加入一种或几种其他元素（如 Cu、Mg、Si、Mn、Zn 等）构

成的合金。向纯铝中加入适量的 Cu、Mg、Si、Mn、Zn 等合金元素，可得到具有较高强度的铝合金。若再经过冷加工或热处理，其抗拉强度可进一步提高到 400 MPa 以上，而且铝合金的比强度（抗拉强度与密度的比值）高，具有良好的耐蚀性和可加工性。因此，铝合金在航空和航天工业中得到广泛应用。各种运载工具，特别是飞机、导弹、火箭、人造地球卫星等，均使用大量的铝。一架超声速飞机的用铝量占其自身重量的 70%，一枚导弹的用铝量占其总重量的 10% 以上；2008 年北京奥运会的"祥云"火炬（见图 10.1）的材质就是铝合金。

**1. 铝合金的分类**

铝合金分为变形铝合金和铸造铝合金两类。

（1）变形铝合金

图 10.2 是二元铝合金的一般相图，图中的 $DF$ 线是合金元素在 α 固溶体中的溶解度变化曲线，$D$ 点是合金元素在 α 固溶体中的最大溶解度。合金元素含量低于 $D$ 点的合金，当其加热到 $DF$ 线以上时，能形成单相固溶体的组织，因而其塑性较高，适于压力加工，故称为变形铝合金。其中合金元素含量在 $F$ 点以左的合金，由于其固溶体化学成分不随温度而变化，不能进行热处理强化，故称为不可热处理强化的铝合金。而合金元素含量在 $F$ 点以右的铝合金（包括铸造铝合金），其固溶体化学成分随温度变化而沿 $DF$ 线变化，可以用热处理的方法使合金强化，故称为可热处理强化的铝合金。

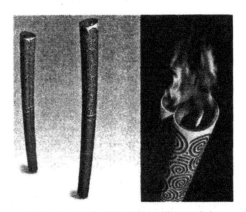

图 10.1　铝合金制作的"祥云"火炬

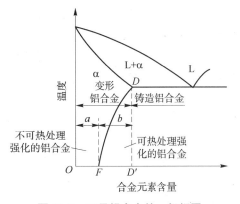

图 10.2　二元铝合金的一般相图

变形铝合金具有良好的塑性，可以在冷态或热态下进行压力加工。根据合金的热处理及性能特点可分为：

①不可热处理强化的防锈铝合金；

②可热处理强化的硬铝、超硬铝和锻铝合金。

（2）铸造铝合金

合金元素含量超过 $D$ 点化学成分的铝合金，具有共晶组织，适合于铸造加工，不适于压力加工，故称为铸造铝合金。

铸造铝合金具有良好的抗蚀性及铸造工艺性，但塑性差，常采用变质处理和热处理的方法提高其力学性能。铸造铝合金按主加元素的不同分为铝-硅系，铝-铜系，铝-镁系和铝-锌系 4 大类。

铝合金的分类和性能特点如表 10.1 所示。

表 10.1 铝合金的分类和性能特点

| 分类 | 合金名称 | | 合金系 | 性能特点 | 示例 |
|---|---|---|---|---|---|
| 变形铝合金 | 不可热处理强化的铝合金 | 防锈铝合金 | Al-Mn | 抗蚀性、压力加工性与焊接性能好，但强度较低 | LF2 |
| | | | Al-Mg | | LF5 |
| | 可热处理强化的铝合金 | 硬铝合金 | Al-Cu-Mg | 力学性能高 | LY11、LY12 |
| | | 超硬铝合金 | Al-Cu-Mg-Zn | 室温强度最高 | LC4 |
| | | 锻铝合金 | Al-Mg-Si-Cu | 锻造性能好 | LD5、LD10 |
| | | | Al-Cu-Mg-Fe-Ni | 耐热性能好 | LD8、LD7 |
| 铸造铝合金 | 铸造铝硅合金 | | Al-Si | 耐热性好 | ZL102 |
| | 铸造铝铜合金 | | Al-Cu | 耐热性好，铸造性能与抗蚀性差 | ZL201 |
| | 铸造铝镁合金 | | Al-Mg | 力学性能高，抗蚀性好 | ZL301 |
| | 铸造铝锌合金 | | Al-Zn | 能自动淬火，宜于压铸 | ZlA01 |

**2. 铝合金的热处理**

大多数的铝合金还可以通过热处理来改善其性能。铝合金常用的热处理方法有退火，固溶与时效等。

（1）铝合金的退火

铝合金退火的主要目的是消除应力或偏析，稳定组织，提高塑性。退火时将铝合金加热至 200~300 ℃，适当保温后空冷，或先缓冷到一定温度后再空冷。再结晶退火可以消除变形铝合金在塑性变形过程中产生的冷变形强化现象。再结晶退火的温度视合金成分和冷变形条件而定，一般在 350~450 ℃。

退火可消除铝合金的加工硬化，恢复其塑性变形能力，消除铝合金铸件的内应力和化学成分偏析。淬火+时效处理能使淬火铝合金达到最高强度。

（2）铝合金的固溶与时效处理

固溶与时效是铝合金热处理强化的主要工艺。铝合金一般具有图 10.2 所示类型的相图。将化学成分位于图中 $D'$、$F$ 之间的合金加热至 $\alpha$ 相区，经保温形成单相的固溶体，然后快冷（淬火），使溶质原子来不及析出，至室温获得过饱和的 $\alpha$ 固溶体组织，这一热处理过程称为固溶处理。淬火后的铝合金虽可固溶强化，但强化效果不明显，塑性却得到改善。由于过饱和的 $\alpha$ 固溶体是不稳定的，随着时间的延长，其中将形成众多的溶质原子局部富集区（称为 $GP$ 区），进而析出细小弥散分布且与母相共格的第二相或第二相的过渡相，从而引起晶格严重畸变（见图 10.3），阻碍位错的运动。此时铝合金的强度、硬度显著升高，这便是时效强化，这一过程称为时效处理。具有极限溶解度 $D'$ 点附近的合金，时效强化效果最大。合金元素含量位于 $F$ 点以左时，由于加热与冷却时组织无变化，显然无法对其进行时效强化，故称为不可热处理强化的铝合金。合金元素含量位于 $F$ 点以右的合金，其组织为固溶体与第二相的混合物，因为时效过程只在 $\alpha$ 固溶体中发生，故其时效强化效果将随着合金元素含量向右远离 $F$ 点而逐渐增大至 $D'$ 点附近，此时时效强化效果最明显。

铝合金时效的强化效果还与加热温度和保温时间有关，如图 10.4 所示。经淬火的铝合金在时效初期强度变化很小，这段时间称为孕育期。铝合金在孕育期内有很好的塑性，可在此时对其进行各种冷塑性变形加工，或对淬火变形的零件进行校正。孕育期过后，铝合金的强度、硬度很快升高。自然时效时，经 4~5d 后达到最大强度；人工时效时，时效温度越高，强化效果越差。时效温度过高或时间过长，铝合金的强度、硬度反而下降，即发生了过时效，这与铝合金中析出第二相晶粒有关。

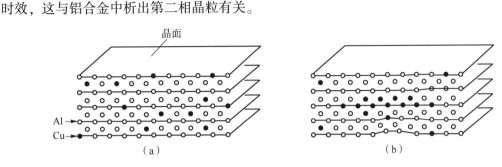

图 10.3　铝合金固溶与时效过程的组织变化

（a）淬火状态；（b）时效状态

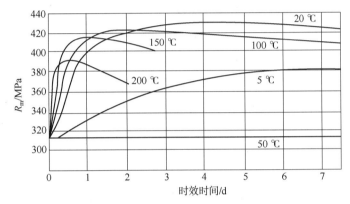

图 10.4　$\omega_C = 4\%$的铝合金在不同温度下的时效曲线

3. 常用的变形铝合金

变形铝合金加热时能形成单相固溶体组织，塑性较好，适于压力加工，它通过轧制、挤压、拉伸、锻造等塑性变形加工，可改善组织、提高性能，制成板、带、箔、管、型、棒、线和锻件等各种铝材。它包括防锈铝合金、硬铝合金、超硬铝合金及锻铝合金等。

（1）变形铝合金的编号

变形铝合金按热处理的强化效果分为可热处理强化的铝合金和不可热处理强化的铝合金；按主加元素的不同分为铝铜、铝锰、铝硅、铝镁、铝镁硅、铝锌镁等几个主要合金系列，近代又发展了铝锂合金系。变形铝合金旧牌号用汉语拼音字母和数字表示，字母表示合金的类别，数字表示具体合金序号，主要有防锈铝（LF）、硬铝（LY）、锻铝（LD）、超硬铝（LC）、特殊铝（LT）和钎焊铝（LQ）等。近年来为了与国际接轨，我国制定了变形铝及铝合金的新牌号。其牌号命名的基本原则是，国际 4 位数字体系牌号可直接引用；未命名为国际 4 位数字体系牌号的变形铝及铝合金，采用 4 位字符牌号（试验铝及其合金在 4 位字符牌号前加×）。4 位字符牌号的第 1、3、4 位为阿拉伯数字，第 2 位为大写英文字母。第 1 位数字表示铝及铝合金的组或系别：1×××——纯铝，2×××——Al-Cu 系，3×××——Al-Mn 系，4×××——Al-Si 系，5×××——Al-Mg 系，6×××——Al-Mg-Si 系，7×××——Al-Zn 系，8×××——Al-其他元素，9×××——备用系。第 2 位字母表示原始纯铝或铝合金的改型情况，最后两位数字表示同一组或系中不同的铝合金或铝的不同纯度。

（2）各类变形铝合金

1）防锈铝

它属于不可热处理强化的变形铝合金，可通过冷压力加工（冷作硬化）提高其强度，主要是 Al-Mn 系和 Al-Mg 系合金，如 5A02、3A21 等。防锈铝具有比纯铝更好的耐蚀性，具有良好的塑性及焊接性能，强度较低，易于成型和焊接。

防锈铝主要用于制造要求具有较高耐蚀性的油箱、导油管、生活用器皿（见图 10.5）、窗框、铆钉、防锈蒙皮、中载荷零件和焊接件等。

（a）　　　　　　　　　（b）　　　　　　　　　（c）

图 10.5　变形铝合金产品

（a）铝合金窗；（b）铝合金易拉罐；（c）铝合金锅

2）硬铝

它属于 Al-Cu-Mg 系合金，如 2Al1、2Al2 等。硬铝具有强烈的时效硬化能力，在室温具有较高的强度和耐热性，但其耐蚀性比纯铝差，尤其是耐海洋大气腐蚀的性能较低，可焊接性也较差，所以，有些硬铝的板材常在其表面包覆一层纯铝后使用。

硬铝主要用于制造中等强度的构件和零件，如铆钉、螺栓，航空工业中的一般受力结构件（如飞机翼肋、翼梁等）。Al-Cu-Mg 系合金是使用最早，用途很广，具有代表性的一种铝合金，由于该合金的强度和硬度高，故称为硬铝，又称杜拉铝（苏联人杜拉发明）。

3）超硬铝

它属于 Al-Cu-Mg-Zn 系合金，这类铝合金是在硬铝的基础上再添加锌元素形成的，如 7A04、7A09 等。超硬铝经固溶处理和人工时效后，可以获得在室温条件下强度最高的铝合金，但应力腐蚀倾向较大，热稳定性较差。

超硬铝主要用于制造受力大的重要构件及高载荷零件，如飞机大梁、桁架（见图 10.6）、翼肋（见图 10.7）、活塞、加强框、起落架、螺旋桨叶片等。

图 10.6　飞机桁架

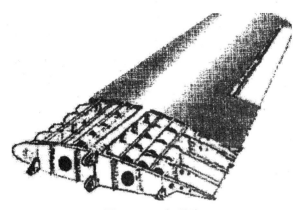

图 10.7　飞机翼肋

4）锻铝

它属于 Al-Cu-Mg-Si 系合金，如 2A50、2A70 等。锻铝具有良好的冷热加工性能和焊接性能，其力学性能与硬铝相近，适于采用压力加工（如锻压、冲压等）。

锻铝主要用来制造各种形状复杂的零件（如内燃机活塞、叶轮等）或棒材。

常用变形铝合金的牌号、化学成分、力学性能及应用如表 10.2 所示。

表 10.2　常用变形铝合金的牌号、化学成分、力学性能及应用

| 类别 | 牌号 | 化学成分（质量分数）/% | | | | | | | 状态 | 力学性能 | | | 应用 |
| --- | --- | --- | --- | --- | --- | --- | --- | --- | --- | --- | --- | --- | --- |
| | | Si | Fe | Cu | Mn | Mg | Zn | Ti | | 拉伸强度 $R_m$/MPa | 伸长率 $A$/% | 硬度 /HB | |
| 防锈铝合金 | 5A05 (LF5) | 0.5 | 0.5 | 0.10 | 0.3~0.6 | 4.8~5.5 | 0.20 | — | 退火 | 280 | 20 | 70 | 中载零件，焊接油箱，油管，铆钉等 |
| | 3A21 (LF21) | 0.6 | 0.7 | 0.20 | 1.0~1.6 | 0.05 | 0.10 | 0.15 | | 130 | 20 | 30 | 焊接油箱，油管，铆钉等轻载零件及制品 |
| 硬铝合金 | 2A01 (LY1) | 0.50 | 0.50 | 2.2~3.0 | 0.20 | 0.2~0.5 | 0.10 | 0.15 | 淬火+自然时效 | 300 | 24 | 70 | 工作温度不超过 100 ℃的中强铆钉 |
| | 2A11 (LY11) | 0.7 | 0.7 | 3.8~4.8 | 0.4~0.8 | 0.4~0.8 | 0.30 | 0.15 Ni 0.10 Fe+Ni 0.7 | | 420 | 18 | 100 | 中强零件，如骨架，螺旋桨叶片，铆钉 |
| | 2A12 (LY12) | 0.50 | 0.50 | 3.8~4.9 | 0.3~0.9 | 1.2~1.8 | 0.30 | 0.15 Ni 10.10 Fe+Ni 0.7 | | 470 | 17 | 105 | 高强且 150 ℃以下工作的零件，如梁，铆钉 |

续表

| 类别 | 牌号 | 化学成分（质量分数）/% | | | | | | | 状态 | 力学性能 | | | 应用 |
|------|------|------|------|------|------|------|------|------|------|------|------|------|------|
| | | Si | Fe | Cu | Mn | Mg | Zn | Ti | | 拉伸强度 $R_m$/MPa | 伸长率 $A$/% | 硬度 /HB | |
| 超硬铝合金 | 7A04 (LC4) | 0.50 | 0.50 | 1.4~2.0 | 0.2~0.6 | 1.8~2.8 | 5.0~7.0 | 0.10 | Cr 0.10~0.25 | 淬火+人工时效 | 600 | 12 | 150 | 主要受力构件，如飞机大梁，起落架 |
| | 7A09 (LC9) | 0.50 | 0.50 | 1.2~2.0 | 0.15 | 2.0~3.0 | 5.1~6.1 | 0.10 | Cr 0.16~0.30 | | 680 | 7 | 190 | 同上 |
| 锻铝合金 | 2A50 (LD5) | 0.7~1.2 | 0.7 | 1.8~2.6 | 0.4~0.8 | 0.4~0.8 | 0.30 | 0.15 | Ni 0.10 Fe+Ni 0.7 | 淬火+人工时效 | 420 | 13 | 105 | 形状复杂中等强度的锻件及模锻件 |
| | 2A70 (LD7) | 0.35 | 0.9~1.5 | 1.9~2.5 | 0.20 | 1.4~1.8 | 0.30 | 0.02~0.1 | Ni 0.9~1.5 | | 415 | 13 | 120 | 高温下工作的复杂锻件，内燃机活塞 |
| | 2A14 (LD10) | 0.6~1.2 | 0.7 | 3.9~4.8 | 0.4~1.0 | 0.4~0.8 | 0.30 | 0.15 | Ni 0.10 | | 480 | 19 | 135 | 承受高载荷的锻件和模锻件 |

注：1. Al 为余量；

2. 其他元素单个含量为 0.05%，总量为 0.10%。

### 4. 铸造铝合金

用来制造铸件的铝合金称为铸造铝合金。工程中很多重要的零件是用铸造的方法生产的，一方面，因为这些零件形状复杂，用其他方法（如锻造）不易制造；另一方面，由于零件体积庞大，用其他方法生产成本高。这些零件除了要求具有必要的力学性能和耐蚀性外，还应具有良好的铸造性能。

铸造铝合金与变形铝合金相比，一般含有较高的合金元素，具有良好的铸造性能，但塑性与韧性较低，不能进行压力加工。按其所加入的合金元素的不同，铸造铝合金主要有 Al-Si 系、Al-Cu 系、Al-Mg 系、Al-Zn 系 4 大类。

（1）铸造铝合金的牌号及特点

铸造铝合金的代号用"ZL（铸铝的拼音字首）+3 位数字"表示。在 3 位数字中，第 1 位数字表示合金类别：1——Al-Si 系，2——Al-Cu 系，3——Al-Mg 系，4——Al-Zn 系，第 2、第 3 位数字表示顺序号。用 Z+基本元素（铝元素）符号+主要添加合金元素化学符号+主要添加合金元素的质量分数表示。优质合金在牌号后面标注 A，压铸合金在牌号前面冠以字母 YL。例如：ZAlSi12 表示 $\omega_{Si}$ = 12%，余量为铝的铸造铝合金。这类铝合金的特点是铸造性能优良（流动性好、收缩率小、热裂倾向小），具有一定的强度和良好的耐腐蚀性。常用铸造铝合金的牌号、化学成分、力学性能及应用如表 10.3 所示。

（2）各类铸造铝合金

从表 10.3 中可以看出，按照其主加合金元素可分为 Al-Si 系铸造铝合金，如 ZAlSi7Mg、ZAlSi5Cu1Mg 等；Al-Cu 系铸造铝合金，如 ZAlCu5MnTi、ZAlCu4 等；，Al-Mg 系铸造铝合金如 ZAlMg10、ZAlMg5 等；Al-Zn 系铸造铝合金，如 ZAlZn11SiT、ZAlZn6Mg 等 4 类。

表 10.3　常用铸造铝合金的牌号、化学成分、力学性能及应用

| 牌号 | 化学成分（质量分数）/% | | | | | 状态 | 力学性能 | | | 应用 |
|---|---|---|---|---|---|---|---|---|---|---|
| | Si | Cu | Mg | Mn | 其他 | | 拉伸强度 $R_m$/MPa | $A$/% | 硬度/HB | |
| ZAlSi7Mg (ZL101) | 6.0~8.0 | — | 0.2~0.4 | — | | T5 | 210 | 2 | 60 | 形状复杂的中等负荷零件 |
| | | | | | | T6 | 230 | 1 | 70 | |
| ZAlSi12 (ZL102) | 10.0~13.0 | — | — | — | | T2 | 140 | 4 | 50 | 形状复杂的低负荷零件，200 ℃以下工作的高气密性零件 |
| | | | | | | T2 | 150 | 3 | 50 | |
| ZAlSi9MgMn (ZL104) | 8.0~10.5 | — | 0.17~0.3 | 0.2~0.5 | | T6 | 240 | 2 | 70 | 200 ℃以下工作的汽缸体、机体等 |
| | | | | | | T6 | 230 | 2 | 70 | |
| ZAlSi5Cu1Mg (ZL105) | 4.5~5.5 | 1.0~1.5 | 0.35~0.6 | | | T5 | 200 | 1 | 70 | 225 ℃以下工作的风冷发动机的汽缸头、油泵壳体等 |
| | | | | | | T5 | 240 | 0.5 | 70 | |
| ZAlSi8Cu1Mg (ZL106) | 7.0~8.5 | 1.0~2.0 | 0.2~0.6 | 0.2~0.6 | | T6 | 250 | 1 | 90 | 在较高温度下工作的零件 |
| ZAlCu6Si5Mg (ZL110) | 4.0~6.0 | 5.0~8.0 | 0.2~0.5 | — | | T1 | 150 | — | 80 | 在较高温度下工作的零件如活塞等 |
| ZAlCu5MnTi (ZL201) | — | 4.5~5.3 | | 0.6~1.0 | Ti0.15~0.35 | T4 | 300 | 8 | 70 | 175~300 ℃以下工作的零件 |
| | | | | | | T5 | 340 | 4 | 90 | |
| ZAlCu4 (ZL203) | — | 4.0~5.0 | | | | T5 | 220 | 3 | 70 | 中等负荷形状简单的零件 |
| ZAlMg10 (ZL301) | — | — | 9.5~11.5 | | | T4 | 280 | 9 | 60 | 能承受较大振动载荷的零件 |
| ZAlMg5Mo (ZL302) | 0.8~1.3 | — | 4.5~5.5 | 0.1~0.4 | | | 150 | 1 | 55 | 耐腐蚀的低载荷零件 |

注：T1——人工时效；T2——退火；T4——固溶处理；T5——固溶处理+部分人工时效；T6——固溶处理+完全人工时效。

1）Al-Si 系铸造铝合金

铸造铝硅合金分为两种，第一种是仅由 Al、Si 两种元素组成的铸造铝合金，该类铸造铝合金为不可热处理强化的铝合金，强度不高，如 ZAlSi2 等；第二种是除铝、硅外再加入其他元素的铸造铝合金，该类铸造铝合金因加入 Cu、Mg、Mn 等元素，可使合金得到强化，并可通过热处理进一步提高其力学性能，如 ZAlSi7Mg、ZAlSi7Cu4 等。Al-Si 系铸造铝合金具有良好的铸造性能、力学性能和耐热性，可用来制作图 10.8（a）所示的小轿车轮毂，图 10.8（b）所示的内燃机活塞、气缸体、气缸头、气缸套等产品，以及风扇叶片、箱体、框架、仪表外壳、油泵壳体等工件。

2）Al-Cu 系铸造铝合金

铸造铝铜合金（如 ZAlCu5Mn 等）强度较高，加入 Ni、Mn 元素可提高其耐热性和热强性，但铸造性能和耐蚀性稍差些，可用于制造高强度或高温条件下工作的零件，如内燃机气缸、活塞、支臂等。

（a）　　　　　　　　　　　　　　　　（b）

图 10.8　铸造铝合金产品

（a）小轿车轮毂；（b）内燃机活塞、气缸体、气缸头、气缸套

3）Al-Mg 系铸造铝合金

铸造铝镁合金（如 ZAl1Mg10 等）具有良好的耐蚀性、良好的综合力学性能和切削性加工性能，可用于制造在腐蚀介质条件下工作的铸件，如氨用泵体、泵盖及舰船配件等。

4）Al-Zn 系铸造铝合金

铸造铝锌合金（如 ZAlZn11Si7 等）具有较高的强度，铸造性能好，力学性能较高，价格便宜，用于制造医疗器械、仪表零件、飞机零件和日用品等。

铸造铝合金可采用变质处理细化晶粒，即在液态铝合金中加入氟化钠和氯化钠的混合盐（2/3NaF+1/3NaCl），加入量为铝合金重量的 1%～3%。这些盐和液态铝合金相互作用，因变质作用细化晶粒，从而提高铝合金的力学性能，使其抗拉强度提高 30%～40%，断后伸长率提高 1%～2%。

# 10.3　铜及其合金

## 10.3.1　概述

### 1. 铜、纯铜、工业纯铜

铜是人类最早发现的金属之一，早在三千多年前人类就开始使用铜。铜的相对原子质量为 63.54，密度为 8.92 $g/cm^3$，熔点为 1 083 ℃，沸点为 2 567 ℃。铜冶炼技术的发展经历了漫长的过程，但至今铜的冶炼仍以火法冶炼为主，其产量约占世界铜总产量的 85%。

铜的火法冶炼一般是先将含铜原矿石通过选矿得到铜精矿，在密闭鼓风炉、电炉中进行熔炼，然后将产出的熔锍送入转炉吹炼成粗铜，再在反射炉内经过氧化、精炼、脱杂，或铸成阳极板进行电解，以获得质量分数高达 99.9% 的电解铜。该流程简短，操作方便，铜的回收率可达 95%。但因矿石中的硫在造锍和吹炼两阶段作为二氧化硫废气排出，不易回收，故易造成污染。

顾名思义，纯铜就是含铜量最高的铜，纯铜呈玫瑰红色，表面形成氧化铜膜后呈紫色，故又称紫铜。纯铜的抗拉强度不高（$R_m = 230 \sim 240$ MPa），硬度很低（40～50 HBW），塑性却很好（$A = 45\% \sim 50\%$）。冷塑性变形后，可以使铜的抗拉强度 $R_m$ 提高到 400～500 MPa，但断后伸长率急剧下降到 2% 左右。纯铜突出的优点是具有优良的导电性、导热性及良好的耐蚀性（抗大气及海水腐蚀），还具有抗磁性。

工业纯铜是指其含铜量为 99.70%～99.95% 的电解铜。工业纯铜分未加工产品（铜锭、电解铜）和加工产品（铜材）两种。未加工产品代号有 Cu-1、Cu-2 两种；加工产品代号有 T1、T2、T3 等 3 种。代号中数字越大，表示杂质含量越多，则其导电性越差。

**2. 铜合金**

为了满足制造结构件的要求，必须向纯铜中加入 Zn、Al、Ni、Si、Cr 等元素冶炼，即成为铜合金。铜合金主要有黄铜、青铜、锡青铜及白铜等。

总之，铜及其合金也是应用最广的非铁金属材料，具有优良的导电性能、导热性能、抗腐蚀性能、抗磁性能和良好的成型性能等，常被用于电气、精密机械零件、化工仪表零件、冷凝器、蒸馏器、热交换器和电器元件。

下面主要介绍机械制造、工程结构中常用的铜合金。

## 10.3.2　铜合金的分类及牌号表示方法

**1. 铜合金分类**

（1）按化学成分分类

按化学成分的不同，铜合金可分为黄铜、青铜及白铜（铜镍合金）3 大类。机器制造业中，应用较广的是黄铜和青铜。

黄铜是以 Zn 为主加元素的铜锌合金。其中不含其他合金元素的黄铜称普通黄铜（或简单黄铜）；含有其他合金元素的黄铜称为特殊黄铜（或复杂黄铜）。

青铜是以除 Zn 和 Ni 以外的其他元素作为主加元素的铜合金。按其所含主加元素的种类可分为锡青铜、铅青铜、铝青铜、硅青铜等。

（2）按生产方法分类

按生产方法的不同，铜合金可分为压力加工铜合金和铸造铜合金两类。

**2. 铜合金牌号表示方法**

（1）加工黄铜合金

其牌号由字母和数字组成，为便于使用，常以代号替代牌号。普通加工黄铜代号表示方法为"H+铜元素含量（质量分数×100）"。例如，H68 表示 $\omega_{Cu}=68\%$，余量为锌的加工黄铜合金。特殊加工黄铜代号表示方法为 H+主加元素的化学符号（除锌以外）+铜及各合金元素的含量（质量分数×100）。例如，HPb59-1 表示 $\omega_{Cu}=59\%$，$\omega_{Pb}=1\%$，余量为锌的加工黄铜合金。

（2）加工青铜

其代号表示方法为"Q（"青"的汉语拼音字首）+主加元素的化学符号及含量（质量分数×100）+其他合金元素含量（质量分数×100）"。例如，QAl5 表示 $\omega_{Al}=5\%$，余量为铜的加工铝青铜。

## 10.3.3　加工黄铜（黄铜）

加工黄铜简称黄铜，是指以铜为基体金属，以锌为主加元素的铜合金。

黄铜包括普通黄铜和特殊黄铜。普通黄铜是由铜和锌组成的铜合金；在普通黄铜中再加入其他元素所形成的铜合金称为特殊黄铜。

（1）普通黄铜

普通黄铜色泽美观，具有良好的耐蚀性，加工性能较好。普通黄铜力学性能与化学成分之间的关系如图 10.9 所示。当锌的质量分数低于 39% 时，锌能全部溶于铜中，并形成单相 α 固溶体组织（称黄铜或单相黄铜），如图 10.10 所示。随着锌的质量分数增加，固溶强化效果明显增强，使普通黄铜的强度、硬度提高，同时还保持较好的塑性，故单相黄铜适合于冷变形加工。当锌的质量分数在 39%~45% 时，黄铜的显微组织为 α+β′ 组织（称双相黄铜）。由于 β′ 相的出现，普通黄铜在强度继续升高的同时，塑性有所下降，故双相黄铜适合于热变形加工。当锌的质量分数高于 45% 时，因显微组织全部为脆性的 β′ 相，致使普通黄铜的强度和塑性都急剧下降，因此应用很少。

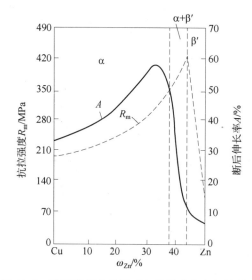

图 10.9　普通黄铜力学性能与化学成分之间的关系

图 10.10　单相黄铜的显微组织

普通黄铜的牌号用"黄"字汉语拼音字首"H+数字"表示。例如，H68 表示铜的质量分数为 68% 的普通黄铜。

目前我国生产的普通黄铜有 H96、H90、H85、H80、H70、H68、H65、H63、H62、H59。普通黄铜主要用于制造导电零件、双金属、艺术品、奖章、弹壳（见图 10.11）、散热器、排水管、装饰品、支架、接头、油管、垫片、销钉、螺母、弹簧等。

（2）特殊黄铜

为了进一步提高普通黄铜的力学性能、工艺性能和化学性能，常在普通黄铜的基础上加入 Pb、Al、Si、Mn、Sn、Ni、As、Fe 等元素，分别形成铅黄铜、铝黄铜、硅黄铜、锰黄铜、锡黄铜等。

特殊黄铜的牌号用"黄"字汉语拼音字首"H+主加元素（Zn 除外）的化学符号+铜及相应主加元素的质量分数"来表示。例如，HPb59-1 表示铜的质量分数为 59%，铅的质量分数为 1% 的特殊黄铜（或铅黄铜）。

加入 Pb 可以改善黄铜的切削加工性，如铅黄铜 HPb59-1、HPb63-3 等；加入 Al、Ni、

图 10.11 弹壳

Mn、Si 等元素能提高黄铜的强度和硬度，改善黄铜的耐蚀性、耐热性和铸造性能，如铝黄铜 HAl60-1、镍黄铜 HNi65-5、锰黄铜 HMn58-2、硅黄铜 HSi80-3 等；加 Sn 能增加黄铜的强度和在海水中的耐蚀性，如锡黄铜 HSn90-1 可用以制造海军舰炮用的子弹壳，因此，锡黄铜又有海军黄铜之称。

特殊黄铜常用于制造轴、轴套、齿轮（见图 10.12）、螺栓、螺钉、螺母、分流器、导电排、水管零件、耐磨零件、耐腐蚀零件。

图 10.12 齿轮

### 10.3.4 加工白铜

加工白铜是指以铜为基体金属，以 Zn 为主加元素的铜合金，包括普通白铜和特殊白铜。

（1）普通白铜

普通白铜是 Cu-Ni 二元合金。由于铜和镍的晶格类型相同，因此，在固态时能无限互溶，形成单相 α 固溶体组织。

181

普通白铜具有优良的塑性，很好的耐蚀性、耐热性，特殊的电性能和冷热加工性能。普通白铜可通过固溶强化和冷变形强化提高强度。随着普通白铜中 Ni 的质量分数的增加，白铜的强度、硬度、电阻率、热电势、耐蚀性会显著提高，而电阻温度系数则明显降低。

普通白铜是制造精密机械零件、仪表零件、冷凝器、蒸馏器、热交换器和电器元件不可缺少的材料。

普通白铜的牌号用"B+数字"表示，其中 B 是"白"字的汉语拼音字首，数字表示镍的质量分数。例如，B19 表示镍的质量分数为 19%，铜的质量分数为 81%的普通白铜。常用普通白铜有 B6、B5、B19、B25、B30 等。

（2）特殊白铜

特殊白铜是在普通白铜中加入 Zn、Al、Fe、Mn 等元素而形成的白铜。合金元素的加入是为了改善白铜的力学性能、工艺性能和电热性能，以及获得某些特殊性能。例如，锰白铜（又称康铜）具有较高的电阻率、热电势、较低的电阻温度系数、良好的耐热性和耐蚀性，常用来制造热电偶、变阻器及加热器等。

特殊白铜的牌号用 B+主加元素化学符号+几组数字表示，数字依次表示 Ni 和主加元素的质量分数，如 BMn3-12 表示平均镍的质量分数是 3%、锰的质量分数是 12%的锰白铜。

常用特殊白铜有铝白铜（如 BAl6-1.5）、铁白铜（如 BFe30-11.1）、锰白铜（如 BMn3-12）等。

## 10.3.5 青铜

（1）青铜的概念、发展史

青铜是指除黄铜和白铜以外的铜合金。青铜因呈青黑色而得名。

青铜是人类历史上应用最早的合金。根据考古显示，我国使用铜的历史有 5 000 余年。

大量出土的古代青铜器说明我国在商代（公元前 1562 年~1066 年）就有了高度发达的青铜加工技术。河南安阳出土的司母戊大方鼎，带耳高 1.37 m，长 1.1 m，宽 0.77 m，重达 875 kg，该鼎体积庞大、花纹精巧、造型精美。再如 1980 年在西安半坡村发现的秦始皇陵出土的文物中青铜铸的大型车马两乘（见图 10.13）是迄今中国发现的体形最大、装饰最华丽、结构最逼真、最完整的古代铜车马，被誉为"青铜之冠"。

图 10.13　青铜铸的大型车马两乘

要制造这么精美的青铜器，需要经过雕塑、制造模样与铸型、金属冶炼等工序，可以说，司母戊大方鼎是古代雕塑艺术与金属冶炼技术的完美结合。同时，在当时条件下要浇铸这样庞大的器物，如果没有大规模的科学分工、精湛的雕塑艺术及铸造技术，是不可能制造完成的。

（2）青铜的分类

以锡为主要合金元素的青铜称为锡青铜，以铝为主加元素的青铜称为铝青铜，此外，还有铍青铜、硅青铜、锰青铜等。与黄铜、白铜一样，各种青铜中还可加入其他合金元素，以改善其性能。根据生产方法的不同，青铜可分为加工青铜与铸造青铜两类。

加工青铜的牌号用"Q+第一个主加元素的化学符号及数字+其他元素化学符号及数字"的方式表示，其中 Q 是"青"字汉语拼音字首，数字依次表示第一个主加元素和其他加入元素的平均质量分数。例如，QBe2 表示平均铍的质量分数为 2%的铍青铜；QSn4-3 表示平均锡的质量分数是 4%，锌的质量分数是 3%的锡青铜。

常用加工青铜主要有锡青铜（如 QSn4-3）、铝青铜（如 QAl5）、铍青铜（如 QBe2）、硅青铜（如 QSi3-1）、锰青铜（如 QMn2）、铬青铜（如 QCr0.5）、锆青铜（如 QZr0.2）、镉青铜（如 QCd1）、镁青铜（如 QMg0.8）、铁青铜（如 QFe2.5）、碲青铜（如 QTe0.5）等。

加工青铜主要用于制造弹性高、耐磨、抗腐蚀、抗磁的零件，如弹簧片、电极、齿轮、轴承（套）、轴瓦、蜗轮、电话线、输电线及与酸、碱、蒸汽等接触的零件等。

铸造青铜牌号是在牌号前面加 Z，常用的铸造青铜合金有 ZCuAl9Mn2、ZCuPb30 等。

1）锡青铜

锡青铜是以锡为主加元素的铜合金。锡青铜的锡含量是决定其性能的关键，含锡质量分数为 5%~7%的锡青铜的塑性最好，适用于冷热加工；而当含锡质量分数大于 10%时，其合金强度升高，但塑性却很低，只适于铸造成型。

锡青铜耐蚀性良好，其在大气、海水和无机盐类溶液中的耐蚀性比纯铜和黄铜的要好，但在氨水、盐酸和硫酸中的耐蚀性较差。锡青铜主要用于耐蚀承载件，如弹簧、轴承、齿轮轴、蜗轮、垫圈等。图 10.14 为船用软管接头阀。

图 10.14　船用软管接头阀

2）铝青铜

铝青铜是以铝为主加元素的铜合金，铝的质量分数为 5%~11%，其强度、硬度、耐磨性、耐热性及耐蚀性高于黄铜和锡青铜，铸造性能好，但焊接性较差。工业上压力加工用铝青铜的含铝质量分数一般低于 5%~7%。含铝质量分数为 10% 左右的合金，强度高，可进行热加工。

铝青铜强度高，韧性好，疲劳强度高，受冲击时不产生火花，且在大气、海水、碳酸及多数有机酸中的耐蚀性都高于黄铜和锡青铜。

因此，铝青铜在结构件上应用极广，主要用于制造船舶、飞机及仪器中在复杂条件下工作要求高强度、高耐磨性、高耐蚀性的零件和弹性零件，如齿轮、轴承、摩擦片、蜗轮、轴套、弹簧、螺旋桨等。

3）铍青铜

铍青铜是以铍为主加元素的铜合金，含铍质量分数为 1.7%~2.5%，铍青铜具有高的强度、硬度、疲劳强度和弹性极限，弹性稳定，弹性滞后小，耐磨性及耐蚀性高，具有良好的导电性和导热性，冷热加工及铸造性能好，但其生产工艺复杂。

**案例 1：子弹壳的选材及热处理**

（1）子弹的工作

子弹由弹头、弹壳、发射药和底火构成（见图 10.15）。其底火用来点燃发射药，高温、高压的火药燃气迅速膨胀，将弹头射出枪膛。弹壳是子弹上最重要的零件，它用于盛装发射药，并把弹头和底火连接在一起，它的作用是密封防潮；发射时还能密闭火药燃气，保护弹膛不被烧蚀；使子弹在枪膛内定位。自动武器的弹壳会在发射后自动弹出枪膛。

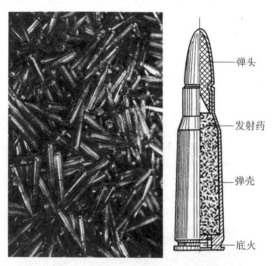

弹头
发射药
弹壳
底火

图 10.15　子弹

（2）对弹壳材料的要求

弹壳发射时要承受火药气体压力和枪械自动机的力量，制造时要有良好的塑性来完成冷挤压变形加工（引伸、挤口兼扩口）的多道工序，同时表面质量要好。

（3）子弹壳选材和热处理

子弹壳选用普通黄铜 H68，热处理工艺采用去应力退火。

# 10.4　钛及其合金

钛在 20 世纪 50 年代才开始投入工业生产和应用，但其发展和应用却非常迅速，广泛应用于航空、航天、化工、造船、机电产品、医疗卫生和国防等部门。由于钛具有密度小、强度高、比强度（抗拉强度除以密度）高、耐高温、耐腐蚀和良好的冷热加工性能等优点，并且矿产资源丰富。所以，钛主要用于制造要求塑性高、有适当的强度、耐腐蚀和易焊接的零件。

## 10.4.1　加工钛（纯钛）的性能、牌号及用途

### 1. 加工钛的性能

加工钛呈银白色，密度为 4.5 g/cm³，熔点为 1 668 ℃，热膨胀系数小，塑性好，强度低，容易加工成型。加工钛结晶后有同素异构转变现象，在 882 ℃温度以下为密排六方晶格结构的 $\alpha$-Ti，882.5 ℃温度以上为体心立方晶格结构的 $\beta$-Ti。

钛与氧和氮的亲和力较大，非常容易与氧和氮结合形成一层致密的氧化物和氮化物薄膜，其稳定性高于铝及不锈钢的氧化膜。故在许多介质中，钛的耐蚀性比大多数不锈钢更优良，尤其是其抗海水的腐蚀能力非常突出。

### 2. 加工钛的牌号及用途

加工钛的牌号用 "TA+顺序号" 表示。例如，TA2 表示 2 号工业纯钛。工业纯钛的牌号有 TA1、TA2、TA3、TA4 等 4 个牌号，其顺序号越大，杂质含量越多。加工钛在航空和航天部门中主要用于制造飞机骨架、蒙皮、发动机部件等；在化工部门中主要用于制造热交换器、泵体、搅拌器、蒸馏塔、叶轮、阀门等；在海水净化装置及舰船方面则制造相关的耐腐蚀零部件。

## 10.4.2　钛合金

为了提高加工钛在室温时的强度和在高温下的耐热性等性能，常加入 Al、Zr、Mo、V、Mn、Cr、Fe 等合金元素，从而获得不同类型的钛合金。钛合金按退火后的组织形态可分为 $\alpha$ 型钛合金、$\beta$ 型钛合金和 $\alpha+\beta$ 型钛合金。

钛合金的牌号用 "T+合金类别代号+顺序号" 表示。T 是 "钛" 字汉语拼音字首，合金类别代号分别用 A、B、C 表示 $\alpha$ 型钛合金、$\beta$ 型钛合金、$\alpha+\beta$ 型钛合金。例如，TA7 表示 7 号 $\alpha$ 型钛合金；TB2 表示 2 号 $\beta$ 型钛合金；TC4 表示 4 号 $\alpha+\beta$ 型钛合金。

$\alpha$ 型钛合金一般用于制造使用温度不超过 500 ℃的零件，如蒙皮、骨架零件，航空发动机压气机叶片和管道，导弹的燃料缸，超音速飞机的涡轮机匣，火箭和飞船的高压低温容器等。常用的 $\alpha$ 型钛合金有 TA5、TA6、TA7、TA9、TA10 等。

$\beta$ 型钛合金一般用于制造使用温度在 350 ℃以下的结构零件和紧固件，如压气机叶片、轴、轮盘及航空航天结构件等。常用的 $\beta$ 型钛合金有 TB2、TB3、TB4 等。

$\alpha+\beta$ 型钛合金一般用于制造使用温度在 500℃以下和低温下工作的结构零件，如各种容器、泵、低温部件、舰艇耐压壳体、坦克履带、飞机发动机结构件和叶片，火箭发动机外

壳、火箭和导弹的液氢燃料箱部件等。钛合金中 α+β 型钛合金可以适应各种不同的用途，是目前应用最广泛的一种钛合金。常用的 α+β 型钛合金有 TC1、TC2、TC3、TC4、TC6、TC7、TC9、TC10、TC11、TC12 等。

钛及其合金是一种很有发展前途的新型金属材料。我国钛金属的矿产资源丰富，其蕴藏量居世界各国前列，目前已形成了较完整的钛金属生产工业体系。

# 10.5  滑动轴承合金

滑动轴承一般由轴承体和轴瓦或其内衬构成，轴瓦或其内衬直接支承转动轴。制造滑动轴承的轴瓦、内衬的合金叫作滑动轴承合金。滑动轴承是汽车、拖拉机、机床及其他机器中的重要部件。轴瓦是包围在轴颈外面的套圈，它直接与轴颈接触。轴承支撑着轴，当轴旋转时，轴瓦和轴发生强烈的摩擦，轴瓦除了承受轴颈传递给它的静载荷以外，还要承受交变载荷和冲击，并与轴颈发生强烈的摩擦。因此滑动轴承合金应具有以下性能：

①足够的强度和硬度，以承受轴颈较大的单位压力；

②足够的塑性和韧性，高的疲劳强度，以承受轴颈的周期性载荷，并抵抗冲击和振动；

③良好的磨合能力，使其与轴能较快地紧密配合；

④高的耐磨性，与轴的摩擦因数小，并能保留润滑油，减轻磨损；

⑤良好的耐蚀性、导热性，较小的膨胀系数，防止因摩擦升温而发生咬合。

为了满足上述性能要求，滑动轴承合金的组织通常是由软基体加上均匀分布的一定数量和大小的硬质点组成。当轴运转时，轴瓦的软基体易磨损而凹陷，能容纳润滑油；硬质点则相对凸起支撑着轴颈，如图 10.16 所示。凹陷部分可保存润滑油，凸起部分可支持轴的压力，并使轴与轴瓦的接触面积减小，从而保证了近乎理想的摩擦条件和极低的摩擦因数。此外，软基体可承受冲击和振动，并使轴颈和轴瓦之间能很好地磨合，嵌藏外来硬质点的作用，以免划伤轴颈。

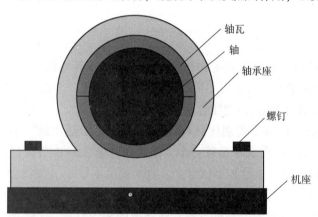

图 10.16  滑动轴承

按化学成分的不同，滑动轴承合金可分为锡基、铅基、铝基、铜基与铁基滑动轴承合金等数种。使用最多的是锡基与铅基滑轴承合金，它们又称为巴氏合金（美国人巴比特发明）。巴氏合金的牌号为 "Z +基本元素化学符号+主加元素化学符号+主加元素质量分数+辅加元素质量分数"，其中 Z 是 "铸造" 的汉语拼音字首。例如，ZSnSb11Cu6 表示主加化学元素锑的质量分数为 $\omega_{Sb}=11\%$，辅加化学元素铜的质量分数为 $\omega_{Cu}=6\%$，余量为锡。

锡基滑动轴承合金具有软基体上分布着硬质点的组织特征。其软基体由锑在锡中的 α 固溶体组成，硬质点有以锡、锑化合物 SnSb 为基的固溶体及锡与铜形成的化合物 $Cu_6Sn$。此类合金的导热性、耐蚀性及工艺性良好，尤其是摩擦因数与膨胀系数较小，抗咬合能力强，所以广泛用于制造航空发动机、汽轮机、内燃机等大型机器中的高速轴承。

### 10.5.1　滑动轴承合金的理想显微组织

滑动轴承合金的理想显微组织是在软基体上分布着硬质点，或是在硬基体上分布着软质点。属于此类显微组织的滑动轴承合金有锡基滑动轴承合金和铅基滑动轴承合金，其理想显微组织如图 10.17 所示。

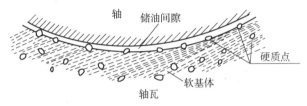

图 10.17　滑动轴承合金的理想显微组织

这两种显微组织都可以使滑动轴承在工作时，软的显微组织部分很快地被磨损，形成下凹区域并储存润滑油，使磨合表面形成连续的油膜；硬质点则凸出并支承轴颈，使轴与轴瓦的实际接触面积减少，从而减少对轴颈的摩擦和磨损。软基体组织有较好的磨合性、抗冲击性和抗振动能力，但是，这类显微组织的承载能力较低。在硬基体（其硬度低于轴颈硬度）上分布着软质点的显微组织，能承受较高的负荷，但磨合性较差，属于此类显微组织的滑动轴承合金有铜基滑动轴承合金和铝基滑动轴承合金等。

### 10.5.2　常用滑动轴承合金

常用滑动轴承合金有锡基、铅基、铜基、铝基滑动轴承合金。

（1）锡基滑动轴承合金（锡基巴氏合金）

锡基滑动轴承合金是以 Sn 为基，加入 Sb、Cn 等元素组成的合金，锑能溶入锡中形成 α 固溶体，又能生成 SnSb 化合物，铜与锡也能生成 $Cu_6Sn$ 化合物。

图 10.18 为锡基滑动轴承合金的显微组织。图中暗色基体为 α 固溶体，作为软基体；白色方块为 SnSb 化合物，白色针状或星状的组织为 $Cu_6Sn$ 化合物，作为硬质点。

锡基滑动轴承合金具有适中的硬度、低的摩擦系数、较好的塑性和韧性、优良的导热性和耐蚀性，常用于制造重要的滑动轴承，如制造汽轮机、发动机、压缩机等高速滑动轴承。由于锡是稀缺贵金属，成本较高，因此，其应用受到一定

图 10.18　锡基滑动轴承合金的显微组织

限制。常用锡基滑动轴承合金有 ZSnSb12Pb10Cu4、ZSnSb8Cu4、ZSnSb11Cu6、ZSnSb4Cu4 等。

（2）铅基滑动轴承合金（铅基巴氏合金）

铅基滑动轴承合金是以 Pb 为基，加入 Sb、Sn、Cu 等元素组成的滑动轴承合金。它的组织中软基体为共晶组织（α+β），硬质点是白色方块状的 SnSb 化合物及白色针状的 $Cu_6Sn$ 化合物。

铅基滑动轴承合金的强度、硬度、韧性均低于锡基滑动轴承合金，摩擦系数较大，故只用于制造中等负荷的低速滑动轴承，如汽车、拖拉机中的曲轴滑动轴承和电动机、空压机、减速器中的滑动轴承等。

铅基滑动轴承合金价格便宜，故应尽量用它来代替锡基滑动轴承合金。常用铅基滑动轴承合金有 ZPbSb16Sn16Cu2、ZPbSb15Sn10、ZPbSb15Sn5、ZPbSb10Sn6 等。

（3）铜基滑动轴承合金（锡青铜和铅青铜）

铜基滑动轴承合金是指以铜合金作为滑动轴承材料的合金，如锡青铜、铅青铜、铝青铜、铍青铜、铝铁青铜等均可作为滑动轴承材料。

铜基滑动轴承合金是锡基滑动轴承合金的代用品。常用的铜基滑动轴承合金有 ZCuPb30、ZCuSn10P、ZCuSn5Pb5Zn5 等。其中 ZCuPb30 的 $\omega_{Pb}=30\%$，铅和铜在固态时互不溶解，室温显微组织是 Cu+Pb，Cu 为硬基体，颗粒状 Pb 为软质点，是硬基体加软质点类型的滑动轴承合金，可以承受较大的压力。铅青铜具有良好的耐磨性、高导热性（是锡基滑动轴承合金的 6 倍）、高疲劳强度，并能在较高温度下（300~320 ℃）工作。广泛用于制造高速、重载荷下工作的滑动轴承，如航空发动机、大功率汽轮机、高速柴油机等机器的主滑动轴承和连杆滑动轴承。

（4）铝基滑动轴承合金

铝基滑动轴承合金是以 Al 为基体元素，加入 Sb、Sn 或 Mg 等合金元素形成的滑动轴承合金。与锡基、铅基滑动轴承合金相比，铝基滑动轴承合金具有原料丰富、价格低廉、导热性好、疲劳强度高和耐蚀性好等优点，而且能轧制成双金属，故广泛用于高速重载下工作的汽车、拖拉机及柴油机的滑动轴承。它的主要缺点是线膨胀系数较大，运转时易与轴咬合，尤其在冷起动时危险性更大。同时铝基滑动轴承合金硬度相对较高，轴易磨损，需相应提高轴的硬度。常用铝基滑动轴承合金有铝锑镁合金和铝锡合金，如高锡铝基滑动轴承合金 ZAlSn6Cu1Ni1 就是以 Al 为硬基体，粒状的 Sn 为软质点的铝基滑动轴承合金。

除上述滑动轴承合金外，灰铸铁也可以用于制造低速、不重要的滑动轴承合金。其组织中的钢基体为硬基体，石墨为软质点并起到一定的润滑作用。

# 10.6  粉末冶金材料和硬质合金

## 10.6.1  常用的粉末冶金材料

粉末冶金材料是用几种金属粉末或金属与非金属粉末作原料，通过配料（包括金属粉末的制取、掺加成型剂、增稠剂等粉料的混合，以及制粉、烘干、过筛等预处理）、压制成型（使粉料成为具有一定形状、尺寸和密度的型坯）、烧结（使颗粒间发生扩散、熔焊、化合、溶解和再结晶等物理化学过程）和后处理（有压力加工、浸渗、热处理、机械加工等）等工艺过程而制成的材料。生产粉末冶金材料的工艺过程称为粉末冶金法。其生产方法与金属熔炼及铸造根本不同，它可使压制品达到或接近零件要求的形状、尺寸精度与表面粗糙度，使生产率及材料利用率大为提高，因而它是制取具有特殊性能金属材料并能降低成本的加工方法。但其也有缺点，由于压制模具制造及压制设备吨位的限制，这种方法只能生产尺寸有限与形状不很复杂的工件。

由于粉末冶金材料是普通熔炼法无法生产的具有特殊性能的材料，所以它在机械、化工、交通部门、轻工、电子、遥控、航天等领域的地位举足轻重。

常用的粉末冶金材料有以下 6 种。

**1. 粉末冶金减摩材料（含油轴承材料）**

这类材料主要用于制造滑动轴承，是一种多孔轴承材料。这种材料压制成型后再浸入润滑油中，由于材料的多孔性，可吸附大量润滑油（一般含油率达 12%～30%），工作时，由于轴承发热，使金属粉末膨胀，空隙容积缩小，再加上轴旋转时降低了轴承间隙空气压强，迫使润滑油被抽到工作表面。当轴停转时，润滑油又自动渗入孔隙中。因此，含油轴承材料具有自润滑作用，一般用于中速、轻载荷的轴承，尤其适宜制造不能经常加油的轴承，如食品机械、电影机械、纺织机械、家用电器（如电风扇、电唱机）轴承等。

**2. 粉末冶金摩擦材料**

这类材料主要用于制造机械上的制动器（刹车片）与离合器。

对这类材料的要求是具有较高的摩擦系数，能很快吸收动能，制动、传动速度快；高的耐磨性，磨损小；耐高温、导热性好；抗咬合性好，耐腐蚀，受油脂、潮湿影响小。

根据基体金属的不同，这类材料可分为铁基摩擦材料和铜基摩擦材料；根据工作条件的不同，又可分为干式和湿式材料，其中湿式材料宜在油中工作。铁基摩擦材料能承受较大压力，在高温、高载荷下摩擦性能优良，多用于各种高速重载机器的制动器。铜基摩擦材料工艺性较好，摩擦系数稳定，抗黏、抗卡性好，湿式工作条件下耐磨性优良，常用于汽车、拖拉机、锻压机床的离合器与制动器中。

**3. 粉末冶金结构材料**

粉末冶金结构材料能承受拉伸、压缩、扭转等载荷，并能在摩擦、磨损条件下工作。由于材料内部有残余孔隙存在，使其塑性和韧性比化学成分相同的铸锻件低，故其应用范围受到限制。这类材料根据基体金属的不同，也可分为铁基结构材料和铜基结构材料两大类。由铁基结构材料制成的结构零件精度较高，表面粗糙度低，能实现无屑和少屑加工，生产率高，而且制品多孔，可浸润滑油、减摩、减振、消声，广泛用于制造机床上的调整垫圈、端盖、滑块、底座、偏心轮，汽车中的油泵齿轮、止推环，拖拉机上的传动齿轮、活塞环及接头、隔套、螺母等。铜基结构材料比铁基结构材料抗拉强度低，但其塑性、韧性较高，具有良好的导电、导热和耐腐蚀性能，可进行各种镀涂处理，常用于制造体积较小、形状复杂、尺寸精度高、受力较小的仪器仪表零件及电器、机械产品零件，如小模数齿轮、凸轮、紧固件、阀、销、套等结构件。

**4. 粉末冶金多孔材料**

粉末冶金多孔材料由球状或不规则形状的金属或合金粉末烧结制成。材料内部孔道纵横交错、互相贯通，一般有 30%～60% 的孔隙率，孔径为 1～100 μm。透过性能和导热、导电性能好，耐高温、低温，抗热振，抗介质腐蚀，适用于制造过滤器、多孔电极、灭火装置、防冻装置等。

**5. 粉末冶金工模具材料**

粉末冶金工模具材料包括硬质合金、粉末冶金高速钢等。后者组织均匀，晶粒细小，没有偏析，比熔铸高速钢韧性和耐磨性好，热处理变形小，使用寿命长，用于制造切削刀具、模具和零件的坯件。

**6. 粉末冶金高温材料**

粉末冶金高温材料包括粉末冶金高温合金、难熔金属和合金、金属陶瓷、弥散强化和纤维强化材料等，适用于制造高温下使用的涡轮盘、喷嘴、叶片及其他耐高温零件。

## 10.6.2 硬质合金

硬质合金的全称为金属陶瓷硬质合金，是以一种或几种难熔碳化物（如碳化钨、碳化钛等）的粉末为主要成分，加入起黏结作用的金属粉末，用粉末冶金法制得的材料。

硬质合金具有很高的硬度（可达 86～93 HRA，相当于 69～81 HRC），且热硬性好（可达 900～1 000 ℃）、耐磨性高、抗压强度高（3 260～6 400 N/mm²）。因而在切削加工时，其切削速度（是高速钢的 4～7 倍）、耐磨性、寿命（是高速钢的 5～8 倍）等都高于高速钢，可切削 50 HRC 左右的硬质材料，在生产中应用广泛，但其韧性较低；此外，硬质合金还具有良好的耐大气、酸、碱等的腐蚀性能及抗氧化性能。

硬质合金的分类、成分、特点及应用如表 10.4 所示。

表 10.4  硬质合金的分类、成分、特点及应用

| 类别 | 符号 | 成分 | 特点 | 应用 |
|---|---|---|---|---|
| 钨铝合金 | YG | WC、Co，有些牌号加有少量 TaC、NbC、Cr3C2 或 VC | 在硬质合金中，此类合金的强度和韧性最高 | 刀具、模具、量具、地质矿山工具、耐磨零件 |
| 钨钛铝合金 | YT | WC、TiC、Co，有些牌号加有少量 TaC、NbC 或 Cr3C2 | 硬度高于 YG 类，热稳定性好，高温硬度高 | 加工钢材的刀具 |
| 钨钛钽铌铝合金 | YW | WC、TiC、TaC（NbC）、Co | 强度高于 YT 类，抗高温氧化性好 | 有一定通用性的刀具（万能刀具），适用于加工合金钢、铸铁等 |
| 碳化钛基合金 | YN | TiC、WC、Ni、Mo | 红硬性和抗高温氧化性好 | 对钢材精加工的高速切削刀具 |
| 涂层合金 | CN | 涂层成分 TiC、Ti（C、N）、TiN | 表面耐磨性和抗氧化性好，而基体强度较高 | 钢材、铸铁、有色金属及其合金的加工刀具 |
| | CA | 涂层成分 TiC、Al₂O₃ | | |

注：1. YG 是"硬钴"两字的汉语拼音字首，牌号 YG6 表示 Co 的质量分数约为 6%，余量为 WC 的钨-钴类硬质合金；

2. YT 是"硬钛"两字的汉语拼音字首母，牌号 YT15 表示 TiC 的质量分数约为 15%，Co 的质量分数约为 6%，余量为 WC 的钨-钛-钴类硬质合金；

3. YW 是"硬万"两字的汉语拼音字首，牌号 YW1 表示 1 号万能硬质合金，其中的数字是顺序号，万能硬质合金中，被取代的碳化钛的数量越多，在硬度不变的条件下，合金的抗弯强度越高，适用于切削各种钢材，特别对于切削不锈钢、耐热钢、高锰钢等难加工的钢材，效果较好；

4. 同类合金中，钴的质量分数高的适用于粗加工；钴的质量分数低的适用于精加工。

**案例 2：切削板牙用车刀的选材**

（1）板牙的工作

板牙（见图 10.19）是加工或修正外螺纹的螺纹加工工具，常用合金工具钢 9SiGr 制作，具有很高的硬度（可达 62 HRC）和很强的耐磨性、良好的高热硬性。要用车刀（见图 10.20）来车削板牙的外圆。

图 10.19　板牙

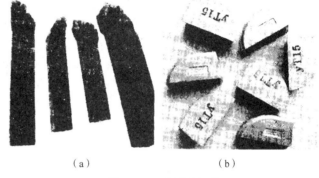

（a）　　　　　　　（b）

图 10.20　车刀及刀片

（a）车刀；（b）车刀的刀片

（2）对切削板牙用车刀材料的要求

用普通车刀来切削像板牙这样高硬度的工具钢是很难想象的，车刀的刀片必须比被切削工件的硬度要高，同时其耐磨性、高热硬性都要超过工件才能完成车削过程。车刀的刀片怎样选材？

（3）切削板牙用车刀的选材

切削板牙用车刀的刀片选用 YT15 硬质合金。

**本章小结**

非铁合金俗称有色金属。铝、铜、镁、钛等是生产生活中常用的有色金属。

①铝合金按成分和生产工艺特点的不同可分为变形铝合金和铸造铝合金。变形铝合金按性能特点的不同可分为防锈铝、硬铝、超硬铝与锻铝 4 类。铸造铝合金根据主加元素的不同主要有铝-硅系、铝-铜系、铝-镁系及铝-锌系 4 种，其中以铝-硅系铸造铝合金最为广泛。可热处理强化的铝合金的强化热处理方法是固溶处理+时效。

②铜合金按化学成分的不同可分为黄铜、青铜和白铜 3 大类；按生产方法的不同可分为压力加工铜合金和铸造铜合金两大类。

③钛及其合金是一种很有发展前途的新型金属材料，我国钛金属的矿产资源丰富，其蕴藏量居世界各国前列，目前已形成了较完整的钛金属生产工业体系。

滑动轴承合金是指在滑动轴承中用来制造轴瓦及其内衬的合金。目前常用的滑动轴承合金的组织分为软基体上分布着硬质点和硬基体上分布着软质点两类组织。

④粉末冶金材料是指不经过熔炼和铸造而直接用几种金属粉末或金属与非金属粉末作原料，通过配料、压制成型、烧结、后处理而制成的具有一定强度、多孔性的材料。常用的粉末冶金材料有含油轴承材料、粉末冶金摩擦材料、粉末冶金结构材料等。

⑤由本章所介绍的非铁金属材料（有色金属）可见，其种类繁多，内容颇多。在此有必要列表对非铁金属材料（有色金属）与粉末冶金材料的分类及应用作梳理小结，如表10.5所示。

表 10.5　非铁金属材料的分类及应用

| 分类 | | | 典型牌号或代号 | 应用 |
|---|---|---|---|---|
| 铝合金 | 变形铝合金 | 防锈铝合金 | 3A21（LF21）、5A05（LF5） | 焊接油箱、油管、焊条等 |
| | | 硬铝合金 | 2A01（LY1）、2A11（LY11） | 铆钉、叶片等 |
| | | 超硬铝合金 | 7A04（LC4）、7A09（LC9） | 飞机大梁、起落架等 |
| | | 锻铝合金 | 2A50（LD5）、2A70（LD7） | 航空发动机活塞、叶轮等 |
| | 铸造铝合金 | Al-Si 合金 | ZAlSi7Mg（ZL101）、ZAlSi12（ZL102） | 飞机、仪器零件，仪表、水泵壳体等 |
| | | Al-Cu 合金 | ZAlCu5Mn（ZL201） | 内燃机汽缸头、活塞等 |
| | | Al-Mg 合金 | ZAlMg10（ZL301）、ZAlMg5Si1（ZL303） | 船舶配件等 |
| | | Al-Zn 合金 | ZAlZn11Si7（ZL401） | 汽车、飞机零件等 |
| 铜合金 | 黄铜 | 普通黄铜 | H62、H68、ZCuZn38 | 弹壳、铆钉、散热器及端盖、阀座等 |
| | | 特殊黄铜 | HPb59-1、HMn58-2、ZCuZn16Si4 | 耐磨、耐蚀零件及接触海水的零件等 |
| | 青铜 | 锡青铜 | QSn4-3、ZCuSn10Pb1 | 耐磨及抗磁零件、轴瓦等 |
| | | 无锡青铜 铝青铜 | ZCuAl10Fe3Mn2、QAL7 | 涡轮、弹簧及弹性零件等 |
| | | 无锡青铜 铍青铜 | QBe2 | 重要的弹簧与弹性元件、齿轮、轴承等 |
| | | 无锡青铜 铅青铜 | ZCuPb30 | 轴瓦、轴承、减摩零件等 |
| 钛合金 | | | TC4 | 在 400 ℃温度以下长期工作的零件等 |
| 滑动轴承合金 | | 锡基滑动轴承合金 | ZSnSb11Cu6 | 航空发动机、汽轮机、内燃机等大型机器的高速轴瓦 |
| | | 铅基滑动轴承合金 | ZPbSb16Sn16Cu2 | 汽车、拖拉机、轮船、减速器等承受中、低载荷的中速轴承 |
| | | 铜基滑动轴承合金 | ZCuPb30 | 航空发动机、高速柴油机的轴承等 |
| | | 铝基滑动轴承合金 | 2AlSn6Cu1Ni1 | 高速重载下工作的汽车、拖拉机及柴油机的滑动轴承 |
| 硬质合金 | | 钨-钴类硬质合金 | YG3X、YG6 | 切削脆性材料刃具、量具和耐磨零件等 |
| | | 钨-钛-钴类硬质合金 | YT15、YT30 | 切削碳钢和合金钢的刃具等 |
| | | 万能硬质合金 | YW1、YW2 | 切削高锰钢、不锈钢、工具钢、淬火钢的切削刃具 |

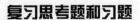

## 复习思考题和习题

10.1　与钢相比，铝合金主要优、缺点是什么？

10.2　铝合金的分类方法是什么？

10.3　哪种铝合金宜采用时效硬化？哪种铝合金宜采用变形强化？

10.4　铝合金热处理强化的原理与钢热处理强化的原理有何不同？

10.5　变形铝合金包括哪几类？航空发动机活塞、飞机大梁、飞机蒙皮应选用哪类铝合金？

10.6　哪种铝合金宜于铸造？

10.7　什么是铜？什么是纯铜？什么是铜合金？它们各有何性能特点？

10.8　什么是黄铜？什么是青铜？它们各有何性能特点？举例说明黄铜和青铜的牌号。

10.9　滑动轴承合金有什么性能要求？常用的滑动轴承合金有哪些？

10.10　硬质合金有哪些性能特点？常用的硬质合金有哪几类？

10.11　为什么含油轴承材料有"自动润滑作用"？

10.12　什么是粉末冶金法？常用的粉末冶金材料有哪些？

10.13　解释 H68、ZCuPb30、ZL102、2A11、YT5、YG3X 的意义。

10.14　判断题

(1) 防锈铝是可以用热处理方法进行强化的铝合金。

(2) 固溶处理+时效是铝合金的主要强化手段之一。

(3) 除黄铜、白铜之外其他的铜合金统称为青铜。

(4) 硬铝是可以通过热处理强化的铝合金。

(5) 固溶处理后的铝合金在随后的时效过程中，强度下降，塑性改善。

(6) 变质处理可以细化铸件晶粒，有效提高铸造铝合金的力学性能。

(7) 用硬铝合金制造的切削刀具，其热硬性比高速钢刀具要好。

# 第 11 章　新型金属材料及其应用

前几章已述及，金属材料具有资源丰富、生产规模大、易于加工、性能多样可靠、价格低廉、使用方便和便于回收等特点，是工业生产和人们日常生活中广泛使用的材料。随着现代科学技术的迅猛发展，新型金属材料的发展亦是日新月异。为了更好地普及新型金属材料的有关基础知识，因此编写了本章，力求体现新型金属材料的特点，以新型金属材料的性能和应用为重点，反映其先进性、技术性、实用性和广泛性。在内容的编排上，力求新颖、实用而不求面面俱到；在文字叙述上，力求通俗易懂而避免过多的理论推导，以适应广大学生、工程技术人员，以及求知者的需求。

应当说明，新型金属材料种类繁多，本章仅起到抛砖引玉的效果，以达到引导学习者更加深入学习高性能金属材料的目的。

## 11.1　高强高韧的新型工程结构用钢

21 世纪对材料和工业技术的评价要素主要是低成本、环境良好、节能节材、便于自动化、可再生等。据此，钢铁材料具有其他材料所不可比拟的优越性。

钢铁材料作为一种重要结构材料，在未来不会发生重大变化，它仍将是全球性的主要基础原材料，并将对全球经济发展和社会文明的进步起到基础性的支撑作用。

一方面，我国目前生产使用的绝大多数工业用钢的洁净度和均匀度不高，其组织控制很难达到理想目标，如新型高层建筑、深层地下和海洋设施、大跨度重载桥梁、轻型节能汽车、石油开采和长距离油气输送管线、工程机械、船舶舰艇、航空航天设备、高速铁路、水电能源设施等企业用户都对工业用钢的使用性能和技术指标提出了更高的要求，需要钢铁生产企业提供性能高、使用寿命长和成本低的新型工业用钢；另一方面，社会的发展对钢铁的生产、加工、使用和回收等环节提出了节能环保的要求，迫切需要先进的工业用钢。

新型工程结构用钢是指运用新型物理冶金工艺，采用微合金化成分设计并运用新一代 TMCP 技术，通过细晶强化为核心的多种强韧化手段，大幅度提高钢的综合性能的新一代钢铁材料，如第三代汽车用钢、高性能建筑用钢、现代桥梁用钢、高速列车用钢等新型工程结构用钢的应用不断深入，其足迹无处不在。

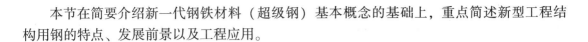

本节在简要介绍新一代钢铁材料（超级钢）基本概念的基础上，重点简述新型工程结构用钢的特点、发展前景以及工程应用。

## 11.1.1　新一代钢铁材料——超级钢

### 1. 超级钢的概念

作为世界上最大的钢结构工程，"鸟巢"外部钢结构的钢材用量为 4.2 万吨，整个工程包括混凝土中的钢材、螺纹钢等，总用钢量达到了 11 万吨，全部为国产超级钢。超级钢（超细晶粒钢）是指具有组成单元超细晶、化学成分（杂质）高洁净度、显微组织高均匀性的组织、成分和结构特征，以及高强度、高韧性的力学性能特征的新一代钢铁材料。即在环境性、资源性和经济性的约束下，采用先进制造技术生产的具有高洁净度、高均匀度、超细晶粒特征的钢材，其强度和韧度比传统钢材高，钢材使用寿命增加，满足社会发展需求的新一代钢铁材料。

超级钢的开发是由经济建设和社会发展的需求而研发的。例如，日本 1995 年发生大地震时，当地钢铁建筑毁于一旦，为适应未来发展，日本提出了要开发更坚固的钢铁材料，这就是研发"超级钢"的起源。日本开发了把钢的"实际使用强度提高 1 倍，结构的寿命提高 1 倍"，并降低对环境的污染度的超级钢，实现了道路、桥梁、高层建筑等基础设施建材的更新换代。此举被认为是"第二次铁器时代"来临的前期征兆。

我国在国家重点基础研究发展规划项目即"973 计划"中启动了"新一代钢铁材料的重大基础研究"项目。目标是在生产成本基本不增加的前提下将现有碳素钢、低合金结构钢和合金结构钢的强度提高 1 倍，即分别达到 400 MPa、800 MPa 和 1 500 MPa，并满足韧性和各种使用性能的要求。超级钢的深入研究和应用开发正成为 21 世纪钢铁材料界的历史使命。

### 2. 新一代钢铁材料（超级钢）的主要特征

超级钢的主要特征是，在充分考虑经济性的条件下，钢材具有超细晶粒、高洁净度和高均匀性的特征，强度比常用钢材提高 1 倍，钢材使用寿命增加 1 倍。

（1）超细晶粒

钢只有获得超细晶组织才能使其强度翻倍并具良好的强韧性配合。在众多强化方式（如固溶强化等）中，细晶强化是唯一可使在钢的屈服强度大幅度提高的同时其韧性提高或不降低的强韧化途径。超细晶理论和技术是发展超级钢的理论基础和关键技术，晶粒尺寸应在 $0.1 \sim 10~\mu m$ 之间。超细晶是超级钢的核心。

（2）高洁净度

洁净度是指钢材允许的杂质含量和夹杂物形态能满足使用要求。由于钢的强度加倍，材料在使用时承受更大应力，故使裂纹形成和扩展的敏感性增加。超级钢应具有更高的洁净度，但并非洁净度越高越好，而是能达到满足使用要求所需的洁净度，称为"经济洁净度"。钢中 S、P、O、H、N 等杂质元素的总含量应小于 0.008%；另外是要严格控制钢中夹杂物的数量、成分、尺寸、形态和分布。

（3）高均匀性

高均匀性是指钢中化学成分、组织和性能的高度均匀。要尽可能地减少钢在凝固过程中的偏析和争取获得全等轴晶粒。其中核心技术是超细晶。钢的理论强度可高于 8 000 MPa，而现在大量应用的碳素钢的强度仅为 200 MPa，低合金钢只有 400 MPa，合金结构钢也只有 800 MPa。因此在已有科研成果的基础上，把钢材强度成倍提高，在技术上是可行的。

我们深知，海航力量对一个国家来说非常重要，因此，在国家科研团队的努力下，我国成功研制了属于自己的航母超级钢。由我国研发团队自主研发并命名的"超级钢"——索氏体高强不锈结构钢 S600E 正式面世。

## 11.1.2 新型工程结构用钢及其发展

工程结构用钢是指专门用来制造各种工程结构的一大类钢种，它广泛用于制造桥梁、船体、油井或矿井架、钢轨、高压容器、管道和建筑钢结构等工程结构件，故又称为工程构件用钢或简称构件钢。在钢总产量中构件钢约占 90%，其成本低、用量大，通常在热轧空冷状态下使用。

**1. 工程结构用钢的工作条件与性能要求**

一般来说，工程构件的工作特点是不做相对运动，承受长期静载荷，有一定使用温度要求。例如，有的使用温度可达 250 ℃ 以上（如锅炉）；有的则在寒冷（−40 ~ −30 ℃）条件下工作，长期承受低温作用，其通常在野外（如桥梁）或海水（如船舶）条件下使用，承受大气或海水的侵蚀作用。此类工程构件常见的失效形式主要有变形、断裂以及遭受腐蚀等。因此构件钢应满足以下使用性能。

①良好的加工工艺性能：通常工程构件的主要生产过程有冷塑性变形和焊接两个方面。所以构件钢必须相应地具有良好的冷（热）成型工艺性和可焊性。

②高强度与良好塑韧性：为使工程构件在长期静载下结构稳定，不易产生弹性变形，更不允许产生塑性变形与断裂，即要求构件钢有大的弹性模量、高的强度。

③良好的耐大气和海水腐蚀性、保证工程构件在大气或海水等腐蚀性工况下稳定工作。

**2. 铁素体–珠光体工程结构用钢**

该种钢是工程结构用钢中最主要、用量最大的一类钢，包括以下 2 种。

（1）碳素工程结构钢与高性能细晶粒碳素结构钢

1）碳素工程结构钢

这类钢大部分用作钢结构，少量用作机器零件。由于其易于冶炼、工艺性能好、价格低廉，在力学性能上一般能满足普通工程构件及机器零件的要求，所以工程上用量很大。它通常均轧制成钢板或各种型材供应。

2）高性能细晶粒碳素结构钢

随着经济建设的持续快速发展，对钢材的需求量猛增，各行业都要求开发高强度、长寿命的钢材。高性能细晶粒碳素结构钢的主要目标是在保证有良好塑韧性基础上，使原钢材强度提高 1 倍，其技术思路是以细化钢材的晶粒和组织为核心，同时提高钢的洁净度，并改善钢的均匀性。确定在现有工业生产条件下生产出 500 MPa 级细晶钢，逐步代替该强度级别的低合金高强度钢，用于生产卡车、轿车、农用车等的底盘纵梁、横梁、车桥等冲压件。例如，首钢生产的Ⅲ级螺纹钢筋，已成功应用于国家大剧院、西直门交通枢纽等国家重点工程建设。高性能细晶粒碳素结构钢在建筑、造船、桥梁、容器、工程机械等方面，有着广阔的应用前景。

（2）低合金高强度钢与微合金化低碳高强度钢

1）低合金高强度钢（普低钢）

利用添加少量合金元素，使钢在轧制或正火状态下的屈服强度超过 275 MPa 的一类低合金钢，称为低合金高强度钢（简称普低钢）。

低合金高强度钢是为适应大型工程结构（如大型桥梁、大型压力容器及船舶等）减轻结构重量，提高使用的可靠性及节材的需要而发展起来的。这是一类高效节能、用途广泛、用量很大的一类钢。其强度尤其是屈服强度大大高于碳含量相同的普碳钢。最常用的普碳钢 Q235 与低合金高强度钢 Q345（16Mn）的强度比较如表 11.1 所示。

表 11.1　Q235 与 Q345（16Mn）的强度比较

| 牌号 | 屈服强度（$R_{eL}$）/MPa | 抗拉强度（$R_m$）/MPa |
| --- | --- | --- |
| Q235 | ≥235 | 375~460 |
| Q345（16Mn） | ≥345 | 510~660 |

这类钢的典型牌号为 Q345、Q420。一般采用正火作为最终热处理状态。

其中的 Q345（16Mn）钢有较高的强度，良好的塑性和低温韧性以及焊接性，是我国这类钢中产量最多、用量极广的钢种，其广泛用于生产钢筋和建筑钢结构，也应用于多种专用钢，如主跨度为 160 m 的桥梁、容器、造船等。Q420 钢的屈服强度则属于 440 MPa 级别，它是为适应建筑和桥梁工程而开发的钢种，如主跨度为 216 m 的九江长江大桥。

2）微合金化低碳高强度钢

低碳是指高 Mn 并加入微量合金元素 V、Ti、Nb、Zr、Cr、Ni、Mo 及 RE 等的一类钢。常用碳含量范围 $\omega_c = 0.12\% \sim 0.14\%$。其另一个特点是微量合金元素的复合加入，元素复合量（质量分数）范围一般控制在 0.01%~0.1% 之间。

## 11.1.3　现代社会的绿色建筑——抗震耐火钢结构

### 1. 建筑钢结构及其发展

（1）建筑用钢与建筑钢结构的含义

建筑用钢是指用于工程建设的各种钢材。现代建筑工程中大量使用的钢材有两大类：一类是钢筋混凝土用钢材，与混凝土共同构成受力构件；另一类则为钢结构用钢材，充分利用其轻质高强的优点，用于建造大跨度、大空间或超高层建筑。

建筑钢结构是以钢材制作为主的建筑结构，它是指用钢板、钢管、型钢（包括钢丝、钢绳、钢绞线、钢棒）等，通过焊接、螺栓、铆钉、黏接等连接方式组成房屋、桥梁等结构。其具有自重轻、强度高、整体刚性好、变形能力强、施工快、空间大、品质均匀的特点，能承受冲击振动荷载，拆除后应用残值高，广泛应用于大跨度结构、多层及高层建筑、受动力荷载结构、重型工业厂房结构、大跨度空间结构（见图 11.1、图 11.2）、轻钢结构之中。它不仅能够进一步提高建筑结构的安全性与抗震性，而且可以创造更大的建筑使用空间，同时能够实现钢材的循环利用，降低能耗和不可再生资源消耗量以及碳排放量，符合我国可持续发展战略以及节能环保型社会创建的理念，属于绿色环保建筑体系，是现代建筑工程中最重要的结构类型之一。

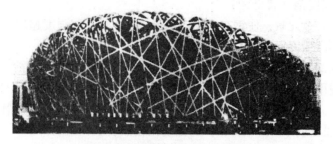

图 11.1  大跨度钢结构（鸟巢）

图 11.2  钢结构厂房

（2）建筑钢结构的发展

钢结构建筑自 20 世纪 50 年代兴起以来，因具有结构轻、土地利用率高、空间大、可工业化生产、工期短、环保节能和循环回收等优点，已成为高层建筑的发展趋势。钢结构尤其是在高层、超高层、大跨度空间等领域更显示出其强大的生命力。但钢结构也存在一个较大的缺陷即防火防腐蚀性能较差，钢材虽为非燃烧材料，但钢并不耐火。其主要原因是在火灾高温作用下，钢材内部晶格结构发生变化，其强度、弹性模量等基本力学性能随温度升高降低明显，而钢材的热导率大，截面上温度均匀分布，火更容易损伤内部材料，使其出现高温软化问题。当普通建筑用钢温度为 400 ℃时，钢材的屈服强度将降至室温强度的一半；当温度达 600 ℃时，钢材基本丧失强度和刚度。因此，当建筑采用无防火保护措施的钢结构时，裸露的普通钢结构在火灾中 15～20 min 即会发生倒塌破坏。特别是"9.11"事件后，钢结构的耐火性能已被各国政府高度重视，其防火设计也成为各国保证建筑安全的必要措施。为了提高采用普通建筑用钢建造的建筑物抵抗火灾的能力，一般要求建筑物发生火灾时即必须在短时高温达 1 000 ℃时能承受 3 h 以上的耐火时间，为此需要喷涂很厚的防火涂料隔热或覆盖防火板等措施。

我国钢结构的应用有了很大的发展，不论在数量或质量上都远远超过了过去，在设计、制造和安装等技术方面都达到较高水平。我国掌握了各种复杂建筑物的设计和施工技术，在全国各地已建造了许多规模巨大而且结构复杂的钢结构厂房、大跨度钢结构民用建筑及铁路桥梁等，如北京和上海等地的体育馆的钢结构等。

钢结构建筑具有强度高、自重轻、空间利用率高、施工周期短、抗风抗震、可工厂化生产、施工建设与使用过程环境污染少、可回收循环使用等特点。

（3）建筑用钢的开发与应用现状

由于钢结构符合发展省地节能建筑和低碳经济可持续发展的要求，在高层建筑、大跨度空间结构、交通能源工程、住宅建筑中更能发挥其自身优势。目前，建筑用钢已超过钢材消费量的 35%。

1）在品种规格上

型钢、中厚板、彩色涂层板等产品已成为发达国家建筑用钢的主体材料。具有良好焊接性能的建筑用特厚钢板和特厚 H 型钢也已研制成功，钢板最厚达 150 mm，H 型钢翼缘最厚达 125 mm。

2）在强度级别上

随着建筑结构的超高层、超大跨度和超重载发展，欧美等国家钢结构建筑广泛采用高强度钢材，大大减轻了结构自重。

3）在功能性上

由于钢结构建筑存在钢的腐蚀和火灾时钢的软化等缺陷，发达国家先后开发出了耐候、耐火等建筑用钢；同时，为满足高安全服役性能要求，还先后开发出了抗震、减震等建筑用钢。

我国是地震多发的国家，保护人民生命财产安全是设计、生产、建筑部门的庄严使命。因此，生产、开发抗震建筑钢结构必须达到具有低屈强比的要求。在防止火灾方面，要求建筑钢结构具有一定的抵抗火灾能力，与混凝土建筑相比，钢结构建筑更有利于生态环境保护，被称为现代社会的绿色建筑如北京鸟巢体育场、国家大剧院、首都机场 3 号航站楼、浦东机场、上海卢浦大桥等雄伟工程就是钢结构建筑的杰出代表。

推广应用高性能建筑钢结构可提高建筑物安全性，延长使用寿命，同时改善环境。

**2. 抗震耐火钢的性能要求**

建筑材料是建筑业的基础和先导，钢结构的发展大力推进了建筑用钢的发展和使用。与此同时，钢结构的发展也对建筑用钢提出了新的要求。因此，建筑用钢的发展趋势主要表现在对钢材性能有更高的要求。具体技术要求是，在降低成本上，要求结构材料继续提高强度，从而减薄结构钢厚度，减轻结构重量，降低材料运输、结构制作、连接安装和整体工程成本；在提高安全可靠性上，要求材料具有低抗脆性断裂能力的高冲击韧度，对于高强度钢板这种韧性和延展性要求则更高，必须与可以接受的缺陷尺寸相平衡；在焊接连接方式上，要求材料具有足够的碳当量和裂纹敏感性及可焊性。

将抗震耐火钢的耐火温度定在 600 ℃，抗震耐火钢的具体技术要求如下。

1）良好的高温强度

抗震耐火钢要求具有良好的高温性能，因为其主要作为常温下的承载材料，所以只要求在遇到火灾的较短时间内的（通常为 1~3 h）高温条件下能够保持较高的屈服强度。常温下钢材屈服强度的 2/3 相当于该材料的长期允许应力值。当发生火灾时，如果抗震耐火钢的屈服强度仍然能保持在此值以上，则建筑物就不会倒塌。因此，要求抗震耐火钢在一定高温下的屈服强度不能低于室温屈服强度的 2/3。

2）满足普通建筑用钢的标准要求

抗震耐火钢的室温力学性能等同或优于普通建筑用钢。

3）高的抗震性能与窄的屈服强度波动范围

抗震耐火钢的室温屈强比应小于等于80%，要求降低屈服强度波动范围。这是因为屈强比的大小反映钢材塑性变形时抵抗应力集中的能力。研究发现，屈强比越低，钢材的均匀伸长率即钢材断裂前产生稳定塑性变形的能力越高，钢材越能将塑性变形均匀分布到较广的范围。而作为建筑用结构材料，总是希望尽量提高钢材吸收地震能量的能力，若钢的屈强比较低，则有利于地震时吸收能量，故一般要求抗震耐火钢的屈强比不大于80%。

另外控制建筑用钢的屈服强度波动范围也非常重要，当屈服强度波动范围变化较小时，钢结构是一种整体破坏机制，其整体的塑性变形能力很高，抗震性能优良。因此，对抗震设计来说，要求采用窄屈服区间的钢材也是很必要的。

4）良好焊接性优于普通建筑用钢

随着建筑结构的高层化和大跨度的发展，在高层建筑物和大跨度框架中，支柱上易产生高应力状态，若建筑中使用490 MPa钢，则钢板厚度过大，可达到100 mm，这样在加工和焊接施工中都易产生质量问题。根据这种需要，建筑用材断裂前产生稳定塑性变形的能力越高，钢材越能将塑性变形均匀分布到较广的范围。

**3. 抗震耐火钢中的合金元素作用**

（1）抗震耐火钢的合金化

抗震耐火钢的关键性能要求是高温强度。抗震耐火钢的高温氧化机理通常包括两个方面，即固溶强化作用和第二相的析出强化作用。研究表明，Mo、Cr是提高钢的高温强度最有效的合金元素，Nb、V、Ti与Mo复合添加具有更好的高温强化效果。钢中的Mo、Cr固溶于铁素体中，强化了铁素体基体，可显著提高钢的高温强度。但钢中添加大量的这类合金元素，将大幅度增加生产成本，这对使用量大、使用面广的结构材料来说是不可行的。另外，Mo、Cr等合金元素能增加钢的淬透性，若提高碳当量则对焊接不利。因此，抗震耐火钢中这类合金元素含量远低于耐热钢。

抗震耐火钢的另一个主要强化方式是碳化物的析出强化作用。在抗震耐火钢中析出相提高高温强度的一个首要条件就是这些析出相必须具有良好的高温稳定性。相对而言，微合金元素Nb、V、Ti析出物具有良好的高温稳定性，对提高抗震耐火钢的高温强度会产生有益的影响。大量研究表明，微合金元素Nb、V、Ti在铁素体基体中析出，可显著提高钢的高温强度。

（2）合金元素对高温性能的影响

1）C的影响

C和N是强烈的间隙固溶强化元素。研究表明，随温度的提高，C和N在钢中的溶解度增加，从而能提高钢的高温强度。但碳含量的增加会对焊接性产生不利影响，因此建筑用钢的碳含量应控制在0.2%以下。目前，抗震耐火钢合金元素设计总的趋势是降低碳含量，最高碳含量为0.11%。

2）微合金元素

Nb是抗震耐火钢中的主加元素，其为强碳化物形成元素，在钢中形成细小的NbC第二相，具有很高的组织稳定性。其主要作用是细化奥氏体晶粒尺寸，还可起到一定的沉淀强化作用。当Nb与Mo复合添加时，NbC质点更细小，不易聚集长大，具有更高的组织稳定性，由其造成的沉淀强化使钢保持较高的高温强度和蠕变强度。

3）Mo 的影响

Mo 是提高钢的高温强度最有效的元素，目前已有的抗震耐火钢中均以 Mo 作为高温强化元素。

Mo 固溶于铁素体中，能强化铁素体基体。高温下 Mo 在铁素体中的扩散速度较慢，显著提高了钢的高温强度与蠕变强度。此外，固溶的 Mo 易在晶界处偏聚，起强化晶界的作用。Mo 的这种固溶强化作用是提高抗震耐火钢高温强度的第 1 个原因。

Mo 对相变过程产生显著影响，从而改变钢中微观组织结构，是提高钢的高温强度的第 2 个原因。Mo 增加了过冷奥氏体的稳定性，使奥氏体向铁素体转变曲线右移，相变后能得到更加细小的铁素体组织。其次，随着 Mo 含量的增加，钢中贝氏体体积分数增加，细小的多边形铁素体和高位错密度的贝氏体组织能使抗震耐火钢获得良好的高温性能。

Mo 在钢中析出形成碳化物是提高抗震耐火钢高温强度的第 3 个原因。Mo 与 C 结合形成多种形式的碳化物，包括 $MoC$、$Mo_2C$、$Mo_{23}C_6$ 及 $Mo_6C$ 等。MC 型碳化物细小弥散的分布在基体中，提高钢的强度。

4）Cr 的影响

在耐热钢中，Cr 是一个主加元素。Cr 可有效提高钢的高温抗氧化性和抗蠕变性能。但 Cr 对抗震耐火钢的性能影响比较复杂，特别是与 Mo、V 等元素共同加入时，这种影响更为复杂。Cr 在铁素体中的扩散系数较高，易与 C 结合形成碳化物。例如，$Cr_7C_3$ 碳化物最低在温度为 500℃ 左右就析出，但稳定性较差，容易聚集长大。Cr 的另一个不利作用是降低 $Mo_2C$ 的组织稳定性，并使二次硬化温度降低。在抗震耐火钢中采用了 Cr，一方面是用于提高高温强度和蠕变强度；另一方面是提高钢的耐候性。

**4. 典型的抗震耐火钢及其应用**

（1）高强度结构钢（以下简称"高强钢"）

高强钢是指采用微合金化和 TMCP 技术生产出的具有高强度（强度等级大于等于 460 MPa）、良好延性、韧性以及加工性能的结构钢材。屈服强度高于 690 MPa 的钢材称为超高强钢。高强钢不仅可以降低结构自重，而且能够降低成本。相关资料表明，采用高强钢代替普通强度钢材，可节省钢材质量 30% 左右。钢材单位质量随屈服强度增大而升高，因此高强钢单位强度成本要低于普通强度钢材。我国典型钢材的牌号有 Q460、Q500、Q550、Q690 等。目前，国内尚无适用于 460 MPa 屈服强度等级钢材钢结构的设计规范，Q460 钢具有良好的塑性、韧性及耗能能力，但规范的限值规定限制了更高强度结构钢材的应用。

我国在国家体育场（鸟巢）的钢结构工程中的关键部位应用了 700 t 的 Q460 钢，从而满足了设计要求，取得了很好的效果。国家游泳中心（水立方）工程应用了 2 600 t 的 Q420 钢，是国内单体工程中应用较多的工程。通过高强钢在实际工程中的应用，证明了我国生产的高强钢的质量完全能满足相关技术要求，并且能够满足建筑用钢的要求。

（2）新型高性能钢

新型高性能钢是指通过减少 C、S 等元素含量以改善钢的可焊性，同时通过 TMCP 技术与添加合金元素等手段，提高钢的强度、断裂韧性与冷弯性能，具有良好的抗疲劳性能的一类钢。新型高性能钢近 10 年来在国外工程建设中逐渐得到应用，如美国的建筑结构用高性能钢 A992 与桥梁用高性能钢 A709 等。

随着国民经济的不断发展，建筑用钢的用量将会不断地增加。抗震耐火钢因其综合性能优良，故近期在我国面临着良好的发展机遇，在钢结构应用领域中的应用将越来越广泛。同时，低成本合金化设计、力学性能指标系列化及兼顾防腐、抗震性能的耐火钢将成为近期的发展趋势。

# 11.2 性能"强韧化"的新型机械结构用钢

## 11.2.1 高效节能微合金非调质钢

### 1. 微合金非调质钢概述

我们已知，中碳钢零件的良好综合力学性能通常通过调质工艺获得。但调质处理消耗了大量能源，污染环境。而微合金非调质钢的无淬火和高温回火工序使其性能即能达到中碳调质钢的水平，同时也省去了热处理设备，简化了生产工艺并降低了能耗，其制造成本相比调质钢降低了 25%～38%，具有良好的经济和社会效益，因此是一种高效节能钢。

（1）非调质机械结构钢的概念

图 11.3 为调质钢和非调质钢典型生产工艺流程比较。

可见，非调质钢由于取消了淬火回火等工序，从而简化了生产工艺流程，提高了材料利用率，改善了零件质量，降低了能耗和制造成本，减少污染，绿色环保。因此，通过微合金化、控制锻制和控制冷却等强韧化方法，取消了调质处理，达到或接近调质钢力学性能的一类结构钢称为非调质机械结构钢，即微合金非调质钢，简称非调质钢。

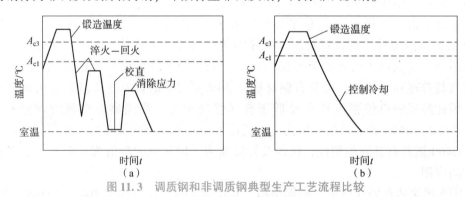

图 11.3　调质钢和非调质钢典型生产工艺流程比较

（a）调质钢；（b）非调质钢

（2）微合金非调质钢的分类

1）按用途分类

非调质钢按用途分类如表 11.2 所示。除表中所列的热锻用、冷作强化（冷锻用）非调质钢外，还有直接切削用非调质钢和高韧性非调质钢等。热锻用非调质钢用于热锻件，如热锻螺栓等紧固件；冷作强化非调质钢主要用于标准件如螺栓、螺母等；直接切削用非调质钢则是用热轧钢直接加工成零部件；高韧性非调质钢用于要求韧性较高的零部件。

表 11.2　非调质钢按用途分类

| 类别 | 典型零件 | 制造工艺 | 基本化学成分 |
|---|---|---|---|
| 热锻用 | 轴、杆、销类等结构件 | 轧制成材→热锻（控制锻造、控制冷却）→机加工 | 中碳钢或中碳锰钢+V、N 等 |
| 冷锻用 | 螺栓类 | 控制轧制、控制冷却→拉拔→机加工 | 低碳钢+V、Nb、Ti、B 等 |

2）按化学成分分类

几种非调质钢的化学成分如表 11.3 所示，从表中可以看出，微合金非调质钢可分为以下两大类。

①低碳非调质钢：碳含量一般控制在 0.25% 以下，即在低碳钢的基础上，加入微合金元素如 V、Nb、Ti、N 等。

②中碳非调质钢：碳含量一般控制在 0.25%~0.55%，在此基础上加入微合金元素 V、Nb、Ti、N、Al 等，有的还要加入 Cu、Si 等。

表 11.3　几种非调质钢的化学成分　　　　单位:%（质量分数）

| 牌号 | C | Si | Mn | S | P | V | Cr | Ni | Cu | B |
|---|---|---|---|---|---|---|---|---|---|---|
| F30MnVS | 0.26~0.33 | ≤0.80 | 1.20~1.60 | 0.035~0.075 | ≤0.035 | 0.08~0.15 | ≤0.30 | ≤0.30 | ≤0.30 | — |
| F38MnVS | 0.34~0.41 | ≤0.80 | 1.20~1.60 | 0.035~0.075 | ≤0.035 | 0.08~0.15 | ≤0.30 | ≤0.30 | ≤0.30 | — |
| F49MnVS | 0.44~0.52 | 015~0.60 | 0.70~1.00 | 0.035~0.075 | ≤0.035 | 0.08~0.15 | ≤0.30 | ≤0.30 | ≤0.30 | — |
| F12Mn2VBS | 0.09~0.16 | 0.30~0.60 | 2.20~2.65 | 0.035~0.075 | ≤0.035 | 0.06~0.12 | ≤0.30 | ≤0.30 | ≤0.30 | 0.001~0.004 |

3）按显微组织分类

非调质钢按显微组织分类如表 11.4 所示，从表中可以看出，其可分为以下 3 类。

表 11.4　非调质钢按显微组织分类

| 类别 | 显微组织 | 主要性能与应用 |
|---|---|---|
| 铁素体-珠光体型 | 先共析铁素体+珠光体（数量可变化）+细小弥散的微合金碳（氮）化物 | 具备高强度与较好的韧性，适于制造重要的轴类、杆类等结构体，如发动机曲轴、连杆 |
| 贝氏体型 | 贝氏体（低碳）+细小弥散的微合金碳（氮）化物 | 具备 900 MPa 以上的高强度及良好的韧性 |
| 马氏体型 | 马氏体（低碳）+细小弥散的微合金碳（氮）化物 | 具备 1 100 MPa 以上的高强度及良好的韧性 |

①F-P 型：其在非调质钢中占据的比重最大，除满足某些特殊用途而采用其他组织为基的非调质钢外，一般非调质钢均为 P-F 型非调质钢，这是由其化学成分和加工状态所决定，当然也与其使用性能（状态）有关。

②晶内铁素体（F）型：一种高强度高韧性的新型非调质钢。

③低碳贝氏体（B）型：在锻后空冷状态下，可获得低碳贝氏体，借以进一步改善钢的强度、韧性和可焊性。组织中除 B 外，有时也夹杂有 P 和 F，形成一种混合组织。

④低碳马氏体（M）型：利用锻造余热进行淬火、回火，获得低碳马氏体型来增加强韧性。

非调质钢的分类及牌号表示方法如表 11.5 所示。

表 11.5 非调质钢的分类及牌号表示方法

| 序号 | 统一数字代号 | 新牌号 | 旧牌号 | 国际标准牌号 |
| --- | --- | --- | --- | --- |
| 1 | L22358 | F35VS | YF35V | — |
| 2 | L22408 | F40VS | YF40V | — |
| 3 | L22468 | F45VS | YF45V、F45V | — |
| 4 | L22308 | F30MnVS | — | 30MnVS6 |
| 5 | L22378 | F35 MnVS | YF35MnV、YF35MnVN | — |
| 6 | L22388 | F98MnVS | — | 38MnVS6 |
| 7 | L22428 | F40MnVS | YF40MnV、F40MnV | — |
| 8 | L22478 | F45MnVS | YF45MnV | — |
| 9 | L22498 | F49MnVS | — | 49MnVS3（德国 THYSSEN 公司牌号） |
| 10 | L27128 | F12Mn2VBS | — | — |

（3）近年来我国微合金非调质钢发展情况

我国自行开发的铁素体-珠光体、贝氏体、低碳马氏体型等微合金非调质钢已成功应用于汽车发动机曲轴、连杆、汽车前桥等零部件。二汽公司自 1978 年开发应用微合金非调质钢以来，已先后对东风系列汽车的 20 余种零件采用微合金非调质钢进行了试制，采用 35MnV 代替 40MnB 生产 EQ6100 发动机连杆、采用 48MnV 代替 40Cr 生产康明斯发动机曲轴等，部分已实现大批量生产。另外，许多汽车制造厂的微合金非调质钢用量也逐年大幅度增加。从用材工艺技术分析，在汽车车身、变速箱总成、驱动桥总成、悬挂减震器、离合器部件、转向系统及零件中有 15% 的钢结构零件可用微合金非调质钢代替。目前，我国微合金非调质钢的年用量约 100 万吨。

现阶段国内微合金非调质钢还存在性能不稳定、韧性较低、材料成本较高等缺点。如何获得高强度与高韧性相匹配的微合金非调质钢是国内外科技工作者研究的热点课题。

**2. 微合金非调质钢的特点**

强韧化特点如下。

1）优化成分，提高强韧性

①"降 C 增 Mn" 指在一定范围钢的强度随着碳含量的增加而提高，但碳含量的增加在提高钢强度的同时也降低了钢的韧性。因此，降 C 可明显提高钢的韧性，其强度损失可由增加 Mn 含量补偿，同时通过细晶强化、沉淀强化和固溶强化等方式进一步提高钢强度。

②"多元适量，复合加入"的合金化基本原则是指微合金化元素 V、Ti、Nb 和 N 等，以细晶强化和沉淀强化等方式同时提高材料的强度和韧性。但最常用的是 V，通常 V 的质量分数在 0.06%~0.13%；N 是十分有益的元素，N 以化合物的形式存在，其主要作用是促进

V 的析出，提高沉淀析出强化效果，细化晶粒，提高 TiN 的稳定性和节约 V 合金等；S 可细化晶粒，促进晶内 F 析出，提高强韧性，同时也可改善切削加工工艺性能。

③ "均含有一定量 Mn 元素"是指含 0.06%~0.130%或 1.00%~1.50%的 Mn。

2）晶粒细化法

晶粒细化法是指常加入 Al、Ti 等，通过析出 AlN、TiN 等来钉扎奥氏体晶界，在加热时起到阻止晶粒长大的作用，细化晶粒。例如，采用 Ti-V 复合合金化，控制晶粒尺寸更好。

3）沉淀强化法

沉淀强化能力微合金元素（如 Nb、Ti、V 和 N 等）在钢中除细化晶粒外，还有很强的沉淀强化作用，取决于这些合金化合物在奥氏体中的固溶度，沉淀析出的速度及沉淀析出物的数量、尺寸和分布等。

4）正火、回火

正火和回火是微合金非调质钢常用的强韧化工艺，用以调整轧件或锻件的力学性能。正火、回火工艺比较简单，操作方便，对提高非调质钢零件的强韧性有事半功倍的效果。通过选择不同的化学成分和相应轧制（锻造）工艺，微合金非调质钢可达到与经调质处理的碳钢及合金结构钢相当的强度，其韧性稍差，但在采取某些韧化措施后，也可达到较高的韧性水平。

正火可使中碳非调质钢的显微组织进一步细化，有效地提高钢的冲击韧度，最大限度地改善非调质钢的性能。表 11.6 中列出了 046C-1.04-Mn-0.084V 非调质钢不同状态的力学性能，图 11.4 为 0.46C-1.04Mn-0.084V 非调质钢不同状态的显微组织。

表 11.6　0.46C-1.04Mn-0.084V 非调质钢的力学性能

| 项目 | $R_{eL}$/MPa | $R_m$/MPa | A/% | Z/% | $KV_2$/J |
|---|---|---|---|---|---|
| 热轧态+160 mm | 560 | 900 | 9.0 | 9.5 | 13.0 |
| 热轧+正火（900~920 ℃，空冷） | 525 | 795 | 23.5 | 53.0 | 54.0 |
| 热轧+锻造（钢造比 2.5） | 545 | 880 | 13.5 | 24.0 | 28.0 |
| 热轧+锻造+正火（同上） | 495 | 765 | 17.5 | 42.5 | 46.0 |

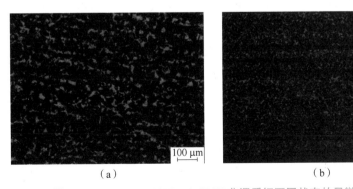

（a）　　　　　　　　　　　（b）

图 11.4　0.46C-1.04Mn-0.084V 非调质钢不同状态的显微组织

回火一般用于贝氏体非调质钢。具有优良韧性的贝氏体型非调质钢可通过回火进一步显著提高其韧性。

**3. 新型非调质钢应用实例——汽车半轴用钢**

大杆径汽车半轴采用高强度中碳非调质钢。典型传统大杆径重载汽车半轴采用调质钢42CrMo 等生产，包括热锻成型、调质处理和感应淬火等工序。为降低热处理成本特别是减少淬火变形，开发出了一种大杆径轴类用、适应表面感应淬火的高强度中碳非调质钢FAS2340（Mn-Cr-V-B 系）。该钢的各疲劳性能接近调质钢，特别是半轴经表面感应淬火处理后，具有独特的微观组织特征和疲劳性能，可代替 42CrMo 钢用于制造 52~62 mm 的大杆径重载汽车半轴。

# 11.3 轻而强的新型非铁金属合金材料

非铁金属合金具有许多重要的特性，无论是作为结构材料还是功能材料，在高新技术领域都有着十分重要的地位。本节将主要介绍铝锂合金及镁合金两部分内容，以便使读者能更好地了解新型非铁金属合金的性能特点、应用领域等。

## 11.3.1 飞行金属—铝锂合金

**1. 铝锂合金概述**

随着科技进步和高新技术的开发与应用，对材料综合性能的要求日趋提高。铝锂合金由于具有低密度、高比强度和比刚度、优良的低温性能、良好的耐腐蚀性和卓越的超塑成型性能，成为兵器工业中最具潜力的新型金属结构材料，被认为是 21 世纪航空航天工业领域中最理想的轻质高强结构材料。

锂（Li）密度只有 0.53 g/cm³，是世界上最轻的金属元素，在铝中锂的含量每增加 1%（质量分数），其合金的密度就减小 3%，合金的弹性模量就提高 6%。如果用铝锂合金替代常规铝合金，可使构件质量减轻 10%~15%，而且刚度提高 15%~20%，特别是它的价格比先进的复合材料要便宜很多。铝锂合金作为航空航天结构产品中的替换材料或选用材料已初步显示出其强大的生命力。随着成本的降低、性能的逐步提高和使用经验的积累，这种新型合金在飞机上对应替代传统铝合金的目标，在 21 世纪初已得到实现。

**2. 铝锂合金的性能特点和应用**

（1）铝锂合金的性能特点

新型铝锂合金主要产品形式有中厚板、薄板、挤压型材等，它们的主要性能特点如下：

①密度低（比常规铝合金密度低 5%~8%，$\omega_{Li} < 1.8\%$）；

②更好的强度—韧性平衡；

③耐损伤、抗疲劳性能优良；

④耐腐蚀优良；

⑤有较好的耐热性；

⑥良好的加工成型性。

复合材料、常规铝合金及铝锂合金的性能比较如表 11.7 所示。

表 11.7　复合材料、常规铝合金及铝锂合金的性能比较

| 项目 | 复合材料 | 常规铝合金 | 铝锂合金 |
|---|---|---|---|
| 减重效果 | 综合减重 10%~15% | — | 综合减重 5%~7% |
| 屈服强度 | 较好 | 一般 | 较好 |
| 抗压强度 | 较差 | 较好 | 较好 |
| 抗雷击性能 | 较差 | 一般 | 一般 |
| 可维修性 | 较差 | 易于检测和修理 | 维修工艺继承性较强 |
| 材料成本 | 4~6 倍 | — | 2~4 倍 |
| 工艺的继承性 | 工艺发生根本性的变化 | — | 很大程度继承 |
| 调高效率、降低成本 | 缠绕铺层技术 | — | 铝锂合金焊接技术、DCF 损伤 |
| 新工艺的应用 | RTM、RFI、VARI | — | 抑制部件、ABD 先进胶接结构 |
| 国内加工的可实施性 | 一般 | 好 | 较好 |

（2）铝锂合金的应用

国外铝锂合金在航天航空领域的应用已进入实用阶段。俄罗斯的苏 – 27、苏 – 36、米格 –33 等飞机都大量采用了铝锂合金，其用量占飞机结构总量的 15%。英、法两国联合制造的如图 11.5 所示的空客 A380 飞机上的主舱横梁采用了 2196 铝锂合金锻压件。图 11.6 所示的庞巴迪 C 系列飞机在材料上使用的先进铝锂合金材料部件已经占到飞机材料使用总量的 23%。

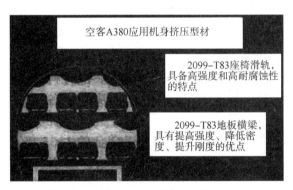

图 11.5　空客 A380 飞机上的铝锂合金

图 11.6　庞巴迪 C 系列飞机

目前，我国研制的国产大型商用飞机，在其机身上也应用了铝锂合金。该机主要应用第三代新型铝锂合金，包括机身蒙皮、长桁、地板、纵横梁、滑轨等结构。在航天领域，铝锂合金已在许多航天构件上取代了常规高强铝合金。

铝锂合金1420是铝锂合金系列中非常重要的一种铝锂合金，它具有较高的静力强度、破坏韧性、低循环疲劳、可焊性良好等特点，并具有超高性的效果。在航空航天飞行器的焊接结构中广泛地采用了铝锂合金制造构件。由于1420的密度（$\rho = 2.47$ g/cm³）较小，并且在结构上省去了连接搭边和密封膏以及铆钉和螺栓，因而这种铝锂合金焊接结构使机身重量减轻了24%。

## 11.3.2　绿色最轻质金属——镁合金

### 1. 镁及其合金概述

镁是银白色金属，密度为1.74 g/cm³，约为铝的2/3、铁的1/4。镁的强度和硬度都比较低。

镁的晶体结构和原子核外层电子排列决定了镁及其合金的特殊物理化学性质和力学性能。外层为3S²的价电子结构使镁不具有任何共价键性质，故其具有最低的平均价电子结合能和金属原子间结合力。镁的这种电子结构使其具有较低的弹性模量，即$E = 45$ GPa。镁晶体的空间排位为密排六方结构，如图11.7所示。晶体结构中滑移系越多，滑移过程可能采取的空间取向越多，位错越不易塞积，塑性也就越好。

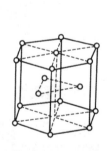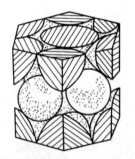

图11.7　镁的晶胞

镁及其合金是最轻的结构材料之一，由于镁合金具有优良的导电性、导热性、电磁屏蔽性，高的比强度、比刚度、减振性、加工工艺性能，以及易回收、有利于环保等特性。因此，其早已引起航空工业和汽车工业的注意。进入20世纪90年代中期，由于环境和能源问题越来越突出，减轻汽车重量和节约能源是汽车厂家的共同目标。近年来，镁合金及其成型技术的研究和应用获得重大进展，镁合金的材料质量不断提高而其生产成本不断下降，因此镁合金的研究与开发成为近年来金属材料领域的热点。

### 2. 我国镁合金发展概况

我国是镁资源大国，具有储量、产量、出口量及成本最低的4个世界第一。目前我国已拥有全球镁生产能力的3/4、产量的1/2。

20世纪90年代以来，在日益严重的资源和环境的双重压力下，我国政府对镁合金的发展动向给予了高度重视。2000年启动了"镁合金开发应用及产业化"的前期战略研究，与纳米、稀土等并列为我国材料领域 4 大重点攻关项目。同时也安排了耐热、变形、高强高韧等镁合金新材料、新工艺的研究内容。

**3. 镁合金在各个领域中的应用**

（1）镁合金在军事中的应用

军事装备的轻量化是一项重要的战术技术指标，是提高军事装备作战性能的主要方向，是提高作战部队，尤其是轻型部队和快速反应部队战略和战役战术机动性的主要途径。轻质材料的使用，可以使火炮的体积更小、重量更轻、机动性能更好、弹丸速度更快、威力更大。

1）航空航天方面

材料轻量化对航空航天方面带来的经济效益和性能改善十分显著。对于战斗机来说重要的是其机动性能的改善可以极大地提高其战斗力和生存能力。技术上可采用镁合金材料的零部件有飞机框架、座椅、机匣、轮毂、齿轮箱、水平旋翼附件、飞机起落轮和齿轮箱盖等。

2）坦克装甲车辆方面

轻型装甲车与重型装甲车相比，其运输性和战略机动性更好。发达国家非常重视军事装备轻量化的研究，其中采用轻金属材料是减轻军事装备重量的主要手段之一。

3）各类军事装备中的应用

①军事装备零件对材料的性能要求：高强度、高韧性武器零部件要求材料具有出色的综合力学性能，包括高强度、高韧性。武器的使用环境十分恶劣，要求有高耐蚀性。

②军事枪械类的应用。可采用镁合金材料的零部件有机匣、弹匣、枪托体、提把、扳机、瞄准装置等，图 11.8 为步枪上可采用镁合金材料的零部件。

图 11.8　步枪上可采用镁合金材料的零部件

③其他类军事装备中的应用有导弹，如舱体、舵机本体、仪表舱体、舵架、飞行翼片等；军用光电产品，如镜头壳体、红外成像壳体、夜视仪的壳体、底座等。

典型应用实例如下。

a. 我国的歼击机、轰炸机、运载火箭、人造卫星、飞船上均选用了镁合金构件，一架飞机上最多选用了 300~400 项镁合金构件。

b. "德热来奈"飞船的启动火箭"大力神"（见图 11.9）曾使用了 600 kg 的变形镁合金；"季斯卡维列尔"卫星中使用了 675 kg 的变形镁合金；直径约 1 m 的"维热尔"火箭壳体是用镁合金挤压管材制造的。

c. 美国的 B-36 轰炸机上共使用了 5 555 kg 镁板，700 kg 镁合金锻造件及 300 kg 镁合金铸造件，一半是用作结构材料，如

图 11-9　"大力神"火箭

图 11.10 所示。

d. 西科斯基公司的 S-92、贝尔的 BA-609 倾斜旋翼飞机、欧洲的 NH90 等直升机应用高温镁合金 WE43、WE54 于新型航空发动机齿轮箱和直升机的变速系统中。

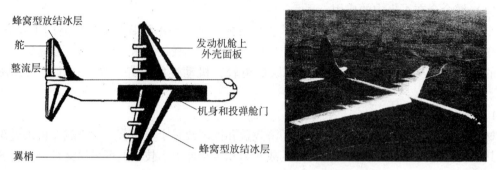

图 11.10 B-36 轰炸机（左图阴影部分为镁合金材料）

e. 军用计算机和通信器材：箱体、壳体、各类仪表盘、军用头盔等。例如，海尔 C3 军用笔记本电脑就用镁铝合金材料作为外壳，比一般笔记本电脑的金属外壳抗震能力增强数倍，比塑料壳坚硬 20 倍。

（2）镁合金在交通运输中的应用

从 20 世纪 20 年代开始，镁制零件就在赛车上应用。石油危机的爆发对轿车工业节省能耗提出了更高要求，通过降低轿车自重可达到减少对汽油的消耗。同时，使用镁合金零部件降低了汽车起动和行驶重量，使汽车驾驶起来更加灵活舒适，具有更好地加速和减速性能。因此，大量的镁合金零部件被生产出来替代钢和铝合金零部件。大众汽车公司开始用压铸镁合金生产"甲壳虫"汽车的曲轴箱、传动箱壳体等发动机系统零部件。

进入 21 世纪以来，西方各大公司争相开发镁合金零部件，通过用轻合金铸件使整车轻量化以满足当今日益严格的环保和节能要求。图 11.11 为 1991 年至 2007 年全球各地区汽车中镁合金用量的发展趋势。

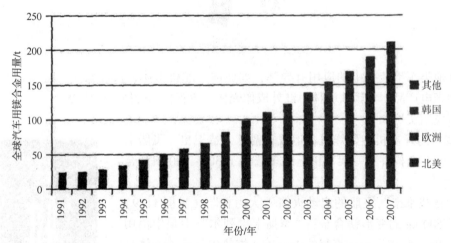

图 11.11 1991 年至 2007 年全球各地区汽车中镁合金用量的发展趋势

福特汽车公司在每台轿车上使用 103 kg 镁合金，使轿车重量降低了 45%，这是一个十分可观的数量。例如，大众公司推出的一种整体车框架采用了镁合金的超级经济型轿车，其燃油效率达到了 100 km，耗油少于 1 L。

我国镁资源极为丰富，各汽车企业及科研单位都在积极进行镁合金的研究开发。例如，桑塔纳轿车压铸生产出变速箱壳体和壳盖。

（3）镁合金在电子器材中的应用

随着声像计算机通信业的飞速发展和数字化技术的进步，各类数字化电子产品不断出现。电子器件正朝着高度集成化和轻薄化方向发展。镁合金具有密度比强度和比刚度高、薄壁铸造性能良好、导热性好、电磁屏蔽能力强、减振、易回收利用等优点，显示出了广阔的发展前景。

1）镁合金应用在电子器材的优越性

其要求材料重量刚度好、耐冲击性能、电磁相容性符合标准、散热能力好、加工性能好、成本低、易回收、环保等。镁合金与传统材料相比，其优越性主要表现在以下几个方面。

①轻量化。工程塑料虽然质量轻，但是在刚度、耐冲击性、抗挠曲变形性方面达不到要求。金属材料中，在满足性能要求的情况下，使用镁合金的产品可达到最低的质量。并且，镁合金的比阻尼容量高，可以减少外景的振动对内部精密电子和光学元件的干扰。

②辅助散热快。与其他材料相比，镁合金的热导率略低于铝合金和铜合金，但远高于钛合金，其比热容与水接近，是常用合金中最高的。镁合金外壳散热快，本身又不容易升温，无疑是制作电子器材壳体的绝佳选择。

③电磁相容性好。个人电脑、移动电话等发出的高频电磁波如果穿透器材外壳就会产生干扰信号，同时对人有害。镁合金壳体不需要经过导电处理就能获得很好的屏蔽效果。

④成本低。电子器材的成本占比最高的是模具和二次加工的费用，镁合金良好的加工性能可以降低大部分费用。

⑤环境保护。镁合金在回收利用方面的有利条件使其成为环保材料的优先选择，并且镁合金没有毒性，基本不会造成环境污染。

2）镁合金应用在其他方面的优越性

镁合金在减振性、耐蚀性、质感方面也具有很大的优越性。

例如，便携式电脑壳上原先的 ABS 塑料件改为镁合金压铸件后，其尺寸精度、附度和散热性都获得了改善。日本推出的电脑便携机，由于采用了镁合金材料，从而大大降低了质量，整机仅 770 g，年销售量达 10 万台。又如，便携式数字摄像机适用于户外摄像，其外壳采用镁合金压铸，结构紧凑、强度高、重量轻，并且手感好。

4. 镁合金的展望

未来镁合金铸件大量被应用是不容置疑的，虽然镁合金具有优良的性能，但是其价格和产品的成本还较高，大规模的应用还有一定的困难。随着镁合金加工技术的发展，镁合金的应用仍将具有巨大的潜力。

# 11.4　神奇而多变的新型金属功能材料

功能材料，是指以声、光、电、磁、热和化学效应为主要性能特征和应用要求的一类材料。新型功能材料是指新近发展起来和正在发展中的具有优异性能和特殊功能，对科学技术尤其是对高新技术的发展及新产业的形成具有决定意义的新型材料。而新型金属功能材料更是高新科技技术发展的重要组成部分。

新型金属功能材料种类繁多，性能奇异，应用广泛。例如，金属玻璃的超高硬度、高强度、高磁性与耐蚀性；金属橡胶的高弹性、高强韧性；钛镍记忆合金的形状记忆效应等。这里，仅从以下几个侧面作简要介绍。

## 11.4.1　奇异的新型材料——金属玻璃

### 1. 金属玻璃的概述

传统玻璃种类繁多，而金属玻璃是玻璃家族的新成员。它是采用现代快速凝固冶金技术合成的，具有很多不同于传统玻璃的独特性质。金属玻璃兼有玻璃、金属、固体和液体的某些特性。例如，金属玻璃是迄今为止最强的材料之一，一根直径为 4 mm 的金属玻璃丝可以悬吊起 3 t 的重物；将它浸在强酸、强碱性液体中仍能完好无损；具有接近陶瓷的硬度，却在一定温度下能像橡皮泥那样的柔软、像液体那样流动。

金属玻璃由于其独特的无序结构，因而具有很多优异的力学物理和化学性能。它既有金属和玻璃的优点，又克服了它们各自的弊端，如玻璃易碎，没有延展性的弊端。金属玻璃的强度高于钢，其硬度超过工具钢，且具有一定的韧性和刚性。

### 2. 金属玻璃的应用

（1）软磁铁芯

软磁铁芯可以在许多须使用软磁的器件中代替原来的晶态材料。例如，配电变压器，每天 24 h 长期运作，要求高磁感，低损耗。金属玻璃的铁损只有传统硅钢的 1/10～1/5，其激磁电流仅为硅钢片的 1/12～1/8，总能量损耗可减少 40%～60%。

（2）磁头

磁头是磁记录系统中的关键部件，如录音、录像、计算机中的磁头。磁头要求具有高磁导率，高磁感，良好的热稳定性、耐磨性和耐蚀性。由于技术的发展，对磁头的要求日益提高，原来的常规材料铁磁、铝磁合金，铁氧体等都不能满足新型磁头的要求。

（3）热敏器件

热敏磁性材料的磁性对温度敏感，故一般磁导率较高，矫顽力较低。通常要求饱和磁感应强度（$B_m$）的温度系数大，居里温度低，接近于工作和环境温度，比热容小，散热或吸热快，易加工。晶态有 NiCu、NiCr 等合金，热敏铁氧体有 MnZn、NiZn、MnCu 等。但其饱和磁感应强度低，在居里温度附近的磁导率变化较小，热导率低，热响应迟缓。

（4）磁屏蔽

磁屏蔽是利用非晶磁致伸缩零特性，将非晶合金带编织成网，然后涂上聚合物。与相同重量的多晶 Ni80Fe20 相比，其具有可弯性、韧性好，对力学应变不敏感等优点。

## 11.4.2　神奇的新型材料——金属橡胶

### 1. 金属橡胶的概述

金属橡胶是一种新型均质的弹性多孔材料，其是经特殊的工艺方法即将一定质量的、拉伸开的、螺旋状的金属丝有序地排放在冲压或碾压模具中，通过冲压成型的方法制成的。其内部有很多孔洞，既呈现类似橡胶的弹性和阻尼性能，同时又保持金属的优异特性，故称金属橡胶。

金属橡胶是以金属丝为原材料，不含有任何普通橡胶，但却具橡胶般的弹性和多孔性，还可在腐蚀环境中工作，不产生老化现象。因此，对比传统橡胶，金属橡胶不仅可在上述苛刻的环境下工作，并且在该环境下仍然能保持十分优良的性质。

**2. 金属橡胶的性能特点**

金属橡胶内部结构是金属丝相互交错勾连形成的类似橡胶高分子结构那样的空间网状结构。因其本身是金属而非橡胶，故金属橡胶具有金属特殊的性能，包括力学、阻尼、隔振、吸声降噪、过滤等性能。其性能特点具体体现在以下 4 个方面。

①硬刚度大，承载能力高，耐疲劳，无老化现象，使用寿命和存储时间长。

②可满足阻尼、减（隔）振、密封、过滤等需求，是特殊工况下普通橡胶产品和其他多孔材料制品的最佳替代品。

③具备吸声降噪特性。

④耐高（低）温、大温差、抗辐射及腐蚀环境。

**3. 金属橡胶的适用范围**

金属橡胶可以在外力的作用下拉伸 2~3 倍，随后恢复原状。当被拉伸时，金属橡胶仍能保持其金属特征，具有导电性。它可以像金属一样，无论将其放入航空燃料还是丙酮液体里，它都能完好无损地不被腐蚀，也不会发生结构上或化学上的降解。它可在 371.1 ℃的高温下不燃烧，也可以在−110.6 ℃的低温下不变性，其结构十分稳定，特别适合于解决高低温、大温差、高压、高真空、强辐射、剧烈振动及腐蚀等环境下的阻尼减振、过滤、密封、节流及吸声降噪等疑难问题，可根据不同工况需要制备出各种结构形状。

金属橡胶主要适用于航空航天、武器装备以及石油化工等各个制备工艺领域。在民用方面，金属橡胶还在热管芯衬方面有着成功的应用。实验研究结果表明，带有金属橡胶芯衬的热管的传热和使用性能优于传统热交换装置。另外，金属橡胶在医疗器械方面也有成功的应用。可见，金属橡胶具有军、民两用的鲜明特点。

**4. 金属橡胶的发展前景**

金属橡胶还在以下多方向值得进一步研究：金属橡胶先进制造工艺、技术方法；金属橡胶构件弹性变形的细观测试、分析与研究；金属橡胶微观组织结构对金属橡胶性能的影响；金属橡胶构件的疲劳损伤机制及其表征方法；大型构件的加工、尺寸精度控制及其力学性能实验研究；金属橡胶在更多工程方面的应用研究，建立稳定的工艺路线和检测手段。

总之，随着金属橡胶基础理论研究的不断深入，以及其产品开发的多样化，金属橡胶的诸多优良性能将被发现和利用，其应用前景将更加广阔。

## 11.4.3　新型医用金属材料及其生物功能化

**1. 生物医用材料与医用金属材料概述**

生物医用材料，又称生物材料。它是指能够植入生物体或与生物组织相结合的材料，可用于生物系统的诊断、治疗、修复或替换生物体中的组织、器官以增进或恢复其功能的材料。目前用于临床的生物医用材料主要有金属材料、有机高分子材料、无机非金属材料（主要指生物陶瓷、生物玻璃和碳素材料等）。本书仅对医用金属材料作一些简介。

医用金属材料，即用作生物医学材料的金属材料，是一类用作生物医用材料的金属和合金，也是一类生物惰性材料。医用金属材料又称外科植入金属材料，具有高的力学强度和抗疲劳性能，是临床应用中最广泛的承力植入材料。临床常用的医用金属材料主要有不锈钢、钴基合金、钛合金和镁合金等几大类。此外还有形状记忆合金、贵金属以及纯金属钽、铌、锆等。它们已广泛应用于骨科、齿科及心血管内科等医疗领域，生物可降解镁合金是正在研究发展的新型医用金属材料，具有诱人的临床应用前景。

### 2. 医用金属材料的应用

将医用金属材料永久性地植入体内，以置换被破坏的、病变的或部分磨损的组织，或对关节、血管、牙齿等进行修复。医用金属材料以其高强韧性、耐疲劳、易加工和应用可靠性高等一系列优良特性，一直是医学临床上用量大而广泛的一种材料，占到植入性医疗器械用材的40%以上，大量应用于骨科、齿科、心血管内科等医疗领域中的各类植入医疗器械以及各种外科手术工具等。在骨科中主要用于制造各种人工关节、人工骨以及在各种内、外固定器科中主要用于制造义齿、充填体、种植体、矫形丝及各种辅助治疗器件。

医用金属材料还用于制作各种心脏瓣膜、肾瓣膜、血管扩张器、人工气管、人工心脏起搏器，以及各种外科辅助器件等，也是制作人工辅助器装置的重要材料。

### 3. 抗菌不锈钢

近年来，不锈钢在食品工业、餐饮服务业和家庭生活中的应用越来越广泛，人们希望不锈钢器皿和餐具除具有不锈、光洁如新的特点外，最好还具有防霉变、抗菌、杀菌功能，故而抗菌不锈钢应运而生。该种材料以不锈钢为载体，添加一些抗菌金属元素作为抗菌剂，兼具不锈钢的耐蚀性能和优良抗菌性能，越来越受到科研机构和企业的重视。

（1）抗菌不锈钢的含义

抗菌不锈钢就是指在某些化学成分的不锈钢中加入适量有抗菌效果的元素（如Cu），经抗菌性处理后使其具有稳定的加工性和良好抗菌性的一种新型不锈钢。

（2）抗菌不锈钢的分类

抗菌不锈钢按其制造方法的不同，大致分为表面涂层抗菌不锈钢、复合抗菌不锈钢、表面改性抗菌不锈钢及添加抗菌金属元素的合金型抗菌不锈钢。

1）表面涂层抗菌不锈钢

它是20世纪末才开发成功的功能型金属材料，是在不锈钢表面的涂层中添加抗菌剂和防腐剂。涂层主要有两类：一类是Ag、Cu、Zn或与其他元素形成的合金型涂层；另一类是具有光催化活性的Ti或Zn氧化物的涂层。

2）复合抗菌不锈钢

复合抗菌不锈钢是将铜或铜合金的抗菌性能与不锈钢材料的力学性能和工艺性能相结合，将两者复合到一起而制成的。

3）表面改性抗菌不锈钢

表面改性抗菌不锈钢是通过高温渗层处理或离子注入的方法在普通不锈钢表面渗入Cu、Ag、Zn或Ti元素而赋予其抗菌性能。

4）合金型抗菌不锈钢

合金型抗菌不锈钢是通过在炼钢时添加抗菌金属元素，再经过特殊的热处理加工，从而使抗菌不锈钢自表面到内部都均匀分布着抗菌元素的析出相。其按照加入抗菌金属元素的不同可以分成含铜或含银抗菌不锈钢等，也有加入一些其他抗菌元素，如稀土元素。目前含铜和含银抗菌不锈钢的研究和应用最广泛。

（3）抗菌不锈钢必须具备的3大特征

1）抗菌性

由于抗菌效果被定义为在抗菌制品上 24 h 后的生菌数应小于比较制品上生菌数的 1%，所以，把减菌率 97% 以上作为衡量抗菌效果的基准值，这个数值对含银抗菌不锈钢和含铜抗菌不锈钢都一样适用。

2）耐蚀性

抗菌不锈钢应具有与不含抗菌元素的同种不锈钢相同的耐蚀性。

3）加工及表面特性

抗菌不锈钢应具有与不含抗菌元素的同种不锈钢相同的加工成型性和表面特性。

因此，大多从抗菌效果、抗菌范围、持续性、耐光性、耐热性等方面来评价抗菌不锈钢的抗菌性能。我国市场上已研制出刀具用抗菌不锈钢材料，其是在不锈钢中加入适量铜，经特殊处理后，使材料中能形成一种高度浓度铜的第二相，均匀分布于合金基体中，当其裸露于表面时，不形成氧化铬的钝化膜，而是析出正二价铜离子，从而起到抗菌作用。

（4）抗菌不锈钢的综合性能特点

抗菌不锈钢的制备方法各有其优缺点，表面涂层和表面改性的抗菌不锈钢的抗菌性能良好，但对生产设备和制备技术要求较高，很难实现大量生产，且成本偏高；此外，在产品的深加工和使用过程中，表面的抗菌层容易磨损脱落，丧失抗菌性，因此不适合在高摩擦的场所使用，而且抗菌层的脱落还会破坏不锈钢表面的光洁度和清洁感。

刀具用抗菌不锈钢板具有长久、广谱抗菌性，但其制备成本较高，制备技术要求也高，且应用领域有限。

合金型抗菌不锈钢由于基体中整体添加了 Ag、Cu 等抗菌金属元素，虽然提高了制造成本，但其抗菌性能好，经磨损后仍保持优良的抗菌性，且其生产工序与一般不锈钢的相近，可以生产尺寸较大及形状复杂的板、线、管等，也可生产结构复杂的产品，未来的市场前景较好。但合金型抗菌不锈钢生产工艺不易掌握，需要进行较深入的试验室研发和工业试验。

合金型抗菌不锈钢的产品优点：广谱抗菌性，对大肠杆菌、金黄色葡萄球菌等常见病菌均具有良好的杀菌效果；抗菌持久性，长期使用及表面磨损后仍具有良好的抗菌性能；人体安全性，在食品安全性和人体安全性方面完全符合相关标准；不锈钢基本性能不变，其力学、耐腐蚀、冷热加工、焊接等性能与原钢种基本相当；成本增加较少，与常规不锈钢相比含铜抗菌不锈钢成本增加 10%~20%，含银抗菌不锈钢成本增加 20%~40%。

（5）含铜不锈钢的研究开发

含铜不锈钢，是指在现有医用不锈钢（如 304、316L、317L 等）的基础上，通过加入适度过饱和量的铜元素，经过固溶+时效的热处理，使其基体中均匀弥散地分布有纳米尺度富铜析出相的新型不锈钢。这种含有富铜相的含铜不锈钢在人体环境中由于不可避免地会发生一定的腐蚀，因而可以微量和持续地向周围组织中释放出铜离子，从而发挥出铜离子的诸多有益的生物医学功能。因此，含铜不锈钢巧妙地将不锈钢优异的力学性能、耐蚀能力与铜离子的生物医学功能相结合。根据医用金属材料生物功能化这一全新的概念，研究者开展了含铜不锈钢（317L-Cu 等）抑制细菌感染、降低支架内再狭窄、促进成骨等生物医学功能的研究探索工作。

作为常见的，也是灾难性的术后并发症，与医疗器械或植入材料相关的细菌感染，正在成为 21 世纪医学领域内亟待解决的重要问题之一，同时也成为以生物医用材料为中心而引发的感染问题。统计资料表明，每天全世界有超过 1 400 万人正在遭受院内感染的痛苦，其中 60% 的细菌感染与使用的医疗器械有关。进一步研究表明，金黄色葡萄球菌和表皮葡萄球菌是引起骨科植入器械感染的主要细菌，分别占到 34% 和 32%；而引起口腔正畸器械细菌感染的主要是变形链球菌、牙龈卟啉单胞菌等厌氧菌。

由植入器件引发的细菌感染与细菌生物膜的形成密切相关。据美国国家卫生研究院的初步统计，80% 的细菌性疾病与细菌生物膜有关。人体内如呼吸道、牙面上的牙菌斑、体内短期或长时间留置的人工装置（如导尿管、人工瓣膜、支架等）上均有细菌生物膜的广泛存在，并且具有极强的耐药性及免疫逃避性。而细菌生物膜对抗菌药物具有很强的耐药性，它主要是经过定植、释放和影响宿主免疫系统而致病。由此可见，如果能直接从植入材料的角度上解决植入器件造成的细菌感染问题，或许能够有效降低细菌感染发生的风险性，其将会具有重要的临床应用价值。

## 11.4.4 "千疮百孔"的多孔金属材料

### 1. 多孔金属材料概述

在传统的金属材料中，"孔洞"被认为是一种缺陷（见第 2 章），因为它们往往是裂纹形成和扩展的中心，对材料的理化性能及力学性能产生不利的影响。但是，当材料中的孔洞数量增加到一定程度时，就会产生一些奇异的功能，从而形成一类新的材料，这就是多孔金属材料（见图 11.12）。该类材料具有良好的吸能、吸声、电磁屏蔽性能及良好的导热导电性能，因而在一般工业领域（如汽车工业）、国防科技领域及环境保护领域等有着广泛的应用前景，它的设计、开发和应用引起了中外科学家极大的兴趣，成为材料类研究的热点方向之一。

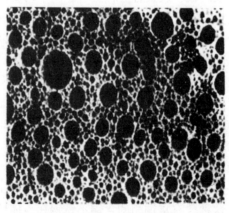

图 11.12 多孔金属材料

2. 多孔金属材料的应用

（1）能量吸收

能量吸收是多孔金属材料的重要用途，其中缓冲器及吸震器是典型的能量吸收装置，其应用包括汽车的防冲挡直至宇宙飞船的起落架，以及升降机、传送器全垫和高速磨床防护罩吸能内衬。

在汽车冲击区使用泡沫铝制成的合适元件，可控制最大能耗的变形，对侧面冲击保护同样如此。例如，在中空钢材或铝材外壳中充入泡沫铝，可使这些部件在负载期间具备良好的变形行为。车体或发动机的另外一些部件可用泡沫金属制造或增强，以同时获得较高的刚性和较轻的质量。因为通过泡沫金属密度的选择可得到很大范围的弹性模量，故可匹配泡沫部件的共振频率，由此抑制有害振动。

多孔金属材料具有较好的能量吸收的性能，因此是一种很好的消音材料。泡沫铝由铝质骨架和气孔组成，它质轻并具有一定的强度，具有吸声、耐火、防火、减震、防潮、无毒等优良的特性。因此，泡沫铝是一种综合性能良好的多孔性吸声材料。目前研制的泡沫铝已在船舶、铁路、公路等领域获得应用。

（2）过滤与分离

多孔金属材料具有优良的渗透性，因此过滤与分离是其应用的一大热点（见图 11.13）。多孔金属材料的孔道对液体有阻碍作用，从而能从液体中过滤分离出固体或悬浮物。使用最广的多孔金属过滤器材料是多孔青铜和多孔不锈钢。利用多孔金属材料的孔道对流体介质中固体粒子的阻留和捕集作用，将气体或液体进行过滤与分离，从而达到介质的净化或分离作用。多孔金属过滤器可用于从液体（如石油、汽油、制冷剂、聚合物熔体和悬浮液等）或空气和其他气流中滤掉固体颗粒。多孔金属材料用作分离媒介，如从水中分离出油、从冷冻剂中分离水。还可作充气液体或液体分布 $CO_2$ 等的扩散媒介。在生物化学领域，金属泡沫用作肾器中渗透膜的支撑体。该原理也能扩展到那些取决于渗透或反向渗透作用的过程，如流出物处理中的脱盐和脱氢。

图 11.13　多孔金属过滤器材料

（3）生物材料

因为多孔金属材料具有开放多孔状结构，允许新骨细胞组织在内生长及体液的传统。尤其是多孔金属材料的强度及弹性模量可以通过对孔隙率的调整同自然骨相匹配。钛等多孔金属材料对人体无害且有较好的相容性而被大量用于医疗卫生行业。例如，多孔钛髓关节用于矫形术；多孔钛种植牙根用于牙缺损的修复；多孔镁因具有生物降解及生物吸收特性也被列入植入骨用生物材料的行列。

（4）电极材料

多孔金属材料的孔隙率高，增大了电极的比表面积，是一种合适的电极材料。各种蓄电池、燃料电池、空气电池中都用多孔镍作电极，并要求孔隙率尽可能高。

泡沫镍（见图 11.14）可以作为电化学反应堆中的电极材料，由于增加了电极表面积，从而提高了电化学单元的性能。具有非常高的比表面积的多孔 P/M 材料已被用作燃料电池。用铸造法制得的多孔锌电极比电沉积法制得的多孔电极的孔隙率高 80%，从而增大了电极的比表面积，降低了电极充（放）电时的真实电流密度，改善和提高了电极的各项性能参数，如活性物质利用率、比容量等。另外，泡沫铅作为铅酸电池的活性物质支撑体，也能使电极结构大大减轻。

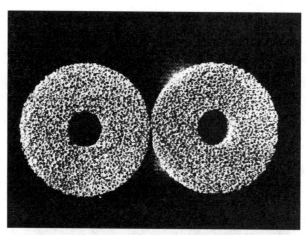

图 11.14　泡沫镍

（5）其他用途

多孔金属材料具有一定的强度、延展性和可加工性，可作为轻质结构材料，尤其是温度超过 200 ℃的场合。泡沫铝很早就用于飞机夹合件的芯材。将多孔金属材料与致密基体连接在一起，可提高其作为结构材料的使用性。多孔金属材料的孔道对电磁波有很好的吸收能力，因此也可以用作电磁屏蔽材料。

与普通材料相比，在装饰领域，泡沫金属材料可以给人们一种独特的视觉效果。以金、银为基体的泡沫金属材料被认为是一种有很大潜力的珠宝材料，它可以给人们带来意想不到的利润。泡沫铝已被用来制作奇特的家具、钟表、灯具等。

从目前来看，多孔金属材料的制备工艺还存在一些缺陷和局限性，很多技术仍处于研究阶段，实际应用还不是特别广泛。但可以肯定的是，随着科技的发展和社会的进步，人类对多孔金属材料的需求必将与日俱增，多孔金属材料的潜在应用价值也必将被不断地开发出来，从而更好地为人类造福。

## 11.4.5　新能源材料——储氢合金

伴随着世界经济的快速发展和全球人口的不断增长，世界能源的消耗也在大幅上升。以煤、石油、天然气等为代表的化石能源是当前的主要能源，但化石能源属于不可再生资源，储量有限，而且化石能源的大量使用，不仅加速了温室效应，还造成了越来越严重的环境污染。因此，可持续发展的压力迫使人类去寻找更为清洁的新型能源。

**1. 前景广阔的氢能**

①氢气是一种高热值燃料，燃烧 1 kg 氢可放出 142 MJ 的热量，可替代 3 kg 汽油，比任何化学燃料的发热本领都大。而且氢燃烧性能好，与空气混合时有广泛的可燃范围。

②氢气在所有气体中的导热性最好，比大多数气体的热导率高出 10 倍，因此，在能源工业中，氢是良好的热载体。

③氢是组成水的主要元素，而水在地球上广泛分布，所以说氢元素是自然界中普遍存在的元素。据推算，如果把海水中的氢全部提取出来，则它所产生的总热量比地球上所有化石燃料放出的热量还大 9 000 倍。

④氢是一种绿色能源，燃烧产物是水，无毒无害，且生成的水还可以继续制氢，反复循环使用。

⑤氢可以以气态、液态或固态氢化物的形式存在，已适应不同环境的要求。在 −252.7 ℃ 的低温条件下，氢可以变成液体，若将压力增大到数百个大气压，则液氢就可变为固体氢。氢能的应用如图 11.15 所示。

图 11.15　氢能的应用

由此可见，氢能是 21 世纪最有前途的绿色能源之一。然而，氢能的开发利用需要克服种种技术难题。氢能体系主要包括氢的生产、储存和运输、应用 3 个环节。其中，氢能的储存是关键，也是目前氢能应用的主要技术障碍，这直接制约了氢能的开发利用。

**2. 传统的储氢方式**

传统的储氢方式有高压气态储氢和低温液态储氢，但两者均有明显的缺点。

（1）高压气态储氢

常压下，氢气的密度仅为 0.089 9 g/L，体积能量密度很低，因此，必须对其施以高压以提高体积能量密度。高压气态储氢就是将氢气加压到 70 MPa，并储存在耐压气罐中。但是，这种方式需要使用耐超高压复合材料来作储氢容器，然而，储存的氢气重量还不及气罐的 1%。同时，在运输和使用的过程中也存在易爆炸的安全隐患。

（2）低温液态储氢

常压下，氢气必须降温至 -252.7 ℃时才能变成液体，并需要有绝热条件极好的储存容器和运输管道进行保护。这种方法价格昂贵，工艺也较为复杂。

下面介绍的储氢合金具有良好的性能，是未来氢气储存的重要手段。

3. 储氢合金

（1）认识储氢合金

储氢合金是指在一定的温度和氢气压力下，能可逆地大量吸收、储存和释放氢气的金属化合物。储氢合金能在一定温度和高于平衡分解压的压力下大量"吸收"氢气，而如果把金属氢化物加热，其又会发生分解，把储存的氢以高纯氢气的形式在比平衡分解压小的压力下释放出来。经计算，相当于氢气瓶重量的某些金属，就能"吸收"与气瓶储氢容量相等的氢气，而它的体积却不到氢气瓶体积的 1/10。

储氢合金的储氢密度高、安全性好、适于大规模氢气储运，其最重要的特性是能够可逆地吸、放大量氢气。

（2）储氢机理简介

氢是一种很活泼的化学元素，可以和很多金属反应，生成金属氢化物，总反应式为

$$M + \frac{x}{2}H_2 \Longleftrightarrow MH_x$$

其中，M 为金属，该反应是一个可逆过程。在一定的温度和高压下，正向反应发生，一个金属原子可与 2~3 个乃至更多氢原子结合，形成稳定的金属氢化物，同时放出一定的热量；如果对金属氢化物加热或减压，则逆向反应将发生，金属氢化物分解并吸收一定的热量；改变温度与压力条件可使反应按正向、逆向反复进行，从而实现材料吸收和释放氢气的功能。

虽然纯金属可以大量吸氢，但为了便于使用，一般要通过合金化来改善金属氢化物的吸、放氢条件，从而使金属在容易达到和控制的条件下吸、放氢。因此，一般的金属储氢材料为合金储氢材料。

4. 储氢合金的应用

（1）镍-氢化物二次电池的负极材料

镍-氢化物二次电池因其容量大，且可大电流放电，无记忆效应等特点，已开始取代传统的镍镉电池而被广泛应用于移动通信、仪表、检测设备、应急电源等场合。储氢合金作为镍-氢化物二次电池的负极材料，既是电池制备的关键材料，也是目前储氢合金应用最成熟的领域。

目前国内外应用最广泛的是稀土系的 ABC 型合金；另一类已实用的是 AB2 型 Ti-Zr-V-Ni-Cr 系合金，利用储氢合金作为电池的负极，其做成的二次电池在移动手机、手提电脑、电动汽车和空间技术等领域有重要的应用。

目前国内仍有相当大的镍镉电池用量。我国对环境越来越重视，废除镍镉电池已势在必

行，所以对储氢合金二次电池的应用将会越来越受到重视。

（2）车载储氢系统

通过储氢合金所储存的氢气作为燃料替代汽油驱动汽车，这种车没有 $CO_2$ 的排出，是一种真正无公害的汽车。另外也不受石油价格的影响，没有资源枯尽的问题。储氢合金储氢的最大优势在于高的体积储氢密度和高度的安全性，这是由于氢在储氢合金中以原子态方式储存的缘故。氢气的储存方法有多种，但从图 11.16（1 bar = 100 kPa）中我们可以明显地看出，通过储氢合金来储存氢气，大大节省了空间，提高了效率。因此，储氢合金在汽车上的应用，被视为是将来汽车发展的方向。

$Mg_2NiH_4$　　　$LaNi_5H_6$　　　$H_2$液态　　　$H_2(200bar)$

图 11.16　不同材料储存同样的氢气所需体积

（3）热能系统及其他领域的应用

利用储氢合金吸、放氢过程的热效应，可将储氢合金用于蓄热装置、热泵（制冷、空调）等。储氢合金蓄热装置一般可用来回收工业废热，用储氢合金回收工业废热的优点是热损失小，并可得到比废热源温度更高的热能。日本化学技术研究所试验开发的蓄热装置主要由两个相互联通的蓄热槽 A 和 B 组成，蓄热槽内填充 $Mg_2Ni$ 合金，废热源来的热加热蓄热槽 A 内的 $Mg_2Ni$ 合金，放出的氢流向蓄热槽 B 并储存起来，实现蓄热，氢反向流动则放热，其蓄热容量约 4 360 kJ，可有效利用 300~500 ℃温度范围内的工业废热。利用储氢合金蓄热的关键是根据废热温度、合金吸放氢压力及热焓等选择合适的储氢合金。储氢合金热泵工作原理是，已储氢的合金在某温度下分解放出氢，并把氢加压到高于其平衡压然后再进行氢化反应，从而获得高于热源的温度。热泵系统中同样有两个填充储氢合金的容器，但两个容器内填充的储氢合金的种类不同。用储氢合金热泵制冷或做空调效率高、噪声低、无氟利昂污染。储氢合金还可用于制备金属粉末、反应催化剂以及利用金属氢化反应中压力—温度的变化规律制作热压传感器等。

5. 储氢合金的前景展望

虽然目前已研究的储氢合金的种类繁多，但是技术成熟并且广泛应用的却很少，主要还是稀土系 ABS 型合金。因此应加强金属氢化反应的热力学与动力学、合金组织结构等基础理论的研究，针对不同的应用条件开发出性能好、成本低、实用的储氢合金新品种。

依据储氢合金应用技术研究的需要，未来有如下 4 点可能的发展方向。

① 储氢合金的高性能储氢合金结构、形态与性能之间的相关性研究，并结合纳米技术、合金技术等相关学科、相关专业的发展，研制出性能更优异的储氢合金。

②向更轻的元素，如 Li、B 或混合轻元素方向发展，以提高储氢密度。

③开展氢能发电的探索，为解决全球性石油燃料危机提供替代能源。

④发展实用性储氢合金的大规模生产技术，降低成本，扩大其应用范围。

### 本章小结

①随着现代科学技术的迅猛发展，新型金属材料的发展日新月异。为了更好地普及新型金属材料的有关基础知识，因此编写了本章。力求体现新型金属材料的特点，以新型金属材料的性能和应用为重点，反映其先进性、技术性、实用性和广泛性。

②在"高强高韧的新型工程结构用钢"一节中介绍了超级钢和抗震耐火钢两种钢的基本概念，重点简述其特点、发展前景以及工程应用。

③"轻而强的新型非铁金属合金材料"一节中介绍了铝锂合金和镁合金两种钢的基本概念，重点简述其特点、发展前景以及工程应用。

④新型功能材料是指新近发展起来和正在发展中的具有优异性能和特殊功能，对科学技术尤其是对高技术的发展及新产业的形成具有决定意义的新型材料。

新型金属功能材料种类繁多，性能奇异，应用广泛。本章中介绍了金属玻璃、金属橡胶、新型医用金属材料、多孔金属材料和储氢合金等。

## 复习思考题和习题

11.1 何谓新型金属材料？学习其的要求是什么。

11.2 何谓高强高韧钢？本章主要介绍了哪两种钢？试简述其工程应用及发展前景。

11.3 何谓轻而强的新型非铁金属合金材料？试简述其发展前景。

11.4 何谓功能材料？何谓新型金属功能材料？本章介绍了哪几种新型金属功能材料？

11.5 何谓金属玻璃？简述其特点及工程应用。

11.6 何谓金属橡胶？简述其特点及工程应用。

11.7 何谓新型医用金属材料？简述其应用情况。

11.8 何谓抗菌不锈钢？简述其工程应用。

11.9 何谓多孔金属材料？简述其工程应用。

11.10 何谓储氢合金？简述其工程应用。

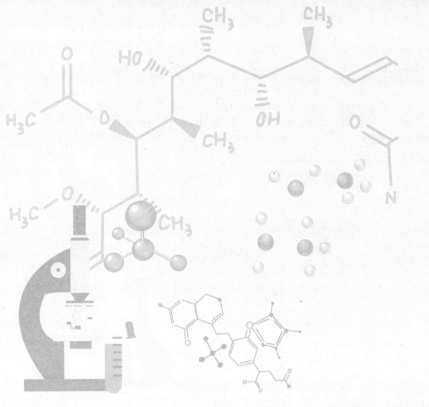

# 第2篇
# 非金属材料

　　金属材料具有强度高, 热稳定性好, 导电性、导热性好等优点, 但也存在不少缺点。例如, 在要求密度小、耐蚀、电绝缘等场合, 往往难以满足使用要求。目前在工程中常采用非金属材料。非金属材料具备许多金属材料所不具备的性能, 被广泛应用于各行各业, 并成为当代科学技术革命的重要标志之一。

　　非金属材料一般是指除金属材料以外的其他材料。它的品种繁多, 概括起来主要为有机非金属材料和无机非金属材料两大类。在机械工程中使用的非金属材料主要包括高分子材料和陶瓷。高分子材料中比较重要的有塑料、橡胶、黏合剂及涂料等; 陶瓷中比较重要的有陶瓷器、玻璃、水泥、耐火材料及各种新型陶瓷等, 其中工程塑料和工程陶瓷在工程结构中占有重要的地位。

## 第 12 章　有机非金属材料（高分子材料）

高分子材料是由相对分子质量较高的化合物构成的材料。我们接触的很多天然材料通常是由高分子材料组成的，如天然橡胶、棉花、人体器官等。人工合成的化学纤维、塑料和橡胶等也是如此。一般把在生活中大量采用的、已经形成工业化生产规模的高分子材料称为普通高分子材料，把具有特殊用途与功能的高分子材料称为功能高分子材料。高分子材料性能优异、品种繁多、用途广泛，是工程材料中的一类重要材料。人类进入 21 世纪以来，随着电气、仪器仪表和交通运输工业等的迅猛发展，合成高分子材料亦迅速地发展起来，塑料、合成橡胶、合成纤维以及涂料、黏合剂等各种合成高分子材料在材料领域中的应用越来越广。高分子化合物主要包括有机高分子化合物和无机高分子化合物两大类，有机高分子化合物有合成有机高分子化合物和天然有机高分子化合物两种。工程中使用的有机高分子材料主要是人工合成的高分子化合物。

### 12.1.1　高分子材料的基本知识

#### 1. 高分子化合物的组成

组成高分子化合物的低分子化合物称作单体，即单体是高分子化合物的合成原料。高分子材料都是通过单体聚合而成的，不同单体的化学组成不同，其性质自然也就不一样，如聚乙烯是由乙烯单体聚合而成的，聚丙烯是由丙烯单体聚合而成的，聚氯乙烯是由氯乙烯单体聚合而成的。由于单体不同，聚合物的性能也就不可能完全相同。高分子化合物的相对分子质量（又称分子量）都比较大，但是化学组成一般比较简单，其结构主要是重复排列的链状或者网状，因此高分子化合物又可以称为高聚物或聚合物。大分子链是由许多结构相同的基本单元重复连接而成的，这些重复单元称为链节，链节的重复数目则称作聚合度。例如，聚乙烯大分子链的结构式为

$$CH_2 \!=\!\!=\! CH_2 + CH_2 \!=\!\!=\! CH_2 + \cdots + CH_2 \!=\!\!=\! CH_2 + CH_2 \!=\!\!=\! CH_2$$
$$\underbrace{\phantom{CH_2 \!=\!\!=\! CH_2}}_{n}$$

在这里，单位为 $CH_2\!=\!\!=\!CH_2$，链节为 $[CH_2\!-\!CH_2]$，聚合度为 $n$。由此可以看出，聚合度越大、高分子化合物的大分子链越长，其分子量也就越大。因此，高分子化合物与具有明确分子量的低分子化合物有所不同，同一高分子化合物因其聚合度不同，大分子链节的长短各异，其分子量也不尽相同。通常所说的高分子化合物分子量实际是其分子量的统计平均值。

**2. 高分子材料的合成方法**

由低分子化合物合成为高分子化合物的反应称为聚合反应。常见的聚合反应有加聚反应和缩聚反应两种。

加聚反应是由一种或多种单体相互加成而形成聚合物的反应，这种反应没有低分子副产物生成。其中，单体为一种的称为均加聚，如乙烯加聚成聚乙烯；单体为两种或两种以上的则称为共加聚，如由丙烯腈、丁二烯和苯乙烯 3 种单体共聚合成 ABS 塑料。

缩聚反应是由一种或多种单体相互作用而形成高分子化合物，同时析出新的低分子副产物的反应，其单体是含有两种或两种以上活泼官能团的低分子化合物。按照参加反应的单体不同，缩聚反应分为均缩聚和共缩聚两种。酚醛树脂、聚酰胺、环氧树脂等都是缩聚反应产物。

**3. 高分子材料的分类**

（1）按来源分类

高分子材料按来源可分为天然、半合成（改性天然高分子材料）和合成高分子材料。天然高分子是生命起源和进化的基础。人类社会一开始就利用天然高分子材料作为生活资料和生产资料，并掌握了其加工技术。如利用蚕丝、棉、毛织成织物，用木材、棉、麻造纸等。19世纪 30 年代末期进入天然高分子化学改性阶段，出现了半合成高分子材料。1907 年出现了合成高分子酚醛树脂，标志着人类应用合成高分子材料的开始。进入现代以来，高分子材料已和金属材料、无机非金属材料一起成为科学技术、经济建设中的重要材料。

（2）按特性分类

高分子材料按特性可分为橡胶、纤维、塑料、黏合剂、涂料和高分子基复合材料等。

①橡胶是一类线型柔性高分子聚合物，其分子链间次价力小，分子链柔性好，在外力作用下可产生较大形变，除去外力后能迅速恢复原状。橡胶有天然橡胶和合成橡胶两种。

②纤维分为天然纤维和化学纤维两种，天然纤维包括蚕丝、棉、麻、毛等；化学纤维是以天然高分子化合物或合成高分子化合物为原料，经过纺丝和后处理制得。纤维的次价力大、形变能力小、模量高，一般为结晶高分子化合物。

③塑料是以合成树脂或化学改性的天然高分子化合物为主要成分，再加入填料、增塑剂和其他添加剂制得。其分子间次价力、模量和形变量等介于橡胶和纤维之间。通常按合成树脂的特性可分为热固性塑料和热塑性塑料；按用途又可分为通用塑料和工程塑料。

④黏合剂是以天然和合成高分子化合物为主体制成的黏合材料，分为天然和合成黏合剂两种。应用较多的是合成黏合剂。

⑤涂料是以高分子化合物为主要成膜物质，添加溶剂和各种添加剂制得。根据成膜物质的不同，可分为油脂涂料、天然树脂涂料和合成树脂涂料。

⑥高分子基复合材料是以高分子化合物为基体，添加各种增强材料制得的一种复合材料，它综合了原有材料的性能特点，并可根据需要进行材料设计。

（3）按用途分类

高分子材料按其用途又可分为普通高分子材料和功能高分子材料。功能高分子材料除了具有高分子化合物的一般力学性能、绝缘性能和热性能外，还具有物质、能量和信息的转换、传递和储存等特殊功能。已经应用有高分子信息转换材料，高分子透明材料，高分子模拟酶，生物降解高分子材料，高分子形状记忆材料和医用、药用高分子材料等。

## 12.2.2　常用高分子材料

**1. 塑料**

塑料是以树脂（天然的或合成的）为主要成分，加入一些用来改善使用性能和工艺性能的添加剂，在一定温度和压力下塑造成一定形状，并在常温下能保持既定形状的有机高分子材料。

（1）塑料的组成

1）树脂

树脂是指受热时通常有转化或熔融范围，转化时受外力作用具有流动性，常温下呈固态或半固态或液态的有机高分子化合物。它是塑料最基本的也是最重要的成分，在多组分塑料中占 30%~100%，在单组分塑料中达 100%。树脂在塑料中也起黏结其他物质的作用。树脂的种类、性能、数量决定了塑料的类型和主要性能。

2）添加剂

为改善塑料性能加入的物质称为添加剂。常用的添加剂有填充剂（填料），是为改善塑料制品的某些性能（如强度、硬度等）、扩大应用范围、减少树脂用量、降低成本等而加入的一些物质。填料在塑料中的含量可达 40%~70%，常用的填料有木粉、滑石粉、硅藻土、石灰石粉、云母、石棉和玻璃纤维等。其中，石棉可改善塑料的耐热性；云母可增强塑料的电绝缘性；玻璃纤维可提高塑料的结构强度。此外，由于填料一般都比树脂价格低，故填料的加入也能降低塑料的成本。

除填充剂外，还有增塑剂（提高塑料在加工时的可塑性和制品的柔韧性、弹性等）、固化剂（又称硬化剂和熟化剂，使树脂具有热固性）、稳定剂（又称防老剂，能抵抗热、光、氧对塑料制品性能的破坏，延长使用寿命）、润滑剂（防止材料成型过程中黏模，便于脱模，同时使塑料制品表面光洁美观）、着色剂（使塑料制品具有特定的色彩和光泽）及发泡剂、催化剂、阻燃剂、抗静电剂等。

（2）塑料的分类

1）按塑料的物理化学性能分类

①热塑性塑料。受热时软化熔融，塑造成型，冷却后成型固化，此过程可反复进行而其基本性能不变。热塑性塑料的特点是力学性能较好，成型工艺简单，耐热性、刚性较差，使用温度低于 120 ℃。

②热固性塑料。加热时软化熔融，塑造成型，冷却后成型固化，但再加热时不能软化，也不溶于溶剂，只能塑制一次。其特点是具有较好的耐热性和抗蠕变性，受压时不易变形，但强度不高，成型工艺复杂，生产率低。

2）按塑料的使用范围分类

①通用塑料。通用塑料是指产量大、用途广、成型性好、价格低的塑料，主要用于日常生活用品、包装材料和一般小型机械零件，如聚乙烯、聚丙烯、聚氯乙烯等。

②工程塑料。工程塑料一般指能承受一定的外力作用，并具有良好的力学性能和尺寸稳定性，在高、低温下仍能保持其优良性能，可替代金属制造一些机械零件和工程结构件的塑料。其产量小、价格较高，如 ABS 塑料、有机玻璃、尼龙、聚砜等。

③特种塑料。特种塑料一般指具有特种性能（如耐热、自润滑等）和特殊用途（如医

用）的塑料，如氟塑料、有机硅等。

（3）塑料的性能特点

塑料的密度低，不添加任何填料或增强材料的塑料，其相对密度为 $0.85 \sim 2.20 \ g/cm^3$，只有钢的 1/8~1/4；塑料的耐蚀性好，耐酸、碱、油、水和大气的腐蚀，其中聚四氟乙烯甚至在煮沸的"王水"中也不受影响；塑料的比强度高，如玻璃纤维增强的环氧塑料比一般钢比强度高 2 倍左右；塑料的电性能优良，可作高频绝缘材料或中频、低频绝缘材料；塑料的减摩性、耐磨性、自润滑性及绝热性好，具有良好的减振性和消音性，但其强度低、刚性差、耐热性低、易老化、蠕变温度低，在某些溶剂中会发生溶胀或应力开裂。

常用塑料的名称（代号）、主要特性及应用如表 12.1 所示。

表 12.1　常用塑料的名称（代号）、主要特性及应用

| 类别 | 名称（代号） | 主要特性及应用 |
|---|---|---|
| 热塑性塑料 | 聚乙烯<br>（PE） | 高压聚乙烯：柔软、透明、无毒；可作薄膜、软管、塑料瓶。低压聚乙烯：刚硬、耐磨、耐蚀，电绝缘性较好；用于化工设备、管道、承载不高的齿轮、轴承等 |
| | 聚氯乙烯<br>（PVC） | 较高的强度和较好的耐蚀性；用于废气排污排毒塔、气体和液体输送管、离心泵、通风机、接头。软质聚氯乙烯的伸长率高，制品柔软，耐蚀性和电绝缘性良好；用于薄膜、雨衣、耐酸碱软管、电膜包皮、绝缘层等 |
| | 聚苯乙烯<br>（PS） | 耐蚀性、电绝缘性、透明性好，强度、刚度较大；其缺点是耐热性、耐磨性不高，抗冲击性差，易燃、易脆裂。用于纱管、纱锭、线轴；仪表零件、设备外壳；储槽、管道、弯头；灯罩、透明窗；电工绝缘材料等 |
| | 丙烯腈-丁二烯-苯乙烯共聚物<br>（ABS） | 较高的强度和较好的冲击韧度，良好的耐磨性和耐热性，较高的化学稳定性和绝缘性，易成型，机械加工性好，耐高；其缺点是低温性差，易燃，不透明。用于齿轮、轴承、仪表盘壳、冰箱衬里，以及各种容器、管道、飞机舱内装饰板、窗框、隔音板等，也可制造小轿车车身及挡泥板、扶手、热空气调节导管等汽车零件 |
| | 聚酰胺<br>（尼龙或锦纶）<br>（PA） | 强度、韧性、耐磨性、耐蚀性、吸振性、自润滑性良好，成型性好，无毒、无味；其缺点是蠕变值较大，导热性较差，吸水性高，成型收缩率大。尼龙 610、66、6 等用来制造小型零件（齿轮、蜗轮等）；芳香尼龙用来制造高温下耐磨的零件、绝缘材料和宇航服等。注意：尼龙吸水后的性能及尺寸会发生很大变化 |
| | 聚四氟乙烯<br>（塑料王）<br>（PTFE） | 优异的耐化学腐蚀性，优良的耐高、低温性能；其缺点是摩擦因数小，吸水性小，硬度、强度低，抗压强度不高，成本较高。用于减摩密封零件、化工耐蚀零件与热交换器，以及高频或潮湿条件下的绝缘材料，如化工管道、电气设备、腐蚀介质过滤器等 |
| | 聚甲基丙烯酸甲酯<br>（有机玻璃）<br>（PMMA） | 透光率为 92%，相对密度为玻璃的 50%，强度、韧性较高，耐紫外线，防大气老化，易成型，其缺点是硬度不高，不耐磨，易溶于有机溶剂，耐热性、导热性差，膨胀系数大。用于飞机座舱盖、炮塔观察孔盖、仪表灯罩及光学镜片、防弹玻璃、电视和雷达标图的屏幕、汽车风挡玻璃、仪器设备的防护罩等 |

续表

| 类别 | 名称（代号） | 主要特性及应用 |
|---|---|---|
| 热固性塑料 | 酚醛塑料<br>（电木）（PF） | 具有一定的强度和硬度，较高的耐磨性、耐热性，良好的绝缘性和耐蚀性，刚度大，吸湿性差，变形小，成型工艺简单，价格低廉；缺点是质脆，不耐碱。用于插头、开关、电话机、仪表盒、汽车刹车片、内燃机曲轴、皮带轮、纺织机和仪表中的无声齿轮、化工用的耐酸泵、日用用具等 |
| | 环氧塑料<br>（万能胶）<br>（EP） | 比强度高，韧性较好，耐热、耐寒、耐蚀、绝缘、防水、防潮、防霉，具有良好的成型工艺性和尺寸稳定性；其缺点是有毒，价格高。用于塑料模具、精密量具、灌封电器及配制飞机漆、油船漆、罐头涂料、印制电路等 |

（4）塑料的发展前景

目前，一些耐热性更好、抗拉强度更高的类似金属的塑料已经出现。一种名称叫作"Kevlar"的塑料，其强度甚至比钢大 5 倍以上，成为制造优质防弹背心不可缺少的材料。还有能代替玻璃和金属的耐高温、高强度超级工程塑料，它有惊人的耐酸腐蚀性和耐高温特性，并且还能填充到玻璃、不锈钢等材料中，制成特别需要高温消毒的器具（如医疗器械、食品加工机械等）；此外它还可以用来制造头发吹干机、烫发器、仪表外壳和宇航员头盔等。美国杜邦公司的工程技术人员研制出迄今为止强度最大的塑料——"戴尔瑞 ST"，这种塑料具有合金钢般的高强度，可以制造从汽车轴承、机器齿轮到打字机零件等许多耐磨损零部件。

（5）"白色污染"问题

众所周知，塑料给人们生活和工农业生产带来了极大的方便，同时也带来了危害极大的"白色污染"问题。不过目前这种情况正逐步得到改善，科学家和工程师们开发出可降解（光降解、生物降解、水降解等）的农用地膜、一次性包装材料等塑料产品，保护了我们的家园。

**案例 1：电器开关、插座的选材**

（1）电器开关、插座的要求

现代化社会中的电器电源开关、插座（见图 12.1）随处可见。这些用在电路上的器件应具有一定的强度和硬度，较高的耐磨性、耐热性，良好的绝缘性和耐蚀性，刚度大；缺点是吸湿性差，变形小，应怎样选材？

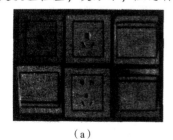
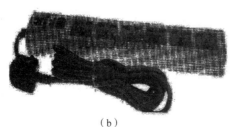

（a）　　　　　　　　　　（b）　　　　　　　　　　（c）

图 12.1　电器开关、插座

（a）开关和插座；（b）插排；（c）空气开关

（2）电器开关、插座的选材

电器开关、插座的选材应选用热固性塑料中的酚醛塑料（电木）。

**2. 橡胶**

橡胶是具有高弹性的高分子化合物。橡胶可以从一些植物的树汁中取得，也可以人为制造。

（1）橡胶的组成

1）生胶

未加配合剂的天然或合成橡胶统称为生胶，其是橡胶制品的主要组成成分，决定了橡胶制品的性能，同时也能把各种配合剂和骨架材料黏成一体。

2）配合剂

配合剂是用来改善和提高橡胶制品的性能而有意识加入的物质。常用的配合剂有硫化剂（使线型结构分子相互交联为网状结构，提高橡胶的弹性、耐磨性、耐蚀性和抗老化能力，并使之具有不溶融特性）、硫化促进剂（促进硫化，缩短硫化时间，减少硫化剂用量）、增塑剂（增强橡胶的塑性，便于加工成型）、填充剂（提高橡胶的强度，降低成本，改善工艺性能）、防老剂（延缓橡胶老化，提高使用寿命）、增强材料（提高橡胶制品的力学性能，如强度、耐磨性和刚性等，常加入金属丝及编织物作为骨架材料，如在运输带、胶管中加入帆布、细布，轮胎中加入帘布，高压管中加入金属丝网等）及着色剂、发泡剂、电磁性调节剂等。

（2）橡胶的分类

橡胶的品种有很多，根据来源的不同可分为天然橡胶和合成橡胶，根据用途的不同可分为通用橡胶和特种橡胶。

天然橡胶是指从橡树中流出的乳胶经凝固、干燥、加压等工序制成的片状生胶，再经硫化工序所制成的一种弹性体。合成橡胶是指以石油产品为主要原料，经过人工合成制得的高分子材料。通用橡胶是指用于制造轮胎、工业用品、日常用品的量大面广、价格低廉的橡胶。特种橡胶是指制造在特殊条件（高温、低温、酸、碱、油、辐射等）下使用的零部件的橡胶，一般价格较高。

用人工将单体聚合的橡胶称为合成橡胶。合成橡胶主要有 7 大品种，包括丁苯橡胶、顺丁橡胶、氯丁橡胶、异戊橡胶、丁基橡胶、乙丙橡胶和丁腈橡胶。习惯上，橡胶按其用途可以分为通用橡胶和特种橡胶两大类。

（3）橡胶的性能特点

橡胶最显著的性能特点是在很宽的温度范围（-50~150 ℃）内具有高弹性，即在较小的外力作用下能产生很大的变形，最大伸长率可达 800%~1 000%，当其外力去除后，能迅速恢复原状；同时橡胶还具有优良的伸缩性和可贵的积储能量的能力，良好的隔音性、阻尼性、耐磨性和挠性，优良的电绝缘性、不透水性和不透气性，一定的强度和硬度，但一般橡胶的耐蚀性较差，易老化。橡胶及其制品在储运和使用时应注意防止光辐射、氧化和高温，从而避免降低橡胶老化、变脆、龟裂、发黏、裂解和交联的速度。

橡胶还具有优良的绝缘性、气密和水密性、一定的耐磨性。橡胶常用作弹性材料、密封材料、减振防振材料、传动材料等。

（4）常用橡胶

在通用橡胶中，产量最大、应用最广的是丁苯橡胶（SBR），其用量约占合成橡胶总量的 80%。SBR 由丁二烯单体和苯乙烯单体共聚而成，常用牌号为丁苯-10、丁苯-30、丁苯-50，其中数字表示苯乙烯在单体总量中的百分数。一般苯乙烯所占百分数越大，则橡胶的硬度和耐磨性越高，但其弹性和耐寒性下降。

常用橡胶的性能与用途如表 12.2 所示。

表 12.2　常用橡胶的性能与用途

| 性能 | 通用橡胶 | | | | | | | 特种橡胶 | | | |
|---|---|---|---|---|---|---|---|---|---|---|---|
| | 天然橡胶（NR） | 丁苯橡胶（SBR） | 丁基橡胶（BR） | 顺丁橡胶（HR） | 氯丁橡胶（CR） | 丁腈橡胶（NBR） | 乙丙橡胶（EPDM） | 聚氨酯（PUR） | 氟橡胶（FPM） | 硅橡胶 | 聚硫橡胶 |
| 抗拉强度/MPa | 20~30 | 15~21 | 18~25 | 17~21 | 25~27 | 15~30 | 10~25 | 20~35 | 20~22 | 4~10 | 9~15 |
| 伸长率/% | 650~900 | 500~800 | 450~800 | 650~800 | 800~1 000 | 300~800 | 400~800 | 300~500 | 100~500 | 50~500 | 100~700 |
| 抗撕性 | 好 | 中 | 中 | 中 | 好 | 中 | 好 | 中 | 中 | 差 | 差 |
| 使用温度上限/℃ | <100 | 80~120 | 120 | 120~170 | 120~150 | 120~170 | 150 | 80 | 300 | 100~300 | 80~130 |
| 耐磨性 | 中 | 好 | 好 | 中 | 中 | 中 | 中 | | | 差 | 差 |
| 回弹性 | 好 | 中 | 好 | 中 | 中 | 中 | 中 | | | 差 | 差 |
| 耐油性 | — | — | — | 中 | 好 | 好 | — | 好 | 好 | | 好 |
| 耐碱性 | — | — | — | 好 | 好 | — | — | 差 | 好 | | 好 |
| 耐老化 | — | — | — | 好 | — | — | 好 | — | 好 | | 好 |
| 成本 | — | 高 | — | — | 高 | — | — | — | 高 | 高 | |
| 使用性能 | 高强度、绝缘、防振 | 耐磨 | 耐磨、耐寒 | 耐酸碱、气密、防振、绝缘 | 耐酸、耐水、气密性好 | 耐油、耐碱、耐燃 | 绝缘 | 高强度、耐磨 | 耐油、耐酸碱、耐热、耐真空 | 耐热、绝缘 | 耐油、耐酸碱 |
| 工业应用举例 | 通用制品、轮胎 | 通用制品、胶布、胶板、轮胎、胶管 | 轮胎、耐寒运输带、V 带 | 内胎、水胎、化工衬里 | 油漆衬、管道胶带、电缆皮、门窗嵌条 | 耐油垫圈、油管、油槽衬 | 汽车配件、散热管、电绝缘件、特种垫圈、耐热运输带 | 实心胎、胶辊、耐磨件、高真空橡胶件 | 化工衬里、高级密封件 | 耐高低温零件、绝缘件、管道接头 | 丁腈改性用 |

**实例 2：汽车轮胎的选材**

（1）汽车轮胎及对汽车轮胎的要求

生活中随处可见汽车，汽车轮胎（见图 12.2）是保证汽车安全、快速畅行不可缺少的部件。汽车轮胎要具有高弹性、减振性，优良的耐磨性和电绝缘性，不透水性和不透气性，一定的强度和硬度。怎样选材？

（a）　　　　　　　　　　　　　　　（b）

图 12.2　货运车及汽车轮胎

（a）货运车；（b）汽车轮胎

（2）汽车轮胎的选材

汽车轮胎选用橡胶，但一只轮胎并不是只由一种橡胶做成的。汽车轮胎结构图如图 12.3 所示，轮胎的最外面（胎面胶）用非常耐磨的丁苯橡胶；轮胎的侧面（胎边胶）也用丁苯橡胶以提高在弯道的耐磨性；与空气接触的内胎（内面胶）用丁基橡胶，它具有很好的绝缘性，尤其是高不透气性。

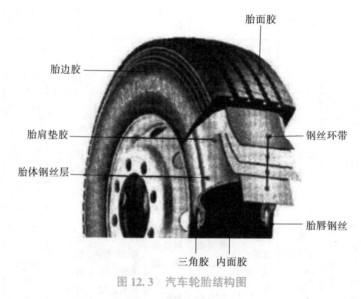

胎面胶

胎边胶

胎肩垫胶

钢丝环带

胎体钢丝层

胎唇钢丝

三角胶　内面胶

图 12.3　汽车轮胎结构图

3. 黏合剂

在工程上，连接各种金属和非金属材料的方法除了焊接、铆接、螺栓连接之外，还有一种新型的连接工艺就是胶接，它是借助某物质在固体表面产生的黏合力，将材料牢固地连接

在一起的方法。胶接不仅能起到连接的作用，而且还有固定、密封、浸渗、补漏和修复的作用。这种能够产生黏合力的物质称为黏合剂。

黏合剂以富有黏性的物质为基础，并以固化剂或增塑剂、增韧剂、填料等改性剂为辅料，可以用于胶接金属、陶瓷、木材、塑料、织物等，可连接同种或异种材料，且不受材料厚度限制。胶接接头处应力均匀，密封性好，绝缘性好，耐腐蚀，抗疲劳；胶接结构重量轻，工艺简便。黏合剂按基体材料可分为天然黏合剂和合成黏合剂。常用黏合剂有树脂型黏合剂和橡胶型黏合剂两种。

（1）环氧树脂黏合剂

凡是以环氧树脂为基料的黏合剂统称为环氧树脂黏合剂，简称为环氧胶。环氧胶是由环氧树脂、固化剂、各种添加剂组成的。环氧胶具有很强的黏合力，对大部分材料如金属、木材、玻璃、陶瓷、橡胶、混凝土、纤维、塑料、竹木、皮革、织物等都有良好的黏合能力，故有"万能胶"之称。

（2）酚醛树脂黏合剂

酚醛树脂黏合剂的黏接力强、耐高温，优良配方胶可在300 ℃温度以下使用，其缺点是性脆、剥离强度差。酚醛树脂黏合剂是用量最大的品种之一。主要用于胶接木材、木质层压板、胶合板、泡沫塑料，也可用于胶接金属、陶瓷。

（3）其他常用的黏合剂

其他常用的黏合剂如聚氨酯黏合剂，瞬干胶、厌氧胶、无机黏合剂等。聚氨酯黏合剂胶膜柔软，耐油性好，但其使用温度较低，可用于胶接金属、塑料、陶瓷、玻璃、橡胶、皮革、木材等多种材料；瞬干黏合剂黏度小，适应面广，胶膜较脆，不耐水，耐热性和耐溶剂性较差，使用温度范围在-40~70 ℃，在室温下接触水汽瞬间固化，可胶接金属、陶瓷、塑料、橡胶等材料的小面积胶接和固化；厌氧黏合剂工艺性好，毒性小，固化后的抗蚀性、耐热性、耐寒性均较好，使用温度范围在40~150 ℃，可用于防止螺钉松动、轴承的固定、法兰及螺纹接头的密封和防漏、填塞缝隙，也可用于胶接；无机黏合剂有优良的耐热性，长期使用的温度范围为800~1 000 ℃，胶接强度高，低温性能较好，耐候性极好，耐水、耐油性好，但其耐酸、碱性较差，不耐冲击，可用于各种刃具的胶接，小砂轮的黏结，塞规、卡规的黏结，铸件砂眼堵漏，汽缸盖裂纹的胶补等。

**4. 涂料**

涂料指涂布在物体表面而形成具有保护和装饰作用膜层的材料。传统的涂料用植物油和天然树脂熬炼而成，称为"油漆"。随着石油化工和合成聚合物工业的发展，当前植物油和天然树脂已逐渐被合成高分子化合物改性和取代，涂料所包括的范围已远远超过"油漆"原来的狭义范围。

当前，涂料的品种有上千种，用于防腐的涂料有防锈漆、底漆、大漆、酚醛树脂漆、环氧树脂漆，以及某些塑料涂料如聚乙烯涂料、聚氯乙烯涂料等。

**5. 保温材料**

在建筑工程中，习惯上把用于控制室内热量外流的材料称为保温材料。材料的保温性能用热导率来评定。我国国家标准 GB/T 4272—2008《设备及管道绝热技术通则》规定，凡平均温度不高于 350 ℃时，热导率不大于 0.12 W/(m·K) 的材料为保温材料。在实际应用中，由于大多数保温材料的抗压强度都很低，常把保温材料和承重材料复合使用。另外，大多数保温材料的孔隙率较大，吸水性、吸湿性较强，而保温材料吸收水分后会严重降低保温效果，故保温材料在使用时应注意防潮防水，需在表层加防水层或隔汽层。

一般常用的保温材料可分为 10 大类：珍珠岩类、蛭石类、硅藻土类、泡沫混凝土类、软木类、石棉类、玻璃纤维类、泡沫塑料类、矿渣棉类、岩棉类，其相关性能可参阅有关手册。

## 本章小结

①高分子材料是由相对分子质量较高的化合物构成的材料。高分子材料性能优异、品种繁多、用途广泛，是工程材料中的一类重要材料。塑料、合成橡胶、合成纤维以及涂料、黏合剂等各种合成高分子材料在材料领域中的应用越来越广。

②高分子材料按其特性分类可分为橡胶、纤维、塑料、黏合剂、涂料等。

③塑料是以树脂（天然的或合成的）为主要成分，加入一些用来改善使用性能和工艺性能的添加剂，在一定温度和压力下塑造成一定形状，并在常温下能保持既定形状的有机高分子材料。按塑料的物理化学性能可分为热塑性塑料和热固性塑料。

塑料的密度低，耐蚀性好，耐酸、碱、油、水和大气的腐蚀；塑料的比强度高，如玻璃纤维增强的环氧塑料比一般钢比强度高 2 倍左右；塑料的电性能优良，可作高频绝缘材料或中频、低频绝缘材料；塑料的减摩性、耐磨性、自润滑性及绝热性好，具有良好的减振性和消音性，但其强度低、刚性差、耐热性低、易老化、蠕变温度低，在某些溶剂中会发生溶胀或应力开裂。

④橡胶是具有高弹性的聚合物。橡胶可以从一些植物的树汁中取得，也可以人为制造。橡胶根据来源的不同可分为天然橡胶和合成橡胶，根据用途的不同可分为通用橡胶和特种橡胶。

橡胶最显著的性能特点是在很宽的温度范围（-50~150 ℃）内具有高弹性，即在较小的外力作用下能产生很大的变形，最大伸长率可达 800%~1 000%，为其外力去除后，能迅速恢复原状；同时橡胶还具有优良的伸缩性和可贵的积储能量的能力，良好的隔音性、阻尼性、耐磨性和挠性，优良的电绝缘性、不透水性和不透气性，一定的强度和硬度，但一般橡胶的耐蚀性较差，易老化。橡胶及其制品在储运和使用时应注意防止光辐射、氧化和高温，从而避免降低橡胶老化、变脆、龟裂、发黏、裂解和交联的速度。橡胶还具有优良的绝缘性、气密和水密性、一定的耐磨性。橡胶常用作弹性材料、密封材料、减振防振材料、传动材料等。

⑤在工程上，连接各种金属和非金属材料的方法除了焊接、铆接、螺栓连接之外，还有一种新型的连接工艺就是胶接。胶接不仅能起到连接的作用，而且还有固定、密封、浸渗、补漏和修复的作用。这种能够产生黏合力的物质称为黏合剂。

## 复习思考题和习题

12.1　什么是非金属材料？非金属材料主要包括哪些？

12.2　高分子材料按其来源是如何分类的？

12.3　高分子材料按其特性是如何分类的？

12.4　什么是塑料？试简述塑料的组成。其各组成物对塑料性能有何影响？

12.5　什么是热固性塑料？什么是热塑性塑料？请各举两例。

12.6　试分析热塑性和热固性塑料在性能和应用上的差异。

12.7　试列举出 5 种常用工程塑料的性能特点及其主要应用实例。

12.8　简述橡胶的性能特点、橡胶的类别与应用。

12.9　工程塑料、橡胶与金属相比在性能和应用上有哪些主要区别？

12.10　什么是黏合剂？简述黏合剂的类别与应用。

# 第 13 章　无机非金属材料

## 13.1　陶　瓷

### 13.1.1　认识陶瓷

陶瓷是指以天然硅酸盐（黏土、石英、长石等）或人工合成化合物（氮化物、氧化物、碳化物等）为原料，经过制粉、配料、成型、高温烧结而制成的无机非金属材料。陶瓷也是工程材料中的一类重要材料。由于陶瓷具有熔点高、硬度高、化学稳定性好、耐高温、耐腐蚀、耐摩擦、绝缘等优点，所以在现代工业中已得到广泛应用。

### 13.1.2　陶瓷的种类及其应用

陶瓷的种类有很多，按照陶瓷的原料和用途的不同，可分为普通陶瓷和特种陶瓷两类。

（1）普通陶瓷

普通陶瓷是以石英等为原料，经过原料加工、成型和烧结而成的，广泛用于人们的日常生活、建筑、卫生以及化工等领域，如餐具、艺术品、装饰材料、电器支柱、耐酸砖等。

（2）特种陶瓷（又称近代陶瓷）

特种陶瓷是化学合成陶瓷。它以化工原料（如氧化物、氮化物、碳化物等）经配料、成型、烧结而制成。根据其主要成分，又可分为氧化铝陶瓷、氮化硅陶瓷、氮化硼陶瓷等。

氧化铝陶瓷的主要成分是 $Al_2O_3$（刚玉瓷）。它的熔点高、耐高温，能在 1 600 ℃的高温下长期使用。其硬度高（在 1 200 ℃时为 80 HRA），绝缘性、耐蚀性优良。其缺点是脆性大，抗急冷、急热性差，主要用于刀具、内燃机火花塞、坩埚、热电偶的绝缘套等。

氮化硅陶瓷的主要成分是 $Si_3N_4$。它的突出特点是抗急冷、急热性优良，并且硬度高、化学稳定性好、电绝缘性优良，还有自润滑性、耐磨性好。因此，其主要用于高温轴承、耐蚀水泵密封环、阀门、刀具等。

氮化硼陶瓷的主要成分是 BN，按晶体结构有六方晶体结构与立方晶体结构两种。立方氮化硼硬度极高，仅次于金刚石，目前主要用于磨料和高速切削的刀具。

现代陶瓷也是除金属材料和有机材料以外的其他所有材料的统称。现代陶瓷具有高新技术内涵。与传统材料相比，它主要具有以下 3 个特点：

①以现代科技发展的要求为背景，是现代科技发展的产物，为高新技术产品；

②制造工艺复杂，需要现代科技成果的指导，因而是技术知识密集型产品；

③具有优异的特殊性能，能满足新技术产业的要求。

本书讨论的陶瓷即是现代陶瓷或称现代无机非金属材料。

## 13.1.3　陶瓷的基本性能

（1）力学性能

与金属材料相比，陶瓷具有很高的弹性模量和硬度（维氏硬度大于 1 500），气密性好，抗压强度较高，但脆性较大，韧性较低，抗拉强度很低。

（2）物理性能

陶瓷一般具有高的熔点（大多在 2 000 ℃温度以上气密性好），且在高温下具有极好的化学稳定性。它的导热性低于金属材料，同时还是良好的隔热材料。它的线膨胀系数比金属低，当温度发生变化时，陶瓷具有良好的尺寸稳定性，但其热导率小，当温度剧烈变化时易破裂，不能急热骤冷。大多数陶瓷具有良好的电绝缘性，因此被大量用于制造各种电压的绝缘器件，如电瓷。有的陶瓷还具有各种特殊的性能，如铁电陶瓷、磁性陶瓷等。但陶瓷的抗急冷、急热的性能差。

（3）化学性能

陶瓷的组织结构非常稳定，即使在 1 000 ℃高温下也不会被氧化，不会被酸、碱、盐和许多熔融的金属（如有色金属银、铜等）侵蚀，不会发生老化。

（4）电性能

陶瓷的导电性变化范围很广，大多数陶瓷都是良好的绝缘体，但也有不少具有导电性的特种陶瓷，如氧化物半导体陶瓷等。

工程常用陶瓷的种类、性能及应用如表 13.1 所示。

表 13.1　工程常用陶瓷的种类、性能及应用

| 种类 | | 性能 | 应用 |
|---|---|---|---|
| 普通陶瓷 | 普通工业陶瓷 | 产量大、成本低、加工成型性好，具有良好的抗氧化性、耐蚀性和绝缘性，质地坚硬，但强度低 | 主要用于电气、化工、建筑、纺织等部门如耐蚀容器、建筑陶瓷 |
| | 化工陶瓷 | | 化工、制药、食品等工业及实验室中受力不大、工作温度低的酸碱容器，反应塔，管道设备及实验器皿等 |

续表

| 种类 | | | 性能 | 应用 |
|---|---|---|---|---|
| 特种陶瓷 | 氧化物陶瓷 | 氧化铝陶瓷（刚玉） | 熔点达 2 050 ℃，抗氧化性强，耐高温性能好，强度比普通陶瓷高 2~3 倍；硬度极高，有很好的耐磨性，热硬度达 1 200 ℃，具有高的电阻率和低的热导率，是很好的电绝缘材料和绝热材料；但脆性大，抗热振性差，不能承受环境温度的突然变化 | 用作高温耐火结构材料，如内燃机火花塞、空压机泵零件等；用作要求高的工具，如切削淬火钢刀具、金属拔丝模等 |
| | | 氧化铍陶瓷 | 极好的导热性，很高的热稳定性，强度虽然较低，但抗热冲击性较高，消散高能辐射的能力强 | 用来制造坩埚，用作真空电子器件中陶瓷和原子反应堆陶瓷，气体激光管、晶体管散热片，以及集成电路的基片和外壳等 |
| | 碳化物陶瓷 | 碳化硅陶瓷 | 高温强度高，热传导能力强，耐磨、耐蚀、抗蠕变 | 可用于火箭尾喷管的喷嘴、热电偶套管等高温零件，也可作为加热元件、石墨表面保护层及砂轮的磨料等 |
| | | 碳化硼陶瓷 | 硬度极高，抗磨粒磨损能力很强，耐酸、碱腐蚀，熔点达 2 450 ℃，但高温下会快速氧化，并与熔融钢铁材料发生反应，使用温度限定在980 ℃以下 | 最广的用途是用作磨料和制造磨具，以及超硬工具材料 |
| | 氮化物陶瓷 | 氮化硅陶瓷 | 硬度高，耐磨性好，摩擦因数低，有自润滑作用；有抗高温蠕变性，在 1 200 ℃以下工作，其强度和化学稳定性不会降低，且热膨胀系数小、抗热冲击；能耐很多无机酸和碱溶液侵蚀 | 优良的减摩、耐磨材料，可用于制造各种泵的耐蚀耐磨密封环；可用作优良的高温结构材料，如高温轴承、转子叶片，以及加工难切削材料的刀具等 |

### 案例：砂轮的选材

（1）砂轮的工作

砂轮［见图 13.1（a）］是用磨料和结合剂等制成的中央有通孔的圆形固结磨具，是磨具中用量最大、使用面最广的一种。砂轮在使用时被安装在砂轮机［见图 13.1（b）］上高速旋转，适用于加工各种金属和非金属材料，可分别对工件的外圆、内圆、平面和各种型面等进行粗磨、半精磨和精磨，以及切断和开槽等。

（2）对砂轮的要求

砂轮要具有高硬度、足够的耐磨性和一定的抗压强度，容易被制成各种形状和尺寸。应如何选材？

（3）砂轮的选材

根据加工工件的材质来选择砂轮的材料，可以选用特种陶瓷中的氧化物陶瓷、碳化物陶瓷、氮化物陶瓷作为砂轮的磨料。按所用磨料的不同，砂轮可分为普通磨料（刚玉和碳化硅）砂轮和超硬磨料（金刚石和立方氮化硼）砂轮两类。

 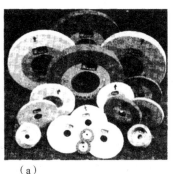 

（a）　　　　　　　　　　　　　　（b）

图 13.1　砂轮及砂轮机

（a）砂轮；（b）砂轮机

### 13.1.4　陶瓷领域的前沿

随着科学技术水平的不断提高，陶瓷领域的发展也令人称奇，各种新型陶瓷材料层出不穷，在工程建设中发挥着巨大的作用，为各个领域的前行奠定了材料的基础。

**1. 汽车用陶瓷**

传统汽车的柴油机或燃气轮机使用的金属零件耐温极限低，大大限制了发动机的工作温度，而使用各种冷却装置又使发动机设计复杂，同时增加了发动机质量和自耗功率。采用耐高温的陶瓷（如氮化硅陶瓷等）代替合金钢制造陶瓷发动机，其工作温度可达 1 300 ～ 1 500 ℃，而且陶瓷发动机的热效率高，可节省约 30％的热能。另外，陶瓷发动机无须水冷系统，其密度也只有钢的一半左右，这对减小发动机自身质量也有重要意义。

日野汽车公司在重型载货汽车用柴油机（排量 1.5 L）的基础上开发了陶瓷复合发动机系统，该发动机气缸套、活塞等燃烧室器件中有 40％左右是陶瓷件。

通用汽车公司在其所制成的 2.3 L 柴油机上采用陶瓷缸套、气门头、燃烧室、排气门通道、气缸盖、活塞顶，以及用陶瓷涂镀的气门摇臂、气门挺杆、气门导管和滑动轴承，并已经在轿车上进行了 20 290 km 路试。

**2. 阀门用陶瓷**

目前，许多行业生产中所用的阀门普遍为金属阀门，受金属材料自身性能的限制，很难适应高磨损、强腐蚀的恶劣工作环境需要。采用高技术新型陶瓷结构材料制造阀门的密封部件和易损部件，提高了阀门产品的耐磨性、防腐性及密封性，大大延长了阀门的使用寿命。陶瓷阀门的使用可以在很大程度上降低阀门的维修更换次数，提高配套设备运行系统的安全性、稳定性。

此外，还有许多特殊性能的陶瓷，如电子陶瓷（指用来生产电子元器件和电子系统结构零部件的功能性陶瓷。这些陶瓷除了具有高硬度等力学性能外，对周围环境的变化也能"无动于衷"，即具有极好的稳定性，这对电子元器件来说是很重要的性能，另外就是能耐高温）、离子陶瓷、压电陶瓷、导电陶瓷、光学陶瓷、敏感陶瓷、超导陶瓷、生物陶瓷（用于制造人体"骨骼-肌肉"系统，以修复或替换人体器官或组织的一种陶瓷）等，涉及的领域比较多。

# *13.2　宝石、钻石和金刚石

## 13.2.1　红宝石和蓝宝石

红宝石和蓝宝石的主要成分都是 $Al_2O_3$（刚玉）。红宝石呈现白色是由于其中混有少量的含铬化合物及氧化铁；而蓝宝石呈蓝色则是由于其中混有少量含钛化合物及氧化铍。除了红宝石以外，剩下的氧化铝宝石都叫蓝宝石，即不论什么颜色的宝石都是蓝宝石，如蓝色、黄色、紫色的蓝宝石。

## 13.2.2　钻石和金刚石

它们的化学成分都是纯碳，在工业中称为金刚石，在珠宝首饰行里则称为钻石。金刚石是自然界中最硬的物质，同时具备极高的弹性模量，可用作钻头、刀具、磨具、拉丝模、修整工具。采用金刚石工具进行超精密加工，可达到镜面光洁度，但金刚石刀具与铁族元素的亲和力大，故不能用于加工铁、镍基合金，而主要用来加工非铁金属和非金属，广泛用于陶瓷、玻璃、石料、混凝土、宝石、玛瑙等的加工。钻石具有发光性，日光照射后，在晚间能发出淡青色的磷光；X 射线照射后能发出天蓝色荧光。钻石的化学性质很稳定，在常温下不容易溶于酸和碱。

---

**本章小结**

①陶瓷是指以天然硅酸盐（黏土、石英、长石等）或人工合成化合物（氮化物、氧化物、碳化物等）为原料，经过制粉、配料、成型、高温烧结而制成的无机非金属材料。陶瓷也是工程材料中的一类重要材料。由于陶瓷具有熔点高、硬度高、化学稳定性好、耐高温、耐腐蚀、耐摩擦、绝缘等优点，所以在现代工业中已得到广泛应用。

陶瓷的种类有很多，按照陶瓷的原料和用途的不同，陶瓷可分为普通陶瓷和特种陶瓷两类。现代陶瓷也是除金属材料和有机材料以外的其他所有材料的统称。

②金刚石是自然界中最硬的物质，同时具备极高的弹性模量，可用作钻头、刀具、磨具、拉丝模、修整工具。

---

### 复习思考题和习题

13.1　什么是陶瓷、普通陶瓷和特种陶瓷？

13.2　陶瓷晶体有何特点？它的显微组织结构存在哪几种相？各相起何作用？

13.3　简述陶瓷的优越性能及其原因。

13.4　试列举出 4 种常用工程陶瓷的性能特点及应用实例。

13.5　什么是金刚石？其有何应用？

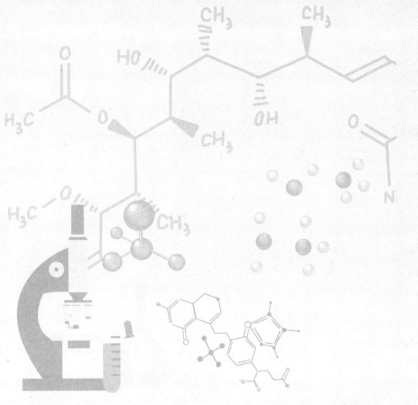

# 第 3 篇
# 新型材料

随着现代科学技术的发展,交通、能源、航空航天、海洋工程、生物工程等领域对所需材料提出了更高的要求,传统的单一材料如金属材料、陶瓷材料和高分子材料已远远不能满足工程要求。材料通常要在极端的环境下服役,如高温、高压、强腐蚀介质等,因此,要求材料具有良好的综合性能,如低密度、好的强韧性、高耐磨性和良好的抗疲劳性能等。

所以,要改变传统材料的设计理念,根据产品所需性能来设计新型材料,使其在一定条件下可实现多种所需功能。新型材料的设计可以从材料的组成、结构和加工工艺等来实现。

广义地讲,新型材料是相对于传统材料而言的,也称为先进材料。新型材料研究的根本任务是利用新的科学原理和技术设计合成或制备出具有优异性能的材料。新型材料有别于传统材料的最大特点不只是具有单一功能,在一定条件下还可实现多种功能,从而为高新技术产品的智能化、微型化提供材料基础。

随着现代科技的发展和人类需求的不断扩大,未来新型材料的开发将向精细化、超高性能化、超高功能化、智能化、复杂化、生态化方向发展,会有更多的新型材料出现。

当前将新型材料分为复合材料、纳米材料和功能材料等。

本篇重点介绍复合材料和纳米材料及新型材料的基本概念、分类及其基本特点。

# 第 14 章　复合材料

## 14.1　认识复合材料

### 14.1.1　问题的提出

由于高新技术的发展，对材料性能的要求日益提高，单质材料很难满足对性能的综合要求。因此，人们设法采用某种可能的工艺将两种或两种以上的组织结构、物理及化学性质各不相同的物质结合在一起，形成一类新的多相材料（即所谓的复合材料），使之既能保留原有组分材料的优点，又可能具有某些新的特性，以扩大结构设计师们的选材余地，从而适应现代高新技术发展的需求。

### 14.1.2　复合材料的定义

复合材料是指由两种或两种以上的异质、异性、异形材料，在宏观尺度上复合而成的一种完全不同于其组成材料的新型材料。复合材料的定义包括以下 4 个方面：

①两种或两种以上物理性能不同并可用机械方法分离的材料；

②可以通过将几种分离的材料混合在一起而制成，混合的方法是在人为控制下将一种材料分散在其他材料之中，使其达到最佳性能；

③复合后的性能优于各单独的组成材料，并在某些方面可能具有组成材料所没有的独特性能；

④通过选取不同的组成材料、改变组成材料的含量与分布等微结构参数，可以改变复合材料的性能，即材料性能具有可设计性，并拥有最大的设计自由度。

### 14.1.3 复合材料的分类

（1）组分材料

复合材料的组成材料称为组分材料，组分材料分为两部分：一部分为增强体，承担结构的各种工作载荷；另一部分为基体，起到黏结增强体并传递应力和增韧作用。增强体分为纤维、颗粒和片材3种。纤维包括连续纤维、短切纤维及晶须；颗粒包括微米颗粒与纳米颗粒；片材包括人工晶片与天然片状物。基体主要分为有机高分子化合物、金属、陶瓷、水泥和碳（石墨）等。复合材料主要改变强度、刚度、疲劳寿命、耐高温性、耐腐蚀性、耐磨性、吸引性、质量、减振性、导热性、绝热性、隔声性等方面的性能。

（2）复合材料的分类

目前复合材料主要按以下3个要素来分。

1）按基体材料分类

复合材料按基体材料分类包括金属基复合材料，陶瓷基复合材料，水泥、混凝土基复合材料，塑料基复合材料等。

2）按增强剂形状分类

复合材料按增强剂形状可分为粒子复合材料、纤维增强复合材料及层状复合材料。凡以各种粒子填料为分散质的是粒子复合材料，若粒子分布均匀，则材料各向同性；以纤维为增强剂的是纤维增强复合材料，依据纤维的铺排方式，材料可以各向同性也可以各向异性；层状复合材料，如胶合板由交替的薄板层胶合而成，因而是各向异性的。

3）依据复合材料的用途分类

复合材料依据其用途可分为功能复合材料和结构复合材料，目前结构复合材料占绝大多数，而功能复合材料有广阔的发展前途。功能复合材料是指能实现某种功能的复合材料，如导电材料、导磁材料、导热材料、屏蔽材料等。结构复合材料则主要用作承力和次承力结构，要求质量小，强度和刚度高，且能耐受一定温度；某种情况下还要求具有膨胀系数小、绝热性能好或耐介质腐蚀等其他性能。

## 14.2 复合材料中各组元的作用

复合材料中能够对其性能和结构起决定作用的除了基体和增强体外，还包括基体与增强体间的界面。

基体是复合材料的重要组成部分之一，主要作用是利用其黏附特性固定和黏附增强体，将复合材料所受的载荷传递并分布到增强体上。基体的另一作用是保护增强体在加工和使用过程中免受环境因素的化学作用和物理损伤，防止诱发造成复合材料破坏的裂纹。同时，基体还能起到类似隔膜的作用，将增强体相互分开，这样即使个别增强体发生破坏断裂，其裂纹也不易从一个增强体扩展到另一个增强体。因此，基体对复合材料的耐损伤和抗破坏、使用温度极限以及耐环境性能等均起着十分重要的作用。正是由于基体与增强体的这种协同作用，才赋予了复合材料良好的强度、刚度和韧性等性能。

在结构复合材料中，增强体主要用来承受载荷。因此在设计复合材料时，通常所选择的增强体的弹性模量应比基体高。以纤维增强复合材料为例，在外载作用下，当基体与增强体应变量相同时，基体与增强体所受载荷比等于两者的弹性模量比，弹性模量高的纤维可承受高的应力。此外，增强体的大小、表面状态、体积分数及其在基体中的分布等对复合材料的性能同样具有很大的影响。

基体与增强体之间的界面特性决定基体与复合材料之间结合力的大小。基体与增强体之间结合力的大小应适中，其强度只要足以传递应力即可。若结合力过大，则易使复合材料失去韧性；若结合力过小，则增强体和基体之间的界面在外载作用下易发生开裂。因此，须根据基体和增强体的性质来控制界面的状态，以获得适宜的界面结合力。此外，基体与增强体之间还应具有一定的相容性，即相互之间不发生反应。

# 14.3　复合材料的性能特征

复合材料不仅能保持原组分材料的部分优点和特性，而且还可借助于对组分材料、复合工艺的选择与设计，使组分材料的性能相互补充，从而显示出比原有单一组分材料更为优越的性能。

## 14.3.1　物理性能特点

复合材料具有各种需要的优异物理性能，如低密度（增强体的密度一般较低）、膨胀系数小（甚至可达到零膨胀）、导热导电性好、阻尼性好等。因此，在选择增强体和基体时，应尽可能降低材料的密度和膨胀系数，这是结构复合材料需要考虑的重要因素。

密度的降低有利于提高复合材料的比强度和比刚度；而通过调整增强体的数量和在基体中的排列方式，可有效降低复合材料的热膨胀系数，甚至在一定条件下使其为零，这对于保持在诸如交变温度作用等极端环境下工作的构件的尺寸稳定性具有特别重要的意义。金属基复合材料中尽管加入的增强体大都为非金属材料，但仍可保持良好的导电和导热特性，这对扩展其应用范围非常有利。

## 14.3.2　力学性能特点

工程常用的复合材料与其相应的基体相比较，主要具有如下力学性能特点。

（1）比强度、比模量高

这主要是由于增强体一般为高强度、高模量而相对密度小的材料，从而大大增加了复合材料的比强度（强度/密度）和比模量（弹性模量/密度）。例如，碳纤维增强环氧树脂的比强度是钢的 7 倍，其比模量则比钢大 3 倍。比强度和比模量是材料性能的重要指标，高的比强度、比模量可使结构质量大幅度减小。低结构质量意味着军用飞机可增加弹载、提高航速、改善机动特性、延长巡航时间，而民用飞机则可多载燃油、提高客货载量。

（2）抗疲劳性能好

疲劳是材料在交变载荷下，因裂纹的形成和扩展而产生的低应力破坏。在纤维增强复合材料中存在着许多纤维树脂界面，这些界面能阻止裂纹进一步扩展，从而推迟疲劳破坏的产生，因此其疲劳抗力高；对脆性的陶瓷基复合材料来说，这种效果还会大大提高其韧性，是陶瓷韧化的重要方法之一。大多数金属材料的疲劳强度是其抗拉强度的40%～50%，而碳纤维增强复合材料疲劳强度高达70%～80%，这是因为裂纹扩展机理不同所导致的。

（3）减振能力强

当结构所受外力的频率与结构的自振频率相同时，将产生共振，容易造成灾难性事故。而结构的自振频率不仅与结构本身的形状有关，还与材料比模量的平方根成正比，而纤维增强复合材料的自振频率较高，可以避免产生共振。此外，纤维与基体之间的界面具有吸振能力，因此具有很高的阻尼作用。

（4）高温性能好，抗蠕变能力强

纤维增强复合材料在高温下，其热疲劳性、热稳定性都较好。例如，碳纤维增强碳化硅基复合材料用于航天飞机高温区，在1 700 ℃高温下仍可保持20 ℃时的抗拉强度，并且具有较好的抗压性能和较高的层间抗剪强度。

（5）断裂安全性高

纤维增强复合材料的基体中有大量细小纤维，过载时部分纤维断裂，载荷会迅速重新分配到未被破坏的纤维上，不致造成构件在瞬间完全丧失承载能力的情况下而断裂。

（6）成型工艺性好

对于形状复杂的零部件，复合材料根据受力情况可以一次整体成型，减少零件的衔接，提高材料的利用率。

除此之外，复合材料还具有优良的化学稳定性、自润滑性、消声、电绝缘等性能。石墨纤维与树脂复合可得到膨胀系数几乎为零的材料。纤维增强复合材料的另一个特点是各向异性，因此可按制件不同部位的强度要求设计纤维的排列。

# 14.4　复合材料的应用

复合材料可用于要求轻质高强和高刚度的零件，如飞机的桁条、蒙皮，火箭的壳体，卫星的支架、天线；可用于耐磨件，如汽车火车的制动盘、发动机活塞等；可用于耐高温、抗烧件，如导弹的头部防热层、航天飞机的防热前缘和火箭发动机的喷管等；可用于有光电性能要求的信息传输技术领域，如光纤、光缆芯和管、磁盘片、屏蔽罩。此外，复合材料还可以制造用于生物分离的各种膜材料。

复合材料在飞机上的应用非常广泛，如图14.1所示。在汽车上的应用也日益广泛，复合材料可用作汽车传动轴、板簧、构架和制动片等制件。例如，宝马汽车的BMW i3和i8车身均采用碳纤维增强复合材料。图14.2（a）为我国研制的长碳纤维增强尼龙复合材料汽车轮毂，图14.2（b）为铝基复合材料汽车制动盘。

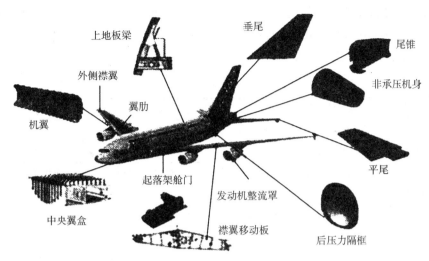

图 14.1　碳纤维增强复合材料在 A380 飞机上的应用

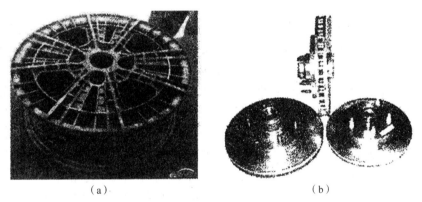

（a）　　　　　　　　　　　　　　（b）

图 14.2　复合材料制造的汽车零件

（a）长碳纤维增强尼龙复合材料汽车轮毂；（b）铝基复合材料汽车制动盘

# 14.5　常用复合材料的代号、成分、性能及应用

## 14.5.1　聚合物基复合材料

聚合物基复合材料在结构复合材料中应用最广，主要有玻璃纤维、碳纤维、芳纶纤维、硼纤维、碳化硅纤维等增强复合材料。为了获得更高比强度、比模量的复合材料，除主要用于玻璃钢的酚醛树脂、环氧树脂和聚酯外，还研究与开发了许多耐热性好的基体树脂，如聚酰亚胺（PI）、聚苯硫醚（PPS）、聚醚砜（PES）和聚醚醚酮（PEEK）等热塑性树脂。

（1）玻璃钢（玻璃纤维增强塑料，GFRP）

GFRP 是一种采用玻璃纤维增强塑料，以酚醛树脂、环氧树脂、聚酯树脂等热固性树脂以及聚酰胺、聚丙烯等热塑性树脂为基体的聚合物基复合材料。GFRP 是物美价廉的复合材料，其突出特点是密度低、比强度高。玻璃钢密度为 $1.6 \sim 2.0 \mathrm{g/cm^3}$，比铝还低；玻璃钢中环氧玻璃钢的比强度达 $2\,800\,\mathrm{MPa}$，远高于钢及高强合金。3 种玻璃钢与钢、铝、高强合金的性能对比如表 14.1 所示。

表 14.1 3 种玻璃钢与钢、铝、高强合金金属材料的性能对比

| 性能 | 聚酯玻璃钢 | 环氧玻璃钢 | 酚醛玻璃钢 | 钢 | 铝 | 高强合金 |
|---|---|---|---|---|---|---|
| 相对密度 | 1.7～1.9 | 1.8～2.0 | 1.6～1.85 | 7.8 | 2.7 | 8.0 |
| 抗拉强度/MPa | 180～350 | 70～298.5 | 70～280 | 70～840 | 70～250 | 12.8 |
| 抗压强度/MPa | 210～250 | 18～300 | 100～270 | 350～420 | 300～100 | — |
| 抗弯强度/MPa | 210～350 | 70.3～470 | 1 100 | 420～460 | 70～100 | — |
| 吸水率/% | 0.2～0.5 | 0.05～0.2 | 1.5～5 | — | — | — |
| 热导率/[W/(m·K)] | 1.026 | 0.732～1.751 | — | 0.157～0.869 | 0.844～0.962 | — |
| 线膨胀系数/($\times 10^{-4}$/℃) | — | 1.1～3.5 | 0.35～1.07 | 0.012 | 0.023 | — |
| 比强度/MPa | 1 600 | 2 800 | 1 150 | 500 | — | 1 600 |

玻璃钢在需要轻质高强材料的航空航天工业上得到了广泛应用，如飞机的雷达罩。火箭结构材料要求具有高比强度和比模量，而且还要求材料具有耐烧蚀性能，玻璃钢可满足这些性能，并可用于航天工业中作为火箭发动机壳体、喷管。

在现代汽车工业中，为了减轻自重、降低油耗，玻璃钢也得到了大量应用，如汽车车身杠、车门、挡泥板、灯罩以及内部装饰件等。除了比强度高外，玻璃钢还具有良好的耐腐蚀性能，在酸、碱、海水，甚至有机溶剂等介质中很稳定，其耐腐蚀性超过了不锈钢。因此，在化工工业中玻璃钢得到了广泛应用，如用玻璃钢制成的储罐、容器、管道、洗涤器、冷却塔。玻璃钢也用于体育用品，如快艇、帆船、滑雪车、自行车赛车、滑雪板等。此外，玻璃钢具有透光、隔热、隔声和防腐蚀等性能，玻璃钢型材可作为轻质建筑材料。

（2）碳纤维增强聚合物基复合材料（CFRPS）

在要求高模量的结构件中，往往采用高模量的纤维，如碳纤维、硼纤维等增强复合材料。其中应用最广泛的是 CFRPS。CFRPS 密度更低，具有比玻璃钢更高的比强度和比模量，其比强度是高强度钢和钛合金的 5～6 倍，是玻璃钢的 2 倍，而电模量是这些材料的 3～4 倍。

CFRPS 应用在航天工业中，如航天飞机有效载荷门、副翼、垂直尾翼、主起落架门、力容器等，使航天飞机的自重大大降低。此外国际空间站的大型结构桁架及太阳能电池支架也采用了 CFRPS。由于碳纤维的价格高，CFRPS 主要应用于航空航天领域。但随着碳纤维研究开发工作的深入，碳纤维价格在不断降低，因此在应用玻璃钢的一些领域也开始采用更轻、更强和刚度更高的 CFRPS。近年来，随着汽车减重的发展趋势，CFRPS 在汽车上的应用也日益增多。碳纤维增强复合材料在汽车上的应用情况如表 14.2 所示。

表 14.2 碳纤维增强复合材料在汽车上的应用情况

| 序号 | 车型 | 特点 | 上市时间 |
|---|---|---|---|
| 1 | BMWi3 | 碳纤维车身+铝合金底盘，纯电动，年产 3 万辆 | 2013 年 |
| 2 | BMWi8 | 碳纤维+铝合金，混合动力，年产 7 000 辆 | 2013 年 |
| 3 | 奥迪 R8 | 碳纤维减重 50 kg | 2014 年 |

续表

| 序号 | 车型 | 特点 | 上市时间 |
|------|------|------|----------|
| 4 | 奥迪 RS5 | 碳纤维，减重 250 kg | 2015 年 |
| 5 | 新 BMW5 | 碳纤维，减重 180 kg | 2016 年 |
| 6 | Ford Shelby GT350R | 标配碳纤维轮毂 | 2017 年 |
| 7 | MINI | Carbon Edition | 2015 年 |
| 8 | 保时捷 817 | 全碳纤维热塑 | 2017 年 |

## 14.5.2 金属基复合材料（MMC）

金属基复合材料与聚合物基复合材料相比其耐高温性好，具有高的比强度和比模量。MMC 的金属基体大多是属于密度低的轻金属，如 Al、Mg、Ti 等，只有作为发动机叶片材料才考虑密度较大的镍和钴基高温合金等。因此，MMC 以基体来分类可分为铝基、钛基、镁基和高温合金基复合材料。MMC 还具有高韧性、耐热冲击性、好的导电和导热性，并可以和金属材料一样进行热处理和其他加工来进一步提高其性能。

MMC 中应用最广的是铝基复合材料，它与铝合金相比，具有更高的比强度和比模量，可以进一步减轻结构件的质量。铝基复合材料已用于国际空间站结构材料，如主结构支架等；飞机结构件，如发动机风扇叶片、尾翼等。由于 $Al_2O_2$ 颗粒或短纤维、SiC 颗粒或晶须、$B_4C$ 颗粒增强的铝基复合材料具有良好的高温力学性能、导热性和耐磨性，因此可制成汽车发动机的气缸套、活塞（活塞环）、连杆以及制动器的制动盘、制动衬片等。铝基复合材料也可用于体育用品，如自行车赛车车架、棒球击球杆等。

## 14.5.3 陶瓷基复合材料（CMC）

陶瓷具有高强度、高模量、高硬度以及耐高温、耐腐蚀等许多优良的性能。但陶瓷特有的脆性，抗热震性差以及对裂纹、空隙等缺陷很敏感，又限制了其在工程领域作为结构材料的广泛使用。因此，需要采用纤维、晶须、颗粒等增强材料来提高陶瓷的韧性。

目前 CMC 的基体主要有玻璃陶瓷（如锂铝硅玻璃、硼硅玻璃）和氧化铝、碳化硅、氮化硅等，采用的增强材料有碳化硅纤维、碳纤维、碳化硅晶须、碳化硅颗粒、氧化铝颗粒等。典型的 CMC 有 SiC/SiC、C/SiC、$SiC/Al_2O_3$、$SiC/Si_3N_4$、$SiC/Al_2O_3$、$SiC/Si_3N_4$、$ZrO_2/Al_2O_3$ 等。从增韧效果来看，纤维增韧效果最佳，而晶须和颗粒增韧的 CMC 虽然不如纤维增韧，但与陶瓷相比仍有较大提高，同时其强度和模量也有较大提高。陶瓷与陶瓷基复合材料的性能比较如表 14.3 所示。

CMC 具有高硬度、耐腐蚀性和耐磨性，可用于现代高速数控机床中的高速切削车刀以及加工高硬度材料的切削刀具。CMC 的高温强度和模量高，可应用于航空航天领域，如发动机的高温叶片、燃烧室和导弹的鼻锥、火箭喷管等。此外，CMC 也可用于生物医学领域，如制作人工关节等。

表 14.3　陶瓷与陶瓷基复合材料的性能比较

| 材料 | 抗弯强度/MPa | 断裂韧性/MPa | 材料 | 抗弯强度/MPa | 断裂韧性/MPa |
|---|---|---|---|---|---|
| $SiO_2$ | 62 | 1.1 | SiC（反应烧结） | 530 | 4.3 |
| $SiC/SiO_2$ | 825 | 17.6 | SiC/SiC | 750 | 25.0 |
| $Si_3N_4$（反应烧结） | 340 | 3.0 | $Al_2O_3$ | 490 | 4.5 |
| $SiC/Si_3N_4$ | 800 | 7.0 | $SiC/Al_2O_3$ | 790 | 8.8 |

### 14.5.4　碳/碳复合材料（C/C）

碳/碳复合材料是由碳纤维及其制品（碳毡、碳布等）增强的碳基复合材料。一般 C/C 是由碳纤维及其制品作为预制体，通过化学气相沉积法（CVD）或液态树脂、沥青浸渍碳化法来制备的。

C/C 的组成只有一个元素——碳，因此具有碳和石墨材料所特有的优点，如低密度、耐烧蚀性、抗热震性、高导热性和低膨胀系数等，同时还具有复合材料的高强度、高弹性模量等特点。C/C 还具有优异的摩擦磨损性，可作为飞机的制动盘材料。目前 60%~70% 的 C/C 主要用于摩擦材料。C/C 还可用于生物医学领域，如人工心脏瓣膜、人工骨骼、人工牙根和人工髋关节等。C/C 具有高温性能和低密度特性，有可能成为工作温度达 1500~1700 ℃ 的航空发动机轻质材料，目前正在进行 C/C 航空发动机的燃烧室、整体涡轮盘及叶片的应用研究。

### 14.5.5　双层金属复合材料

双层金属复合材料是将性能不同的两种金属用胶合或熔化、铸造、热压、焊接、喷涂等方法复合在一起以满足某种性能要求的材料。最常见的双层金属复合材料是热双金属片簧（以此制成恒温器，如图 14.3 所示），这种复合材料就是将热膨胀系数相差尽可能大的两种金属片胶合成一体。使用时，一端固定，当温度变化时，由于材料的热膨胀系数不同，发生预定的挠曲变形，从而成为测量和控制温度变化的恒温器。

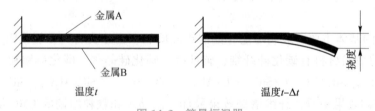

图 14.3　简易恒温器

（1）复合材料在生物医学领域的应用

由于碳/碳复合材料具有良好的生物相容性，现已作为牢固材料用作高应力使用的外科植入物、牙根植入体以及人工关节。

（2）复合材料在其他诸多领域的应用

碳纤维增强聚合物基复合材料由于比强度高、比模量大，也广泛用于制造网球拍、高尔

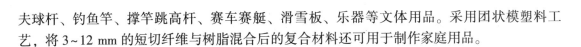

夫球杆、钓鱼竿、撑竿跳高杆、赛车赛艇、滑雪板、乐器等文体用品。采用团状模塑料工艺,将3~12 mm的短切纤维与树脂混合后的复合材料还可用于制作家庭用品。

**实例:武装直升机机身、螺旋桨的选材(复合材料)**

(1)武装直升机机身、螺旋桨

武装直升机如图14.4所示,其结构复杂,但很轻巧,机动部件较多,能携带多种子弹、炸弹,能适应各种环境中作战的需要。

图14.4 武装直升机

(2)武装直升机机身、螺旋桨的材料要求

制造武装直升机机身及螺旋桨的材料需要良好的力学性能(足够的强度和硬度、一定的塑性和韧性、很高的抗疲劳强度),同时自身质量要轻,断裂安全性要高,减振能力要强,耐蚀性、耐磨性要好,绝缘性要良好(雷电也穿不透)。怎样选材?

(3)武装直升机机身、螺旋桨的选材

选用碳纤维增强树脂基复合材料。

**本章小结**

①复合材料是指由两种或两种以上的异质、异性、异形材料,在宏观尺度上复合而成的一种完全不同于其组成材料的新型材料。

②复合材料主要按以下3个要素来分类。

a. 按基体材料分类,复合材料包括金属基复合材料,陶瓷基复合材料,水泥、混凝土基复合材料,塑料基复合材料,橡胶基复合材料等。

b. 按增强剂形状分类,复合材料可分为粒子复合材料、纤维增强复合材料及层状复合材料。

c. 依据复合材料的用途分类,复合材料可分为功能复合材料和结构复合材料。

③复合材料不仅能保持原组分材料的部分优点和特性,而且还可借助于对组分材料、复合工艺的选择与设计,使组分材料的性能相互补充,从而显示出比原有单一组分材料更为优越的性能。

④复合材料可用于要求轻质高强和高刚度的零件，如飞机的桁条、蒙皮，火箭的壳体，卫星的支架、天线；可用于耐磨件，如汽车火车的制动盘、发动机活塞等；可用于耐高温、抗烧件，如导弹的头部防热层、航天飞机的防热前缘和火箭发动机的喷管等。

⑤树脂基复合材料是将增强相（玻璃纤维、碳纤维、硼纤维等）与树脂复合而成的，主要有手糊成型法、缠绕成型法、喷射成型法和模压成型法等。

## 复习思考题和习题

14.1　什么是复合材料？其有哪些种类？复合材料的性能有什么特点？

14.2　增强材料有哪些？在聚合物基和金属基复合材料中，常用的基体有哪些？

14.3　什么是碳/碳复合材料？其有何用途？

14.4　简述玻璃钢、碳纤维增强聚合物基复合材料等常用纤维增强聚合物基复合材料的性能特点及应用。

14.5　简述常用纤维增强金属基复合材料的性能特点及应用。

14.6　简述树脂基复合材料的成型方法。

# 第 15 章　纳米材料及几种新型材料的概述

## 15.1　纳米材料

### 15.1.1　纳米材料的概述

纳米材料是指粒子尺寸在纳米量级（1~100 nm）的超细材料，又称作超细粉体，其纳米基本单元的颗粒或晶粒尺寸至少在一维上小于 100 nm，且必须是具有与常规材料截然不同的光、电、热、化学或力学性能的一类材料体系。

20 世纪 80 年代初，德国科学家 Gleiter 教授首先提出了纳米材料的概念。目前，我们所指的纳米材料通常是指在其晶体区域或其他特征长度的典型尺度在纳米数量级范围内（通常小于 100 nm）的单晶或多晶材料。纳米材料的特点是晶粒尺寸小、缺陷密度高（主要指晶界和相界），因此，其特性与传统粗晶材料相比有很大的不同。图 15.1 是纳米晶体材料的二维硬球模型，它是由晶粒内部和晶界处两种结构不同的原子构成的。从图中可以看出，很大比例的原子处于界面上，这时材料的性能将不再仅仅依赖于晶格中原子的交互作用，而在很大程度上取决于界面上的原子结构特征，这正是纳米材料具有独特理化及力学性能的原因。

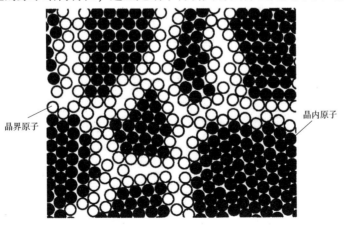

图 15.1　纳米晶体材料的二维硬球模型

纳米材料由纳米晶粒或颗粒组成，比表面积大，位于表面的原子占相当大的比例。由于表面原子配位的不饱和性，导致大量的悬键和不饱和键，使这些表面原子具有高的活性，表面能高，原子极不稳定，很容易与其他原子结合达到稳定化。

在常规金属材料中，晶界扩散只占很小一部分（约10%为晶界扩散），故晶界扩散不易表现出来；而在纳米材料中，由于晶界浓度很高（约50%），晶界扩散系数也增大很多，因而晶界扩散占绝对优势。同时，界面的固相反应也表现出增强效应。例如，当晶粒尺寸小到5 nm左右时，其界面原子体积约占整体的50%，且具有高度无序的结构，原子在这样的界面上扩散较容易，接近表面扩散，从而在纳米微晶结构中的扩散率大大增加。

## 15.1.2  纳米材料的分类和特性

### 1. 纳米材料的分类

纳米材料的分类方法有很多，按其结构还可分为晶粒尺寸3个方向都在几个纳米范围内的称为三维纳米材料；具有层状结构的称为二维纳米材料；具有纤维结构的称为一维纳米材料；具有原子簇和原子束结构的称为零维纳米材料。

按化学组成，纳米材料可分为纳米金属、纳米晶体、纳米陶瓷、纳米玻璃、纳米高分子、纳米复合材料等。

按材料特性，纳米材料可分为纳米半导体、纳米磁性材料、纳米非线性材料、纳米铁电体、纳米超导材料、纳米热电材料等。

按材料用途，纳米材料可分为纳米电子材料、纳米生物医用材料、纳米敏感材料、纳米光电子材料、纳米储能材料等。

纳米材料根据其微观结构组元（晶界和晶粒）的化学组成可分为4类：

①所有晶粒和晶界具有相同的化学组成；

②对于多相纳米材料来说，晶粒间的化学组成不同；

③晶粒与晶界的化学组成不同，如在某一界面区域存在原子偏聚；

④纳米晶粒分布在具有不同化学成分的基体中，如纳米级弥散相强化合金。

纳米材料大致可分为纳米粉末、纳米纤维、纳米膜、纳米块体4类，其中纳米粉末开发时间最长、技术最为成熟，是生产其他3类产品的基础。

（1）纳米粉末

纳米粉末又称为超微粉或超细粉，一般指粒度在100 nm以下的粉末或颗粒，是一种介于原子、分子与宏观物体之间的处于中间物态的固体颗粒材料。

（2）纳米纤维

纳为纤维是指直径为纳米尺度而长度较大的线状材料。

（3）纳米膜

纳米膜分为颗粒膜与致密膜，颗粒膜是指纳米颗粒黏在一起，中间有极为细小的间隙的薄膜；致密膜是指膜层致密但晶粒尺寸为纳米级的薄膜。

（4）纳米块体

纳米块体是将纳米粉末高压成型或控制金属液体结晶而得到的纳米晶粒材料。

### 2. 纳米材料的特性

纳米碳管可以看作是分子尺度的纤维，其结构与富勒烯有关。一般纳米碳管外径在纳米

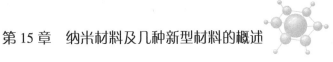

材料中具有特殊的结构，由于组成纳米材料的超微粒尺度属于纳米量级，这一量级大大接近于材料的基本结构——分子甚至原子，且其界面原子数量比例极大，一般占总原子数的50%左右，因此纳米微粒的微小尺寸和高比例的表面原子数导致了它的量子尺寸效应和其他一些特殊的物理性质。即使这种超微颗粒是由晶态或非晶态物质组成的，但其界面原子的结构都既不同于长程有序的晶体，也不同于长程无序、短程有序的类似气体的固体结构。因此，一些研究人员又把纳米材料称为晶态、非晶态之外的"第三态固体材料"。

## 15.1.3　纳米材料的应用

科学家预言，在 21 世纪纳米材料将是"最有前途的材料"，纳米技术甚至会超过计算机和基因学，成为"决定性技术"。纳米材料高度的弥散性和大量的界面为原子提供了短程扩散途径，导致了高扩散率，其对蠕变、超塑性有显著影响，并使有限固溶体的固溶性增强、烧结温度降低、化学活性增大、耐腐蚀性增强（受均匀腐蚀而不同于粗晶材料的晶界腐蚀）。因此，纳米材料表现出的力、热、声、光、电、磁性等，往往不同于该物质在粗晶状态时表现出的性质。与传统粗晶材料相比，纳米材料具有高的强度和硬度、高扩散性、高的塑性和韧性、低密度、低弹性模量、高电阻、高比热容、高的热膨胀系数、低热导率及强软磁性能，可应用于高的力学性能环境、光热吸收、非线性光学、磁性记录、特殊导体、分子筛、超微复合材料、催化剂、热交换材料、敏感元件、烧结助剂、润滑剂等领域。

### 1. 传感器方面的应用

由于纳米材料具有大的比表面积、高的表面活性及与气体相互作用强等因素，因此纳米微粒对周围环境如光、温度、气氛、湿度等十分敏感，可用作各种传感器，如温度、气体、光、湿度等的传感器。

### 2. 催化方面的应用

纳米微粒由于尺寸小、表面原子数占较大的百分数、表面的键态和电子态与颗粒内部不同、表面原子配位不全等因素导致表面活性增加，使其具备了作为催化剂的基本条件。最近，关于纳米材料表面形态的研究指出，随着粒径的减小，其表面光滑程度变差，形成凹凸不平的原子台阶，这就增加了化学反应的接触面。近年来国际上对纳米微粒催化剂十分重视，称其为第四代催化剂。利用纳米微粒这种高的比表面积和活性特性，可以显著提高催化效率。

### 3. 光学方面的应用

纳米微粒由于小尺寸效应使其具有常规大块材料不具备的光学特性，如光学非线性、光吸收、光反射、光传输过程中的能量损耗等都与纳米微粒的尺寸有很强的依赖关系。

### 4. 医学上的应用

随着纳米技术的发展，纳米材料在医学上的应用技术也开始崭露头角。由于纳米微粒的尺寸一般比生物体内的细胞及红细胞小得多，这就使研究人员可利用纳米微粒进行细胞分离、细胞染色及利用纳米微粒制成特殊药物或新型抗体进行局部定向治疗。科研人员已经成功利用纳米 $SiO_2$ 粒子进行定位病变治疗，以减少副作用等。科学家们设想利用纳米技术制造出分子机器人，使其在血液中循环，对身体各部位进行检测、诊断，并实施特殊治疗，疏通脑血管中的血栓，清除心脏动脉脂肪沉积物，甚至可以用其吞噬病毒，杀死癌细胞。

**5. 其他领域的应用**

分子是保持物质化学性质不变的最小单位。生物分子是很好的信息处理材料，每一个生物分子本身就是一个微型处理器。分子在运动过程中可按预定方式进行状态变化，其原理类似于计算机的逻辑开关，利用该特性并结合纳米技术，可以设计量子计算机。

磁记录是信息存储与处理的重要手段，随着科学的发展，要求记录密度越来越高。在 20 世纪 80 年代日本就利用 Fe、CO、Ni 等金属超微粒制备了高密度磁带，其颗粒尺寸为 20~30 nm，矫顽力约为 $1.61×10^3$ A/m，适用于纵向式垂直记录，且可降低噪声，提高信噪比，由它制成的磁带、磁盘也已商品化。

此外，一些含 Co、Ti 的钡铁氧体颗粒作为磁记录介质也已趋于商品化，这种强磁颗粒可制成信用卡、票证、磁性钥匙等。磁性存储技术在现代技术中占有举足轻重的地位，由于磁信号的记录密度在很大程度上取决于磁头缝隙的宽度、磁头的飞行高度以及记录介质的厚度，因而为了进一步提高磁存储的密度和容量，就需要不断减小磁头的体积，同时还要减小磁记录介质的厚度。因此薄膜磁头材料与薄膜磁存储介质是磁性材料当前发展的主要方向之一。

超微颗粒对光具有强烈的吸收能力，因此通常是黑色的，可在电镜-核磁共振波谱仪和太阳能利用中作光照吸收材料，还可作为防红外线、防雷达的隐身材料。

# 15.2　几种新型材料的概述

## 15.2.1　半导体材料

半导体材料是构成许多有源元件的基体材料，在光通信设备和信息存储、处理、加工及显示方面具有重要应用，如半导体激光器、二极管、集成电路、存储器等。

半导体种类很多，可分为有机半导体和无机半导体。无机半导体又可分为元素半导体和化合物半导体。例如，从晶态上区分，半导体可分为单晶、多晶以及非晶半导体等。

具有半导体性质的元素有 Si、Ge、B、Se、Te、I、C（金刚石或石墨）以及 P、As、Sb、Sn、S 的某种同素异构体，但目前实用的只有 Si、Ge、Se 三种，其中 Si 在整个半导体材料中占有压倒性的优势，有 90% 以上的半导体器件和电路是采用 Si 制作的。

纯度和晶片直径是半导体材料制备技术中的最重要指标。目前单晶硅纯度可达到杂质的质量分数小于 $10^{-9}$ 的水平，晶片直径可达 350 mm。纯度极高而且缺陷极少的元素半导体又称为本征半导体。有意掺入其他元素杂质的元素半导体又称为杂质半导体。当掺入的是高一价元素时，如在 Si、Ce 中掺入 P、Sb、Bi、As 时，可产生电子载流子形成 n 型半导体；当掺入的是低一价元素时，如在 Si、Ge 中掺入 B、Al、In、Ga 时，可产生空穴载流子形成 p 型半导体。

化合物半导体材料往往具有元素半导体材料所缺乏的特性，因而得到广泛应用。目前开发最多的是Ⅲ-Ⅴ族、Ⅱ-Ⅵ族和Ⅵ-Ⅵ族以及氧化物半导体。

Ⅲ-Ⅴ族化合物半导体是由Ⅲ族和 Ⅴ族元素形成的金属间化合物半导体，这部分半导体中大部分属于闪锌矿结构，禁带宽度和载流子迁移率有较大的选择范围。典型的化合物由

Al、Ga、In、P、As、Sb 等组合而成，如常用于制造太阳能电池的 GaAs，用作红外线探测器和滤波器主要材料的 InSb 等。

Ⅱ-Ⅵ族化合物半导体由Ⅱ族元素 Zn、Gd、Hg 和Ⅵ族元素 O、S、Se、Te 相互作用而成，特点是具有直接跃迁型能带结构、禁带范围宽、发光色彩比较丰富、电导率变化范围也较宽。这类半导体在激光器、发光二极管、荧光管和场致发光器件等方面有广阔的应用前景。

## 15.2.2　超导材料

具有超导性的材料称为超导材料。超导性是指当温度降至某一临界值以下时，材料电阻突变为零的特性。材料要处于超导状态，除了必须满足临界温度 $T_0$ 条件外，还必须满足临界磁场强度 $H_c$ 条件和临界电流密度 $J_c$ 条件。

超导材料按其在磁场中的磁化行为可分为两类。第一类超导体存在着一个临界磁场强度 $H_c$，在此前，材料是完全抗磁性的，此后则成为常态。属于第一类超导体的有具有超导性质的非金属元素、大部分过渡金属元素（除 Nb、V 外）以及按化学计量比组成的化合物。

第二类超导体在第一临界磁场强度 $H_{c1}$ 前是完全抗磁性的，即处于完全超导态；此后并不立即变为常态，而是界于超导态和常态之间的混合态，直到在第二临界磁场强度 $H_{c2}$ 后，零电阻现象才完全消失。许多合金以及 Nb、V 属于此类超导体。

超导材料按材料特点可分为元素型、合金型、化合物型、陶瓷型和有机型。除了少数在正常温度下属于半导体材料外，其他绝大部分为金属材料，其中 Nb 的热力学温度最高，为 9.2K。

合金超导材料的特点是强度高、应力应变小、临界磁场强度高，且容易生产、成本低。这类超导材料主要有以 Nb、Pb、Mo、V 等为基的二元或三元合金，其中较典型的有Nb-Zr类和 Nb-Ti 类。

化合物超导体材料主要有 $Nb_3Sn$、$V_3Ga$、$Nb_3Al$、$Nb_3(Al, Ge)$、$V_2(Hf, Zr)$、$NbN$ 和 $Pb_{1.0}Mo_{5.1}Sb$ 等，大多属于金属间化合物。它们的特点是具有较高的临界温度 $T_e$ 及临界磁场强度 $H_e$ 和临界电流密度 $J_e$。该类超导体的缺点是较脆、加工困难。

## 15.2.3　磁性材料

磁性是物质普遍存在的属性。磁性材料或称磁功能材料，其是指可以通过磁光效应、磁电效应、磁热效应或磁声效应应用于各类功能器件的材料。磁性材料在能源、信息和材料科学中具有广泛的应用。

（1）磁性记录与存储材料

磁性记录材料目前广泛应用于信息记录和存储，是计算机外围设备的关键材料，也是软件及信息库的基础。磁性记录材料主要有磁泡存储器材料、磁记录介质材料和磁光型存储材料。

磁泡存储器是利用磁泡在外加磁场作用下，在特定位置上出现或消失，从而与计算机中二进制的"0"和"1"相对应的原理制成的记忆器件。磁泡是指在某一临界磁场下呈圆柱状的磁畴，大小为几微米。

制作磁泡存储器的磁性材料，即磁泡存储器材料，一般要求具备低的磁泡畴壁矫顽力、高的磁泡畴壁迁移率、良好的品质因素，以及各种磁参数对温度、时间、振动等环境因素的稳定性要高。目前比较实用的磁泡存储器材料有石榴石型铁氧体和六角铁氧体。

磁记录介质包括磁带、磁卡、磁盘以及磁鼓等，一般以磁粉涂布或磁性薄膜的方式制成。磁粉涂布材料有 $\gamma$-$Fe_2O_3$ 磁粉（包括钴 $\gamma$-$Fe_2O_3$ 磁粉）、$CrO_2$ 粉、金属磁粉（如 Fe、FeCo）以及垂直磁记录用片状钡铁氧体微粉 $BaFe_{12}O_{19}$。磁性薄膜材料常见的有 $\alpha$-Fe、FeCo、CoCr 等合金和 $\gamma$-$Fe_2O_3$、$Fe_3O_4$ 等氧化物以及钡铁氧体，制作这种连续薄膜介质的方法可分为湿法（电镀或化学镀）和干法（如溅射、蒸镀）两种。

（2）软磁材料和永磁材料

材料在较低磁场中磁化而呈强磁性，但在磁场去除后磁性缺失的现象称为软磁性。软磁材料广泛应用于制备电力、配电和通信用变压器、继电器、电阻器、发电机，以及磁路中的磁轭等。软磁材料常分为高磁饱和材料（低矫顽力）、中磁饱和材料和高导磁材料。典型的软磁材料有纯铁、Fe-Si 合金（即硅钢）、Ni-Fe 合金、Fe-Co 合金，以及 Mn-Zn、Ni-Zn、Mg-Zn 等铁氧体。

永磁材料在磁场中被充磁，磁场撤消后仍能长时间保持磁性。常见的永磁材料有高碳钢、Al-Ni-Co 合金、Fe-Cr-Co 合金、钡和锶铁氧体以及稀土永磁材料（如 RCo 系、铁、钕铁合金和以 Sm-Fe 为基的三元或四元系等）。永磁材料广泛应用于制造精密仪器仪表、永磁电动机、磁选机、电声器件、微波器件、核磁共振设备与仪器、粒子加速器，以及各种磁疗装置。

## 本章小结

①纳米材料，是指粒子尺寸在纳米量级（1～100 nm）的超细材料，又称作超细粉体，其纳米基本单元的颗粒或晶粒尺寸至少在一维上小于 100 nm，且必须是具有与常规材料截然不同的光、电、热、化学或力学性能的一类材料体系。

②纳米材料大致可分为纳米粉末、纳米纤维、纳米膜、纳米块体 4 类，其中纳米粉末开发时间最长、技术最为成熟，是生产其他 3 类产品的基础。

③与传统粗晶材料相比，纳米材料具有高的强度和硬度、高扩散性、高的塑性和韧性、低密度、低弹性模量、高电阻、高比热容、高的热膨胀系数、低热导率及强软磁性能，可应用于高的力学性能环境、光热吸收、非线性光学、磁性记录、特殊导体、分子筛、超微复合材料、催化剂、热交换材料、敏感元件、烧结助剂、润滑剂等领域。

④半导体材料是构成许多有源元件的基体材料，在光通信设备和信息存储、处理、加工及显示方面有重要应用，如半导体激光器、二极管、集成电路、存储器等。

⑤具有超导性的材料称为超导材料。超导性是指当温度降至某一临界值以下时，材料电阻突变为零的特性。材料要处于超导状态，除了必须满足临界温度 $T_0$ 条件外，还必须满足临界磁场强度 $H_c$ 条件和临界电流密度 $J_c$ 条件

⑥磁性材料或称磁功能材料，其是指可以通过磁光效应、磁电效应、磁热效应或磁声效应应用于各类功能器件的材料。磁性材料在能源、信息和材料科学中具有广泛的应用。

## 复习思考题和习题

15.1　什么是纳米材料？其有哪些种类？纳米材料的性能有什么特点？

15.2　纳米材料可分为哪 4 类？

15.3　简述纳米材料的应用情况。

15.4　什么是半导体材料？其有何应用？

15.5　什么是超导材料？其有何应用？

15.6　什么是磁性材料？其有何应用？

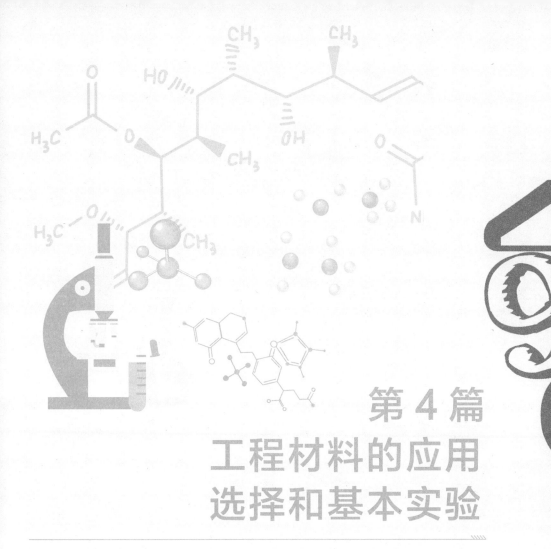

# 第 4 篇
# 工程材料的应用
# 选择和基本实验

在机械产品设计、制造过程中，都会遇到材料的选择问题。一般来说，一个机械零件要实现其应有的功能，由多方面的因素决定。其中零件所采用的材料的选用是否合理，不仅对零件的质量和工作寿命起着至关重要的作用，还将影响零件的生产成本和产品的经济效益。

从事机械工程、材料工程等领域工作的科技人员，必须具备正确选用工程材料的能力。为此，本篇在前面各篇已介绍过的工程材料有关知识和内容的基础上，阐述零件失效分析、材料选择的一般原则和方法、材料选择应注意的问题等内容，从而为材料选择能力的建立和培养提供必要的基本知识。

根据哲学名言"实践是检验真理的唯一标准"。前面各篇所述的工程材料的理论是否正确，要通过相应的实验验证。但限于篇幅，本篇仅介绍几个基本实验。

# 第 16 章　工程材料的应用选择

了解零件的失效形式是正确选择材料与成型工艺方法的基本前提之一。要做到这一点，一方面是通过理论分析对零件的失效形式加以预测，另一方面就是进行零件的失效分析。失效分析不仅对零件的选材，而且对零件的设计、制造、使用以及保证零件的使用安全性都具有非常重要的意义。

## 16.1　机械零件的失效与分析

失效是指零件在使用过程中，由于应力、时间、温度、环境介质、操作方法等原因而导致零件形状或其材料的组织与性能发生变化，从而失去原来正常工作所具有的效能，这种丧失其规定功能的过程称为失效。失效一般有 3 种情况：①零件完全破坏，不能继续工作；②虽能工作，但不能保证安全；③虽能保证安全，但精度受到影响或起不到预定的作用。

失效的主要形式有以下 4 种。

（1）变形失效

变形失效是指零件在工作过程中产生超过允许值的变形量而导致其无法完成规定工作的现象，主要失效方式有弹性变形失效、塑性变形失效、高温变形失效。

（2）断裂失效

断裂失效是指零件在工作过程中完全断裂而导致整个零件无法工作的现象，主要失效方式有韧性断裂失效、脆性断裂失效、疲劳断裂失效等。

（3）腐蚀失效

腐蚀失效是指机械零件因表面腐蚀损伤而造成零件失效的现象，主要失效方式包括均匀腐蚀、点与缝隙腐蚀、晶间腐蚀、腐蚀疲劳等。

（4）磨损失效

磨损失效是指由于零件与外界物体或其他零件相互接触并做相对运动，造成零件表面形状、尺寸、组织及性能发生变化并使零件丧失规定功能的过程，其主要失效方式有磨料磨损、微动磨损、腐蚀磨损、疲劳磨损。

工程中一般按以下程序进行失效分析：

①接受任务，明确目的要求；

②调查现场，获取第一手背景资料；

③失效件的观察、检测和试验；

④确定失效原因并提出改进措施。

失效原因的确定一般按下列程序进行：

①分析机械零件的结构形状和尺寸设计是否合理；

②分析选材是否能满足工作条件的要求；

③分析加工工艺是否合适：如果采用的工艺方法、工艺参数不正确，可能会造成各种缺陷，如热成型中的过热、过烧等，热处理工序中的氧化、脱碳、淬火变形与开裂等。

④分析安装使用是否正确：判断是否安装过紧、过松或对中不准、固定不紧、重心不稳等。

# 16.2　工程材料的应用选择

## 16.2.1　工程材料选择的基本原则

合理地选择和使用材料是一项十分重要的工作，设计工程师应该了解材料的机械性能、结构和相关的加工工艺以及应用环境对材料的影响、材料的成本等问题，以便为设计过程中材料的合理选择提供帮助。随着世界科技水平的进步，工程部件所具有和承担的功能越来越多，并且其结构复杂，因此设计选材所涉及问题的复杂程度提高，材料选择所应考虑的综合因素也相应增多。例如，飞机机身框架和蒙皮在设计选材时，选择的材料除了强度性能必须满足要求以外（通常以 $R_m$、$R_{p0.2}$ 指标作为设计依据），还必须具有足够的刚性来防止飞机在服役过程中发生塑性变形和疲劳断裂，以及具有抗腐蚀能力等。同时，飞机材料的选择还应考虑材料的重量、生产加工的工艺性能和生产成本、材料自身的成本等。可满足飞机结构件机械性能要求的材料有很多，如铝合金、钢、钛合金、镁合金、碳纤维增强复合材料等，从刚性、强度、耐腐蚀、易加工等方面考虑，碳纤维增强复合材料为最佳选择，但其加工成本高，如果考虑成本，则该材料不是最好选择；其他金属材料，如果成本为主要考虑问题，则钢为最好的选择，但飞机结构件还应考虑性能和重量比，在成本、性能、重量中寻找平衡点，所以铝合金为最佳材料选择；钛合金、镁合金由于比铝合金和钢的成本高，同时也比钢的比重低，但不如铝合金优势明显。

选择材料不仅要考虑材料的性能是否能够适应零件的工作条件，使零件经久耐用，而且还要求材料具有较好的加工工艺性能和经济性，以便提高机械零件的生产率，降低成本等。材料的成本主要从以下几个方面考虑：

①在满足使用要求的条件下尽量采用廉价的材料；

②考虑市场的供应情况，尽量就地取材，降低材料的运输费用；

③节约稀有材料和较贵重的金属；

④材料加工成本应低，通常有色金属的加工性能好于普通碳钢，而普通碳钢的加工性能

好于合金钢。

但在选材时也不能片面强调材料费用及制造成本，还须对材料的使用寿命予以重视。总的来说，选材步骤应包括下列程序：

①分析零件的工作条件及其失效形式，根据具体情况或客户要求确定零件的性能要求（包括使用性能和工艺性能）和最关键的性能指标。一般主要考虑力学性能，必要时还应考虑物理、化学性能；

②查阅材料手册，了解材料在适当工艺条件下所能达到的性能指标，从而进行筛选；

③对同类产品的选材情况进行调研；

④结合材料的经济性、加工性、使用性能等初步确定材料；

⑤初步选择关键性零件进行试制；

⑥鉴定定型。

## 16.2.2　工程材料的应用选择分析举例

### 1. 机床零件的选材

一个机床的零件有很多，按照其结构特点、受载荷的情况可以分为机身、底座、轴类零件、齿轮类零件、机床导轨等。

（1）机身、底座的选材

机身、底座，齿轮箱体、轴承座等重量大或形状复杂，一般选用灰铸铁 HT150、HT200，球墨铸铁 QT400-17、QT500-5 等。它们的成本低、铸造性好、切削加工性优异、对缺口不敏感、减振性好，非常适合铸造上述零部件。

（2）轴类零件的选材

机床主轴是机床中最主要的轴类零件，根据机床主轴工作时所受载荷的大小和类型，其选材可分为以下 4 种情况：

①轻载或者不太重要的主轴可以采用 Q235、Q255、45 钢等钢制造；

②中载主轴由于磨损较严重，有一定的冲击载荷，一般用 40Cr 等调质钢或 20Cr 等渗碳钢制造，整体与轴颈应进行相应的热处理；

③重载主轴由于工作载荷大，磨损及冲击都较严重，一般用 20CrMnTi 钢制造，经渗碳、淬火并低温回火处理；

④高精度主轴由于精度要求非常高，热处理后变形应极小，工作过程中磨损应极轻微。例如，精密镗床的主轴，一般用 38CrMoAl 专用氮化钢制造，经调质处理后进行氮化及尺寸稳定化处理。

（3）齿轮类零件的选材

齿轮是机床重要的零件之一，按其工作条件可分为以下 3 类。

1）轻载齿轮

若为开式齿轮，则可选用 HT250、HT300 和 HT400 钢，和铸铁大齿轮互相啮合的小齿轮也可用 Q235、Q255 钢制造。闭式齿轮多采用 40、45 钢并正火或调质处理。

2）中载齿轮

中载齿轮一般用 45 钢制造，正火或调质后再进行高频表面淬火强化，以提高齿轮的承载能力及耐磨性。如果齿轮尺寸较大，则可用40Cr等合金调质钢制造。

3）重载齿轮

高速、重载或受强烈冲击的齿轮宜采用40Cr（调质）或20Cr、20CrMnTi经渗碳、淬火并低温回火处理。

（4）机床导轨的选材

机床导轨是机床最重要的零件之一，对整个机床的精度有很大的影响。设计师必须考虑其变形和磨损，可以选用灰铸铁制造，如HT200和HT350钢等。灰口铸铁在润滑条件下耐磨性较好，但抗磨粒磨损能力较差。

**2. 汽车零件的选材**

在汽车零件中，冷冲压零件种类繁多，占总零件数的50%～60%。按其功用，汽车零件可以分为发动机传动系统和底盘、车身零件。汽车冷冲压零件用的材料有钢板和钢带，其中主要是钢板，包括热轧钢板和冷轧钢板，如钢板20、25和Q235等。

（1）发动机传动系统的选材

发动机的主要功用是提供动力，主要构件包括缸体、缸盖、缸套、活塞、连杆、曲轴等。缸体常用的材料有灰口铸铁和铝合金两种。缸盖一般选用灰铸铁、合金铸铁或者铝合金。缸套常用高磷铸铁、硼铸铁、合金铸铁等，为了提高缸套的耐磨性，可以采用镀铬及表面淬火等工艺对缸套进行表面处理。活塞材料需要满足导热性好、膨胀系数小、密度小、耐磨、耐蚀等工艺性能，常用铝硅合金。连杆连接活塞和曲轴，作用是将活塞的往复运动转变为曲轴的旋转运动，并把作用在活塞上的力传给曲轴以输出功率。连杆在工作中除了承受燃烧室燃气产生的压力外，还要承受纵向和横向的惯性力，是在一个很复杂的应力状态下工作的，既受交变的拉压应力作用，又受弯曲应力作用。连杆的主要损坏形式是疲劳断裂和过量变形，其工作条件要求连杆具有较高的强度和抗疲劳性能，又要求其具有足够的刚性和韧性。连杆材料一般采用45钢、40Cr或40MnB等。汽车半轴在工作时主要承受扭转力矩和反复变曲以及一定的冲击载荷，因此中、小型汽车的半轴一般选用45钢、40Cr，而重型汽车则用40MnB、40CrNi或40CrMnMo等淬透性较高的合金钢制造。

（2）底盘、车身材料

随着能源和原材料供应的日趋短缺，人们对汽车节能降耗的要求越来越高。而减轻自重可减少材料消耗和燃油消耗，这在资源、能源的节约和经济价值方面具有非常重要的意义。底盘和车身相对于发动机传动系统来说不是很重要，选材时在满足其基本性能的前提下应尽量减轻重量。用铝合金或镁合金代替铸铁，重量可减轻至原来的1/3～1/4，但并不影响其使用性能。采用新型的比较薄的双相钢板材代替普通低碳钢板材生产汽车的冲压件，可以减轻自重，但一点也不降低构件的强度。在车身和某些不太重要的结构件中，采用塑料或纤维增强复合材料代替钢材，也可以降低自重，减少能耗。

**3. 仪器仪表的选材**

仪器仪表一般由多种零部件组成，如壳体、面板、齿轮、涡轮轴、轴承、弹簧、电子元器件等，其种类繁多、性能各异，统一要求是外表美观、小巧、轻便和满足要求的使用性能。壳体及内部零件多在轻载荷下工作，对强度要求不高，但对精度、装饰性、耐蚀性及摩擦件的耐磨性的要求很高。这些零部件的工作温度多在-50～150 ℃之间，同时受到大气、水分、润滑油及其他介质的腐蚀作用。可选用材料有低碳结构钢，如Q195、Q215、Q235

钢，再用油漆防锈和装饰，可以达到较好的效果；采用马氏体不锈钢、奥氏体不锈钢（如12Cr13、12Cr18Ni9）则效果更好；工业纯铝 1200（L5）及防锈铝 3A21（LF21）等，以及黄铜 H62 等有色金属材料亦有很好的装饰效果。

（1）仪器仪表的辊子

仪器仪表的辊子可以使用 Q235 等钢、聚甲醛等工程塑料制造。2A12（LY12）、2A11（LY11）等多用于制造重要且需要耐蚀的轴销等零件。凸轮多用 Q235、45 钢制造。仪器齿轮可用普通碳素钢 Q275 制造。QBe2、QBe1.9、QBe1.7 可用于制造钟表等齿轮。

（2）蜗轮、蜗杆

QAl11-6-6 可用来制造 500℃以下工作的蜗轮。硅青铜 QSi3-1 亦可用来制造蜗轮、蜗杆。

**4. 模具的选材**

（1）模具材料选择和使用的意义

模具是工业生产中不可缺少的重要工艺装备，是降低成本、提高产品质量和适应规模生产的基础和保证。模具的使用寿命严重地影响着工业生产的发展。影响模具使用寿命的因素有很多，其中模具材料的选择严重影响模具的使用寿命。它影响着模具产品的功能适用性、耐用度、安全性，在模具及其零件的设计、制造过程中，只有材料确定后，才能安排制造、装配的加工路线和加工工艺方法，以及估算制造成本。通过对各种典型模具的失效分析，设法满足材料的使用性能和工艺性能两方面的要求，找出能影响模具使用寿命的性能指标，然后以此为依据，有针对性地选择模具用钢及热处理工艺。

（2）模具钢的分类及性能要求

表 16.1 为 3 种模具钢的性能要求。合理选择模具钢的基本目的在于避免模具在服役时出现早期失效，以及在制造时减少废品率。模具钢的性能水平、材质优劣、使用合理与否等因素，对模具制造的精度、合格率以及服役时的承载能力、寿命水平，均有密切的关系。

表 16.1　模具钢的性能要求

| 性能 | 冷作模具钢 | 热作模具钢 | 塑料模具钢 |
|---|---|---|---|
| 耐磨性 | ● | ● | ● |
| 强度 | ● | ● | ● |
| 韧度 | 0 | ● | 0 |
| 硬度 | ● | 0 | 0 |
| 耐蚀性 | | 0 | ● |
| 热稳定性 | 0 | ● | ● |
| 抗热疲劳龟裂 | | ● | |
| 抗氧化性 | | ● | |
| 组织均匀性（各向同性） | ● | ● | ● |
| 尺寸稳定性（零件精度保持性） | ● | ● | ● |
| 抗黏着（咬合）性、擦伤性 | ● | 0 | 0 |
| 热传导性 | 0 | 0 | ● |
| 工艺性能 | | | |

续表

| 性能 | 冷作模具钢 | 热作模具钢 | 塑料模具钢 |
|---|---|---|---|
| 可加工性（冷、热加工成型性） | | ● | ● |
| 镜面性和蚀刻性 | | | ● |
| 淬透性 | ● | ● | ● |
| 淬硬性 | ● | 0 | 0 |
| 焊接性 | | | 0 |
| 电加工性（包括线切割） | | 0 | 0 |

注：● 表示为主要要求；0 表示次要要求；空白表示可以不做要求。

（3）冷作模具

1）冷作模具的工作条件

冷作模具主要用于完成金属或非金属材料的冲裁、弯曲、拉伸、镦锻、挤压等工序。由于加载方式及被加工材料的性质、规格不同，各种模具的工作条件差别很大，因而其失效的形式也各不相同。例如，各类紧固件的挤压成型是在强烈的三向压应力状态下完成的。凸模既受强大的压应力，又受各种不均衡侧向力，特别是在凸模尺寸变化应力集中处，易产生脆性断裂。而凹模有胀裂的可能以及由于金属材料剧烈流动而引起模腔严重磨损。而在冷镦和冷挤压时，冲头承受巨大的压力，凹模则承受巨大的张力，冷镦模工作时，凸模承受强烈的冲击力，其最大压应力可达到 2 500 MPa；由于金属在型腔中剧烈流动，使冲头和凹模的工作面受到剧烈的摩擦而产生热量，故可使模具表面的瞬时温度达到 200~400 ℃，局部温度甚至更高。所以冷镦及冷挤压模具要求型腔能承受巨大的压力、张力和摩擦，具有高的变形抗力、高的耐磨性和高的断裂抗力（包括疲劳断裂抗力）。

2）冲裁模的工作条件

冲裁模主要用于各种板料的冲切成型，模具的工作部位是刃口。冲裁模刃口承受的剪切力大，摩擦发热严重，易磨损，凸模易产生崩刃、折断等。要求刃口在工作中不崩刃、不易变形、不易磨损，保持其完整和锐利。在冲裁中、厚钢板时，特别是在厚钢板上冲小孔，冲头的单位压力极大。冲裁模要求刃口强韧性好、耐磨损，即具有高的耐磨性、高的抗崩刃能力、高的断裂抗力及疲劳断裂抗力，冲头尤其具有高的强韧性和耐磨性。

（4）热作模具

热作模具使用的环境和条件有其特殊性，它除了有冷作模具常出现的磨损、断裂和变形等基本失效形式外，更多的会出现冷热疲劳、塌陷和热浸蚀等失效形式。由于下模受热影响大，并有比较复杂的压制型腔及下模可能有较大的偏斜，因此约 80% 的失效发生在下模。

（5）塑料模具

塑料模具一般有凸模、凹模、型芯、镶块、成型杆和成型环等，这些零部件构成了塑料模具的型腔，用来成型塑料制品的各种表面，它们直接与塑料相接触，经受其压力、温度、摩擦和腐蚀等作用。

1）塑料模具的分类

按照塑件的原材料性能和成型方法，可把塑料模具分为以下两大类。

①热固性塑料模：主要用于压缩、传递和注塑成型制品零件，包括压缩模、传递模、注射模 3 种类型，注射模较少用于热固性塑料件成型。常用的热固性塑料有酚醛塑料（即胶

木）、氨基聚酯、环氧树脂、聚邻苯二甲酸二烯丙酯（PDAP）、有机硅塑料、硅酮塑料等。

②热塑性塑料模：主要用于热塑性塑料注射成型和挤出成型。热塑性塑料主要有聚酰胺、聚甲醛、聚乙烯、聚丙烯、聚碳酸酯等。这些塑料在一定压力下在模内成型冷却后可保持已成型的形状，如果再次加热又可软化熔融再次成型。此类模具还包括中空吹塑模具、真空成型模具。

2）对塑料模具材料的性能要求

塑料模具材料应具有下列性能要求。

①使用性能要求：足够的强度和硬度，以使模具能承受工作时的负荷而不致变形。通常塑料模具的硬度在38~55 HRC范围内。若为形状简单，抛光性能要求高的塑料模具，则工作硬度可取高些；反之，可取低些。良好的耐磨性和耐蚀性，以使模具型腔的抛光表面粗糙度和尺寸精度能保持长期使用而不改变。足够的韧性，这是保证模具在使用过程中不会过早开裂的重要指标。

②较好的耐热性能和尺寸稳定性是要求模具材料有较低的膨胀系数和稳定组织。塑料模具材料中钢的膨胀系数较小，铍青铜次之，铝合金和锌合金的膨胀系数则较大。良好的导热性，以使塑料制件尽快地在模具中冷却成型。

③工艺性能是要求随着塑料制品种类的增加和质量要求的提高，以及塑料制品成型工艺趋向高速化、大型化、精密化和多型腔化，对塑料模具材料提出了较高的加工工艺要求。

机械加工性能。塑料模具型腔的几何形状大多比较复杂，型腔表面质量要求高，难加工部位相当多，因此，塑料模具材料应具有优良的可加工性和磨削加工性能。

焊接性能。塑料模型腔在加工中受到损伤时，或在使用中被磨损需要修复时，常采用焊补的方法（局部堆焊），因此模具材料要有较好的焊接性能。

热处理工艺性能。热处理工艺应简单，材料有足够的淬透性和淬硬性，变形开裂倾向小，工艺质量稳定。

镜面抛光性能。镜面抛光性能不好的材料，在抛光时会形成针眼、空洞和斑痕等缺陷。模具材料在电加工过程中有时会出现一般机械加工不会出现的问题。因此，模具材料必须要有良好的电加工性能。

3）塑料模具用钢及选用

随着高性能塑料技术的不断发展和需求的持续提高，塑料制品的种类日益增多，制品向精密化、大型化、复杂化发展，成型生产向高速化发展，因此模具的工作条件也越趋复杂。以往人们为了保证一般精塑料模具成本低廉而常常选用碳素钢，但碳素钢在热处理过程中很难控制变形，为了使模具精度符合要求，往往不经最终淬火、回火热处理加工，机加工成型后即交付使用，因而模具表面粗糙度较差，图案花纹容易磨损，模具的使用寿命也不高；而精密塑料模具通常采用合金工具钢制造，由于加工工艺性能差，难于加工出复杂的型腔，有时热处理变形问题也无法克服，因此，许多关键部件的塑料模具材料还常常依赖于进口的专用塑料模具钢。我国塑料模具钢耗用量很大，塑料模具用钢约占全部模具用钢的一半以上，为了解决钢材性能与加工精度之间的矛盾，国内有关科研院所和大专院校对专用塑料模具钢进行了研制，并取得了一定进展，目前已有部分商品进入市场，获得一定的效益。国产系列塑料模具钢不久将在机械、电子、仪表、轻工、塑料等行业普遍推广。

由于我国塑料模具的用钢体系建立时间不长，专用塑料模具钢（牌号前加前缀SM）。已纳入标准的仅有 10 余个，均是在优质碳素结构钢、合金结构钢、合金工具钢、不锈钢基础上经特殊冶炼和加工而成，以满足塑料模具的特殊要求。专用塑料模具钢即 SM45、SM48、SM50、 SM53、 SM55、 SM1 Cr2Mo、 SM3Cr2NilMo、 SM2CrNi3MoAl1S、 SM4Cr5MoSiV、SM4Cr5MoSiV1、SMCr12Mo1V1、SM2Cr13、SM4Cr13、SM3Cr17Mo等。

专用塑料模具钢的基本力学性能和热处理工艺与原钢种差别不大。因此，部分牌号的基本性能仍沿用一般的性能数据，有差异的则加以指明。例如，SM1CrNi3 钢和合金结构钢12CrNi3A。

# 16.3  化工设备用材选材分析

## 16.3.1  化工设备用材

化工设备的类型有很多，如各种塔、换热器、反应器、贮罐、泵、压缩机等，它们有着各自不同的功能与相应的特殊结构。化工设备的使用条件复杂，操作压力从真空、常压、高压到超高压；使用温度从极低温（-200 ℃）、常温、中温到高温（1 000 ℃）；处理的介质从气体、液体、固体到液-固混合流体；接触的物料常有易燃、易爆、剧毒、腐蚀或磨损等特性。

不同的使用条件对材料的要求也就不同，很多化工设备在常温、常压下运转，处理的介质常常是液体和液-固、气-固混合流体，则其容易出现腐蚀、磨损、冲刷方面的问题；常温、高压下使用的化工设备，特别是焊接结构的容器，容易发生脆性断裂、疲劳和应力腐蚀破坏；高温、高压下使用的化工设备，除了高压施加给材料的应力作用外，高温还会使材料软化、强度降低，而且高温气体与金属反应易造成氧化、硫化或脱碳，形成高温腐蚀；低温条件下使用的化工设备，特别是碳钢，容易发生低温脆性断裂。

不同类型的化工设备对材料的要求也就不同，有的要求具有良好的力学性能和加工工艺性能，有的要求具有良好的耐蚀性能，有的要求耐高温或低温等。例如，压力容器常常因为裂纹扩展发生脆性断裂而失效，因此要求材料具有足够的强度、韧性，还要有良好的冷成型性和焊接性能；换热器除了要求耐高压、耐高温、耐腐蚀外，还要有良好的导热性能；塔设备与流动介质接触，要求耐高温、耐腐蚀、耐磨损，还要有良好的加工工艺性能等。

目前，化工设备的主要用材是金属材料，此外还大量使用非金属材料及复合材料等。

## 16.3.2  压力容器用钢

### 1. 碳素钢和低合金高强钢

换热器、反应器、贮罐等化工设备都有容纳工作物料与操作内件的工作空间，这些工作空间由承载外壳形成并限定大小，承载外壳即压力容器。压力容器不仅承受工作压力，同时还要承受温度、介质腐蚀和流体冲刷等作用。压力容器用钢要求具有较高的强度，足够的塑性和韧性，良好的加工工艺性能和焊接性能，较低的缺口敏感性。

压力容器常用碳素钢和低合金高强钢。对于中低压的薄壁容器，常用低碳钢作结构材料，虽然强度低些，但仍能满足一般压力容器要求，而且价格低廉，因此得到广泛应用。常用低碳钢牌号为 Q235AF、Q235A、Q235B、Q235C 及 Q245R。

低合金高强钢钢板常用牌号为 Q345R、14Cr1MoR、12Cr2Mo1R、18MnMoNbR、13MnNiMoNbR、07MnCrMoVR等。Q345R（屈服强度为 350 MPa）是我国压力容器专用钢板中使用量最大的一个牌号，主要用于制造 20～400℃ 的中低压压力容器壳体及承压构件、液化石油气瓶及中小型球罐；14Cr1MoR 主要用于制造承受较高压力的大型贮罐、高压容器内筒及层板、锅炉汽包等；12Cr2Mo1R 大多用于制造氧气球罐；18MnMoNbR 主要用于制造高压容器承压壳体，如氨合成塔、尿素合成塔等；13MnNiMoNbR 是目前单层卷焊厚壁压力容器的一个较理想的牌号；07MnCrMoVR 是制造大型球罐的主要钢种。

### 2. 耐蚀钢

化工设备往往在酸、碱、盐及各种活动性气体等介质中使用，约 60% 的过程装备失效都与腐蚀有关，因此化工设备对材料的耐蚀性能有较高的要求。

（1）铬不锈钢

铬马氏体不锈钢如 12Cr13、20Cr13、30Cr13、40Cr13 等，在大气中有优良的耐均匀腐蚀性能，在室温下，对弱的腐蚀性介质也有较好的耐腐蚀性。因此，在化工设备中可用作耐弱蚀介质零件，如水压机阀、螺栓、活塞杆、热油泵轴等。

铬铁素体不锈钢如 06Cr13、10Cr17Ti 等，耐稀硝酸和硫化氢气体腐蚀，常用来代替铬镍不锈钢，如用于维纶生产中耐冷醋酸和防铁锈污染产品的耐蚀设备上。

（2）铬镍不锈钢

铬镍奥氏体不锈钢经固溶处理后具有单一奥氏体组织，具有优良的耐蚀性能，较好的高温及低温强度、韧性，焊接性能较好，是耐蚀钢材中综合性能最好的一类，因此得到广泛使用。12Cr18Ni9、06Cr19Ni10、022Cr19Ni10 等 18-8 型是这类钢的基础钢种，在其基础上通过添加 Mo、Ti、Nb、Cu 等元素发展了 06Cr17Ni12Mo2、022Cr17Ni12Mo2、06Cr19Ni13Mo3、022Cr19Ni13Mo3、06Cr18Ni11Ti、06Cr18Ni11Nb、06Cr17Ni13Mo3Cu2 等钢种。只含 Cr、Ni 的奥氏体不锈钢在氧化性腐蚀介质（如硝酸）中具有很高的耐蚀性，添加 Mo 的钢对氯离子有较强的抵抗力，同时添加 Mo、Cu 的铬镍奥氏体不锈钢在稀硫酸中具有较高的化学稳定性。

（3）耐氢、氮、氨腐蚀用钢

氢在常温下对钢没有明显的腐蚀，但在氨合成、炼油厂催化重整和加氢工艺中，在铁的催化作用下，中温的氢、氮、氨分子能分解成氢原子和氮原子，它们在高压作用下能够渗入钢中。氢原子与钢中的碳反应生成甲烷，使钢脱碳并产生大量的晶界裂纹和鼓泡，使钢的强度和塑性显著降低，导致钢严重脆化，发生氢腐蚀；氮原子与钢中金属元素化合成氮化物，这种氮化物很脆，当腐蚀严重时，钢材极易发生脆裂。而且氮化对氢腐蚀有促进作用，使氢腐蚀进一步加速。

目前氢、氮、氨同时存在的工艺环境主要是合成氨，一般在 220 ℃温度以下可以不考虑氢腐蚀和氮化的问题；350 ℃温度以下可以不考虑氮化的问题，采用低铬、钼抗氢钢，如 15CrMo、20CrMo 等；在 350 ℃温度以上使用应同时考虑氢腐蚀和氮化的问题，10MoWVNb、10MoVNbTi、14MnMoVBRE 等钢种对抗氢、氮、氨腐蚀性能较好。

### 3. 耐热钢

耐热钢往往应用于高温。所谓高温，常指高于 450 ℃ 的工作温度，450 ℃温度以下一般使用碳钢（常用钢号 Q245R），450~800 ℃温度范围内常使用耐热钢，在高温下能保持热稳定性和热强性。

（1）珠光体耐热钢

这类钢膨胀系数小，导热性能好，具有良好的冷、热加工性能和焊接性能，广泛用于制造工作温度小于 600℃ 的锅炉及管道、压力容器、汽轮机转子等，常用钢号有 15CrMo、12CrlMoV 等。

（2）马氏体耐热钢

低碳高铬型马氏体耐热钢，如 14Cr11MoV、15Cr12WMoV 等，在 500 ℃温度以下具有良好的蠕变抗力和消振性，适宜制造汽轮机叶片，又称叶片钢。中碳铬硅型马氏体耐热钢如42Cr9Si2、40Cr10Si2Mo 等，主要用于制造使用温度低于 750 ℃的发动机排气阀，又称气阀钢。

（3）铁素体耐热钢

这类钢抗氧化性强，使用温度可超过 800 ℃，但高温强度低，焊接性能差，脆性大，多用于受力不大的加热锅炉构件。常用牌号有 10Cr17、06Cr13Al 等。

（4）奥氏体耐热钢

这类钢具有高的热强性和抗氧化性，高的塑性和韧性，良好的焊接性和冷成型性，主要用于制造使用温度在 600~850 ℃的高压锅炉过热器、承压反应管、发动机气阀、汽轮机叶片、叶轮等。常用牌号有 06Cr19Ni10、06Cr18Ni11Ti、06Cr17Ni12Mo2、06Cr25Ni20 等。奥氏体耐热钢一般采用固溶处理。

**4. 低温用钢**

一般使用温度在 0 ℃以下称为低温。在化工生产中，深冷分离、空气分离、润滑油脱脂、液化石油气贮运等设备常处于低温状态，寒冷地区的过程装备及构件也常在低温下使用，导致设备易发生脆性断裂，因此对低温材料的强韧性要求较高。低温材料普遍使用低合金低温用钢、镍钢、奥氏体钢铬镍奥氏体不锈钢，也有使用钛合金、铝合金等有色金属。

（1）低合金低温用钢

低合金低温用钢常用 16MnDR、09Mn2VDR 等。16MnDR 钢板在 -40 ℃温度下使用，09Mn2VDR 钢板在 -70℃温度使用时具有良好的低温韧性。

（2）镍钢

镍的质量分数通常有 2.25%、3.5% 和 9% 等 3 种，目前没有国内牌号。在 -60 ℃温度下使用 2.25% 的镍钢最为经济，在温度为 -100 ℃时通常使用 3.5% 的镍钢，常用作低温热交换器的钢管。9% 的镍钢可在 -200 ℃的低温下使用。

（3）奥氏体钢

Fe-Mn-Al 型奥氏体钢在低温下有良好的塑性和韧性，加工工艺性能较好，基本与 18-8型奥氏体不锈钢相似。20Mn23Al 可在 -196 ℃低温下使用，15Mn26Al4 可在 -253 ℃低温下使用。

（4）铬镍奥氏体不锈钢

铬镍奥氏体不锈钢在深冷条件下被广泛采用，常用的 06Cr19Ni10、12Cr18Ni9 等可在 -200 ℃以下的低温使用。

**5. 有色金属**

应用于化工设备的有色金属主要有铜、铝、镍等金属及其合金。

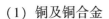

（1）铜及铜合金

纯铜耐不浓的盐酸、醋酸等非氧化性酸及不浓的硫酸、亚硫酸，对碱类溶液的耐腐蚀能力也很强，主要用于制造有机合成和有机酸工业上的蒸发器、蛇管等。纯铜不耐各种浓度的硝酸、氨和铵盐溶液。

黄铜价格较低，加工性能良好，耐蚀性与纯铜相似，在化工设备上应用较广。H85、H80 塑性较好，可用于制造蛇形管、冷凝和散热管、波纹管等；H68 是黄铜中用途最广泛的一种，可在常温下冲压成型，可用于制造复杂冷冲压件和深冲件、散热器外壳、导管等。

化工设备常用锡青铜，其铸造性能好，强度、硬度高，在稀硫酸、稀盐酸、氢氧化钠等溶液中具有很好的耐蚀性，主要用来制造耐蚀和耐磨件，如轴瓦、蜗轮、阀门、泵外壳等。

（2）铝及铝合金

在化工设备中主要应用的是纯铝、防锈铝合金、铸造铝合金，一般用于硝酸、醋酸、碳酸氢铵、尿素、甲醇和乙醛生产的部分设备及深冷设备，最低使用温度可达−273 ℃。工业纯铝 1060（L2）、1050A（L3）、1035（L4）可用作贮槽、塔器、热交换器、防止污染及深冷设备；防锈铝合金可用作热交换器、蒸馏塔、防锈蒙皮、深冷容器等；铸造铝合金可用于铸造形状复杂的耐蚀零件，如化工仪表零件、气缸、活塞等。

（3）镍及镍合金

镍是比较贵重的金属，在许多介质中具有很好的耐蚀性，尤其是在碱类介质中。纯镍用于制碱工业的高温设备及与烧碱溶液接触的化工设备中，如碱液蒸发器；或用于铁离子在反应过程中会发生催化作用而不能采用不锈钢的设备，如有机合成设备等。

镍基耐蚀合金主要用于条件苛刻的腐蚀环境，如 Ni28Cu28Fe、0Cr15Ni75Fe 等可用于制造加热器、换热器、反应釜、塔等。

**6. 非金属材料**

非金属材料具有优良的耐腐蚀性能，主要用作设备的密封材料、保温材料、金属设备保护衬里、涂层等。

（1）工程塑料

工程塑料品种聚多，聚氯乙烯（PVC）、聚四氟乙烯（PTEF，F4）、聚丙烯（PP）、聚氯醚（PENTON）、酚醛树脂（PF）、呋喃塑料等在化工生产上得到广泛应用。

硬聚氯乙烯可用作贮槽、塔、管道、阀门等，特别是大型的全塑结构防腐设备；工程上常用聚四氟乙烯作摩擦件和无油润滑密封件，特别适用于高温、强腐蚀环境，广泛用于化工容器和设备上的各种配件，如阀门、泵、膨胀节、多孔板材、热交换器等，还可用作强腐蚀介质的过滤材料及设备的衬里和涂层；呋喃树脂能耐强酸、强碱和有机溶剂，可用其制作管道、贮槽、洗涤器等设备，特别适用于有机氯化合物、农药、有机溶剂回收及废水处理系统等工程中。

（2）化工陶瓷

化工陶瓷的主要成分为 $SiO_2$ 和 $Al_2O_3$，具有很高的化学稳定性，除了氢氟酸、氟硅酸及热或浓的碱液外，几乎能耐包括硝酸、硫酸、盐酸、王水、盐溶液、有机溶剂在内的大多数介质的腐蚀，可用于制造接触强腐蚀介质的塔、反应釜、泵、容器、管道及衬里砖、板等。

（3）化工玻璃

化工玻璃包括石英玻璃、硼硅酸盐玻璃、高硅氧玻璃等，常用来制造管道、蒸馏塔、换热器、泵等设备或机器。

（4）天然耐酸材料

花岗石耐酸性高，可代替不锈钢来砌制硝酸和盐酸吸收塔；中性长石热稳定性好，耐酸性高，可用来砌衬里设备；石棉可用作保温和耐火材料，也用于设备密封衬垫和填料。

## 本章小结

①对零件的失效形式加以分析不仅对零件的选材，而且对零件的设计、制造、使用以及保证零件的使用安全性都具有非常重要的意义。

失效的主要形式有变形失效、断裂失效、腐蚀失效、磨损失效等。

②合理地选择和使用材料是一项十分重要的工作，设计工程师应该了解材料的机械性能、结构和相关的加工工艺以及应用环境对材料的影响、材料的成本等问题。

③工程材料的应用选择分析举例有机床零件、汽车零件、仪器仪表零件、模具及化工设备。

## 复习思考题和习题

16.1 什么是零件的失效？失效的主要形式有哪些？零件失效分析的主要目的是什么？

16.2 简述工程材料选择的基本原则。

16.3 简述应如何选择化工设备用材。

# 第17章 工程材料的基本实验

工程材料是一个理论与实践联系非常紧密的学科。实验教学作为理论与实践联系的重要环节，对于培养实际动手能力和分析与解决问题的能力非常重要。

本章根据工程材料教学大纲的要求，选编了6个基本实验，可供不同专业的教学要求选做，旨在培养学生的实验技能、动手能力、研究能力和创新能力。

本章按照金属材料制备、组织结构分析等进行分类编排，以实现内容编写的系统性和科学性。在实验项目的选择上，实验内容具有一定的深度和广度，每个实验一般包含了实验目的、实验设备及材料、实验原理、实验方法与步骤、注意事项和实验报告要求等内容，并且列出了与实验内容相关的思考题，以供学生加深对相关实验的理解和相关背景知识的学习。

## 17.1　实验1：铁碳合金平衡组织的观察

### 17.1.1　实验目的

①识别和研究铁碳合金（碳钢和白口铸铁）在平衡状态下的显微组织。

②分析碳含量对铁碳合金显微组织的影响，加深理解成分、组织与性能之间的相互关系。

### 17.1.2　实验设备及材料

金相显微镜、碳钢和白口铸铁平衡组织试样。

### 17.1.3　实验原理

铁碳合金是人们最常使用的金属材料，研究铁碳合金的显微组织是研究钢铁材料的基础。铁碳合金平衡状态的组织是指合金在极为缓慢的冷却条件下（如退火状态）所得到的组织，其相变过程均按 Fe-Fe$_3$C 相图（见图 17.1）进行。亦即可以根据该相图来分析铁碳合金的显微组织。

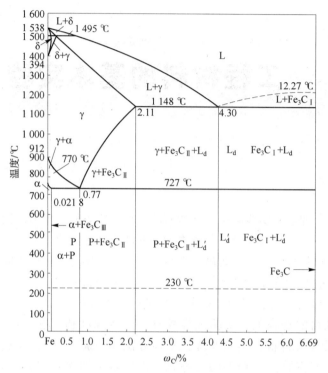

图 17.1　Fe-Fe$_3$C 相图

图 17.1 中，所有碳钢和白口铸铁在室温的组织均由铁素体（F）和渗碳体（Fe$_3$C）这两个基本相所组成。只是因碳含量的不同，铁素体和渗碳体的相对数量、析出条件以及分布情况各有所不同，因而呈不同的组织形态。

**1. 碳钢和白口铸铁在金相显微镜下的基本组织**

（1）铁素体（F）

铁素体是指碳在 α-Fe 中的固溶体。铁素体为体心立方晶格，具有磁性及良好的塑性，硬度较低（50~80 HBW）。

（2）渗碳体（Fe$_3$C）

渗碳体是指铁与碳形成的一种具有复杂晶格的间隙化合物，其碳含量为 6.69%，硬度为 800 HBW。当用 3%~4%硝酸酒精溶液浸蚀后，呈亮白色，若用苦味酸钠溶液侵蚀，则渗碳体呈黑色而铁素体仍为亮白色。按铁碳合金成分和形成条件的不同，渗碳体呈现不同的形态：一次渗碳体（初生相）直接由液体中析出，在白口铸铁中呈粗大的条片状（记为 Fe$_3$C$_I$）；二次渗碳体（次生相）从奥氏体中析出，成网络状沿奥氏体晶界分布（记为 Fe$_3$C$_{II}$）；在 727 ℃以下，由铁素体中析出的渗碳体为三次渗碳体（记为 Fe$_3$C$_{III}$）。经球化退火，渗碳体呈颗粒状。

（3）珠光体（P）

珠光体是指经共析转变得到的铁素体和渗碳体的机械混合物。根据形成条件的不同，珠光体有以下两种不同的组织形态。

1）片状珠光体

它是由铁素体与渗碳体交替形成的层片状组织、硬度为 190～230 HBW，经硝酸酒精溶液浸蚀后，在不同放大倍数的显微镜下，可以看到具有不同特征的层片状组织。在高倍放大时，能清楚看到珠光体中铁素体和细条渗碳体。当放大倍数低时，由于显微镜的鉴别能力小于渗碳体片厚度，这时就只能看到一条黑线。当组织较细而放大倍数更低时，珠光体片层就不能分辨，而呈黑色。

2）球状珠光体

球状珠光体组织的特征是在亮白色的铁素体基体上，均匀分布着白色的渗碳体颗粒，其边界呈暗黑色，硬度为 160～190 HBW。

（4）莱氏体（L）。

它是由碳含量为 4.3% 的共晶白口铸铁在 1 148 ℃ 高温时共晶反应所形成的共晶体（奥氏体和共晶渗碳体），其中奥氏体在继续冷却时析出二次渗碳体，当冷却到温度为 727 ℃ 时奥氏体转变为珠光体。因此莱氏体的显微组织特征是在亮白色的渗碳体基底上分布着暗黑色斑点及细条状的珠光体。

**2. 铁碳合金平衡组织的显微分析**

根据铁碳相图，在平衡状态下，铁碳合金分为工业纯铁、碳钢（包括亚共析钢、共析钢、过共析钢）、白口铸铁（包括亚共晶白口铸铁、共晶白口铸铁、过共晶白口铸铁）3 大类，每一种铁碳合金都具有不同的组织。

（1）工业纯铁

碳含量低于 0.02% 的铁碳合金通常称为工业纯铁，由铁素体和三次渗碳体组成。工业纯铁的显微组织中亮白色基体是铁素体的不规则等轴晶粒，晶界上存在少量三次渗碳体，呈现出白色不连续网状，由于量少，故有时看不出，如图 17.2 所示。

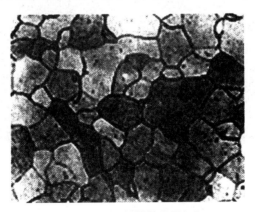

图 17.2　工业纯铁的显微组织

（2）碳钢

1）亚共析钢

亚共析钢的碳含量在 0.02%～0.77% 范围内，组织由铁素体和珠光体所组成。随着碳含量的增加，铁素体的数量逐渐减少，而珠光体的数量则相应地增多。亚共析钢的显微组织中，亮白色为铁素体，暗黑色为珠光体，如图 17.3 所示。通过直接在显微镜下观察珠光体和铁素体各自所占面积百分数，可近似地计算出钢的碳含量。例如：在显微镜下观察到有

50%的面积为珠光体，50%的面积为铁素体，则此钢碳含量为 $\omega_c = (50\% \times 0.77)/100 + (50\% \times 0.021\ 8)/100 = 0.4\%$，即相当于40钢。

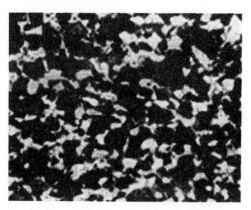

图 17.3　亚共析钢的显微组织

2）共析钢

碳含量为0.77%的铁碳合金称为共析钢。其由单一珠光体组成，如图17.4（a）所示。

3）过共析钢

碳含量超过0.77%的铁碳合金称为过共析钢，它在室温下的组织由珠光体和二次渗碳体组成。钢中碳含量越多，二次渗碳体数量也就越多。碳含量为1.2%的过共析钢的显微组织中存在片状珠光体和网状二次渗碳体，经浸蚀后珠光体呈暗黑色，而二次渗碳体则呈白色网状，如图17.4（b）所示。

（a）　　　　　　　　　　　　　　　　　（b）

图 17.4　共析钢、过共析钢的显微组织

（a）共析钢；（b）过共析钢

若要根据显微组织来区分过共析钢的网状二次渗碳体和亚共析钢的网状铁素体，则可采用苦味酸钠溶液来浸蚀。这样，二次渗碳体就被染色呈黑色网状，而铁素体和珠光体仍保留白色。

（3）白口铸铁

1）亚共晶白口铸铁

碳含量低于4.3%的白口铸铁称为亚共晶白口铸铁。在室温下，亚共晶白口铸铁的组织为珠光体、二次渗碳体和莱氏体，用硝酸酒精溶液浸蚀后，在显微镜下呈现黑色枝晶状的珠光体和斑点状的莱氏体，如图17.5（a）所示。

2）共晶白口铸铁

共晶白口铸铁的碳含量为 4.3%，它在室温下的组织由单一的莱氏体组成。经浸蚀后，在显微镜下，珠光体呈暗黑色细条及斑点状，共晶渗碳体呈亮白色，如图 17.5（b）所示。

3）过共晶白口铸铁

碳含量高于 4.3% 的白口铸铁称为过共晶白口铸铁，其在室温时的组织由一次渗碳体和莱氏体组成。用硝酸酒精溶液浸蚀后，在显微镜下可观察到暗色斑点状的莱氏体基体上分布着亮白色的粗大条片状的一次渗碳体，如图 17.5（c）所示。

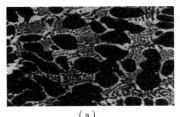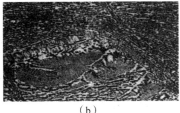

| （a） | （b） | （c） |

图 17.5　白口铸铁金相显微组织

（a）亚共晶白口铸铁；（b）共晶白口铸铁；（c）过共晶白口铸铁

## 17.1.4　实验方法与步骤

①实验前学生应复习讲课中的有关内容和阅读实验指导书，为实验做好理论方面的准备。

②打开金相显微镜电源，根据铁碳合金平衡组织特点选用合适的放大倍数。

③将试样观察面朝下置于金相显微镜上。

④转动显微镜粗调旋钮，待能看见组织后转动微调旋钮，使组织清晰。

⑤观察组织。

## 17.1.5　注意事项

①显微镜操作时，先用肉眼观察，把物镜尽量靠近试样，再逐步远离试样进行焦距调节，避免物镜和试样接触，损伤物镜。

②若试样不观察时，其观察面向上放置，避免试样表面划伤。

## 17.1.6　实验报告要求

①每人一份实验报告，报告应包括实验目的、实验原理、实验设备及材料、实验方法与步骤、实验结果与分析。

②画出所观察的显微组织示意图，并注明材料名称、碳含量、浸蚀剂和放大倍数。显微组织画在直径为 30~50 mm 的圆内，并将组成物名称以箭头引出标明。

③根据所观察的显微组织近似确定一种亚共析钢的碳含量。碳含量的计算公式为

$$\omega_C = P \times 0.77)/100 + (F \times 0.0218)/100$$

式中，$P$ 和 $F$ 分别为珠光体和铁素体所占面积（%）。

④分析和讨论碳含量对铁碳合金的组织和性能的影响。

⑤写出实验后的感想与体会。

### 17.1.7 思考题

①在 Fe-Fe$_3$C 系合金中有哪几个基本相？其结构、性能特点如何？

②试说明铁碳合金平衡组织中各类渗碳体的形成条件、存在形式及显微组织的特点。

③铁素体与奥氏体有什么区别？

## 17.2 实验 2：钢的化学热处理（渗碳、渗氮）

钢的热处理一般分为普通热处理（如退火、正火、淬火、回火等）和化学热处理（如渗碳、渗氮）两大类。前一类是基本的、重要的热处理方法。然而学生在金工实习时已经有所实践，故本书不做重复实验，仅安排化学热处理实验。

### 17.2.1 实验目的

①认识钢的化学热处理原理。

②了解钢在化学热处理中组织和性能的变化。

③掌握渗碳、渗氮工艺。

### 17.2.2 实验设备及材料

①实验用的盐熔渗加热炉（附测温控温装置）。

②表面维氏硬度计。

③冷却剂：水、10 号机油（使用温度约 20℃）。

④实验试样：20 钢（3 块/组）、38CrMoAl 钢（3 块/组）。

### 17.2.3 实验原理

化学热处理是将钢件置于一定温度的活性介质中保温，使一种或几种元素渗入钢件表面，改变其化学成分和组织，达到改进表面性能，满足技术要求的热处理工艺。

**1. 常用的化学热处理**

目前常用的化学热处理有以下 3 种：

①提高工件表层硬度、耐磨性与疲劳强度的渗碳、渗氮、液体碳氮共渗；

②提高工件表层耐蚀的渗氮、渗铬、渗硅等；

③提高工件表面高温抗氧化性的渗铝等。

**2. 化学热处理的依据与条件**

①钢必须有吸收渗入元素的能力，即对这些元素有一定的溶解度，或能与之化合，生成

化合物；或既有一定的溶解度，又能与之形成化合物。

②碳、氮等渗入元素的原子必须是具有化学活性的原子，即它们是从某种化合物中分解出来的，或由原子转变而成的新生态原子，同时这些原子应具有较大的扩散力。

**3. 化学热处理的基本过程**（以渗碳和渗氮为例）

①工件加热到必要的温度，使碳原子或氮原子在钢中溶解度较大。

②加热时介质解离出活性原子并吸附在工件表面。Fe 是 CO 与 $NH_3$ 解离的良好催化剂，其化学作用为

$$渗碳：2CO \rightarrow CO_2 + [C]$$

$$渗氮：2NH_3 \rightarrow 3H_2 + 2[N]$$

③在渗入的温度下，活性原子溶入工件表层。渗碳时，碳溶入奥氏体；渗氮时，氮原子溶入铁素体，形成氮的化合物。

④被渗入的原子由钢件表层向内层扩散，形成渗层。

综合来说，化学热处理的基本过程主要由介质分解→表层吸收→扩散 3 个基本步骤组成。

**4. 渗碳**

（1）渗碳的目的及应用

渗碳是将钢件置于渗碳介质中，加热到单相奥氏体区，保温一定时间使碳原子渗入钢件表面层的热处理工艺。经过渗碳处理的钢件在经过适当的淬火和回火处理后，可提高表面的硬度、耐磨性及疲劳强度，而心部则仍保持一定的强度和良好的塑性、韧性，主要用于受严重磨损和较大冲击载荷的零件。

（2）渗碳适用的钢种

适合渗碳处理的材料一般为低碳钢和低碳合金钢，只有这样的钢种才能在渗碳及后续热处理后保证在钢件表面具有高的硬度、耐磨性和疲劳强度的同时其心部具有高的韧性。

（3）渗碳方法

按照渗碳介质的状态，渗碳方法可分为固体渗碳、液体渗碳和气体渗碳 3 种。

（4）渗碳后淬火回火工艺与组织、性能的关系

1）渗碳后淬火回火工艺

渗碳后淬火回火工艺如图 17.6 所示。

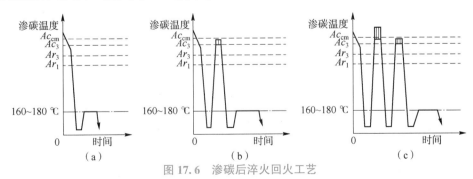

图 17.6　渗碳后淬火回火工艺
（a）直接淬火；（b）一次淬火；（c）二次淬火

①直接淬火：渗碳后直接淬火，工艺简单，生产效率高，成本低，脱碳倾向小。但由于渗碳温度较高，奥氏体晶粒长大，淬火后马氏体较粗，参与奥氏体也较多，所以耐磨性较

低，变形也较大，只适用于本质细晶粒钢或耐磨性要求低的钢。

②一次淬火：在渗碳件冷却之后，重新加热到临界温度以上保温后淬火。对于心部组织要求高的合金渗碳钢，一次淬火的加热温度略高于心部的 $Ac_3$ 线，使其晶粒细化，并得到低碳马氏体组织；对于受载不大但表面要求高的钢件，淬火温度应选在 $Ac_1$ 线以上，使表层晶粒细化，而心部组织无大的改善，性能略差一些。

③二次淬火：对于力学性能要求很高或本质粗晶粒钢，应采用二次淬火。第一次淬火是为了改善心部组织，同时消除表面的网状渗碳体，加热温度为 $Ac_3$ 线以上；第二次淬火是为了细化表层组织，获得马氏体和均匀分布的粒状三次渗碳体，加热温度为 $Ac_1$ 线以上。二次淬火工艺复杂，生产效率低，成本高，变形大，所以只用于要求表面耐磨性高和局部韧性高的零件。

2）渗碳后的显微组织

钢渗碳空冷后的显微组织如图 17.7 所示。

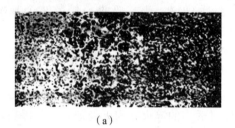 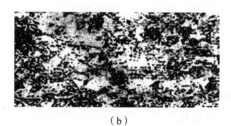

（a）　　　　　　　　　　　　　　　（b）

图 17.7　钢渗碳空冷后的显微组织

（a）从左至右组织为过共析区、共析区、过渡层、心部（80×）；（b）共析区（500×）

3）钢渗碳、淬火、回火后的性能

①表面硬度高，耐磨性好，心部韧性好，硬度低。

②疲劳强度高。

4）渗碳零件的加工工艺路线

渗碳零件的加工工艺路线为锻造→正火→切削加工→渗碳→淬火→低温回火→喷丸→磨削。

## 17.2.4　实验方法与步骤

①将学生分为 3 个小组，按组领取实验试样，并打上钢号，以免混淆。

②第一组学生将 38CrMoAl 钢试样进行渗氮并淬火调质处理，并测定它们的硬度，做好记录。

③第二组学生将 20 钢试样进行渗碳处理，然后分别进行直接淬火、一次淬火、二次淬火，统一进行 180 ℃回火，分别测定回火后试样的硬度，并做好记录。

④第三组学生将 20 钢进行液体碳氮共渗并回火，然后测定其硬度，并做好记录。

⑤3 组学生互相交换数据，各自整理（如果有条件，以上实验每组都可做一遍）。

## 17.2.5　注意事项

①学生在实验中要有所分工，各负其责。

②淬火冷却时，试样要用夹钳夹紧，动作要迅速，并在冷却介质中不断搅动。夹钳不要夹在测定硬度的表面上，以免影响硬度值的测定。

③测定硬度前，必须用砂纸将试样表面的氧化皮除去并磨光，应在每个试样不同部位测定 3 次硬度，并计算其平均值。

④热处理时应注意操作安全。

### 17.2.6　实验报告要求

①常用的化热处理有哪些？

②试述渗碳工艺的过程。

# 17.3　实验 3：钢的渗碳层的测定

### 17.3.1　实验目的

①了解钢渗碳时渗碳层深度与渗碳温度和渗碳时间的关系。

②掌握金相法测定渗碳层厚度的方法。

### 17.3.2　实验设备及材料

井式渗碳炉、金相显微镜（带测微目镜）、20 钢（直径为 10~15 mm）。

### 17.3.3　实验原理

增加钢件表面碳含量的化学热处理称为渗碳，渗碳的目的是使钢件获得硬而耐磨的表面，同时又保持韧的中心。对于进行渗碳的钢材，其碳的质量分数一般都小于 0.3%，渗碳温度一般取 900~930 ℃，即能使钢处于奥氏体状态，而又不使奥氏体晶粒显著长大。近年来，为了提高渗碳速度，也有将渗碳温度提高到 1 000 ℃左右的热处理方法。渗碳层的深度根据钢件的性能要求决定，一般为 1 mm 左右。

钢渗碳缓冷后的显微组织符合铁碳平衡相图，其表面到中心依次是珠光体+渗碳体、珠光体、珠光体+铁素体，一直到钢材的原始组织。渗碳的过程是碳原子在 $\gamma$-Fe 中的扩散过程，根据扩散的菲克第二定律，如果炉内的碳势一定，则渗碳层深度 $X$ 与渗碳时间 $T$ 和渗碳温度 $K$ 有如下关系，即

$$X = K\sqrt{D_r\tau} \tag{17.1}$$

$$D = D_0 \cdot e^{-\frac{Q}{RT}} \tag{17.2}$$

测量渗碳层深度可用显微硬度法和金相法。本实验采用金相法，即在显微镜下通过测微目镜测量。渗碳层深度是从表面量到刚出现钢材的原始组织为止。另外，还可用显微硬度法测量渗碳层厚度，即试样抛光后不要腐蚀，直接打显微硬度，最表面一点压痕离试样表面

0.05 mm 为宜，这一点也可作为表面硬度值，然后向里每移动 0.10 mm 测一压痕，一直测到心部或低于 450 HV 处为止，然后将各点所测硬度值绘制成硬度分布曲线，并求出有效硬化层深度。有效硬化层深度是由表面垂直至 550 HV 处的距离，用 $D_0$ 表示。

渗碳一般在气体或固体的渗碳介质中进行，煤油是常用的气体渗碳介质。气体渗碳的一个主要优点是可以控制碳势。控制碳势的方法有露点仪、红外 $CO_2$ 分析仪和氧探头等。

### 17.3.4　实验方法与步骤

①将参加实验的全班分成 3 组，每个大组再分成两个小组，一个小组做的渗碳温度为 880 ℃，另一个小组做的渗碳温度为 930 ℃，渗碳时间分别为 0.5、1.2、4.8 h。

②先用砂纸将试样表面的红色铁锈磨去，然后用铁丝将 5 个试样扎成一串，上部铁丝约长 500 mm，试样之间的铁丝约长 20 mm。待炉温符合要求后，将这串试样从井式渗碳炉的试样孔中放入，并将小孔盖好。待渗碳时间到达后，从试样孔中按时间分别从上到下用铁丝钳钳下，冷却后用钢印做好不同渗碳温度和时间的记号。

③按照金相试样的方法来制备试样。为了防止边缘倒角，须用试样夹，并注意在开始用砂轮磨时须将这个面的渗碳层磨掉。

④在金相显微镜下观察试样的显微组织（见图 17.8），并用测微尺测定其渗碳层深度。

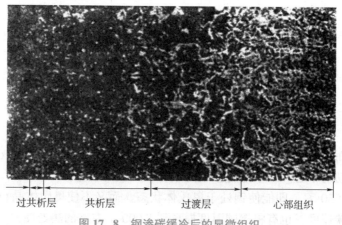

过共析层　　共析层　　　　过渡层　　　　心部组织

图 17.8　钢渗碳缓冷后的显微组织

### 17.3.5　注意事项

① 何谓铸造铝合金？与变形铝合金相比，其有何不同？
② 铸造铝合金的牌号 ZAlSi12 表示什么？其有何特点？

### 17.3.6　实验报告要求

①简述实验目的、内容和步骤。

②列表记录两种渗碳温度下的渗碳时间与相应的渗碳层深度，并与理论值进行比较。

③画出两种渗碳温度下的渗碳层深度与渗碳时间的曲线，并分析实验结果。

④比较用显微硬度法和金相法测得的渗碳层深度。

# 17.4　实验 4：球墨铸铁组织观察

## 17.4.1　实验目的

①了解球墨铸铁显微组织中各种基体的形貌特征。

②了解热处理工艺与显微组织及硬度的关系。

## 17.4.2　实验设备及材料

金相显微镜、预磨机、抛光机、砂子、抛光粉、金相图片、4%硝酸酒精溶液、金相试样。

## 17.4.3　实验原理

球墨铸铁是指铁液经过球化处理（而不是经过热处理），使石墨大部分或全部呈球状，有时少量为团状等形态的铸铁。由于加入球化剂，使石墨形成紧密包含物，故其割裂基体作用大大削弱，韧性、强度明显提高，其综合性能接近于钢，在实际使用中可以用球墨铸铁代替钢材制造某些重要零部件，如汽车发动机（柴油机、汽油机）的曲轴、缸体、缸套等。球墨铸铁中允许出现球状及少量非球状石墨，如团状、团絮状、蠕虫状石墨。

球墨铸铁金相检验标准将球化等级分为 6 级，如表 17.1 所示，球化等级显微组织如图 17.9 所示。

表 17.1　球化等级的划分

| 球化等级 | 说明 | 球化率/% | 图号 |
| --- | --- | --- | --- |
| 1 级 | 石墨呈球状，少量团状，允许极少量团絮状 | >95 | 图 17.9 (a) |
| 2 级 | 石墨大部分呈球状，余为团状和极少量团絮状 | 90~95（不包括 95） | 图 17.9 (b) |
| 3 级 | 石墨大部分呈团状和球状，余为团絮状，允许有极少量蠕虫状 | 80~90（不包括 90） | 图 17.9 (c) |
| 4 级 | 石墨大部分呈团絮状和团状，余为球状和少量蠕虫状 | 70~80（不包括 80） | 图 17.9 (d) |
| 5 级 | 石墨呈分散分布的蠕虫状、球状、团状、团絮状 | 60~70（不包括 70） | 图 17.9 (e) |
| 6 级 | 石墨呈聚集分布的蠕虫状、片状及球状、团状、团絮状 | | 图 17.9 (f) |

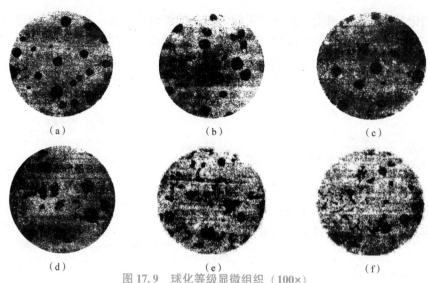

(a)　　　　　　　　(b)　　　　　　　　(c)

(d)　　　　　　　　(e)　　　　　　　　(f)

图 17.9　球化等级显微组织（100×）

（a）1 级；（b）2 级；（c）3 级；（d）4 级，（e）5 级；（f）6 级

### 17.4.4　实验方法与步骤

①将球墨铸铁试样中的一组预磨、抛光，不经腐蚀放大 100 倍，观察石墨形态，评定球化等级。

②用 4% 硝酸酒精溶液腐蚀另一组试样，分别放大 100 倍、500 倍观察基体组织，与典型基体组织的金相图片进行对比，了解其异同，并绘出示意图。

③观察对比牛眼铁素体、等轴状铁索体、杂块状铁素体及网状铁素体组织的形貌特征。

④观察上贝氏体、下贝氏体、板条马氏体、片状马氏体组织特征。

⑤检测硬度，记录数据。

### 17.4.5　注意事项

①显微镜操作时，先用肉眼观察，把物镜尽量靠近试样，再逐步远离试样进行焦距调节，避免物镜和试样接触，损伤物镜。

②不观察试样时应将观察面向上放置，避免试样表面划伤。

### 17.4.6　实验报告要求

①绘制牛眼铁素体、网状铁素体组织图，注明放大倍数及浸蚀剂。

②试样袋上注明球化等级。

③根据所测硬度说明显微组织与力学性能的关系。

# 17.5　实验 5：铸造铝合金的组织观察

### 17.5.1　实验目的

①观察分析不同类型铸造铝合金的组织。

②比较热处理前后、变质处理前后组织的差别。

### 17.5.2　实验设备及材料

金相显微镜、ZL102、过共晶 Al-Si 合金、ZL201、ZL301、0.5%氢氟酸水溶液、10%硝酸铁水溶液、氢氟酸、硝酸盐酸水溶液。

### 17.5.3　实验原理

铸造铝合金包括 Al-Si 类合金、Al-Cu 类合金、Al-Mg 类合金、Al-Zn 类合金。

铸造铝合金的主要热处理工艺方法有退火、固溶处理和时效。退火主要有再结蘸退火、低温退火和均匀化退火。固溶处理和时效是铝合金进行沉淀强化处理的具体手段。经固溶处理和时效的铝合金沉淀序列表示为过饱和固溶体→过饱和原子富集区→过渡沉淀相（亚稳平衡相）→平衡沉淀相。

变质处理是铸造铝合金常用的组织控制手段，变质处理分为 3 类，第一类是晶粒细化处理，主要用来细化固溶体合金的晶体，Al-Cu 类、Al-Mg 类合金应用较普遍；第二类是共晶体变质，用来改变共晶体的组织，广泛用于 Al-Si 共晶合金；第三类是改善杂质相的组织或消除易熔杂质相，如加 Be、Mn 等改变粗大的富铁相等。常见铸造铝合金变质前后的显微组织如图 17.10 所示。

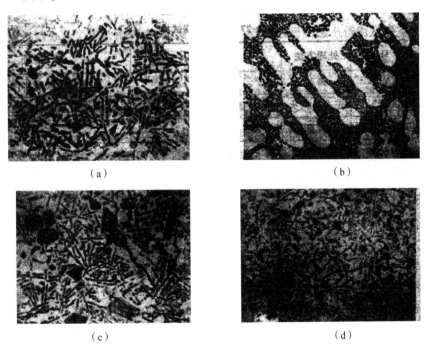

（a）　　　　　　　　　　　　　　　　　　（b）

（c）　　　　　　　　　　　　　　　　　　（d）

图 17.10　常见铸造铝合金变质前后的显微组织（100×）

（a）ZL102（未变质处理）；（b）ZL102（Na 盐变质处理）；（c）过共晶 Al-Si 合金（未变质处理）；

（d）过共晶 Al-Si 合金（P-Cu 变质处理）

### 17.5.4　实验方法与步骤

观察分析表 17.2 中各种铸造铝合金试样的显微组织，并分析比较变质处理前后组织的差别。

表 17.2　铸造铝合金试样的显微组织

| 字号 | 材料 | 处理状态 | 浸蚀剂 | 显微组织 |
|---|---|---|---|---|
| 1 | ZL102 | 未变质处理 | 0.5%氢氟酸水溶液 | 树枝状 α+(α+针状 Si) |
| 2 | ZL102 | Na 盐变质处理 | 0.5%氢氟酸水溶液 | 树枝状 α+(α+细点状 Si) |
| 3 | 过共晶 Al–Si 合金 | 未变质处理 | 0.5%氢氟酸水溶液 | 初生 Si+(α+针状 Si) |
| 4 | 过共晶 Al–Si 合金 | P–Cu 变质处理 | 0.5%氢氟酸水溶液 | 初晶 Si+(α+片状 Si) |
| 5 | ZL201 | 铸态 | 10%硝酸铁水溶液 | α(α+$CuAl_2$) |
| 6 | ZL201 | 固溶处理 [ (535±5)℃，8 h] +自然时效 | 氢氟酸+硝酸 +盐酸水溶液 | α+二次 $CuMn_2Al_{12}$ |
| 7 | ZL301 | 铸态 | 氢氟酸+硝酸 +盐酸水溶液 | α+离异共晶 $Al_3Mg_2$ +少量 $Mg_2Si$ 和 $Al_3Fe$ |
| 8 | ZL301 | 固溶处理 [ (430±5)℃，15 h] +自然时效 | 氢氟酸+硝酸 +盐酸水溶液 | α+少量 $Mg_2Si$ 和 $Al_2Fe$ |

### 17.5.5　注意事项

①显微镜操作时，先用肉眼观察，把物镜尽量靠近试样，再逐步远离试样进行焦距调节，避免物镜和试样接触，损伤物镜。

②不观察试样时应将观察面向上放置，避免试样表面划伤。

### 17.5.6　实验报告要求

①简述实验目的及内容。

②绘出铸造铝合金试样的组织示意图，注明化学成分、热处理状态、显微组织、放大倍数及浸蚀剂。

③分析比较热处理前后、变质处理前后显微组织的差别。

## 17.6　实验6：机件材料选材及热处理综合实验

### 17.6.1　实验目的

①通过实验，要求学生对机件性能、工作要求、经济性、工艺性等知识进行综合分析、

灵活运用已学的知识，从而在机件材料选择及其热处理工艺的制订方面得到综合训练。

②培养学生机械基础实验初步的综合设计能力。

③锻炼学生把知识应用于科学研究和提高解决实际生产问题的能力，调动学生进行深层次实验设计的兴趣、积极性和主动性。

## 17.6.2　实验设备及材料

金相显微镜、一个给定工作条件的零件。

## 17.6.3　实验原理

作为一个从事机械设计与制造的工程技术人员，如何合理地选择和使用材料是一项十分重要的工作，不仅要保证零件在工作时具有良好的功能，使零件经久耐用，而且要求材料有较好的工艺性和经济性，以便提高生产效率，降低成本。

选材时一般应先考虑以下 3 个原则。

**1. 材料的使用性能**

在设计零件进行选材时，必须根据零件在整机中的作用，零件的形状、大小以及工作环境，找出零件材料应具备的主要机械性能指标。

零件的工作条件是复杂的。从受力状态来划分，有拉、压、弯、扭等；从载荷的性质来划分，有静载、冲击载荷、交变载荷；从工作温度来划分，有低温、室温、高温、交变温度；从环境介质来划分，有加润滑剂的，有接触酸、碱、盐、海水、粉尘、磨粒的等。此外，有时还有特殊要求，如导电、磁性、导热、膨胀、辐射、比重等，再根据零件的形状、尺寸、载荷，计算零件中的应力，确定性能指标的具体数值。可以说，这是一件颇有难度的工作。

金属材料的强度对金属的组织很敏感，也就是说，一般材料成分牌号决定后，其性能还取决于其组织，所以设计选材时还必须明确材料的组织，确定热处理工艺。由于测定硬度的方法比较简便，可以不破坏零件，且在确定的条件下与某些机械性能指标有大致固定的关系，所以常用硬度作为选材中控制材料性能的指标。

**2. 材料的工艺性**

零件都是由不同的工程材料经过一定的加工制造而成的，因此材料的工艺性能，即加工成零件的难易程度，显然应是选材时必须考虑的重要问题。

常用的金属材料加工方法有铸造、压力加工、焊接、切削加工及热处理。从工艺性出发，如果设计的是铸件，则最好选择共晶合金；若设计的是锻件、冲压件，则可选用呈固溶体的合金；如果设计的是焊接结构，则最适宜的材料是低碳钢或低碳合金钢，而铸铁、铜合金、铝合金的焊接性能都不好。

绝大部分的机械零件都要经过切削加工，因此材料的切削加工性能的好坏对提高产品质量和生产率、降低成本都具有重要意义。在化学成分确定后，可以通过热处理来改善机械零件的金相组织和机械性能，达到改善切削加工的目的。在很大程度上，机械零件的最终使用性能决定于热处理。

**3. 材料的经济性**

在满足使用性能的前提下，选用零件材料时应注意降低零件的总成本。零件的总成本包括材料本身的价格、加工费及其他一切费用。

在金属材料中，碳钢和铸铁的价格比较低廉，而且加工方便，在能满足零件机械性能的前提下，选用碳钢和铸铁可降低成本；低合金钢由于其强度比碳钢高，工艺性接近碳钢，故选用的经济效益比较显著。

## 17.6.4 实验方法与步骤

**1. 提出任务**

每位学生分配一个给定工作条件的零件，如汽车板簧、轴承滚珠（直径 $d<10$ mm）、机床变速箱、齿轮、机床床身、蜗杆，以及连接螺钉等，自行分析零件的工作条件。

**2. 要求**

①分析零件受力状况以及可能产生的失效形式，提出性能要求。

②结合市场价格合理经济地选择毛坯材料。

③设计加工工艺路线，选择并合理安排热处理方法。

④自行制订热处理方案（包括热处理方法、加热温度、保温时间、冷却速度），选择合适的力学性能检验方法和测试、分析手段。

⑤提交实验及分析报告。

**3. 安排**

①布置任务后给予时间查阅资料，选定材料及热处理方法（课外时间）。

②用提供的材料（模拟零件）自己动手实施热处理操作，并进行力学性能测试，检验是否达到模拟零件的性能要求。

③完成实验后一周内提交分析报告。

## 17.6.5 注意事项

①显微镜操作时，先用肉眼观察，把物镜尽量靠近试样，再逐步远离试样进行焦距调节，避免物镜和试样接触，损伤物镜。

②不观察试样时应将观察面向上放置，避免试样表面划伤。

## 17.6.6 实验报告要求

尽量让学生独立运用所学知识进行选材、热处理和检测的实验设计与实践，鼓励学生多方案分析和创意。在具体实验操作时，对于一些较少使用的仪器设备和技术手段可给予适当的指导，结合实验室具体条件尽量满足学生的要求。

# 附　录

## 附录1　常用力学性能指标名称和符号新旧标准对照表

| GB/T 228.1—2010 | | GB/T 228—1987 | |
|---|---|---|---|
| 性能指标名称 | 符　号 | 性能指标名称 | 符　号 |
| 屈服强度 | — | 屈服点 | $\sigma_s$ |
| 上屈服强度 | $R_{eH}$ | 上屈服点 | $\sigma_{sU}$ |
| 下屈服强度 | $R_{eL}$ | 下屈服点 | $\sigma_{sL}$ |
| 规定非比例延伸强度 | $R_p$, 如 $R_{p0.2}$ | 规定非比例伸长应力 | $\sigma_p$, 如 $\sigma_{p0.2}$ |
| 规定总延伸强度 | $R_t$, 如 $R_{p0.2}$ | 规定总伸长应力 | $\sigma_t$, 如 $\sigma_{t0.2}$ |
| 规定残余延伸强度 | $R_r$, 如 $R_{r0.2}$ | 规定残余伸长应力 | $\sigma_r$, 如 $\sigma_{r0.2}$ |
| 抗拉强度 | $R_m$ | 抗拉强度 | $\sigma_b$ |
| 断面收缩率 | $Z$ | 断面收缩率 | $\Psi$ |
| 断后伸长率 | $A$ | 断后伸长率 | $\delta_5$ |
| | $A_{11.3}$ | | $\delta_{10}$ |
| 屈服点延伸率 | $A_e$ | 屈服点伸长率 | $\delta_s$ |
| 最大力总伸长率 | $A_{gt}$ | 最大力下的总伸长率 | $\delta_{gt}$ |

注：1. 上、下屈服力判定的基本原则为：屈服前第一个极大力为上屈服力，不管其后的峰值力比它大或小；屈服阶段中如呈现两个或两个以上的谷值力，舍去第一个谷值力（第一个极小值力），取其余谷值力中的最小者判为下屈服力，如只呈现一个下降谷值力，则此谷值力判为下屈服力；屈服阶段中如呈现屈服平台，平台力判为下屈服力。如呈现多个且后者高于前者的屈服平台，则判第一个平台力为下屈服力；正确的判定结果应是下屈服力必定低于上屈服力。

2. 新标准已将旧标准中的屈服点性能 $\sigma_s$ 改为下屈服强度 $R_{eL}$，所以新标准中不再有与旧标准中的屈服点性能（$\sigma_s$）相对应的性能定义，也就是说新标准定义的下屈服强度 $R_{eL}$ 包含了 $\sigma_s$ 和 $\sigma_{sL}$ 两种性能。

# 附录 2　常用金属材料和非金属材料

**附表 1　常用金属材料**

| 种类 | 牌号 | | 应用举例 | 说　明 |
|---|---|---|---|---|
| 灰铸铁<br>GB/T 9439—2010 | HT100 | | 低强度铸铁，用于制造盖、手把、支架等 | HT 是灰铸铁的代号，后面的数字表示抗拉强度（单位为 N/mm²） |
| | HT150 | | 中等强度铸铁，用于制造底座、端盖、皮带轮、轴承座、齿轮箱等 | |
| | HT200<br>HT250 | | 高强度铸铁，用于制造齿轮、凸轮、机座、阀体、泵体等 | |
| | H300<br>HT350 | | 高强度、高耐磨铸铁，用于制造齿轮、曲轴、高压泵体、高压阀体等 | |
| 铸钢<br>GB/T 11352—2009 | ZG200-400<br>ZG230-450 | | 低碳铸钢，韧性及塑性均好，但强度和硬度较高，低温冲击韧度大，脆性转变温度低，磁导、电导性能良好，焊接性好，但铸造性差。主要用于受力不大，但要求韧性的零件<br>ZG200-400 用于制造机座、变速箱体等；ZG230-450 用于制造轴承盖、底板、阀体、机座、侧架、轧钢机架、箱体等 | "ZG" 为 "铸钢" 两字汉语拼音的声母，其后的数字分别表示上屈服强度和抗拉强度（单位为 N/mm²），如 ZG200-400 表示上屈服强度为 200 N/mm²，抗拉强度为 400 N/mm² 的铸钢 |
| | ZG270-500<br>ZG310-570 | | 中碳铸钢，有一定的韧性及塑性，强度和硬度较高，切削性良好，焊接性尚可，铸造性能比低碳+铸钢好<br>ZG270-500 应用广泛，一般用于制造如水压机工作缸、机架、蒸汽锤汽缸、轴承座、连杆、箱体、曲拐等；ZG310-570 用于重负荷零件，一般用于制造如联轴器、大齿轮、缸体、汽缸、机架、制动轮、轴及辊子等 | |
| 普通碳素 | Q215 | A 级 | 有较高的断后伸长率，具有良好的焊接性和韧性，常用于制造地脚螺栓、铆钉、低碳钢丝、薄板、焊管、拉杆、短轴、心轴、凸轮（轻载）、吊钩、垫圈、支架及焊接件等 | "Q" 为碳素钢上屈服强度 "屈" 字汉语拼音的声母，其后的数字表示上屈服强度数值（单位为 N/mm²），如 Q215 表示上屈服强度为 215 N/mm² 的碳素结构钢 |
| | | B 级 | | |
| 结构钢<br>GB/T 700—2006 | Q235 | A 级 | 有一定的伸长率和强度，韧性及铸造性均良好，且易于冲击及焊接。广泛用于制造一般机械零件，如连杆、拉杆、销轴、螺钉、钩子、套圈盖、螺母、螺栓、气缸、齿轮、支架、机架横撑、机梁板、焊接件、建筑结构桥梁等用的角钢、工字钢、槽钢、垫板、钢筋等 | |
| | | B 级 | | |
| | | C 级 | | |
| | | D 级 | | |
| | Q275 | | 有较高的强度，一定的焊接性，切削加工性及塑性均较好，可用于制造较高强度要求的零件，如齿轮心轴、转轴、销轴、链轮、键、螺母、螺栓、垫圈等 | |

| 种类 | 牌号 | 应用举例 | 说　明 |
|---|---|---|---|
| 优质碳素结构钢 GB/T 699—2015 | 25 | 用于制造焊接构件以及经锻造、热冲击和切削加工，且负荷较小的零件，如辊子、轴、垫圈、螺栓、螺母、螺钉等 | 牌号的两位数字表示平均碳含量，称碳的质量分数，如45号钢表示碳的质量分数为0.45%，表示平均碳含量为0.45%。碳含量小于0.25%的碳钢属低碳钢（渗碳钢）；碳含量在0.25%~0.6%之间的碳钢属中碳钢（调质钢）；碳含量≥0.6%的碳钢属高碳钢，锰的质量分数较高的钢，需加注化学符号"Mn" |
| | 45 | 适用于制造较高强度的运动零件，如空压机、泵的活塞、蒸汽轮机的叶轮、重型及通用机械中的轧制轴、连杆、蜗杆、齿条、齿轮、销子等 | |
| | 30Mn | 一般用于制造低负荷的各种零件，如杠杆、拉杆、小轴、刹车踏板、螺栓、螺钉和螺母等 | |
| | 65Mn | 用于制造中等负载的板弹簧、螺旋弹簧、弹簧垫圈、弹簧卡环、弹簧发条、轻型汽车的离合器弹簧，制动弹簧、气门弹簧，以及受摩擦、高弹性、高强度的机械零件机床主轴、机床丝杠等 | |
| 合金结构钢 GB/T 3077—2015 | 20Mn2 | 用于制造渗碳的小齿轮、小轴、力学性能要求不高的十字头销、活塞销、柴油机套筒、气门顶杆、变速齿轮操纵杆、钢套等 | 钢中加入一定量的合金元素，提高了钢的力学性能和耐磨性，也提高了钢在热处理时的淬透性，保证在较大截面上获较高的力学性能 |
| | 20Cr | 用于制造小截面、形状简单、较高转速、载荷较小、表面耐磨、心部较高的各种渗碳或液体碳氮共渗零件，如小齿轮、小轴、阀、活塞销、托盘、凸轮、蜗杆等 | |
| | 38CrMoAl | 用于制造高疲劳强度、高耐磨性：较高强度的小尺寸渗氮零件，如汽缸套、座套、底盖、活塞螺栓、检验规、精密磨床主轴、车床主轴、精密丝杆和齿轮、蜗杆等 | |
| | 40Cr | 制造中速、中载的调质零件，如机床齿轮、轴、蜗杆、花键轴、顶针套；制造表面高硬度耐磨的调质表面淬火零件，如主轴、曲轴、心轴、套筒、销子、连杆，以及淬火回火后重载零件等 | |
| | 40CrNi | 用于制造、锻造和冷冲压且截面尺寸较大的重要调质件，如连杆、圆盘、曲轴、齿轮、轴、螺钉等 | |

| 种类 | 牌号 | 应用举例 | 说　明 |
|---|---|---|---|
| 铸造铜合金<br>GB/T 1176—2013 | ZCuSn5Pb5Zn5<br>（5-5-5 锡青铜） | 在较高负荷、中等滑动速度下工作的耐磨、耐磨蚀零件，如轴瓦、衬套、缸套、活塞、离合器、泵件压盖，以及蜗轮等 | "Z"为铸造汉语拼音的首位字母，各化学元素后面的数字表示该元素含量的百分数 |
| | ZCuSn10Pb1<br>（10-1 锡青铜） | 用于制造高负荷（20 MPa 以下）和高滑动速度（8 m/s）下工作的耐磨零件，如连杆、衬套、轴瓦、齿轮、蜗轮等耐蚀、耐磨零件等；形状简单的大型铸件，如衬套、齿轮、蜗轮等 | |
| | ZCuAl10Fe3<br>（10-3 青铜） | 要求强度高、耐磨、耐蚀的重型铸件，如轴套、螺母、蜗轮，以及在 250 ℃以下工作的管配件 | |
| | ZCuAl10Fe3Mn2<br>（10-3-2 铝青铜） | ZCuAl10Fe3Mn2 适用于高强度、耐磨零件，如桥梁支承板、螺母、螺杆、耐磨板、滑块和蜗轮 | |
| | ZCuZn38<br>（38 黄铜） | 一般用于制造结构件和耐蚀零件，如法兰、阀座、支架、手柄和螺母等 | |
| | CuZn40Pb2<br>（40-2 铅黄铜） | 一般用于制造耐磨、耐蚀零件，如轴套、齿轮等 | |
| 铸造铝合金<br>GB/T 1173—2013 | ZAlSi12<br>ZL102<br>铝硅合金 | 用于制造形状复杂、负荷小、耐腐蚀的薄壁零件，以及工作温度小于或等于 200℃的高气密性零件 | ZL102 表示含硅 10% ~ 13%，其余为铝的铝硅合金 |
| | ZAlSi9Mg<br>ZL104<br>铝硅合金 | 用于制造形状复杂、高温静载荷工作的复杂零件 | |
| | ZAlMg5Si1<br>ZL303<br>铝硅合金 | 用于制造高温耐蚀性或在高温下工作的零件 | |

附表 2　常用非金属材料

| 种　类 | 名称、牌号或代号 | 应　用 |
|---|---|---|
| 工程塑料 | 尼龙（尼龙 6、尼龙 9、尼龙 66、尼龙 610、尼龙 1010） | 具有良好的力学强度和耐磨性，广泛用作机械、化工及电气零件，如轴承、齿轮、凸轮、滚子、辊轴、泵叶轮、风扇竹轮、蜗轮、螺钉、螺母、垫圈、高压密封圈、阀座、输油管、储油容器等 |
| | Me 尼龙 | 强度特高，适于制造大型齿轮、蜗轮、轴套、大型阀门密封面、导向环、导轨、滚动轴承保持架、船尾轴承、汽车吊索绞盘蜗轮、柴油发动机燃料泵齿轮、水压机立柱导套、大型轧钢机辊道轴瓦等 |
| | 聚甲醛 | 具有良好的耐磨损性能和良好的干摩擦性能，用于制造轴承、齿轮、滚轮、辊子、阀门上的阀杆螺母、垫圈、法兰、垫片、泵叶轮、鼓风机叶片、弹簧、管道等 |
| | 聚碳酸酯 | 具有高的冲击韧度和优异的尺寸稳定性，用于制造齿轮、蜗轮、蜗杆、齿条、凸轮、心轴、轴承、滑轮、铰链、传动链、螺栓、螺母、垫圈、铆钉、泵叶轮、汽车化油器部件、节流阀、各种外壳等 |
| | ABS | 作一般结构零件、耐磨受力传动零件和耐腐蚀设备，用 ABS 制成的泡沫夹层板可做小轿车车身 |
| | 硬聚氯乙烯（PVC） | 制品有管、棒、板、焊条及管件，除作日常生活用品外，主要用作耐腐蚀的结构材料或设备衬里材料及电气绝缘材料 |
| | 聚丙烯 | 用作一般结构零件、耐腐蚀的化工设备和受热的电气绝缘零件 |
| 工业用硫化橡胶 | 普通橡胶板 1074、1804、1608、1708 | 有一定的硬度和较好的耐磨性、弹性等性能，能在一定压力下，温度为 -30~60℃ 的空气中工作，制作密封垫圈、垫板和密封条等 |
| | 耐油橡胶板 3707、3807、3709、3809 | 有较高硬度和耐溶剂膨胀性能，可在温度为 -30~80℃ 的机油、变压器油、润滑油、汽油等介质中工作，适用于冲制各种形状的垫圈 |
| 软钢纸板 | 软钢纸板 | 供汽车、拖拉机及其他工业设备上制作密封连接处的垫片 |
| 工业用毛毡 | 工业用平面毛毡 | 用作密封、防滑油、防震、缓冲衬垫等，按需要选用细毛、半粗毛、粗毛 |
| | 毡圈 | 用于轴伸端外、轴与轴承盖之间的密封（密封处速度 $v < 5\ \mathrm{m/s}$ 的润滑脂及转速不高的稀油润滑） |
| 石棉 | 石棉橡胶板 XB200、XB350、XB450 | 三种牌号分别用于温度为 200℃、350℃、450℃，压力为 150MPa、400MPa、600MPa 以下的水、水蒸气等介质的设备，管道法兰连接处的密封衬垫材料 |
| | 耐油石棉橡胶板 | 可用于各种油类为介质的设备、管道法兰连接处的密封衬垫材料 |
| 工业有机玻璃 | 工业有机玻璃 | 有板材、棒材和管材等型材，可用于要求有一定强度的透明结构材料，如各种油标的面罩板等 |

# 附录3 常用热处理和表面处理

| 名称 | 说　明 | 应用举例 |
|---|---|---|
| 退火 | 将钢件加热到临界温度以上（一般为710~750℃，个别合金钢为800~900℃），保温一定时间，然后缓缓冷却（一般在炉中冷却） | 用来消除铸、锻、焊零件的内应力，改善金属组织不匀及晶粒粗大等现象，降低硬度，便于切削加工 |
| 正火 | 将钢件加热到临界温度以上，保温一定时间，然后在空气中冷却，冷却速度比退火要快 | 用来处理低碳钢和中碳钢，使金属组织细化，提高强度和韧性，减少内应力，改善切削性能 |
| 淬火 | 将钢件加热到临界温度以上，保持一定时间，再放在水、盐水或油中急速冷却 | 用于提高钢的硬度和强度。由于淬火会引起内应力，使钢变脆，所以淬火后必须回火 |
| 回火 | 将淬硬的钢件加热到临界温度以下的某一温度，保温一定时间，然后在空气中或油中冷却 | 用于消除淬火后的脆性和内应力，提高钢的塑性和冲击韧性 |
| 调质 | 淬火后高温回火（450~600℃）称为调质 | 可使钢获得高的韧性和足够的强度 |
| 表面淬火 | 用火焰或高频电流将零件表面迅速加热至临界温度以上，急速冷却 | 使零件表面获得高硬度，而心部保持一定的韧性，使零件既耐磨又承受冲击 |
| 氮化 | 将零件放入氮气内加热，使工作表面饱和氮元素和氮元素 | 增加表面硬度、耐磨性、疲劳强度和耐热性 |
| 发蓝、发黑 | 将零件置于氧化剂内加热氧化，使表面形成一层氧化铁保护膜 | 防腐蚀、美化 |
| 镀镍 | 用电解方法，在钢件表面镀一层镍 | 防腐蚀、美化 |
| 硬度 | 材料抵抗硬物压入其表面的能力。依测定方法不同有布氏硬度（HBW）、洛氏硬度（HRC）、维氏硬度（HV） | HBW用于退火、正火、调质的零件及铸件的硬度检验<br>HRC用于经淬火、回火及表面渗碳、渗氮等处理的零件硬度检验<br>HV则用于薄层硬化零件的硬度检验 |

# 参 考 文 献

[1] 王英杰. 金属工艺学[M]. 北京：机械工业出版社，2013.

[2] 郁兆昌. 金属工艺学[M]. 北京：高等教育出版社，2006.

[3] 方勇，王萌萌，许杰. 工程材料与金属热处理[M]. 北京：机械工业出版社，2019.

[4] 张明续，于冰. 机械制造技术简明教程[M]. 北京：化学工业出版社，2016.

[5] 苏德胜. 工程材料与成形工艺基础[M]. 北京：化学工业出版社，2008.

[6] 曹国强. 机械工程概论[M]. 北京：航空工业出版社，2008.

[7] 王先逵. 材料及其热处理[M]. 北京：机械工业出版社，2008.

[8] 孟庆东. 理论力学简明教程[M]. 北京：机械工业出版社，2014.

[9] 孟庆东. 材料力学简明教程[M]. 2 版. 北京：机械工业出版社，2019.

[10] 孟庆东，张则荣，周克斌. 机械设计简明教程[M]. 西安：西北工业大学出版社，2014.